高等院校信息安全专业规划教材

计算机系统安全原理与技术

第 3 版

陈 波 于 泠 编著

机械工业出版社

本书全面介绍了计算机系统各层次可能存在的安全问题和普遍采用的安全机制,包括计算机硬件与环境安全、操作系统安全、网络安全、数据库安全、应用系统安全、应急响应与灾难恢复、计算机系统安全风险评估、计算机系统安全管理等内容。

本书还对各种安全技术的实践做了指导,帮助读者理解并掌握相关安全原理,提高信息安全防护意识和安全防护能力。本书每章附有思考与练习题,题型丰富,还给出了大量的参考文献以供读者进一步阅读。

本书可作为信息安全专业、计算机专业、信息工程专业或相近专业的本科生和研究生教材,也可供网络信息安全领域的科技人员与信息系统安全管理员参考。

本书配套授课电子课件,需要的教师可登录 www.cmpedu.com 免费注册、审核通过后下载,或联系编辑索取(QQ:2399929378,电话:010 – 88379753)。

图书在版编目(CIP)数据

计算机系统安全原理与技术/陈波,于泠编著. —3 版. —北京:机械工业出版社,2013. 3 (2019.6重印)
高等院校信息安全专业规划教材
ISBN 978-7-111-40967-0

Ⅰ. ①计… Ⅱ.①陈… ②于… Ⅲ. ①计算机安全 – 高等学校 – 教材
Ⅳ. ①TP309

中国版本图书馆 CIP 数据核字(2013)第 070943 号

机械工业出版社(北京市百万庄大街 22 号 邮政编码 100037)
责任编辑:郝建伟 吴超莉
责任印制:邹 敏
涿州市京南印刷厂印刷
2019 年 6 月第 3 版·第 6 次印刷
184mm ×260mm · 22. 75 印张 · 565 千字
10301–11500 册
标准书号: ISBN 978-7-111-40967-0
定价: 49. 00 元

凡购本书,如有缺页、倒页、脱页,由本社发行部调换

电话服务 网络服务

社 服 务 中 心:(010)88361066 教 材 网:http://www.cmpedu.com

销 售 一 部:(010)68326294 机工官网:http://www.cmpbook.com

销 售 二 部:(010)88379649 机工官博:http://weibo.com/cmp1952

读者购书热线:(010)88379203 **封面无防伪标均为盗版**

高等院校信息安全专业规划教材

编委会成员名单

主　任　　沈昌祥

副主任　　王亚弟　　王金龙　　李建华　　马建峰

编　委　　王绍棣　　薛　质　　李生红　　谢冬青
　　　　　　肖军模　　金晨辉　　徐金甫　　余昭平
　　　　　　陈性元　　张红旗　　张来顺

出版说明

信息技术的发展和推广,为人类开辟了一个新的生活空间,它正对世界范围内的经济、政治、科教及社会发展各方面产生重大的影响。如何建设安全的网络空间,已成为一个迫切需要人们研究、解决的问题。目前,与此相关的新技术、新方法不断涌现,社会也更加需要这类专门人才。为了适应社会对信息安全人才的需求,我国许多高等院校已相继开设了信息安全专业。为了配合相关的教材建设,机械工业出版社邀请了解放军信息工程大学、解放军理工大学通信工程学院、上海交通大学、西安电子科技大学、湖南大学、中山大学、南京邮电大学等高校的专家和学者,成立了教材编委会,共同策划了这套面向高校信息安全专业的教材。

本套教材的特色:

1. 作者队伍强。本套教材的作者都是全国各院校从事一线教学的知名教师和学术带头人,具有很高的知名度和权威性,保证了本套教材的水平和质量。

2. 系列性强。整套教材根据信息安全专业的课程设置规划,内容尽量涉及该领域的方方面面。

3. 系统性强。能够满足专业教学需要,内容涵盖该课程的知识体系。

4. 注重理论性和实践性。按照教材的编写模式编写,在注重理论教学的同时,注意理论与实践的结合,使学生能在更大范围内、更高层面上掌握技术,学以致用。

5. 内容新。能反映出信息安全领域的最新技术和发展方向。

本套教材可作为信息安全、计算机等专业的教学用书,同时也可以供从事信息安全工作的科技人员以及相关专业的研究生参考。

机械工业出版社

前　言

信息安全攻防技术的发展日新月异，类似于高级持续性威胁（Advanced Persistent Threat，APT）攻击的出现，使得国家安全、社会安全、商业安全乃至个人安全面临前所未有的威胁，新的安全防护技术和安全思想不断产生，因而教学内容也必须与时俱进。同时，信息安全是一个整体概念，解决某一个安全问题通常要综合考虑环境、硬件、系统软件、应用软件、网络协议、评估、管理等多个层次的安全措施，因而教学内容必须注重系统性和整体性。"计算机系统安全"是信息安全课程体系中一门直接面向应用、实践性很强的课程，教学中需要重视理论的讲授，使学生掌握解决安全问题的基本理论和技术，要求强调实践教学，培养学生解决问题的实践应用能力，因而教学内容还必须强调实践性和应用性。

本书第 3 版对前两版进行了全面修订，突出和加强了计算机信息系统安全的新技术，以足够的广度和深度涵盖该领域的核心内容。

第 1 章从什么是安全、什么是计算机系统安全讲起，介绍了计算机安全概念的发展和计算机安全问题的产生，以及计算机安全问题解决的途径，也就是计算机安全研究的内容，其中增加了计算机系统安全防护的基本原则，对全书的学习起到提纲挈领的作用；第 2 章删去了 DES 加密标准，重新组织了内容，增加了常见的对称密码算法及无线网络中的密码应用；第 3 章根据新的国家标准重新组织了环境安全技术部分；第 4 章修改了用户认证、访问控制及 Windows 系统安全等部分的内容，补充介绍了操作系统的其他安全机制；第 5 章从黑客和网络攻击、网络协议脆弱性两个方面分析了网络安全问题，后续介绍了网络安全防护的关键技术，重新组织了防火墙、网络隔离、公钥基础设施和权限管理基础设施等部分的内容；第 6 章修订了大部分内容，从数据库安全问题讲起，接着从 7 个方面介绍了数据库安全控制技术，并补充了数据库安全研究的发展；第 7 章修订了大部分内容，从应用软件面临的恶意代码、代码安全漏洞以及软件侵权等安全问题讲起，接着从软件可信验证、安全编程、软件保护以及安全软件工程等方面介绍了应用软件安全控制技术，并以 Web 应用系统为例，运用安全软件开发理论，讲解了 Web 安全防护的关键技术；第 8 章补充介绍了容灾备份和恢复的一些关键技术；第 9 章重新组织了章节内容；第 10 章补充了我国最新的安全标准，重点完善了我国计算机安全等级保护标准、政策体系及标准体系等内容，重新组织了我国信息安全相关法律法规的内容。

经过修订，全书体系更加完整。基于信息保障模型（PDRR）——防护、检测、响应与恢复的理论，本书内容包括了计算机系统安全各层次可能存在的安全问题和普遍采用的安全机制。

第 3 版修订中，我们注重实践性，对所包含的技术内容进行了精心挑选和剪裁，还丰富了课后思考与练习题，题型丰富，包括简答题、知识拓展题、操作实验题、编程实验题、应用设计题和材料分析题等，并提供了很多相关网站和参考书供读者拓展知识面和进行实践。

为了方便教师利用本书教学，以及便于学生通过本书自学，本书提供第 3 版的配套电子教案，读者可在机械工业出版社网站 www.cmpedu.com 上免费下载。同时，与本书配套的《计算机系统安全实验教程》一书已经出版,为广大读者完成实验给予指导和提供参考,也使得本套教材的面向应用、提高能力的特色得到更好体现。

　　本书由陈波和于泠共同完成修订。本书的修订得到了南京师范大学教学改革项目的支持。在此向所有为本书做出贡献的同志致以衷心的感谢。

　　计算机信息系统安全仍是一个不断发展的研究领域,书中一定还存在不足之处,恳请广大读者提出批评和改进意见。读者在阅读本书的过程中有任何疑问也欢迎与作者联系,电子邮箱 SecLab@163.com。

作　者

目　　录

第1章　计算机系统安全概论

随着信息通信技术的不断发展和计算机网络的日益普及,人们对计算机和网络的依赖也越来越强,计算机和网络构成了当今信息社会的基础。本书所讨论的计算机系统是指在计算机网络环境下的信息处理系统。

目前,计算机信息系统面临着极大的安全威胁,针对计算机信息系统的攻击与破坏事件层出不穷,如果不对其加以及时和正确的防护,这些攻击与破坏事件轻则干扰人们的正常生活,重则造成巨大的经济损失,甚至威胁到国家安全,所以信息系统的安全问题已引起许多国家、尤其是发达国家的高度重视,人们不惜投入大量的人力、物力和财力来提高计算机信息系统的安全性。

本章是对计算机信息系统安全问题的概述,1.1 节介绍计算机系统安全以及计算机安全概念的发展,1.2 节介绍安全问题产生的根源,1.3 节介绍计算机系统安全保护的基本原则,1.4 节介绍计算机系统安全研究的主要内容。

1.1　计算机系统安全相关概念及发展

1.1.1　计算机系统

本书介绍的计算机系统(Computer System)也可称计算机信息系统(Computer Information System),按照《中华人民共和国计算机信息系统安全保护条例》(1994 年国务院令 147 号发布)中的定义,"计算机信息系统是由计算机及其相关的配套设备、设施(含网络)构成的,按照一定的应用目标和规格对信息进行采集、加工、存储、传输、检索等处理的人机系统。"简单说,本书所讨论的典型的计算机信息系统,是在计算机网络环境下运行的信息处理系统。

一个计算机信息系统由硬件与软件支撑系统和使用人员两部分组成。

硬件系统包括组成计算机、网络的硬件设备及其他配套设备。软件系统包括操作平台软件、应用平台软件和应用业务软件。操作平台软件通常指操作系统和语言及其编译系统;应用平台软件通常指支持应用开发的软件,如数据库管理系统及其开发工具,各种应用编程和调试工具等;应用业务软件是指专为某种应用而开发的软件。

众多的计算机信息系统从应用角度可分为两类:信息服务,如 Web 信息系统等;信息交换,如电子商务信息系统等。不论是何种应用模式,计算机信息系统的最终服务对象是人。人是计算机信息系统的设计者、使用者,因而研究计算机信息系统的安全问题除了考虑硬件、软件等以外,还必须考虑人的因素。

1.1.2　计算机系统安全的属性

20 世纪 40 年代,随着计算机的诞生,计算机安全问题也随之产生。20 世纪 70 年代以来,随着计算机的广泛应用,以计算机网络为主体的信息处理系统迅速发展。同以前的计算机安全保密相比,计算机信息系统的安全问题要多得多,也复杂得多,涉及物理环境、硬件、软件、数据、传输、体系结构以及人等多个方面。

《中华人民共和国计算机信息系统安全保护条例》将"计算机系统安全"定义为:保障计算机及其相关和配套的设备、设施(含网络)的安全,运行环境的安全,保障信息的安全,保障计算机功能的正常发挥,以维护计算机信息系统的安全运行。

下面,先通过安全的几个属性来解释什么是"计算机系统安全"。

1. 保密性

保密性(Confidentiality)是指确保信息资源仅被合法的实体(如用户、进程等)访问,使信息不泄漏给未授权的实体。这里所指的信息不但包括国家秘密,而且包括各种社会团体、企业组织的工作秘密及商业秘密、个人的秘密和个人隐私(如浏览习惯、购物习惯等)。保密性还包括保护数据的存在性,有时存在性比数据本身更能暴露信息。

特别要说明的是,对计算机的进程、中央处理器、存储、打印设备的使用也必须采取严格的保密措施,以避免产生电磁泄漏等安全问题。

实现保密性的方法一般是对信息加密,或是对信息划分密级并为访问者分配访问权限,系统根据用户的身份权限控制对不同密级信息的访问。

2. 完整性

完整性(Integrity)是指信息资源只能由授权方或以授权的方式修改,在存储或传输过程中不被偶然或蓄意地修改、伪造等破坏。完整性的破坏一般来自于未授权、未预期或无意的操作。不仅要考虑数据的完整性,还要考虑操作系统的逻辑正确性和可靠性,要实现保护机制的硬件和软件的逻辑完备性、数据结构和存储的一致性。

实现完整性的方法一般分为预防和检测两种机制。预防机制通过阻止任何未经授权的改写企图,或者通过阻止任何未经授权的方法来改写数据的企图,以确保数据的完整性。检测机制并不试图阻止完整性的破坏,而是通过分析用户或系统的行为,或是数据本身来发现数据的完整性是否遭受破坏。

3. 可用性

可用性(Availability)是指信息资源可被合法用户访问并按要求的特性使用而不遭拒绝服务。可用的对象包括:信息、服务、IT资源等。例如,在网络环境下破坏网络和有关系统的正常运行就属于对可用性的攻击。

为了实现可用性,可以采取备份与灾难恢复、应急响应、系统容侵等安全措施。

4. 可控性

可控性(Controllability)是指对信息和信息系统的认证授权和监控管理,确保某个实体(用户、进程等)身份的真实性,确保信息内容的安全和合法,确保系统状态可被授权方所控制。

管理机构可以通过信息监控、审计、过滤等手段对通信活动、信息的内容及传播进行监管和控制。

5. 不可抵赖性

不可抵赖性(Non-Repudiation)通常又称为不可否认性,是指信息的发送者无法否认已发出的信息或信息的部分内容,信息的接收者无法否认已经接收的信息或信息的部分内容。

实现不可否认性的措施主要有:数字签名,可信第三方认证技术等。

6. 其他属性

除了以上介绍的一些得到广泛认可的安全属性,一些学者还提出了其他一些安全属性,如可存活性(Survivability)、可认证性(Authenticity)、可审查性(Auditability)等。

可存活性是指计算机系统的这样一种能力:它能在面对各种攻击或错误的情况下继续提供核心的服务,而且能够及时地恢复全部的服务。这是一个新的融合计算机安全和业务风险管理的课题,它的焦点不仅是对抗计算机入侵者,还要保证在各种网络攻击的情况下业务目标得以实现,关键的业务功能得以保持。

信息的可认证性是指保证信息使用者和信息服务者都是真实声称者,防止冒充和重演的攻击。可认证性比鉴别(Authentication)有更深刻的含义,它包含了对传输、消息和消息源的真实性进行核实。

可审查性是指使用审计、监控、防抵赖等安全机制,使得使用者(包括合法用户、攻击者、破坏者、抵赖者)的行为有证可查,并能够对网络出现的安全问题提供调查依据和手段。审计是通过对网络上发生的各种访问情况记录日志,并对日志进行统计分析,是对资源使用情况进行事后分析的有效手段,也是发现和追踪事件的常用措施。审计的主要对象为用户、主机和节点,主要内容为访问的主体、客体、时间和成败情况等。

总之,计算机信息系统安全的最终目标就是在安全法律、法规、政策的支持与指导下,通过采用合适的安全技术与安全管理措施,维护计算机信息安全。

1.1.3 安全概念的发展

信息安全的最根本属性是防御性的,主要目的是防止己方信息的保密性、完整性与可用性遭到破坏。信息安全的概念与技术随着人们的需求,计算机、通信与网络等信息技术的发展而不断发展。在计算机网络广泛使用之前,人们主要是开发各种信息保密技术,随着因特网在全世界范围商业化应用之后,信息安全进入网络信息安全阶段,近几年又发展出了"信息保障"(Information Assurance,IA)的新概念。下面对此进行介绍。

1. 单机系统的信息保密阶段

20世纪50年代,计算机应用范围很小,安全问题并不突出,计算机系统并未考虑安全防护的问题。后来发生了袭击计算中心的事件,才开始对机房采取实体防护措施。但这时计算机的应用主要是单机,计算机安全主要是实体安全防护和硬、软件防护。多用户使用计算机时,将各进程所占存储空间划分成物理或逻辑上相互隔离的区域,使用户的进程并发执行而互不干扰,即可达到安全防护的目的。

20世纪70年代,随着计算机在政府机关、金融、商业等部门的广泛应用,重要机密信息一般都采用计算机处理,间谍和罪犯因此将计算机网络系统作为了侵犯的目标,计算机犯罪的案件不断发生。人们开始进行相关研究,出现了计算机安全的法律、法规和多种防护手段,如防止非法访问的口令、身份卡、指纹识别等措施。

20世纪70年代中期,在安全保密研究中出现了两个引人注目的事件。一是Diffie和Hellman冲破人们长期以来一直沿用的对称密码体制,提出了一种公钥密码体制的思想,即Diffie-Hellman公钥分配系统(Public Key Distribution System,PKDS);二是美国国家标准局(National Bureau of Standard, NBS),即现在的美国国家标准与技术研究所(National Institute of Standard and Technology, NIST)公开征集,并于1977年正式公布实施的数据加密标准(DES)。

公开 DES 加密算法,并广泛应用于商用数据加密,这在安全保密研究史上是第一次,它揭开了密码学的神秘面纱,极大地推动了密码学的应用和发展。本书将在 2.3 节介绍这些内容。

除非不正确地使用密码系统,一般来说,好的密码难以破译。因此,人们企图寻找别的方法来截获加密传输的信息。在 20 世纪 50 年代出现了通过电话线上的信号来获取报文的方法。20 世纪 80 年代,国外发展出了以抑制计算机信息泄漏为主的 TEMPEST 计划,它制定了用于十分敏感环境的计算机系统电子辐射标准,其目的是降低辐射以免信号被截获。本书将在 3.2.4 节介绍相关技术。

20 世纪 70 年代,David Bell 和 Leonard LaPadula 开发了一个安全计算机的操作模型(BLP 模型)。该模型是基于政府概念的各种级别分类信息(一般、秘密、机密、绝密)和各种许可级别。如果主体的许可级别高于文件(客体)的分类级别,则主体能访问客体。如果主体的许可级别低于文件(客体)的分类级别,则主体不能访问客体。本书将在 4.5 节介绍相关安全模型。

BLP 模型的概念进一步发展,20 世纪 80 年代中期,美国国防部计算机安全局公布了《可信计算机系统评估标准》(Trusted Computing System Evaluation Criteria,TCSEC),即橘皮书,主要是规定了操作系统的安全要求。标准提高了计算机的整体安全防护水平,为研制、生产计算机产品提供了依据,至今仍具权威性。本书将在 10.2 节介绍该标准。

进入 20 世纪 90 年代以来,信息系统安全保密研究出现了新的侧重点。一方面,对分布式和面向对象数据库系统的安全保密进行了研究;另一方面,对安全信息系统的设计方法、多域安全和保护模型等进行了探讨。随着信息系统的广泛建立和各种不同网络的互连、互通,人们意识到,不能再从安全功能、单个网络来个别地考虑安全问题,而必须从系统上、从体系结构上全面地考虑安全保密。

2. 网络信息安全阶段

随着因特网的快速发展与普及,如何保障开放网络环境的安全成为迫切需要解决的问题。人们不仅需要考虑信息系统本身的安全问题,还要考虑可能来自网络环境的攻击造成的问题。1988 年 11 月 3 日,莫里斯"蠕虫"造成因特网几千台计算机瘫痪的严重网络攻击事件,引起了人们对网络信息安全的关注与研究,并于第二年成立了计算机紧急事件处理小组来负责解决因特网的安全问题,从而进入了网络信息安全的新阶段。

国际标准化组织在开放系统互连标准中定义了 OSI 网络参考模型的 7 个层次,它们分别是物理层、数据链路层、网络层、传输层、会话层、表示层和应用层。TCP/IP 是因特网的通信协议,通过它将不同特性的计算机和网络(甚至是不同的操作系统、不同硬件平台的计算机和网络)互连起来。TCP/IP 协议族包括 4 个功能层:应用层、传输层、网络层和网络接口层。这 4 层概括了相对于 OSI 参考模型中的 7 层。

从安全角度来看,一个单独的层次无法提供全部的网络安全服务,各层都能提供一定的安全手段,针对不同层的安全措施是不同的。

应用层的安全主要是指针对用户身份进行认证并且建立起安全的通信信道。有很多针对具体应用的安全方案,它们能够有效地解决诸如电子邮件、HTTP 等特定应用的安全问题,能够提供包括身份认证、不可否认、数据保密、数据完整性检查乃至访问控制等功能。本书将在 5.7.1 节介绍这些内容。

在传输层,因为 IP 包本身不具备任何安全特性,很容易被修改、伪造、查看和重播。在传输层设置密码算法(SSL)来保护 Web 通信安全是很实用的选择。本书将在 5.7.2 节介绍这些内容。

在网络层,可以使用防火墙技术控制信息在内外网络边界的流动;可以使用 IPSec 对网络层上的数据包进行安全处理。本书将在 5.7.3 节介绍这些内容。

在网络接口层,常见攻击方式是嗅探。进行嗅探有可能是网管的需要,但也可能被攻击者利用来进行信息窃取,攻击者可能从嗅探的数据中分析出账户、口令等关键数据,同时嗅探也是其他攻击(如 IP 欺骗、拒绝服务攻击)的基础。网络接口层的常见安全问题将在本书的5.1.2 节中介绍。常用的防范策略包括:利用链路加密机,将所有的数据都视为比特流,不区分任何分组,该方法的缺点是链路加密的计算开销较大,而且接收方必须使用和发送方同样的链路解密机进行解密。另一种方法是采用 VLAN 等技术将网络分为逻辑上独立的子网,以限制可能的嗅探攻击。

由于上述各层解决方案都有一定的局限性,研究者还在不断改进这些技术。

在网络信息安全阶段,人们还开发了许多网络加密、认证、数字签名的算法、信息系统安全评价准则(如 CC 通用评价准则)。这一阶段的主要特征是对于内部网络采用各种被动的防御措施与技术,目的是防止内部网络受到攻击,保护内部网络的信息安全。

3. 信息保障阶段

信息保障(IA)这一概念最初是由美国国防部长办公室提出来的,后被写入《DoD Directive S-3600.1:Information Operation》中,在 1996 年 12 月 9 日以国防部的名义发表。在这个命令中信息保障被定义为:通过确保信息和信息系统的可用性、完整性、可认证性、保密性和不可否认性来保护信息系统的信息作战行动,包括综合利用保护、探测和响应能力以恢复系统的功能。

1998 年 1 月 30 日美国国防部批准发布了《国防部信息保障纲要》(DIAP),认为信息保障工作是持续不间断的,它贯穿于平时、危机、冲突及战争期间的全时域。信息保障不仅能支持战争时期的国防信息攻防,而且能够满足和平时期国家信息的安全需求。

由美国国家安全局(NSA)提出的,为保护美国政府和工业界的信息与信息技术设施提供的技术指南——《信息保障技术框架》(Information Assurance Technical Framework, IATF),提出了目前信息基础设施的整套安全技术保障框架,定义了对一个系统进行信息保障的过程以及软、硬件部件的安全要求。该框架原名为网络安全框架(Network Security Framework, NSF),于 1998 年公布,1999 年更名为 IATF,2002 年发布了 IATF 3.1 版。

IATF 从整体、过程的角度看待信息安全问题,其代表理论为"纵深防护战略"(Defense-in-Depth),就是信息保障依赖人、技术、操作 3 个因素实现组织的任务/业务运作。通过有效结合当前已有成熟技术,充分考虑人员、技术、操作的影响,并衡量防护能力、防护性能、防护耗费、易操作性等各方面因素,得到系统防护的最有效、实用的方案。稳健的信息保障状态意味着信息保障的政策、步骤、技术与机制在整个组织的信息基础设施的所有层面上均得以有效实施。

IATF 强调人、技术、操作这 3 个核心要素。人,借助技术的支持,实施一系列的操作过程,最终实现信息保障目标,这就是 IATF 最核心的理念之一。

人(People):人是信息体系的主体,是信息系统的拥有者、管理者和使用者,是信息保障体系的核心,是第一位的要素,同时也是最脆弱的。正是基于这样的认识,信息安全管理在安全保障体系中就显得尤为重要,可以这么说,信息安全保障体系,实质上就是一个安全管理的体系,其中包括意识培养、培训、组织管理、技术管理和操作管理等多个方面。

技术(Technology):技术是实现信息保障的具体措施和手段,信息保障体系所应具备的各项安全服务是通过技术来实现的。当然,这里所说的技术,已经不单是以防护为主的静态技术体系,而是保护(Protection)、检测(Detection)、响应(Reaction)、恢复(Restore)有机结合的动态技术体系,这就是所谓的 PDRR(或称 PDR^2)模型,如图 1-1 所示。

操作(Operation):或者叫运行,操作将人和技术紧密地结合在一起,涉及风险评估、安全监控、安全审计、跟踪告警、入侵检测、响应恢复等内容。

IATF 定义了对一个系统进行信息保障的过程,以及该系统中硬件和软件部件的安全需求。遵循这些原则,可以对信息基础设施进行纵深多层防护。纵深防护战略的 4 个技术焦点领域为:保护网络和基础设施、保护边界、保护计算环境、支撑基础设施。

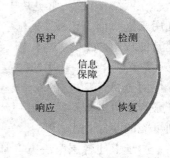

图 1-1　PDRR 模型

- 保护网络和基础设施:主干网的可用性;无线网络安全框架;系统互连与虚拟专用网(Virtual Private Network,VPN)。
- 保护边界:网络登录保护;远程访问;多级安全。
- 保护计算环境:终端用户环境;系统应用程序的安全。
- 支撑基础设施:密钥管理基础设施/公钥基础设施(KMI/PKI);检测与响应。

信息保障与之前的单机系统的信息保密、计算机网络信息安全等阶段的概念相比,它的层次更高、涉及面更广、解决的问题更多、提供的安全保障更全面,它通常是一个战略级的信息防护概念。组织可以遵循信息保障的思想建立一种有效、经济的信息安全防护体系和方法。

我国信息安全技术虽起步较晚,但发展很迅速,与国际先进国家的差距在逐步缩小。我国从 20 世纪 80 年代中期开始研究计算机网络的安全保密系统,并在各信息系统中陆续推广应用。其中有些技术已赶上或超过了国际同类产品,从而把我国的信息安全保密技术推进到新的水平。从 20 世纪 90 年代中期开始,我国进入了因特网发展时期,其发展势头十分迅猛,孕育着信息安全技术的新跃进。

1.2　计算机系统安全问题的产生

计算机系统安全问题的产生涉及几个概念:威胁(Threat)、脆弱点(Vulnerability)、攻击(Attack)。

1.2.1　威胁

对计算机信息系统的威胁是指:潜在的、对信息系统造成危害的因素。对信息系统安全的威胁是多方面的,目前还没有统一的方法对各种威胁加以区别和进行准确的分类。而且不同威胁的存在及其重要性是随环境的变化而变化的。下面是对现代信息系统及网络通信系统常遇到的一些威胁及其来源的概述。

正常的信息流向应当是从合法发送端源地址流向合法接收端目的地址,如图 1-2 所示。

1. 中断威胁

中断(Interruption)威胁使得正在使用的信息系统毁坏或不能使用,即破坏可用性,如图 1-3 所示。

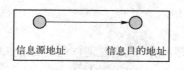

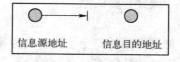

图 1-2　正常的信息流向　　　　　图 1-3　中断威胁

攻击者可以从下列几个方面破坏信息系统的可用性：

- 使合法用户不能正常访问网络资源。
- 使有严格时间要求的服务不能及时得到响应。
- 摧毁系统。物理破坏网络系统和设备组件使网络不可用，或者破坏网络结构使之瘫痪等。如硬盘等硬件的毁坏，通信线路的切断，文件管理系统的瘫痪等。

最常见的中断威胁是造成系统的拒绝服务，即信息或信息系统资源的被利用价值或服务能力下降或丧失。

2. 截获威胁

截获（Interception）威胁是指一个非授权方介入系统，使得信息在传输中被丢失或泄漏的攻击，它破坏了保密性，如图 1-4 所示。非授权方可以是一个人、一个程序或一台计算机。

这种攻击主要包括：

- 利用电磁泄漏或搭线窃听等方式可截获机密信息，通过对信息流向、流量、通信频度和长度等参数的分析，推测出有用信息，如用户口令、账号等。
- 非法复制程序或数据文件。

3. 篡改威胁

篡改（Modification）威胁以非法手段窃得对信息的管理权，通过未授权的创建、修改、删除和重放等操作使信息的完整性受到破坏，如图 1-5 所示。

这些攻击主要包括：

- 改变数据文件，如修改数据库中的某些值等。
- 替换某一段程序使之执行另外的功能，或设置、修改硬件。

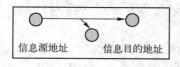

图 1-4　截获威胁　　　　　图 1-5　篡改威胁

4. 伪造威胁

在伪造（Fabrication）威胁中，一个非授权方将伪造的客体插入系统中，破坏信息的可认证性，如图 1-6 所示。例如，在网络通信系统中插入伪造的事务处理或者向数据库中添加记录。

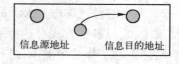

图 1-6　伪造威胁

1.2.2　脆弱点

脆弱点（Vulnerability）是指信息系统中的缺陷，实际上脆弱点就是安全问题的根源所在。脆弱点有时又被称为脆弱性、弱点、安全漏洞。下面从物理安全、软件系统、网络和通信协议、人的因素等几个方面分析脆弱点。

1. 物理安全

计算机系统物理方面的安全主要表现为物理可存取、电磁泄漏等方面的问题。此外,物理安全问题还包括设备的环境安全、位置安全、限制物理访问、物理环境安全和地域因素等。由于这种问题是设计时所遗留的固有问题,一般除了在管理上强化人工弥补措施外,采用软件程序的方法见效不大。

2. 软件系统

计算机软件可分为操作系统软件、应用平台软件(如数据库管理系统)和应用业务软件3类,以层次结构构成软件体系。操作系统软件处于基础层,它维系着系统硬件组件协调运行的平台,因此操作系统软件的任何风险都可能直接危及、转移或传递到应用平台软件。

应用平台软件处于中间层次,它是在操作系统支撑下,运行支持和管理应用业务的软件。一方面,应用平台软件可能受到来自操作系统软件风险的影响;另一方面,应用平台软件的任何风险可以直接危及或传递给应用业务软件。

应用业务软件处于顶层,直接与用户或实体打交道。应用业务软件的任何风险,都直接表现为信息系统的风险。

随着软件系统规模的不断增大,软件组件中的安全漏洞或"后门"也不可避免地存在,这也是信息安全问题的主要根源之一。比如常用的操作系统,无论是 Windows 还是 UNIX 几乎都存在或多或少的安全漏洞,众多的服务器软件(典型的如微软的 IIS)、浏览器、数据库管理系统等都被发现过存在安全漏洞。可以说,任何一个软件系统都可能因为程序员的一个疏忽、开发中的一个不规范等原因而存在漏洞。

3. 网络和通信协议

人们在享受因特网技术给全球信息共享带来的方便性和灵活性的同时,必须认识到基于 TCP/IP 协议栈的因特网及其通信协议存在很多的安全问题。TCP/IP 协议栈在设计时,只考虑了互连互通和资源共享的问题,并未考虑也无法同时解决来自网络的大量安全问题。例如,SYN Flooding 拒绝服务攻击,即是利用 TCP 三次握手中的脆弱点进行的攻击,用超过系统处理能力的消息来淹没服务器,使之不能提供正常的服务功能(第5章中将详细分析)。

4. 人的因素

人是信息活动的主体,人的因素其实是影响信息安全问题的最主要因素。

1)人为的无意失误。如操作员安全配置不当,用户安全意识不强,用户口令选择不慎,用户将自己的账号随意转借他人或与别人共享等都会给网络安全带来威胁。

2)人为的恶意攻击。人为的恶意攻击也就是黑客攻击,攻击可以分为以下两类:一类是主动攻击,它以各种方式有选择地破坏信息的有效性和完整性;另一类是被动攻击,它是在不影响网络正常工作的情况下,进行截获、窃取、破译以获得重要机密信息。由于现在还缺乏针对网络攻击卓有成效的反击和跟踪手段,使得许多黑客攻击的隐蔽性好、杀伤力强。

3)管理上的因素。网络系统的严格管理是企业、机构及用户免受攻击的重要措施。事实上,很多企业、机构及用户的网站或系统都疏于安全方面的管理。此外,管理的缺陷还可能出现在系统内部,例如人员泄漏机密或外部人员通过非法手段截获而导致机密信息的泄漏,从而为一些不法分子制造了可乘之机。

攻击者利用信息系统的脆弱点对系统进行攻击(Attack)。人们使用控制(Control)进行安全防护。控制是一些动作、装置、程序或技术,它能消除或减少脆弱点。可以这样描述威胁、控制和脆弱点的关系:"通过控制脆弱点来阻止或减少威胁。"

1.3 计算机系统安全防护的基本原则

计算机系统安全威胁的来源多种多样,安全威胁和安全事件的原因非常复杂。而且,随着技术的进步以及应用的普及,总会不断地有新的安全威胁产生,同时也会催生新的安全技术用来防御它们。尽管没有一种完美的、一劳永逸的安全保护方法,以下一些安全防护基本原则经过长时间的检验并得到广泛的认同,可以视为保证计算机信息系统安全的一般性方法(或称为原则)。

1. 整体性原则

所谓"整体性"原则,是指需要从整体上构思和设计信息系统的整体安全框架,合理选择和布局信息安全的技术组件,使它们之间相互关联、相互补充,达到信息系统整体安全的目标。

这里不能不提及著名的"木桶"理论,它以生动形象的比喻,揭示了一个带有普遍意义的道理:如图 1-7 所示,一只木桶的盛水量不是取决于最长的那块木板,而恰恰取决于构成木桶的最短的那块木板。

其实,在实际应用中,一只木桶能够装多少水,不仅取决于每一块木板的长度,还取决于木板间的结合是否紧密,以及这个木桶是否有坚实的底板。底板不但决定这只木桶能不能容水,还能限制装多大体积和重量的水,而木板间如果存在缝隙,或者缝隙很大,同样无法装满水,甚至到最后连一滴水都没有,这就是"新木桶"理论。

图 1-7 木桶原理图

计算机信息系统安全的研究应当符合这一富含哲理的"新木桶理论"。

首先,正如 1.2.1 节所描述的那样,对一个庞大而复杂的信息系统,其面临的安全威胁是多方面的,而攻击信息系统安全的途径更是复杂和多变的,对其实施信息安全保护达到的安全级别取决于通过各种途径对信息系统构成各种威胁的保护能力中最弱的一种保护措施,该保护措施及其能力决定了整个信息系统的安全保护水平。

其次,信息安全应该建立在牢固的安全理论、方法和技术的基础之上,这样才能确保安全。那么信息安全的底是什么呢? 这就需要深入分析信息系统的构成,分析信息安全的本质和关键要素。通过后续章节的讨论将会看到,信息安全的底是密码技术、访问控制技术、安全操作系统、安全芯片技术和网络安全协议等,它们构成了信息安全的基础。需要花大力气研究信息安全的这些基础、核心和关键技术,并在设计一个信息安全系统时,就要按照安全策略目标设计和选择这些底部的组件,使需要保护的信息安全系统建立在可靠、牢固的安全基础之上。

还有,木桶能否有效地容水,除了需要坚实的底板外,还取决于木板之间的缝隙,这个却是大多数人不易看见的。对于一个安全防护体系而言,安全产品之间的不协同工作犹如木板之间的缝隙,将致使木桶不能容纳一滴水。不同产品之间的有效协作和联动犹如木板之间的桶箍,桶箍的妙处就在于它能把一堆独立的木条联合起来,紧紧地围成一圈。同时它消除了木条之间的缝隙,使木条之间形成协作关系,达成一个共同的目标。

2. 分层性原则

没有一个安全系统能够做到百分之百的安全,因此,不能依赖单一的保护机制。给予攻击者足够的时间和资源,任何安全措施都有可能被破解。如同银行在保险箱内保存财物的情形:保险箱有自身的钥匙和锁具;保险箱置于保险库中,而保险库的位置处于难于达到的银行建筑的中心位置或地下;仅有通过授权的人才能进入保险库;通向保险库的道路有限且有监控系统进行监视;大厅有警卫巡视且有联网报警系统。不同层次和级别的安全措施共同保证了所保存的财物的安全。同样,经过良好分层的安全措施也能够保证组织信息的安全。

在如图 1-8 所示的信息安全分层情况下,一个入侵者如果意图获取组织在最内层的主机上存储的信息,必须首先想方设法绕过外部网络防火墙,然后使用不会被入侵检测系统识别到和检测到的方法来登录组织内部网络;此时,入侵者面对的是组织内部的网络访问控制和内部防火墙,只有在攻破内部防火墙或采用各种方法提升访问权限后才能进行下一步的入侵;在登录主机后,入侵者将面对基于主机的入侵检测系统,而他也必须想办法躲过检测;最后,如果主机经过良好配置,通常对存储的数据具有强制性的访问控制和权限控制,同时对用户的访问行为进行记录并生成日志文件供系统管理员进行审计,那么入侵者必须将这些控制措施一一突破才能够顺利达到其预先设定的目标。即使入侵者突破了某一层,管理员和安全人员仍有可能在下一层安全措施上拦截入侵者。

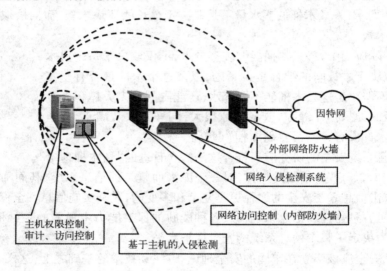

图 1-8 信息安全分层

不同防护层次同时也保证了整个安全系统存在冗余,一旦某一层安全措施出现单点失效,不会对安全性产生严重的影响。同时,提高安全层次的方法不仅包括增加安全层次的数量,也包括在单一安全层次上采用多种不同的安全技术,协同进行安全防范。

在使用分层安全时需要注意的是,不同的层次之间需要协调工作,这样,一层的工作不至于影响另外层次的正常功能。安全人员需要深刻地理解组织的安全目标,详细地划分每一个安全层次所提供的保护级别和所起到的作用,以及层次之间的协调和兼容。

3. 最小特权原则

所谓最小特权(Least Privilege),是指在完成某种操作时所赋予网络中每个主体(用户或进程)必不可少的特权。最小特权原则,则是指应限定网络中每个主体所必需的最小特权,确保可能的事故、错误、网络部件的篡改等原因造成的损失最小。最小特权原则一方面给予主体

"必不可少"的特权,这就保证了所有的主体都能在所赋予的特权之下完成所需要完成的任务或操作;另一方面,它只给予主体"必不可少"的特权,这就限制了每个主体所能进行的操作。

最小授权原则的简单例子是,企业中通常采用基于角色的访问控制模型(Role-Based Access Control),安全管理人员根据企业运行中组织人员所处的角色以及其在公司内进行工作所需的资源状况来分配资源的使用权限。

最小特权原则要求每个用户和程序在操作时应当使用尽可能少的特权,而角色允许主体以参与某特定工作所需要的最小特权去登录系统。被授权拥有强力角色的主体,不需要动辄运用其所有的特权,只有在那些特权有实际需求时,主体才去运用它们。如此一来,可减少由于不注意的错误或是侵入者假装合法主体所造成的损坏发生,降低了事故、错误或攻击带来的危害。它还减少了特权程序之间潜在的相互作用,从而使对特权无意的、没必要的或不适当的使用不太可能发生。这种思路还可以引申到程序内部,只有程序中需要那些特权的最小部分才拥有特权。

4. 简单性原则

通常而言,安全性和复杂性是相背离的,因为越是复杂的东西越难于理解,而理解和掌握是解决安全问题的首要条件。越是复杂的系统,它出错的几率就越大。保持简单原则意味着在使用安全技术和实施安全措施中,需要使安全过程尽量简捷,使用的安全工具尽量易于使用且易于管理。

例如,可信计算基(Trusted Computing Base,TCB)的提出,就是确保安全系统的设计应该尽量简单化和小型化,以利于对其进行安全性分析和查找安全漏洞。当前通用的 PC 操作系统为了获得较高的运行效率,都采用大内核结构,把设备驱动、文件系统等功能都纳入操作系统内核。导致系统安全边界过长、内核代码庞大,大大降低了系统的稳定性和安全保证等级。

保持简单的例子是,设置包过滤防火墙或者服务器主机安全加固。通常应将包过滤防火墙的所有出入站连接设置为默认拒绝,而后根据需要增加允许的出入站连接。而服务器主机安全加固中,应将所有默认的应用服务设置为关闭,而后根据应用需要启动服务。

1.4 计算机系统安全研究的内容

计算机网络环境下的信息系统可以用图 1-9 的层次结构来描述。

应用程序系统	网络应用服务、命令等
数据库系统	(HTTP、FTP)
操作系统	TCP、IP
硬件层(计算机、物理链路)	

图 1-9 计算机网络环境下的信息系统层次结构

为了确保信息安全,必须考虑每一个层次可能的信息泄漏或所受到的安全威胁。因此,从以下几个层次研究信息安全问题:计算机硬件与环境安全、操作系统安全、计算机网络安全、数据库系统安全、应用系统安全以及安全管理和安全立法等。

- 计算机硬件与环境安全,主要介绍 PC 物理防护、基于硬件的访问控制技术、可信计算与安全芯片、硬件防电磁辐射技术和计算机运行环境安全问题。
- 操作系统安全,主要介绍操作系统的主要安全机制,包括存储保护、用户认证和访问控制技术,并介绍 Windows 系统的安全机制。
- 网络安全,主要介绍网络安全框架、防火墙和入侵检测系统,网络隔离技术,网络安全协议,以及公钥基础设施 PKI/PMI 等内容。
- 数据库系统安全,主要介绍数据库的安全控制机制,包括安全存取控制、完整性控制、并发控制、备份和恢复、推理控制与隐通道分析、可生存性控制以及隐私保护等。
- 应用系统安全,首先剖析应用系统可能受到的恶意程序攻击、代码漏洞以及软件侵权等安全问题,接着着重介绍软件可信验证、安全编程、软件版权保护以及安全软件工程理论和技术,最后以 Web 应用系统为例,运用安全软件开发理论,介绍 Web 安全防护的关键技术。
- 在 PDRR 模型中,响应和恢复是两个重要的环节,因此本书还介绍了计算机系统应急响应与灾难恢复的概念、内容及相关计算机取证、攻击源追踪技术。
- 安全风险评估也是加强信息安全保障体系建设和管理的关键环节,本书介绍了安全评估的国内外标准,评估的主要方法、工具、过程,最后给出了一个信息系统风险度的模糊综合评估实例。
- 加强计算机网络安全管理的法规建设,建立、健全各项管理制度是确保计算机系统安全不可缺少的措施。本书介绍了计算机信息系统安全管理的目的、任务,安全管理的程序和方法,信息系统安全管理标准及其实施办法,以及我国有关信息安全的法律法规,并系统介绍了我国计算机知识产权的法律保护措施。

1.5 思考与练习

1. 计算机系统的安全需求有哪些? 在网络环境下有哪些特殊的安全需求?

2. 什么是系统可存活性?

3. 网络环境中的信息系统各个层次中的安全问题主要有哪些? 请各列举 3 个。

4. 信息安全概念发展的 3 个主要阶段是什么? 各个阶段中主要的安全思想与所开发的主要安全技术有哪些?

5. 计算机信息系统常常面临的安全威胁有哪些? 安全威胁的根源在哪里?

6. 什么是"新木桶理论"? 如何理解计算机信息系统研究中要运用的整体性方法?

7. 知识拓展:中文所说的安全,在英文中有 Safety 和 Security 两种解释。本书中的"安全"对应的是 Security,试辨析这两个英文词语的区别。

8. 知识拓展:访问中国被黑站点统计系统 http://www.zone-h.com.cn、被黑站点统计系统 http://www.zone-h.org,了解目前的安全事件。

9. 知识拓展:访问 http://www.gocsi.com,阅读最新的计算机犯罪和安全调查报告(CSI Computer Crime and Security Survey),了解近期的安全事件和解决技术。

10. 知识拓展:请访问以下网站,了解最新的信息安全研究动态和研究成果。

1)信息安全国家重点实验室网站,http://www.is.ac.cn。

2）国家互联网应急中心（CNCERT），http://www.cert.org.cn。

3）国家计算机病毒应急处理中心，http://www.antivirus-china.org.cn。

4）国家计算机网络入侵防范中心，http://www.nipc.org.cn。

11. 读书报告：查阅资料，进一步了解 PDR、P^2DR、PDR^2、P^2DR^2 以及 WPDRRC 各模型中每个部分的含义。这些模型的发展说明了什么？写一篇读书报告。

12. 读书报告：阅读 J. H. Saltzer 和 M. D. Schroeder 于 1975 年发表的论文"The Protection of Information in Computer System"，该文以保护机制的体系结构为中心，探讨了计算机系统的信息保护问题，提出了设计和实现信息系统保护机制的 8 条基本原则。请参考该文，进一步查阅相关文献，撰写一篇有关计算机系统安全保护基本原则的读书报告。

13. 读书报告：2008 年 1 月，时任美国总统布什签署发布了第 54 号国家安全总统令/第 23 号国土安全总统令，其核心是国家网络安全综合计划（Comprehensive National Cybersecurity Initiative，CNCI）。CNCI 是一个涉及美国网络空间防御的综合计划，其目的是打造和构建国家层面的网络安全防御体系。试查阅资料，了解 CNCI 的主要内容，并分析 CNCI 带给我们的启示。

14. 操作实验：虚拟机软件 VMware 的使用。信息安全课程中要进行相关的安全实验，实验的基本配置应该至少包含两台主机及其独立的操作系统，且主机间可以通过以太网进行通信。此外，还要考虑安全实验对系统本身以及对网络中其他主机有潜在的破坏性，所以利用虚拟机软件 VMware 在一台主机中再虚拟安装一套操作系统，以便完成后续的安全实验。完成实验报告。

第2章 密码学基础

在当前计算机被广泛应用的信息时代,大量信息以数字形式存放在计算机系统里,并通过公共信道传输,计算机系统和公共信道在不设防的情况下是很脆弱的,面临极大的安全问题——如何保证信息的保密性、完整性、不可抵赖性。解决这些安全问题的基础是现代密码学。通过加密将可读的信息变换成不可理解的乱码,从而起到保护信息的作用;密码技术还能够提供完整性检验,即提供一种当某些信息被修改时可被用户检验出的机制;基于密码体制的数字签名具有抗抵赖功能,可使人们遵守数字领域的承诺。

在本章中,2.1 节介绍密码学的起源,2.2 节介绍密码系统的组成等相关基本概念,2.3 ~ 2.6 节分别介绍对称密码体制、公钥密码体制、散列函数、数字签名等技术,2.7 节介绍信息隐藏和数字水印技术,2.8 节介绍无线网络中的加密技术。

2.1 概述

密码学(Cryptology)以研究秘密通信为目的,是密码编码学(Cryptography)和密码分析学(Cryptanalysis)的统称。前者是研究把信息(明文)变换成没有密钥不能解密或很难解密的密文的技术;后者是研究分析破译密码,从密文推演出明文或密钥的技术。它们彼此目的相反,相互对立,但在发展中又相互促进。

公元前 6 年的古希腊人可能是最早有意识使用一些技术来加密信息的,他们使用一根叫 scytale 的棍子(见图 2-1),送信人先绕棍子卷一张纸条,然后把要加密的信息写在上面,接着打开纸送给收信人。如果不知道棍子的宽度(这里作为密钥)是很难解密里面内容的。

图 2-1 scytale 棍子

或许与最早的密码起源于古希腊有关,密码学——cryptology 一词来源于希腊语,crypto 是隐藏、秘密的意思,logo 是单词的意思,grapho 是书写、写法的意思,cryptography 就是"如何秘密地书写单词"。

密码学紧跟科学技术前进的步伐,经历了手工、机械、电子与计算机 3 个发展阶段。

现代密码学离不开数学,密码学涉及数学的各个分支,例如代数、数论、概率论、信息论、几何、组合学等。不仅如此,密码学的研究还需要具有其他学科的专业知识,例如物理、电机工程、量子力学、计算机科学、电子学、系统工程、语言学等。反过来,密码学的研究也促进了上述各学科的发展。

由于商业应用和计算机网络通信的需要,人们对数据保护、数据传输的安全性等课题越来越重视,密码学的发展进入了一个崭新的阶段。

2.2 密码学基本概念

密码算法也叫密码,如果算法的保密性是基于保持算法的秘密,这种算法称为受限算法。但按现在的标准,受限算法的保密性已远远不够。大的或经常变换的组织不能使用它们,因为每有一个用户离开这个组织或其中有人无意暴露了算法的秘密,这一密码算法就得作废了。更糟的是,受限密码算法不可能进行质量控制或标准化。每个组织必须有自己的唯一算法,这样的组织不可能采用流行的硬件或软件产品。现代密码学用密钥解决了这个问题。

2.2.1 现代密码系统的组成

现代密码系统(本书中也称为密码体制)一般由 5 个部分组成。

1)明文空间 M:它是全体明文的集合,记作 $M=[\ M_1,M_2,\cdots,M_n]$。明文(Plain Text)用 M(消息)或 P(明文)表示,它一般是比特流(文本文件、位图、数字化的语音流或数字化的视频图像),明文可被传送或存储,无论哪种情况,M 指待加密的消息。

2)密文空间 C:它是全体密文的集合,记为 $C=[C_1,C_2,\cdots,C_n]$。明文加密后的形式为密文(Cypher Text,Cypher 亦为 Cipher)。

3)密钥空间 K:它是全体密钥的集合。加密和解密操作在密钥的控制下进行。密钥空间 K 通常由加密密钥和解密密钥组成,即 $K=(K_e,K_d)$。

4)加密算法 E:它是一族由 M 到 C 的加密变换,对于每一个具体的 K_e,E 确定出一个具体的加密函数,把 M 加密成密文 C,通常记为 $C=E(M,K_e)$ 或 $C=E_{K_e}(M)$。

5)解密算法 D:它是一族由 C 到 M 的解密变换,对于每一个确定的 K_d,D 确定出一个具体的解密函数,把密文 C 恢复为 M,通常记为 $M=D(C,K_d)$ 或 $M=D_{K_d}(C)$。

一个有意义的密码系统应当满足:对于每一确定的密钥 $K=(K_e,K_d)$,有 $M=D(C,K_d)=D(E(M,K_e),K_d)$,或记为 $M=D_{K_d}(E_{K_e}(M))$。加密和解密过程如图 2-2 所示。

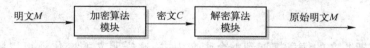

图 2-2 加密和解密过程

因为数据以密文的形式存储在计算机文件中,或在通信网络中传输,因此即使数据被未授权者非法窃取,或因系统故障和操作人员误操作而造成数据泄露,未授权者也不能理解它的真正含义,从而达到数据保密的目的。同样,未授权者也不能伪造合理的密文,因而不能篡改数据,从而达到确保数据真实性的目的。

2.2.2 密码体制

如果一个密码体制的 $K_e=K_d$,或由其中一个很容易推导出另一个,则称为对称密码体制(Symmetric Cryptosystem)或单钥密码体制或传统密码体制。对称密码体制模型如图 2-3 所示。否则,称为非对称密码体制(Asymmetric Cryptosystem)或公钥密码体制或双密钥密码体

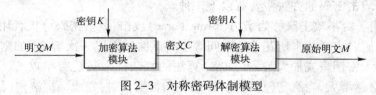

图 2-3 对称密码体制模型

制,模型如图 2-4 所示。这里不仅 $K_e \neq K_d$,在计算上 K_d 不能由 K_e 推出,这样将 K_e 公开也不会损害 K_d 的安全。

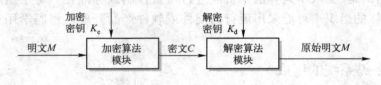

图 2-4　非对称密码体制模型

2.2.3　密码算法设计的两个重要原则

本节介绍与加密算法性能有关的两个重要概念。

1. 混乱性

加密算法应该从明文中提取信息并将其转换,以使截取者不能轻易识别出明文。当明文中的字符变化时,截取者不能预知密文会有何变化。我们把这种特性称为混乱性(Confusion)。

混乱性好的算法,其明文、密钥和密文之间有着复杂的函数关系。这样,截取者就要花很长时间才能确定明文、密钥和密文之间的关系,从而要花很长的时间才能破译密码。

在传统加密算法中,大家熟知的凯撒密码(见思考与练习题 24 的解释)的混乱性就不好,因为只要推断出几个字母的移位方式,不需要更多的信息就能预测出其他字母的转换方式。相反,一次一密乱码本(具有同报文长度一样长的有效密钥)则提供了很好的混乱性。因为在不同的输出场合,一个明文字母可以转换成任何密文字母,转换单一明文字母时并没有明显的模式。

2. 扩散性

密码还应该把明文的信息扩展到整个密文中去,这样明文的变化就可以影响到密文的很多部分,该原则称为扩散性(Diffusion)。这是一种将明文中单一字母包含的信息散布到整个输出中去的特性。好的扩散性意味着截取者需要获得很多密文,才能去推测算法。

2.2.4　密码分析学

密码分析学是在不知道密钥的情况下,通过已知加密消息、已知加密算法、截取的明文、密文中已知或推测的数据项、数学或统计工具和技术、语言特性、计算机、技巧与运气等恢复出明文的科学。成功的密码分析能恢复出消息的明文或密钥,密码分析也可以发现密码体制的弱点。

如果能够根据密文确定出明文或密钥,或者能够根据明文—密文对确定出密钥,则说明这个密码是可破译的。否则,这个密码是不可破译的。

密码分析者攻击密码的方法主要有以下 3 种。

1)穷举攻击。穷举攻击又称为蛮力(Brute Force)攻击,是指密码分析者用试遍所有密钥的方法来破译密码。穷举攻击所花费的时间等于尝试次数乘以一次解密(加密)所需的时间。显然可以通过增大密钥量或加大解密(加密)算法的复杂性来对抗穷举攻击。当密钥量增大时,尝试的次数必然增大,当解密(加密)算法的复杂性增大时,完成一次解密(加密)所需的时间增大,从而使穷举攻击在实际上不能实现。

2) 统计分析攻击。是指密码分析者通过分析密文的统计规律来破译密码。统计分析攻击在历史上为破译密码做出过极大的贡献。许多古典密码(例如凯撒密码)都可以通过分析密文字母和字母组的频率而破译。对抗统计分析攻击的方法是增加算法的混乱性和扩散性。

3) 数学分析攻击。是指密码分析者针对加密算法的数学依据,通过数学求解的方法来破译密码。为了对抗这种数学分析攻击,应选用具有坚实数学基础和足够复杂的加密算法。

此外,根据密码分析者可利用的数据来分类,可将破译密码的类型分为以下几种。

1) 唯密文(Ciphertext Only)攻击。是指密码分析者仅根据截获的密文来破译密码。密码分析者有一些消息的密文,这些消息都用同一加密算法加密。密码分析者的任务是恢复尽可能多的明文,或者最好是能推算出加密消息的密钥来,以便可采用相同的密钥解出其他被加密的消息。即已知:

$$C_1 = E_K(M_1), C_2 = E_K(M_2), \cdots, C_i = E_K(M_i)$$

推导出:$M_1, M_2, \cdots, M_i$;密钥 K 或者找出一个算法从 $C_{i+1} = E_K(M_{i+1})$ 推出 M_{i+1}。

2) 已知明文(Known Plaintext)攻击。是指密码分析者不仅可得到一些消息的密文,而且也知道这些消息的明文。分析者的任务就是用加密信息推出用来加密的密钥或导出一个算法,此算法可以对用同一密钥加密的任何新的消息进行解密。即已知:

$$M_1, C_1 = E_K(M_1); M_2, C_2 = E_K(M_2); \cdots; M_i, C_i = E_K(M_i)$$

推导出:密钥 K 或者找出一个算法从 $C_{i+1} = E_K(M_{i+1})$ 推出 M_{i+1}。

3) 选择明文(Chosen Plaintext)攻击。是指密码分析者不仅可得到一些消息的密文和相应的明文,而且也可选择被加密的明文,这是对密码分析者最有利的情况。计算机文件系统和数据库特别容易受到这种攻击。因为用户可随意选择明文,并得到相应的密文文件和密文数据库。即已知:

$$M_1, C_1 = E_K(M_1); M_2, C_2 = E_K(M_2); \cdots; M_i, C_i = E_K(M_i), 其中 M_1, M_2, \cdots, M_i 是由密码分$$
析者选择的。

推导出:密钥 K 或者找出一个算法从 $C_{i+1} = E_K(M_{i+1})$ 推出 M_{i+1}。

4) 选择密文(Chosen Ciphertext)攻击。密码分析者能选择不同的被加密的密文,并可得到对应的解密的明文,密码分析者的任务是推出密钥。即已知:

$$C_1, M_1 = D_K(C_1); C_2, M_2 = D_K(C_2); \cdots; C_i, M_i = D_K(C_i), 其中 C_1, C_2, \cdots, C_i 是由密码分析$$
者选择的。

推导出:密钥 K。

这种攻击主要用于公钥密码体制。选择密文攻击有时也可有效地用于对称密码算法。

有时选择明文攻击和选择密文攻击一起称为选择文本攻击。

5) 选择密钥(Chosen Key)攻击。这种攻击并不表示密码分析者能够选择密钥,它只表示密码分析者具有不同密钥之间关系的有关知识。这种方法有点奇特和晦涩,不是很实际。

6) 软磨硬泡(Rubber-hose)攻击。密码分析者威胁、勒索,或者折磨某人,直到他给出密钥为止。行贿有时称为购买密钥攻击。

2.2.5 密码算法的安全性

柯克霍夫原则(Kerckhoffs's Principle)告诉我们:数据的安全基于密钥而不是算法的保密。换句话说,系统的安全性取决于密钥,对密钥保密,对算法公开。

根据被破译的难易程度,不同的密码算法具有不同的安全等级。如果破译算法的代价大于加密数据的价值,那么算法可能是安全的;如果破译算法所需的时间比加密数据的时间更长,那么算法可能是安全的;如果用单密钥加密的数据量比破译算法需要的数据量少得多,那么算法可能是安全的。

这里说"可能"是因为在密码分析中总有新的突破。另一方面,大多数数据随着时间的推移,其价值会越来越小,这点是很重要的。

Lars Knudsen 把破译算法分为不同的类别,安全性的递减顺序为:

- 全部破译(Total Break)。密码分析者找出密钥 K,这样 $D_K(C) = M$。
- 全盘推导(Global Deduction)。密码分析者找到一个替代算法 A,在不知道密钥 K 的情况下,等价于 $D_K(C) = M$。
- 实例(或局部)推导(Instance Deduction)。密码分析者从截获的密文中找出明文。
- 信息推导(Information Deduction)。密码分析者获得一些有关密钥或明文的信息。这些信息可能是密钥的几个比特、有关明文格式的信息等。

如果不论密码分析者有多少密文,都没有足够的信息恢复出明文,那么这个算法就是无条件保密的。事实上,只有一次一密方案(使用与明文消息一样长的随机密钥,该密钥不能重复)才是不可破的。

密码学更关心在计算上不可破译的密码系统。如果一个算法用(现在或将来)可得到的资源都不能破译,这个算法则被认为在计算上是安全的(有时叫做强的)。

可以用不同方式衡量攻击方法的复杂性。

- 数据复杂性(Data Complexity):用于攻击所需输入的数据量。
- 处理复杂性(Processing Complexity):完成攻击所需要的时间。
- 存储需求(Storage Requirement):进行攻击所需要的存储量。

攻击的复杂性取这 3 个因素的最小化,有些攻击包括这 3 种复杂性的折中。

复杂性用数量级来表示。如果算法的处理复杂性是 2^{128},那么破译这个算法也需要 2^{128} 次运算(这些运算可能是非常复杂和耗时的)。假设有足够的计算速度去完成每秒钟一百万次运算,并且用 100 万个并行处理器完成这个任务,那么仍需花费 10^{19} 年以上才能找出密钥,那是宇宙年龄的 10 亿倍。

当攻击的复杂性是常数时(除非一些密码分析者发现更好的密码分析攻击),就只取决于计算能力了。在过去的半个世纪中,我们已看到计算能力的显著提高,而且这种趋势还在继续。许多密码分析攻击用并行处理机是非常理想的:这个任务可分成亿万个子任务,且处理之间不需相互作用。一种算法在现有技术条件下不可破译就简单地宣称该算法是安全的,这未免有些冒险和可笑。好的密码系统应设计成能适应未来许多年后计算能力的发展。

密码分析学的任务是破译密码或伪造认证密码,窃取机密信息或进行诈骗破坏活动。密码编码学的任务是寻求生成高强度密码的有效算法,满足对消息进行加密或认证的要求。进攻与反进攻、破译与反破译是密码学中永无止境的矛与盾的较量。

2.3 对称密码体制

在对称密码体制中,对明文的加密和密文的解密采用相同的密钥。在应用对称加密的通信中,消息的发送者和接收者必须遵循一个共享的秘密,即使用的密钥。

根据密码算法对明文信息的加密方式,对称密码体制常分为两类:一类是分组密码(Block Cipher,也叫块密码);另一类为序列密码(Stream Cipher,也叫流密码)。分组密码一次加密一个明文块,而序列密码一次加密一个字符或一个位。

设 M 为明文,分组密码将 M 划分为一系列明文块 $M_1, M_2, \cdots, M_n$,通常每块包含若干字符,并且对每一块 M_i 都用同一个密钥 K_e 进行加密,即 $C = (C_1, C_2, \cdots, C_n)$。其中 $C_i = E(M_i, K_e), i = 1, 2, \cdots, n$。

序列密码将 M 划分为一系列的字符或位 $m_1, m_2, \cdots, m_n$,并且对于每一个 m_i 用密钥序列 $K_e = (K_{e1}, K_{e2}, \cdots, K_{en})$ 的第 i 个分量 K_{ei} 来加密,即 $C = (C_1, C_2, \cdots, C_n)$,其中 $C_i = E(m_i, K_{ei}), i = 1, 2, \cdots, n$。

在对称加密中,涉及对密钥的保护措施,即密钥管理机制。密钥管理必须应用于密钥的整个生存周期,需要保证密钥的安全,保护其免于丢失或损坏。在通信双方传输信息时,尤其需要保证密钥不会泄漏。

目前流行的一些对称密码算法包括 DES、3-DES、AES、IDEA、Blowfish、CAST、RC 系列算法。

2.3.1 常见的对称密码算法

1. 数据加密标准(DES)

为了适应社会对计算机数据安全保密越来越高的要求,1973 年美国国家标准局(National Bureau of Standard,NBS),即现在的美国国家标准与技术研究所(National Institute of Standard and Technology,NIST)公开征集联邦数据加密标准的方案,这一举措促成了数据加密标准(Data Encryption Standard,DES)的出现。

DES 由 IBM 公司开发,由美国学者 Tuchman 和 Meyer 完成,它是 Lucifer 体制的改进。DES 于 1975 年首次公开。经过大量的、激烈的公开讨论后,1977 年 DES 被作为美国非国家保密机关使用的数据加密标准。

DES 算法是使用块加密方式进行加密。通常采用 64 位的分组数据块,默认采用 56 位的密钥长度。密钥与 64 位数据块的长度差用来填充奇偶校验位。根据密码算法设计的原则——混乱和扩散,DES 每层的 f 函数就是反复、交替地使用一些变换使得密文的每个比特是明文和密钥的完全函数,确保输出和输入没有明显的联系。

DES 算法只使用了标准的算术和逻辑运算,所以适合在计算机上用软件来实现。DES 被认为是最早广泛用于商业系统的加密算法之一。

由于 DES 设计时间较早,且采用的 56 位密钥较短,因此目前已经出现一系列用于破解 DES 加密的软件和硬件系统。DES 不应再被视为一种安全的加密措施。现代的计算机系统可以在少于 1 天的时间内通过暴力破解 56 位的 DES 密钥。如果采用其他密码分析手段,时间可能会进一步缩短。而且,由于美国国家安全局在设计算法时有行政介入的问题发生,很多人怀疑 DES 算法中存在后门。

3-DES(tripleDES)是 DES 的一个升级,主要用于对已有 DES 系统进行升级以替代不安全的 DES 系统,为高级加密标准(Advanced Encryption Standard,AES)推广间隙提供一个可用的替代措施。

3-DES 加密算法使用 2 个或 3 个密钥来替代 DES 的单密钥,相当于使用 3 次 DES 算法实现多重加密。密钥长度可以达到 112 位(2 个密钥)或 168 位(3 个密钥)。而实现多重加密的方式也存在多种组合。例如:最简单的,可以对明文分别使用密钥 A、密钥 B、密钥 C 连续进行 3 次 DES 加密,也可以对明文使用密钥 A 加密,而后使用密钥 B 对第一次加密的密文进行一次解密运算,再使用密钥 C 对其进行一次加密运算。一般来说,3-DES 算法克服了 DES 算法中一些显著的弱点,如密钥长度短、加密过程轮数少等。但是 3-DES 的加密时间花费是 DES 的 3 倍,对处理器和存储空间的要求也更高。毕竟 3-DES 只是一个兼容性解决方案和过渡方案。随着 AES 的推广,3-DES 也逐步完成了其历史使命。

2. RC 系列算法

RC(Rivest Cipher)是由著名密码学家 RonRivest 设计的几种算法的统称,具体已发布的算法包括 RC2、RC4、RC5 和 RC6。

RC2 算法最初作为 DES 的替代算法而设计,采用 64 位数据块分组,特点是支持可变长度的密钥,但是 RC2 的这一特点为其带来了严重的安全漏洞。

RC4 是一种流式加密算法,主要用于需要保证加密速度的环境,在无线网络应用中使用较多。

RC5 于 1994 年提出,允许使用 32 位、64 位或 128 位的数据块分组,密钥长度最高允许 2046 位,加密运算轮数允许 0 ~ 255 轮。一般建议采用 64 位分组、128 位密钥以及运算 12 轮以上。目前 RC5 的加密算法以及实现仍存在专利保护。就目前而言,RC5 算法中如果采用 12 轮以下的加密运算轮数,存在被攻破的可能性。如果使用高于 64 位的密钥长度和超过 18 轮的运算,可以认为目前无法被攻破。

RC6 类似于 RC5,是在 RC5 的基础上设计产生的,最初用于竞标 AES 算法。它使用 128 位的分组,允许使用 128 位、192 位或 256 位的密钥,加密运算轮数为 20 轮。就目前来看,未来一段时间内如果计算机运算能力不会发生质变,则 RC6 都能提供足够的安全性。

3. CAST 算法

CAST 算法由 CarlisleAdams 和 StaffordTavares 设计,类似于 DES,但是支持更长的密钥空间和分组长度。CAST-128 支持 40 ~ 128 位的密钥长度,加密运算 12 轮或 16 轮。而 CAST-256 支持 128 位、160 位、192 位、224 位或 256 位的密钥长度,加密运算 48 轮。

在有足够长度的密钥的条件下,CAST 算法也被视为一种安全的算法。

4. Blowfish 算法

Blowfish 算法是在 1993 年由美国人 Bruce Schneier 设计出的。通常采用 64 位的分组,允许使用 32 ~ 448 位长度的密钥,加密运算为 16 轮。其设计类似于 CAST,但是它为 32 位处理器进行优化,使其成为目前速度最快的分组加密算法之一。就安全性而言,目前仅能对较少运算轮数的加密系统变体进行攻击,对于 16 轮以上的运算则视为安全的。此外,Blowfish 算法的设计者放弃了他的专利权,将此算法公开。这使得 Blowfish 算法广泛应用于各类开源系统中,也为 Blowfish 算法的进一步研究以及密码学的发展起到了很大作用。

5. IDEA 算法

IDEA(International Data Encryption Algorithm)由中国学者来学嘉(Xuejia Lai)与著名密码学家 James Massey 于 1990 年共同提出,1992 年经最后修改更名。IDEA 的设计思想是"把不同代数群中的运算相混合",它是一种多层迭代分组密码算法,使用 64 位分组和 128 位的密钥,是分组密码算法中速度快、安全性强的代表性算法之一。就目前而言,唯一的弱点存在于实际使用中采用弱密钥(如全为 0 的密钥)。IDEA 算法目前仍受到欧洲主要国家及美国、日本的专利保护,这也进一步限制了它的应用范围。

2.3.2 高级加密标准

1. AES 概述

在攻击面前,虽然多重 DES 表现良好。不过,考虑到计算机计算能力的持续增长,人们需要一种新的、更强有力的加密算法。1995 年,美国国家标准与技术研究所(NIST)开始寻找这种算法。最终,美国政府采纳了由密码学家 Rijmen 和 Daemen 设计的 Rijndael 算法,使其成为了高级加密标准(Advanced Encryption Standard,AES)。

Rijindael 算法之所以最后当选,是因为它集安全性、效率、可实现性及灵活性于一体。

AES 算法是分组长度和密钥长度均可变的多轮迭代型加密算法。分组长度一般为 128位,密钥长度可以是 128 位、192 位、256 位。根据密钥的长度,算法分别被称为 AES-128、AES-192 和 AES-256。

AES 的 128 位块可以很方便地看成一个 4×4 矩阵 S,这个矩阵称为"状态"(State)。例如,假设输入为 16 个字节 $b_0, b_1, \cdots, b_{15}$,这些字节在状态中的位置及其用矩阵的表示见表 2-1。注意,这些状态用输入数据逐列填充。

表 2-1　AES 中"状态"的位置及其矩阵表示

$s_{0,0}$	$s_{0,1}$	$s_{0,2}$	$s_{0,3}$	b_0	b_4	b_8	b_{12}
$s_{1,0}$	$s_{1,1}$	$s_{1,2}$	$s_{1,3}$	b_1	b_5	b_9	b_{13}
$s_{2,0}$	$s_{2,1}$	$s_{2,2}$	$s_{2,3}$	b_2	b_6	b_{10}	b_{14}
$s_{3,0}$	$s_{3,1}$	$s_{3,2}$	$s_{3,3}$	b_3	b_7	b_{11}	b_{15}

2. AES 算法步骤

AES 加密算法具有 N_r 次替换 - 置换迭代,其中替换提供混乱性,置换提供扩散性。N_r 依赖于密钥长度,密钥长度为 128 位,$N_r = 10$;密钥长度为 192 位,$N_r = 12$;密钥长度为 256 位,$N_r = 14$。

下面以分组长度为 128 位,迭代次数 10 为例,介绍 AES 算法加密与解密的过程,如图 2-5所示。

(1)加密过程

加密算法的 4 个步骤如下:

1)给定一个明文 x,将 State 初始化为 x,并进行轮密钥(AddRoundKey)操作,将轮密钥与 State 异或。

2)前 $N_r - 1$ 轮中的每一轮,对当前的 State 进行 S 盒变换操作(SubBytes)、行移位(ShiftRows)、列混淆操作(MixColumns)以及轮密钥(AddRoundKey)操作。

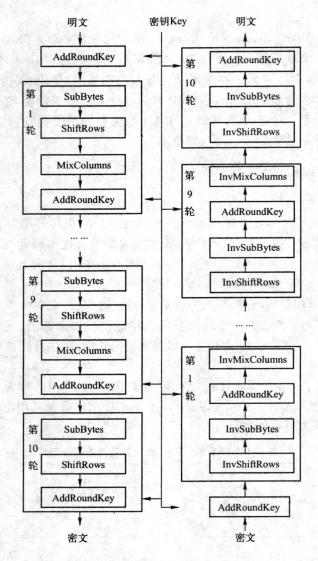

图 2-5　AES 算法加密与解密流程

3）在最后一轮,对当前的 State 进行 SubBytes、ShiftRows、AddRoundKey 操作。

4）最后 State 中的内容即为密文。

其中涉及了 5 个重要操作:

1）AddRoundKey——轮密钥加变换操作。将输入或状态 State 中的每一个字节分别与产生的密钥的每一个字节进行异或操作。

2）SubBytes——S 盒变换操作。SubBytes 操作是一个基于 S 盒(见表 2-2)的非线性置换。将 State 状态中的每一个字节通过查表操作映射成另一个字节。映射方法是:输入字节的高 4 位作为 S 盒的行值,低 4 位作为 S 盒的列值,然后取出 S 盒中对应的行和列的值作为输出。例如,输入为"95"(十六进制表示)的值所对应的 S 盒的行值为"9",列值为"5",S 盒中相应位置上的值为"2a",这样"95"就被映射成了"2a"。

22

表 2-2 S 盒变换(十六进制)

行\列		y															
		0	1	2	3	4	5	6	7	8	9	a	b	c	d	e	f
x	0	63	7c	77	7b	f2	6b	6f	c5	30	01	67	2b	fe	d7	ab	76
	1	ca	82	c9	7d	fa	59	47	f0	ad	d4	a2	af	9c	a4	72	c0
	2	b7	fd	93	26	36	3f	f7	cc	34	a5	e5	f1	71	d8	31	15
	3	04	c7	23	c3	18	96	05	9a	07	12	80	e2	eb	27	b2	75
	4	09	83	2c	1a	1b	6e	5a	a0	52	3b	d6	b3	29	e3	2f	84
	5	53	d1	00	ed	20	fc	b1	5b	6a	cb	be	39	4a	4c	58	cf
	6	d0	ef	aa	fb	43	4d	33	85	45	f9	02	7f	50	3c	9f	a8
	7	51	a3	40	8f	92	9d	38	f5	bc	b6	da	21	10	ff	f3	d2
	8	cd	0c	13	ec	5f	97	44	17	c4	a7	7e	3d	64	5d	19	73
	9	60	81	4f	dc	22	2a	90	88	46	ee	b8	14	de	5e	0b	db
	a	e0	32	3a	0a	49	06	24	5c	c2	d3	ac	62	91	95	e4	79
	b	e7	c8	37	6d	8d	d5	4e	a9	6c	56	f4	ea	65	7a	ae	08
	c	ba	78	25	2e	1c	a6	b4	c6	e8	dd	74	1f	4b	bd	8b	8a
	d	70	3e	b5	66	48	03	f6	0e	61	35	57	b9	86	c1	1d	9e
	e	e1	f8	98	11	69	d9	8e	94	9b	1e	87	e9	ce	55	28	df
	f	8c	a1	89	0d	bf	e6	42	68	41	99	2d	0f	b0	54	bb	16

3）ShiftRows——行移位操作。如图 2-6 所示,行移位原则是:第 0 行不动;第 1 行循环左移 1 个字节;第 2 行循环左移 2 个字节;第 3 行循环左移 3 个字节。

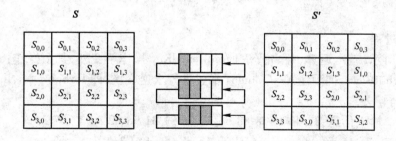

图 2-6　ShiftRows 完成行移位操作

4）MixColumns——列混合变换操作。

$$\begin{pmatrix} S'_{0,c} \\ S'_{1,c} \\ S'_{2,c} \\ S'_{3,c} \end{pmatrix} = \begin{pmatrix} 02 & 03 & 01 & 01 \\ 01 & 02 & 03 & 01 \\ 01 & 01 & 02 & 03 \\ 03 & 01 & 01 & 02 \end{pmatrix} \begin{pmatrix} S_{0,c} \\ S_{1,c} \\ S_{2,c} \\ S_{3,c} \end{pmatrix}$$

5）密钥扩展。首先定义几个数组和操作。

● $w[i]$:存放生成的密钥。

23

- $Rcon[i]$:存放前 10 个轮常数 $RC[i]$ 的值(用十六进制表示),见表 2-3。其对应的 $Rcon[i]$ 见表 2-4。$Rcon[i] = (RC[i], '00', '00', '00')$,$RC[0] = '01'$,$RC[i] = 2RC[i-1]$。
- RotWord( )操作:循环左移 1 个字节,将 $(b_0b_1b_2b_3)$ 变成 $(b_1b_2b_3b_0)$。
- SubWord( )操作:基于 S 盒对输入字中的每个字节进行 S 代替。

表 2-3 $RC[i]$ 中的值

i	1	2	3	4	5	6	7	8	9	10
$RC[i]$	01	02	04	08	10	20	40	80	1b	36

表 2-4 $Rcon[i]$ 中的值

i	1	2	3	4	5
$Rcon[i]$	01000000	02000000	04000000	08000000	10000000
i	6	7	8	9	10
$Rcon[i]$	20000000	40000000	80000000	1b000000	36000000

密钥扩展的具体步骤:

① 初始密钥直接被复制到数组 $w[i]$ 的前 4 个字节中,得到 $w[0]$、$w[1]$、$w[2]$、$w[3]$。

② 对 w 数组中下标不为 4 的倍数的元素,只是简单地异或,即

$$w[i] = w[i-1] \oplus w[i-4] \quad (i \text{ 不为 4 的倍数})$$

③ 对 w 数组中下标为 4 的倍数的元素,在使用上式进行异或前,需对 $w[i-1]$ 进行一系列处理,即依次进行 RotWord、SubWord 操作,再将得到的结果与 $Rcon[i/4]$ 进行异或运算。

(2)解密过程

如图 2-5 所示,基本运算中除轮密钥 AddRoundKey 操作不变外,其余操作:S 盒变换 SubBytes、行移位 ShiftRows、列混淆 MixColumns 都要进行求逆变换,即 InvSubBytes、InvShiftRows 和 InvMixColumns。

【例 2-1】 输入信息:32 43 f6 a8 88 5a 30 8d 31 31 98 a2 e0 37 07 34

加密密钥:2b 7e 15 16 28 ae d2 a6 ab f7 15 88 09 cf 4f 3c

加密密钥为 128 位,所以轮数 $N_r = 10$

求出加密结果。

加密过程分析:

1)10 轮迭代开始前,先把原始明文写成如下形式:

32	88	31	e0
43	5a	31	37
f6	30	98	07
a8	8d	a2	34

本轮密钥写成如下形式:

2b	28	ab	09
7e	ae	f7	cf
15	d2	15	4f
16	a6	88	3c

进行 AddRoundKey 操作后产生一个结果,作为 10 轮迭代的第一轮输入。AddRoundKey 操作如下。

每个字节相应异或:32 为 00110010,2b 为 00101011,异或结果为 00011001 即 19,所以第一个字节为 19,其他字节依此类推。因此,得到第一轮的轮开始状态为:

19	a0	9a	e9
3d	f4	c6	f8
e3	e2	8d	48
be	2b	2a	08

2)接下来,进行第一轮的 SubBytes 操作,要查 S 盒,每个字节依次置换。

置换方法为:高 4 位为 S 盒行值,低 4 位为 S 盒列值,如 19 就是查 S 盒中第 1 行第 9 列的值,结果为 d4,其他字节相同。

d4	e0	b8	1e
27	bf	b4	41
11	98	5d	52
ae	f1	e5	30

然后按照 ShiftRows——行移位操作原则进行移位,得到结果如下:

d4	e0	b8	1e
bf	b4	41	27
5d	52	11	98
30	ae	f1	e5

下面的 MixColumns——列混合变换操作利用公式完成:

$$\begin{pmatrix} S'_{0,c} \\ S'_{1,c} \\ S'_{2,c} \\ S'_{3,c} \end{pmatrix} = \begin{pmatrix} 02 & 03 & 01 & 01 \\ 01 & 02 & 03 & 01 \\ 01 & 01 & 02 & 03 \\ 03 & 01 & 01 & 02 \end{pmatrix} \begin{pmatrix} S_{0,c} \\ S_{1,c} \\ S_{2,c} \\ S_{3,c} \end{pmatrix}$$

第一个字节为:$02 * d4 + 03 * bf + 01 * 5d + 01 * 30 = 04$。

其他字节类似,按公式计算(其中所有的计算都是在有限域上计算)。

25

得到的结果如下,记为中间状态1:

04	e0	48	28
66	cb	f8	06
81	19	d3	26
e5	9a	7a	4c

接下来,按上面介绍的步骤讨论密钥扩展。

首先:$w[0]$ = 2b7e1516,$w[1]$ = 28aed2a6,$w[2]$ = abf71588,$w[3]$ = 09cf4f3c。

接着求 $w[4]$,由于下标为 4 的倍数,则在异或之前对 $w[i-1]$ 也就是 $w[3]$ 处理,于是 $w[4]$ 的产生过程如图 2-7 所示。

a0fafe17 即为 $w[4]$ 的值。$w[5]$ = $w[4] \oplus w[1]$ = 88542cb1,$w[6]$ = $w[5] \oplus w[2]$ = 23a33939,$w[7]$ = $w[6] \oplus w[3]$ = 2a6c7605,得到新一轮的密钥为:

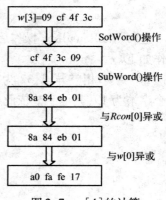

图 2-7　$w[4]$ 的计算

a0	88	23	2a
fa	54	a3	6c
fe	2c	39	76
17	b1	39	05

把这个新的密钥和中间状态 1 进行 AddRoundKey 操作,得到的结果作为第 2 轮迭代的输入。

a4	68	6b	02
9c	9f	5b	6a
7f	35	ea	50
f2	2b	43	49

3)依次迭代下去,直到第 10 轮迭代结束。注意:第 10 轮的迭代不要进行 MixColumns 操作。最后的结果即产生的密文为:

39	02	dc	19
25	dc	11	6a
84	09	85	0b
1d	fb	97	32

即:39 25 84 1d 02 dc 09 fb dc 11 85 97 19 6a 0b 32。

3. 对 Rijndael 算法的评估

1)安全性。由于 Rijndael 的分组长度和密钥长度,AES 的安全性相当好。到目前为止,已知的有效攻击是采用旁路攻击的方式,即不直接攻击加密系统,而攻击运行于不安全系统上的加密系统,通过同时获取明文和密文进行对照的方式获取密钥。

2) 多功能性和灵活性。Rijndael 支持分组和密钥长度分别为 128 位、192 位、256 位的各种组合。原则上该算法结构能通过改变轮数来支持长度为 32 位的任意倍数的分组和密钥长度。

3) Rijndael 对内存的需求非常低,这也使它很适合用于受限制的环境中。

2.4 公钥密码体制

一个安全的对称密钥密码体制可以实现下列功能。

1) 保护信息机密:明文经加密后,除非拥有密钥,外人无从了解其内容。

2) 认证发送方的身份:接收方任意选择一随机数 r,请发送方加密成密文 C,送回给接收方。接收方再将 C 解密,若能还原成原来的 r,则可确知发送方的身份无误,否则则是第三方冒充。由于只有发送方(及接收方)知道加密密钥,因此只有他能将此随机数 r 所对应的密文 C 求出,其他人则因不知道加密密钥,而无法求出正确的 C。此种认证发送方身份的方法现在广泛使用于银行体系中。

3) 确保信息完整性:在许多不需要隐藏信息内容,但需要确保信息内容不被更改的场合,发送方可将明文加密后的密文附加于明文之后送给接收方,接收方可将附加的密文解密,或将明文加密成密文,然后对照是否相符。若相符则表示明文正确,否则有被更改的嫌疑。银行界使用的押码即是如此。通常可利用一些技术将附加密文的长度缩减,以减少传送时间及内存容量。有关这些方法,本书将在 2.5 节介绍。

对称密码体制具有天然的缺陷,由此促进了公钥密码体制的产生。

2.4.1 对称密码体制的缺陷与公钥密码体制的产生

对称密钥密码体制具有下列缺点:

1) 密钥管理的困难性。对称密码体制中,密钥为发送方和接收方所共享,分别用于消息的加密和解密。密钥需要受到特别的保护和安全传递,才能保证对称密码体制功能的安全实现。此外,任何两个用户间要进行保密通信就需要一个密钥,不同用户间进行保密通信时必须使用不同的密钥。若网络中有 n 人,则每人必须拥有 $n-1$ 把密钥,网络中共需有 $n(n-1)/2$ 把不同的密钥。当 n 等于 1000 时,每人须保管 999 把密钥,网络中共需有 499500 把不同的密钥。这么多的密钥会给密钥的安全管理与传递带来很大的困难。

2) 陌生人之间的保密通信。电子商务等网络应用提出了互不相识的网络用户间进行秘密通信的问题,而对称密码体制的密钥分发方法要求密钥共享各方互相信任,因此它不能解决陌生人之间的密钥传递问题,也就不能支持陌生人之间的保密通信。

3) 无法达到不可否认服务。对称密钥密码系统无法达到如手写签名具有事后不可否认的特性,这是由于发送方与接收方都使用同一密钥,因此发送方可在事后否认他先前送过的任何信息。接收方也可以任意地伪造或篡改,而第三方无法分辨是发送方抵赖送过的信息,还是接收方自己捏造的。

如何解决以上这些问题呢?现在回到密码系统模型上,如果将加密密钥 K_d 与解密密钥 K_e 分开,使得即使知道 K_d,还是无法得知 K_e,那么就可以将 K_d 公开,但只有接收方知道 K_e。在此情况下,任何人均可利用 K_d 加密,而只有知道 K_e 的接收方才能解密。或是只有接收方一人才能加密(加密与解密其实都是一种动作),任何人均能解密。这就是公开密钥密码系统的主要精神,也是其与对称密码系统最大的不同所在。由于加密密钥 K_d 与解密密钥 K_e 不同,因此公钥密码体制又称为非对称密码体制或双密钥密码体制。

1976 年,Diffie 和 Hellman 在 *New Direction in Cryptography*(密码学新方向)一文中首次提出了公钥密码体制的思想,这就是有名的 Diffie-Hellman 公钥分配系统(Public Key Distribution System,PKDS)。但是他们并没有提出一个完整的公钥系统,而只是推测其存在。1977 年,Rivest、Shamir 和 Adleman 第一次实现了公钥密码体制,称为 RSA 算法。

2.4.2 公钥密码体制内容

图 2-8 所示是公钥密码体制加、解密的原理图,加解密过程主要有以下几步。

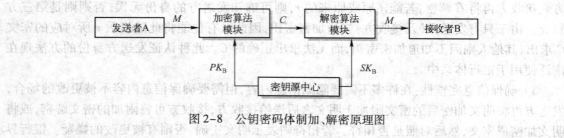

图 2-8　公钥密码体制加、解密原理图

1)系统中要求接收消息的端系统(如图中的接收者 B),产生一对公私钥,PK_B 表示公钥,SK_B 表示私钥。

2)端系统 B 将公钥 PK_B 放在一个公开的寄存器或文件中,通常放入管理密钥的密钥中心。私钥 SK_B 则被用户保存。

3)A 如果要想向 B 发送消息 M,则首先必须得到并使用 B 的公钥 PK_B 加密 M,表示为 $C = E_{PKB}(M)$,其中 C 是密文,E 是加密算法。

4)B 收到 A 的密文 C 后,用自己的私钥 SK_B 解密得到明文信息,表示为 $M = D_{SKB}(C)$,其中 D 是解密算法。

公钥密码体制的安全性体现在:

- 接收方 B 产生密钥对(公钥 PK_B 和密钥 SK_B)是很容易计算得到的。
- 发送方 A 用收到的公钥对消息 M 加密以产生密文 C,即 $C = E_{PKB}(M)$,在计算上是容易的。
- 接收方 B 用自己的密钥对密文 C 解密,即 $M = D_{SKB}(C)$,在计算上是容易的。
- 密码分析者或者攻击者由 B 的公钥 PK_B 求私钥 SK_B,在计算上是不可行的。
- 密码分析者或者攻击者由密文 C 和 B 的公钥 PK_B 恢复明文 M,在计算上是不可行的。
- 加、解密操作的次序可以互换,也就是 $E_{PKB}(D_{SKB}(M)) = D_{SKB}(E_{PKB}((M)))$。

安全的公钥密码体制可以保护信息机密性,发送方用接收方的公钥将明文加密成密文,此后只有拥有私钥的接收方才能解密。此外,公钥密码体制还能实现下列功能:

1)简化密钥分配及管理。网络上的每人只需要一对公私钥。

2)密钥交换。发送方和接收方可以利用公钥密码体制交换会话密钥。这种应用也称为混合密码系统,即用对称密码体制加密需要保密传输的消息本身,然后用公钥密码体制加密对称密码体制中使用的会话密钥。将两者结合使用,充分利用对称密码体制在处理速度上的优势和非对称密码体制在密钥分发与管理方面的优势。

3) 实现不可否认功能。由于只有接收方才拥有私钥,若他先用私钥将明文加密成密文(签名),则任何人均能用公开密钥将密文解密(验证)进行鉴别。由于只有接收方才能将明文签名,任何人无法伪造,因此,此签名文就如同接收方亲手签名一样,日后有争执时,第三方可以很容易做出正确的判断。提供此种功能的公钥密码算法称为数字签名,2.6 节中将详细介绍。这种基于数字签名的方法也可提供认证功能。

需要注意的是,RSA 算法虽支持上述 3 类功能,但是其他的一些公钥密码算法并不都支持上述 3 种功能,例如 DSA 只用于数字签名,Diffie-Hellman 只用于密钥交换。

图 2-9 展示了公钥密码体制用于对发送方 A 发送的消息 M 提供数字签名的功能。用户 A 用自己的密钥 SK_A 对明文 M 进行加密,过程表示为 $C = E_{SKA}(M)$,然后将密文 C 发给 B。B 用 A 的公钥 PK_A 对 C 进行解密,该过程可以表示为 $M = D_{PKA}(C)$,因为从 M 得到 C 是经过 A 的密钥 SK_A 加密,只有 A 才能做到,因此 C 可当作 A 对 M 的数字签名。另一方面,任何人只要得不到 A 的密钥 SK_A 就不能篡改 M,所以以上过程实现了对消息来源的认证功能。

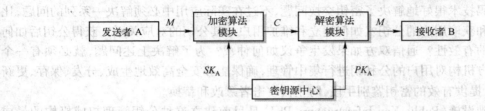

图 2-9 公钥密码体制实现不可否认性的原理

为了同时提供保密性和不可否认性功能,可采用双重加、解密,原理如图 2-10 所示。

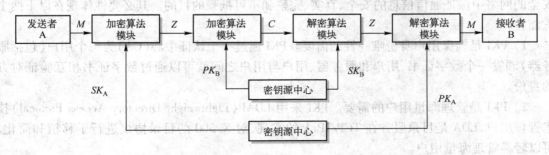

图 2-10 公钥密码体制实现保密性和不可否认性的原理

发送方首先用自己的私钥 SK_A 对消息 M 进行签名,然后再用接收方的公钥 PK_B 进行加密操作,表示为 $C = E_{PKB}(E_{SKA}(M))$,解密过程为 $M = D_{PKA}(D_{SKB}(C))$,即接收方用自己的私钥和发送方的公钥对收到的密文进行两次操作。

在实际应用中,特别是在用户数量很多时,以上过程需要很大的存储空间来存储密钥,同时还必须存储每个文件被加密后的密文形式即数字签名,以便在有争议时用来认证文件的来源和内容。一种改进的方法就是减少文件的数字签名的大小,可以先将文件经一个函数压缩成长度较小的比特串,再进行数字签名。

2.4.3　加密与签名的顺序问题

假定用户 A 想给用户 B 发送一个消息 M,出于机密性和不可否认性的考虑,A 需要在发送前对消息进行签名和加密,那么 A 是先签名后加密好,还是先加密后签名好呢?

考虑下面的重放攻击情况,假设 A 决定发送消息:

$$M = \text{"I love you"}$$

先签名再加密,A 发送 $E_{PKB}(E_{SKA}(M))$ 给 B。B 收到后解密获得签名的消息 $E_{SKA}(M)$,并将其加密为 $E_{PKC}(E_{SKA}(M))$,将该消息发送给 C,于是 C 以为 A 爱上了他。

再考虑下面的中间人攻击情况,A 将一份重要的研究成果发送给 B。这次她的消息是先加密再签名,即发送 $E_{SKA}(E_{PKB}(M))$ 给 B。然而 C 截获了 A 和 B 之间的所有通信内容并进行中间人攻击。C 使用 A 的公钥计算出 $E_{PKB}(M)$,并且用自己的私钥签名后发给 B,从而使得 B 认为该成果是 C 的。

从上面的两种情况能够意识到公钥密码的局限性。对于公钥密码,任何人都可以进行公钥操作,即任何人都可以加密消息,任何人都可以验证签名。

公钥密码技术很好地解决了密钥交换问题,不过在实际应用中必须解决一系列的问题,比如怎样分发和获取用户的公钥?如何建立和维护用户与其公钥的对应关系?获得公钥后如何鉴别该公钥的有效性?通信双方如果发生争议如何仲裁?为了解决上述问题,就必须有一个权威的第三方机构对用户的公私钥进行集中管理,确保能够安全高效地生成、分发、保存、更新用户的密钥,提供有效的密钥鉴别手段,防止被攻击者篡改和替换。

公钥基础设施(Public Key Infrastructure,PKI)是目前建立这种公钥管理权威机构的最成熟的技术之一。PKI 是在公钥密码理论技术基础上发展起来的一种综合安全平台,能够为所有网络应用透明地提供加密和数字签名等密码服务所必需的密钥和证书管理,从而达到在不安全的网络中保证通信信息的安全、真实、完整和不可抵赖的目的。其必要性体现在以下两个方面。

1)PKI 是确保用户身份唯一性的需要。PKI 通过一个认证中心(CA)为每个用户(包括服务器)颁发一个数字证书,用户和服务器、用户与用户之间就可以通过数字证书相互验证对方的身份。

2)PKI 是管理海量用户的需要。PKI 采用 LDAP(Lightweight Directory Access Protocal)技术管理用户,LDA 是目录服务在 TCP/IP 上的实现,对 X.500 的目录协议进行了移植和简化,可以轻易管理海量用户。

总之,利用 PKI 可以方便地建立和维护一个可信的网络安全平台,从而使得人们在这个无法直接相互面对的环境里,能够确认彼此的身份和所交换的信息,能够安全地从事各种交互活动。本书在 5.6 节中将对此详细介绍。

2.4.4　基本数学概念

1. 群

群是一个抽象的数学对象,它包含一个元素集合、一个运算,以及一些其他的定义性质。群的一个例子是在模 n 加法运算下的整数模 n 群。这个群包含 n 个元素,它可以表示为 $Z_n = \{0,1,2,\cdots,n-1\}$。比如群 Z_{15},它的元素是 $\{0,1,2,\cdots,14\}$。这个群中的一些计算例子,如 5

$+6 \bmod 15 = 11;5 + 10 \bmod 15 = 0;12 + 6 \bmod 15 = 3$。

2. 模逆元

元素 $x \in Z_n$ 有乘法逆元 x^{-1},当且仅当 x 和 n 的最大公因子是 1,即 $\gcd(x, n) = 1$,也即 x 必须和 n 互素。如果 x 的逆元存在,那么必定满足 $x \cdot x^{-1} \bmod n = 1$。

一般地,若 x 与 n 互质,则有唯一逆元,例如 5 模 14 的逆元为 3,因为 $5 \times 3 = 15 \equiv 1 \bmod 14$。

x 与 n 不互质,没有逆元,例如 2 模 4 没有逆元。

如果 n 是一个素数,则 $1 \sim n - 1$ 的每个数都与 n 互质,在此范围内恰好有一个逆元。

要计算 a 的逆元 $x = a^{-1} \bmod n$,即求出满足 $ax + ny = 1$ 中的 x。显然用扩展的 Euclidean 算法即可。

【例 2-2】 求 $3^{-1} \bmod 4$。

解:因 $\gcd(3,4) = 1$,令 $x = 3^{-1} \bmod 4$,求解 $3x + 4y = 1$。用扩展的 Euclidean 算法最后得到 $(-1) \times 3 + 1 \times 4 = 1$,所以 $3^{-1} \bmod 4 \equiv (-1) \bmod 4 = 3$。

3. 费尔马小定理

当 n 是素数时,Z_n 中元素 a 满足 $a^{n-1} \equiv 1 \bmod n$。

例如:$2^{7-1} \equiv 1 \bmod 7$。

4. Euler 函数

$n \geqslant 1$,在 $1,2,\cdots,n$ 中与 n 互素的元素个数记为 Euler 函数 $\varphi(n)$。Euler 函数的性质:p 是素数,$\varphi(n) = p - 1$。

【例 2-3】 $\varphi(5) = 4$,$\varphi(6) = 2$,$\varphi(9) = 6$。

5. 生成元

域实际上是一个群,且域中每一个非零元都有乘法逆元。设 p 是素数,Z_p 就是有限域的一个例子。这个域由元素集合 $\{0,1,2,\cdots,p-1\}$,模 p 的加法运算和模 p 的乘法运算组成。另一个有限域的例子是 $Z_p *$,其中所有的元素都与 p 互素。$Z_p *$ 还具有另外一个特性:它是一个循环域。即对任意元素 $\beta \in Z_p *$ 都可以由一个生成元 g 的 a 次幂生成,其中 $0 \leqslant a \leqslant p - 2$。比如域 $Z_{13} * = \{1,2,3,4,5,6,7,8,9,10,11,12\}$。这个域的生成元是 2,因为其中的每个元素都可以由 2 的 a 次幂生成,其中 $0 \leqslant a \leqslant 11$,即:

$2^0 \bmod 13 = 1, 2^1 \bmod 13 = 2, 2^4 \bmod 13 = 3, 2^2 \bmod 13 = 4, 2^9 \bmod 13 = 5$,

$2^5 \bmod 13 = 6, 2^{11} \bmod 13 = 7, 2^3 \bmod 13 = 8, 2^8 \bmod 13 = 9, 2^{10} \bmod 13 = 10$,

$2^7 \bmod 13 = 11, 2^6 \bmod 13 = 12$。

一个域的生成元称为模 p 的本原元。

2.4.5 RSA 算法

1. RSA 算法过程

RSA 算法是基于群 Z_n 中大整数因子分解的困难性建立的。

RSA 算法可以描述如下:

1)生成两个大素数 p 和 q(保密)。

2)计算这两个素数的乘积 $n = pq$(公开)。

3）计算小于 n 并且与 n 互素的整数的个数，即欧拉函数 $\varphi(n)=(p-1)(q-1)$（保密）。

4）选取一个随机整数 e 满足 $1<e<\varphi(n)$，并且 e 和 $\varphi(n)$ 互素，即 $\gcd(e,\varphi(n))=1$（公开）。

5）计算 d，满足 $de=1\bmod\varphi(n)$（保密）。

以 $\{e,n\}$ 为公开钥，$\{d,n\}$ 为秘密钥。

利用 RSA 加密的第一步是将明文数字化，并取长度小于 $\mathrm{lb}\,n$ 位的数字作为明文块。

加密算法：$c=E(m)\equiv m^{e}(\bmod\ n)$。

解密算法：$D(c)\equiv c^{d}(\bmod\ n)$。

【例 2-4】 一个利用 RSA 算法的加密实例。

加密过程分析：

$p=43,q=59,n=pq=43\times59=2537,\varphi(n)=42\times58=2436$，取 $e=13$

解方程 $de=1\bmod 2436$

$2436=13\times187+5,13=2\times5+3$

$5=3+2,3=2+1$

故 $1=3-2,2=5-3,3=13-2\times5,5=2436-13\times187$

所以 $1=3-2=3-(5-3)=2\times3-5=2\times(13-2\times5)-5=2\times13-5\times5$

$=2\times13-5\times(2436-13\times187)=937\times13-5\times2436$

即 $937\times13\equiv1\ (1\bmod 2436)$

取 $e=13,d=937$

若有明文：public key encryptions

先将明文分块为：pu bl ic ke ye nc ry pt io ns

如利用英文字母表的顺序：即 a 为 $00,b$ 为 $01,\cdots,y$ 为 $24,z$ 为 25，将明文数字化得：

1520　0111　0802　1004　2404　1302　1724　1519　0814　1418

加密的密文：

0095　1648　1410　1299　1365　1379　2333　2132　1751　1289

2. RSA 的缺点

RSA 的重大缺陷是：RSA 的安全性一直未能得到理论上的证明。

RSA 的缺点还有：

1）产生密钥很麻烦，受到素数产生技术的限制，因而难以做到一次一密。

2）由于进行的都是大数计算，无论是软件还是硬件实现，速度一直是 RSA 的缺陷。一般来说只用于少量数据加密。

3）分组长度太大。为保证安全性，n 至少也要 600 位以上，使运算代价很高，尤其是速度较慢，较对称密码算法慢几个数量级；且随着大数分解技术的发展，这个长度还在增加，不利于数据格式的标准化。

3. 安全性分析

若 $n=pq$ 被因数分解，则 RSA 便被攻破。因为若 p 和 q 已知，则 $\varphi(n)=(p-1)(q-1)$ 可计算出，解密密钥 d 便可利用欧几里得算法求出。因此，RSA 的安全性依赖于大数分解，但是否等同于大数分解一直未能得到理论上的证明。

基于对 RSA 系统安全性的考虑，在设计 RSA 系统时，p 和 q 应满足：

1）选取的素数 p 和 q 要足够大,使得给定了它们的乘积 n,在事先不知道 p 和 q 的情况下分解 n 在计算上是不可行的。一般应为 $10^{100} \sim 10^{125}$ 位,这样可以基本保证不会在有效时间内被密码分析人员破译出参数。

2）如果 $p > q$,$p - q$ 不宜太小,最好与 p、q 的位数接近。

3）$\gcd(p-1, q-1)$ 应尽量小。

满足上述条件的素数称为安全素数。

RSA 算法是第一个能同时用于加密和数字签名的算法,也易于理解和操作。RSA 是被研究得最广泛的公钥算法,从提出到现在已经历了各种攻击的考验,逐渐为人们接受,普遍认为它是目前最优秀的公钥方案之一。

2.5 散列函数

前面介绍了对称密码算法和公钥密码算法,本节介绍第三种加密算法,即散列函数。

2.5.1 散列函数的概念

与对称密码算法和公钥密码算法不同,散列函数没有密钥,散列函数就是把可变输入长度串(叫做预映射,Pre-image)转换成固定长度输出串(叫做 Hash 值或散列值)的一种函数。

散列函数又可称为 Hash 函数、消息摘要(Message Digest)函数、杂凑函数、指纹、密码校验和、信息完整性检验(DIC)、消息认证码(Message Authentication Code,MAC)。

散列函数有 4 个主要特点:

1）它能处理任意大小的信息,并将其信息摘要生成固定大小的数据块(例如 128 位,即 16 字节),对同一个源数据反复执行 Hash 函数将总是得到同样的结果。

2）它是不可预见的。产生的数据块的大小与原始信息的大小没有任何联系,同时源数据和产生的数据块的数据看起来没有明显关系,但源信息的一个微小变化都会对数据块产生很大的影响。

3）它是完全不可逆的。即散列函数是单向的,从预映射的值很容易计算其散列值,没有办法通过生成的散列值恢复源数据。

4）它是抗碰撞的。即寻找两个输入得到相同的输出值在计算上是不可行的。

图 2-11 表示一个单向散列函数的工作过程。假设单向散列函数 $H(M)$ 作用于任意长度的消息 M,它返回一个固定长度的散列值 h,其中 h 的长度为定数 m,该函数必须满足如下特性:

图 2-11 单向散列函数的工作过程

• 给定 M,很容易计算 h。

• 给定 h,计算 M 很难。

• 给定 M,要找到另一消息 M' 并满足 $H(M') = H(M)$ 很难。

单向散列函数最主要的用途是数字签名。现在使用的重要的计算机安全协议,如 SSL、PGP 都用散列函数来进行签名。2.6 节中将详细介绍数字签名。

常用的消息摘要算法有:

1）MD5 算法。是由美国麻省理工学院的 R. Rivest 在 1991 年提出的。MD5 是一个在国内外有着广泛应用的散列函数算法,它曾一度被认为是非常安全的。然而,在 2004 年 8 月 17 日美国加州圣巴巴拉召开的国际密码学会议(Crypto'2004)上,我国的王小云教授做了破译 MD5、HAVAL-128、MD4 和 RIPEMD 算法的报告。王小云教授发现,可以很快地找到 MD5 的 "碰撞",这意味着,当我们在网络上使用电子签名签署一份合同后,还可能找到另外一份具有相同签名但内容迥异的合同,这样两份合同的真伪性便无从辨别。王小云教授的研究成果证实了利用 MD5 算法的碰撞可以严重威胁信息系统安全,这一发现使目前电子签名的法律效力和技术体系受到挑战。

2)SHA 算法。SHA(Secure Hash Algorithm)由美国国家标准与技术研究所(NIST)设计,并于 1993 年作为联邦信息处理标准 FIPS PUB 180 发布。随后该版本的 SHA(后被称为 SHA-0)被发现存在缺陷,修订版于 1995 年发布(FIPS PUB 180 – 1),通常称为 SHA-1。SHA-1 产生 160 位的 Hash 值。2002 年,NIST 发布了修订版 FIPS PUB 180 – 2,其中给出了 3 种新的 SHA 版本,Hash 值长度依次为 256、384 和 512 位,分别称为 SHA-256、SHA-384、SHA-512。这些算法被统称为 SHA-2。SHA-2 同 SHA-1 类似,都使用了相同的迭代结构和同样的模算数运算与二元逻辑操作。在 2008 年发布的修订版 FIP PUB 180 – 3 中,增加了 224 位版本。2005 年,NIST 宣布了逐步废除 SHA-1 的意图,逐步转向 SHA-2 版本。2007 年,NIST 开始征集新一代 Hash 函数,称其为 SHA-3。

3)RIPEMD 算法。RIPEMD 算法是为欧共体 RIPE 工程设计的,它将任意长度消息摘要为 128 位,后来又对算法进行了修改,使其摘要长度变为 160 位,修改后称为 RIPEMD-160。RIPEMD-160 是一个基于 MD4 的函数,由 10 层变换组成,每层内包含 16 层子变换。

2.5.2 SHA-1 算法

1. SHA-1 概述

就当前的情况来看,SHA-1 由于其安全强度及运算效率方面的优势已经成为使用较为广泛的散列函数。该算法输入消息的最大长度为 2^{64} – 1 位,产生的输出是一个 160 位的消息摘要。输入按 512 位的分组进行处理。

2. SHA-1 算法步骤

SHA-1 算法步骤介绍如下:

1)填充消息。对输入的原始消息添加适当的填充位,使得填充后消息的长度满足:模 512 余 448。即使输入的原始消息长度已满足模 512 余 448,仍然要执行填充操作。具体填充方法是:第一位为 1,后面各位全为 0。

2)添加原始消息长度。在填充的消息后面附加 64 位,用 64 位无符号整数表示原始消息的长度。

3)初始化消息摘要缓存区。SHA-1 中有 5 个 32 位的寄存器(A,B,C,D,E)组成 160 位的缓存区,用于存储中间结果和最终散列函数的结果(即消息摘要)。其初始值(IV)为:A = 0x67452301,B = 0xEFCDAB89,C = 0x98BADCFE,D = 0x10325476,E = 0xC3D2E1F0。

4)处理消息。以 512 位为一个分组,对填充后的消息进行处理。主循环的次数为消息的分组数 L。每次主循环分成 4 轮,每轮进行 20 步操作,共 80 步。每轮以当前正在处理的一个 512 位分组和 160 位的缓存值 $ABCDE$ 为输入,然后更新缓存的内容。

2.5.3 散列函数的应用

散列函数通常具有以下几个用途：

1）存储用户密码。将密码哈希后的结果存储在数据库中,以做密码匹配。这是利用了散列函数不可逆的特点,从计算后的哈希值不能得到密码。

2）检查数据是否一致。将两地存储的数据进行哈希,比较结果,如果结果一致就无需再进行数据比对。这是利用了散列函数抗碰撞的能力,两个不同的数据,其哈希值不可能一致。相当多数据服务,尤其是网盘服务,利用散列函数来检测重复数据,避免重复上传。

3）校验数据完整性。将数据和数据哈希后的结果一并传输,用于检验传输过程中数据是否有损坏。这也是利用了散列函数抗碰撞的能力。数据文件发生任何一点变化,通过单向散列函数计算出的散列值都会不同。

如图 2-12 所示,互联网安全论坛 ISF 网站提供下载资料的页面上,提供了资料文件的 SHA-1 散列值,用户下载了文件后,可以通过重新计算散列值来判断文件是否发生变化。

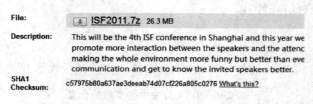

图 2-12 网站上提供下载资料的 SHA-1 散列值

2.6 数字签名

数字签名(Digital Signatures)技术是实现交易安全的核心技术之一,本节介绍数字签名的概念及 DSA 算法。

2.6.1 数字签名的概念

一般书信或文件传送根据亲笔签名或印章来证明其真实性,在计算机网络中传送的报文是使用数字签名来证明其真实性的。

数字签名可以保证实现以下几点：

- 发送者事后不能否认对发送报文的签名。
- 接收者能够核实发送者发送的报文签名。
- 接收者或其他人不能伪造发送者的报文签名。
- 接收者不能对发送者的报文进行部分篡改。

数字签名的应用范围十分广泛,在保障电子数据交换(EDI)的安全性上实现了突破性的进展。凡是需要对用户的身份进行判断的情况都可以使用数字签名,比如加密信件、商务信函、订货购买系统、远程金融交易、自动模式处理等都可以使用数字签名。

1994 年,NIST 公布了数字签名标准(Digital Signature Standard,DSS)而使公钥加密技术得到广泛应用。DSS 最初只支持(Digital Signature Algorithm,DSA)的数字签名算法,它是 Elgamal 签名方案的改进,安全性基于计算离散对数的难度。该标准后来经过一系列修改,目前的标准为 2000 年 1 月 27 日公布的该标准的扩充版 FIPS PUB 186 - 2,新增加了基于 RSA 和 ECC 的数字签名算法。

使用公钥加密技术的签名和验证过程是:

1）发送方（甲）先用单向散列函数对某个信息（如合同的电子文件）A 进行计算,得到 128 位的结果 B,再用私钥 SK 对 B 进行加密,得到 C,该数据串 C 就是甲对合同 A 的签名。

2）他人（乙）的验证过程为:乙用单向散列函数对 A 进行计算,得到结果 B_1,对签名 C 用甲的公钥 PK 进行解密,得到数据串 B_2,如果 $B_1 = B_2$,则签名是真的,反之签名为假的。

由以上可知,只有持有私钥 SK 的人可以完成签名操作。因为甲虽然可以指责乙捏造了合同 A（任何人都可以在计算机上打出一份他想要的合同）,乙也的确可以从 A 计算出 B,但从 B 到 C 的过程要用到甲的私钥 SK,该过程只有甲可以完成;甲也可以指责乙先捏造了签名 C,乙也的确可以用甲的公钥从 C 计算出 B,但乙无法从 B 推算出 A,从 A 到 B 的 Hash 函数是单向的,无法反向计算。

上述介绍的数字签名过程只涉及通信双方,也可以在通信双方的基础上引入仲裁者,当然所有的参与者必须绝对信任仲裁。

2.6.2　DSA 算法

DSA 是 Schnorr 和 ElGamal 签名算法的变种,算法中应用的参数见表 2-5。

表 2-5　DSA 算法中各参数的含义

参数	含　义
p	长 512 ~ 1024 位的素数
q	160 位的素数,而且 $q \mid p - 1$,即 $(p - 1)$ 是 q 的倍数
g	$g = h^{((p-1)/q)} \bmod p$,$h$ 为小于 $(p - 1)$ 且大于 1 的任意整数
x	$x < q$,x 为签名者的私钥
y	$y = g^x \bmod p$,y 为公开密钥
h	为 Hash 函数,DSS 中选用 SHA

p,q,g 与 h 为系统公布的共同参数,与公开密钥 y 均要公开。

1）签名过程。设明文为 m,$0 < m < p$。签名者选取任一整数 k,$0 < k < q$,并计算

$$r \equiv (g^k \bmod p) \bmod q$$

以及

$$s \equiv (k^{-1}(h(m) + xr)) \bmod q$$

签名结果是签名文为 (r, s)。

2）验证。首先检查 r 和 s 是否属于 $[0, q]$,若不是则 (r, s) 不是签名文。然后计算

$$t \equiv s^{-1} \bmod q$$

以及

$$r' \equiv (g^{(h(m)^t)} y^{(rt)} \bmod p) \bmod q。$$

若 $r' = r$,则为合法签名文。

DSA 是基于整数有限域求离散对数的难题,其安全性与 RSA 相比差不多。DSA 的一个重要特点是两个素数公开,这样,当使用别人的 p 和 q 时,即使不知道私钥,也能确认它们是否是随机产生的,还是被修改过,RSA 算法却做不到。

2.7 信息隐藏与数字水印

当前的信息安全技术主要采用加密,即将信息加密成密文,使非法用户不能解读。但随着计算机处理能力的快速提高,通过不断增加密钥长度来提高系统密级的方法变得越来越不安全。而且,信息经过加密后容易引起攻击者的好奇和注意,诱使其怀着强烈的好奇心和成就感去破解密码。最近几年,人们开始研究和应用信息隐藏(Information Hiding)或更严格地称为信息伪装(Steganography)技术,即将秘密信息隐藏于一般的非秘密的数字媒体文件(如图像、声音、文档文件)中,使得秘密信息不易被发觉的一种方法。

信息隐藏不同于传统的密码技术。密码技术主要是研究如何将机密信息进行特殊的编码,以形成不可识别的密文进行传递;而信息隐藏则主要研究如何将某一机密信息秘密隐藏于另一公开的信息中,然后通过公开信息的传输来传递机密信息。对加密通信而言,可能的监测者或非法拦截者可通过截取密文,并对其进行破译,或将密文进行破坏后再发送,从而影响机密信息的安全;但对信息隐藏而言,可能的监测者或非法拦截者则难以从公开信息中判断机密信息是否存在,难以截获机密信息,从而能保证机密信息的安全。多媒体技术的广泛应用,为信息隐藏技术的发展提供了更加广阔的领域。

比如,可以将加密后的邮件内容隐藏在一张普通的图片中发送,这样攻击者不易对这种邮件产生好奇心,而且由于邮件经过加密,即使被截获,也很难破解邮件内容。与加密不同的是,加密保护的是信息内容本身,而信息隐藏则掩盖它们的存在。

信息隐藏技术的基本思想源于古代的隐写术。大家熟知的隐写方法恐怕要算化学隐写了。近年来,认知科学的飞速发展为信息隐藏技术奠定了生理学基础,人眼的色彩感觉和亮度适应性缺陷、人耳的相位感知缺陷都为信息隐藏的实现提供了可能的途径。另一方面,信息论、密码学等相关学科又为其提供了丰富的理论资源,多媒体数据压缩编码与扩频通信技术的发展为其提供了必要的技术基础。

作为信息隐藏技术的一个主要分支,数字水印(Digital Watermark)是目前国际学术界研究的一个前沿热门方向。人们对信息安全的需求促进了对数字水印技术研究的迅速升温。

2.7.1 信息隐藏

1. 信息隐藏模型

1996 年,在英国剑桥牛顿研究所召开的"First International Workshop on Information Hiding"(第一届国际信息隐藏学术会议研讨会)上,信息隐藏被确立为一门正式的学科,并且建立了关于信息隐藏核心系统的模型,如图 2-13 所示。待隐藏的信息称为秘密信息(Secret Message),它可以是版权信息或秘密数据,也可以是一个序列号;而公开信息则称为载体信息(Covert Message),如视频、音频片段。这种信息隐藏过程一般由密钥(Key)来控制,即通过嵌入算法(Embedding Algorithm)将秘密信息隐藏于公开信息中,而隐蔽载体(隐藏有秘密信息的公开信息)则通过公共信道(Communication Channel)传递,然后检测器(Detector)利用密钥从隐蔽载体中恢复/检测出秘密信息。

信息隐藏技术主要由下述两部分组成:

1)信息嵌入算法,它利用密钥来实现秘密信息的隐藏。

2）隐蔽信息检测/提取算法（检测器），它利用密钥从隐蔽载体中检测/恢复出秘密信息。在密钥未知的前提下，第三方很难从隐蔽载体中得到或删除，甚至发现秘密信息。

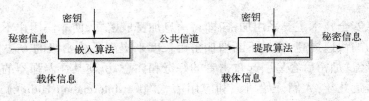

图 2-13　信息隐藏核心系统模型

2. 信息隐藏特点

根据信息隐藏的目的和技术要求，该技术存在以下特性：

- 鲁棒性（Robustness），指不因图像文件的某种改动而导致隐藏信息丢失的能力。这里所谓"改动"，包括传输过程中的信道噪声、滤波操作、重采样、有损编码压缩、D/A 或 A/D 转换等。

- 不可检测性（Undetectability），指隐蔽载体与原始载体具有一致的特性。如具有一致的统计噪声分布等，以便使非法拦截者无法判断是否有隐蔽信息。

- 透明性（Invisibility），利用人类视觉系统或人类听觉系统属性，经过一系列隐藏处理，使目标数据没有明显的降质现象，而隐藏的数据却无法被人为地看见或听见。

- 安全性（Security），指隐藏算法有较强的抗攻击能力，即它必须能够承受一定程度的人为攻击，而使隐藏信息不会被破坏。

- 自恢复性（Self-recovery），由于经过一些操作或变换后，可能会使原图产生较大的破坏，如果只从留下的片段数据，仍能恢复隐藏信号，而且恢复过程不需要宿主信号，这就是所谓的自恢复性。

2.7.2　数字水印

1. 数字水印概念

数字水印是实现版权保护的有效办法，是信息隐藏技术研究领域的重要分支。该技术是通过在原始数据中嵌入秘密信息——水印（Watermark）来证实该数据的所有权。这种被嵌入的水印可以是一段文字、标识、序列号等，而且这种水印通常是不可见或不可察觉的，它与原始数据（如图像、音频、视频数据）紧密结合并隐藏其中，并可以经历一些不破坏源数据使用价值或商用价值的操作而保存下来。

下面给出一个典型的数字水印系统模型，图 2-14 所示为水印信号嵌入模型，其功能是完成将水印信号加入原始数据中；图 2-15 所示为水印信号检测模型，用以判断某一数据中是否含有指定的水印信号。

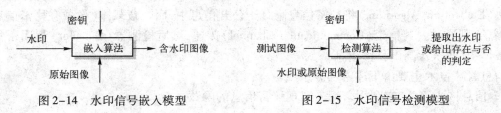

图 2-14　水印信号嵌入模型　　　　　　图 2-15　水印信号检测模型

为了给攻击者增加去除水印的不可预测的难度,目前大多数水印制作方案都在嵌入、提取时采用了密钥,做到只有掌握密钥的人才能读出水印。

2. 数字水印的分类

(1) 按水印的可见性划分

按水印的可见性,可将水印分为可见水印和不可见水印。

1) 可见水印(Visible Watermark)是可以看见的水印,就像插入或覆盖在图像上的标识一样,它与可视的纸张水印相似。

可见水印的特性如下:

● 水印在图像中可见。

● 水印在图像中不太醒目。

● 在保证图像质量的前提下,水印很难被去除。

● 水印加在不同的图像中具有一致的视觉突出效果。

2) 不可见水印(Ivisible Watermark)是一种应用更加广泛的水印技术,与前面的可视水印相反,它加在图像、音频或视频当中,表面上不可察觉,但是当发生版权纠纷时,所有者可以从中提取出标记,从而证明该物品归某人所有。不可见水印可以分为脆弱水印(Fragile Watermark)和鲁棒水印(Robust Watermark)。

脆弱水印,又叫易碎水印,当嵌入水印的数据载体被修改时,通过对水印的检测,可以对载体是否进行了修改或进行了何种修改进行判定。它的特性是,水印在通常或特定的条件是不可见的;水印能被最普通的数字信号处理技术所改变;未经授权者很难插入一个伪造的水印;授权者可以很容易地提取水印;从提取的水印中可以得到载体的哪些部分被改变了。上述有些特性在特定的应用环境下不一定被满足。

鲁棒水印,是指加入的水印不仅能抵抗恶意的攻击,而且要求能抵抗一定失真内的恶意攻击,并且一般的数据处理不影响水印的检测。它的特性是,水印在通常或者特定的条件下不可感知;嵌入水印的载体信号经过普通的信号处理或者恶意攻击后,水印仍然保持在信号中;未经授权者很难检测出水印;授权者能很容易地检测出水印。

(2) 按水印的所附载体划分

按水印所附的数据载体,可以把水印划分为图像水印、音频水印、视频水印、文本水印以及用于三维网络模型的网格水印等。随着数字技术的不断发展,会有更多种类的数字媒体的出现,同时也会产生相应载体的水印技术。

(3) 按水印的检测过程划分

按水印的检测过程可以将水印划分为非盲水印(Nonblid Watermark)、半盲水印(Seminonblind Watermark)和盲水印(Bind Watermark)。非盲水印在检测过程中需要原始数据和原始水印的参与;半盲水印则不需要原始数据,但需要原始水印来进行检测;盲水印的检测只需要密钥,既不需要原始数据,也不需要原始水印。一般来说,非盲水印的稳健性比较强,但其应用受到存储成本的限制。目前,学术界研究的数字水印多为半盲水印或者是盲水印。

(4) 按水印的内容划分

按照数字水印的内容,可以将水印分为有意义水印和无意义水印。有意义水印是指水印本身也是某个数字图像(如商标图像)或者数字音频片断的编码;无意义水印则只对应于一个序列号或一段随机数。有意义水印的优势在于,如果由于受到攻击或者其他原因致使解码后的水印破损,人们仍然可以通过观察确认是否有水印。但对于无意义水印来说,如果解码后的水印序列有若干码元错误,则只能通过统计决策来确定信号中是否含有水印。

(5)按水印的隐藏位置划分

按数据水印的隐藏位置,可以将其划分为时(空)域数字水印、变换域数字水印。时(空)域数字水印是直接在信号空间上叠加水印信息,而变换域水印则包括在离散余弦变换(Discrete Cosine Transform,DCT)域、离散傅里叶变换(Discrete Fourier Transform,DFT)域或者是小波变换域上隐藏水印。随着数字水印技术的发展,各种水印算法层出不穷。应该说只要构成一种信号变换,就有可能在其变换空间上隐藏水印。

3. 数字水印的基本特性

一个数字产品的内嵌数字水印应具有以下基本特性。

1)隐藏信息的鲁棒性。鲁棒性对水印而言极为重要。即能在多种无意或有意的信号处理过程后产生一定失真的情况下,仍能保持水印完整性和鉴别的准确性。

2)不易察觉性。数字水印的制作过程可看做是将产权等信息作为附加噪声融合在原数字产品当中,但不致影响人的感官对数字作品的感觉欣赏,即利用了人在感觉上的冗余。这正是不易感知数字水印存在的前提。不易感知数字水印的关键性能是:第一,不知其存在;第二,即使知其存在,也不知其隐藏在哪里,难以被除去。

3)安全可靠性。数字水印应能对抗非法的探测和解码,面对非法攻击也能以极低差错率识别作品的所有权,同时数字水印应很难被他人所复制和伪造。在实际应用中,对水印的保密安全可以有两种不同程度的要求。第一种是非授权的用户对给定包含水印的一段数据既不能读取或解码嵌入的水印,也不能检测到水印的存在。第二种是允许未授权的用户能够检测水印的存在,但若没有密码则不能读取水印的内容。

4)水印调整和多重水印。在许多具体应用中,希望在插入水印后仍能调整它。例如,对于数字视盘,一个盘片被嵌入水印后仅允许被复制一次。一旦复制完成,有必要调整原盘上的水印禁止再次复制。最优的技术是允许多个水印共存,而且便于跟踪作品从制作到发行、购买,可以在发行的每个环节上插入特制的水印。

除了以上基本特性,数字水印的设计还应考虑信息量的约束,编/解码器的运算量,以及水印算法的通用性,包括音频、图像和视频。

4. 数字水印的主要用途

虽然数字水印产品只是近几年才出现的,但其应用前景和应用领域将是巨大的。总的来说,数字水印技术有以下应用领域。

1)数字版权管理(Digital Rights Management,DRM)和跟踪。数字媒体包括音像制品、数字广播、DVD、MP3等。例如,在发行的每个复制品中利用密钥嵌入不同的水印,其目的是通过授权用户的信息来识别数据的发行复制,监控和跟踪使用过程中的非法复制。当出现产权纠纷时,所有者可以利用从盗版作品或水印作品中获取的水印信号作为依据,从而保护了所有者的权益,这要求水印必须具有较好的稳健性、安全性、透明性和水印嵌入的不可逆性。

2)图像认证。认证的目的是检测对图像数据的修改。可用脆弱性水印对图像进行的修改来实现认证。为便于检测,易损水印对某些变换(如压缩)具有较低的稳健性,而对其他变换的稳健性更低。因而,在所有的数据水印应用中,认证水印具有最低级别的稳健性要求。

3)篡改提示。又叫数据完整性鉴定,当数字作品被应用于法庭、医学、新闻及商业时,常常需要确定它们的内容是否被修改、伪造或特殊处理过。为实现该目的,通常将原始图像分成多个独立的块,每个块加入不同的水印。为确定其完整性,可通过检测每个数据块中的水印信号来确定作品的完整性。与其他水印不同的是,这类水印必须是脆弱性水印,并且检测水印信号不需要原始数据的参与。

4)数字广播电视分级控制。在数字广播和数字影视中,利用数字水印技术对各级用户分发不同的内容。

5. 数字水印的制作方法

归纳起来,一般数字水印的制作都要在水印信息的选择、水印加入算法、密钥的使用等方面进行考虑。

水印信息从内容到大小都没有一个统一的标准,其内容应该是任何具有代表意义的信息,可以是图像、文字、数字、符号等。为了便于隐藏,水印的体积当然越小越好。有人认为用文本作为水印信息是最好的选择,它既节约空间,又能直读出其含义,长度最好不要超过 12 个字符,在商业交易中约相当于一个信用号或发票号。

加入水印的算法是数字水印技术的关键环节。目前已有的数字水印技术大都是利用空间域、变换域制作的,它们各有特点,抗攻击能力也各不相同。

下面主要介绍空间域水印算法。

一种典型的空间域水印算法,是将信息嵌入到图像点中最不重要的像素位(Least Significant Bits,LSB)上,这可以保证嵌入的水印是不可见的。但是由于使用了图像不重要的像素位,算法的鲁棒性差,水印信息很容易被滤波、图像量化、几何变形的操作破坏。

另外一个常用方法是利用像素的统计特征将信息嵌入像素的亮度值中。例如,Patchwork 算法是随机选择 N 对像素点(a_i, b_i),然后将每个 a_i 点的亮度值加 1,每个 b_i 点的亮度值减 1,这样整个图像的平均亮度保持不变。适当地调整参数,Patchwork 方法对 JPEG 压缩、FIR 滤波以及图像裁剪有一定的抵抗力,但该方法嵌入的信息量有限。为了嵌入更多的水印信息,可以将图像分块,然后对每个图像块进行嵌入操作。

图像空间域水印的一个缺点是经不住修剪(图像处理中的一种普通处理方法),但如果将水印信息做得很小,就可以解决这个问题。一个数字产品好比是一个草堆,它里面不是只有一根针,而是很多针,每一根针都是水印的一个复制,这样就能经得住图像修剪处理,除非修剪到图像失去任何欣赏价值。盗贼如不想被抓住,就必须从草堆中把所有的针都找出来并除去,这样他们就将面临这样的选择:要么耗其余生寻找所有的针,要么干脆烧掉草堆以确保毁掉所有的针。

2.7.3 信息隐藏实例

下面介绍一些简单的信息隐藏方法。信息隐藏的载体包括:图像、音频、视频、文本、数据库、文件系统、硬盘、可执行代码以及网络数据包。

1. 基于文本的信息隐藏

基于文本的信息隐藏技术,是指通过改变文本模式或改变文本的某些文本特征来实现。

【例2-5】 通过调整文档中的行距进行信息隐藏。

如图 2-16 所示,其中 1 倍行距代表 0,1.5 倍行距代表 1,因而其中隐藏的信息为"1111 1000 0001"。

四月是最残忍的一个月，荒地上

长着丁香，把回忆和欲望

掺合在一起，又让春雨

催促那些迟钝的根芽

冬天使我们温暖，大地

给助人遗忘的雪覆盖着，又叫

枯干的球根提供少许生命。

夏天来得出人意外，在下阵雨的时候

来到了斯丹卜基西；我们在柱廊下躲避，

等太阳出来又进了霍夫加登，

喝咖啡，闲谈了一个小时。

我不是俄国人，

我是立陶宛来的，是地道的德国人。

图 2-16　文本行编码水印

【例 2-6】　利用 HTML 文件进行信息隐藏。

超文本标记语言 HTML 是设计网页的基本语言。HTML 语言由普通文本文件加上各种标记组成，可以根据 HTML 语言的特点设计几种信息隐藏方法。

1）基于不可见字符方法。不可见字符如空格和制表符，可以被加载在句末或行末等位置，而不会改变网页在浏览器的正常浏览，因而可以用空格表示"0"，制表符表示"1"来隐藏信息。该方法易于实现，但该方法增加了文件的大小，通过对网页源代码进行选择操作，容易发现隐藏信息。

2）修改标记名称字符的大小写来隐藏信息。HTML 规范规定，HTML 标记中字母是不区分大小写的，因而通过改变标记中字母的大小写状态可以在网页中隐藏信息，如用大写标记名称 < HTML > 代表隐藏 1，用小写标记名称 < html > 代表隐藏 0。这样，一个标记名称可隐藏 1bit 信息。该方法没有改变文件的大小，且能够嵌入大量的秘密信息。但标记中字母大小的变换容易暴露隐藏的信息。

3）基于属性对顺序方法。HTML 规范规定，HTML 开始标记（Start Tag，简称标记）的属性与顺序无关。任意选择标记中两个属性，其中一个记为主属性，另一个为从属性，当主属性在从属性前时表示"0"，否则表示"1"。该方法不改变文件的大小，隐蔽性好，对源代码简单分析无法确定是否隐藏了信息，但隐藏的信息量较小，且需要数据库记录原始属性对的顺序。

4）用单标记具有两种等价格式的特点来隐藏信息。如标记 < BR > 等价于 < BR/ >，可用 < BR > 代表隐藏 1，< BR/ > 代表隐藏 0。类似的标记还有 < HR > = < HR/ >，< IMG > = < IMG/ > 等。这样的一个标记可隐藏 1bit 信息。

2. 基于图像文件的信息隐藏

【例 2-7】 利用 LSB 算法 BMP 进行信息隐藏。

LSB 是 L. F. Turner 和 R. G. van Schyndel 等人提出的一种典型的空间域信息隐藏算法。考虑人视觉上的不可见性缺陷,信息一般嵌入到图像最不重要的像素位上,如最低几位。利用 LSB 算法可以在 8 色、16 色、256 色以及 24 位真彩色图像中隐藏信息。对于 256 色图像,在不考虑压缩的情况下,每个字节存放一个像素点,那么一个像素点至少可隐藏 1 位信息,一幅 640×480 像素的 256 色图像至少可隐藏 640×480 位 = 307200 位(38400 字节)的信息。对于 24 位真彩色图像,在不考虑压缩的情况下,3 个字节存放一个像素点,那么一个像素点至少可隐藏 3 位信息,一幅 1024×768 像素的图像可以隐藏 $1024 \times 768 \times 3$ 位 = 2359296 位(294912 字节)的信息。

BMP 图像文件包括每个像素为 1 位、4 位、8 位和 24 位的图像,其中 24 位真彩图像在位图文件头和位图信息头后直接是位图阵列数据。选用 24 位 BMP 图像可以容易地把密文信息存储到位图阵列信息中,因为从 24 位 BMP 图像文件的第 55 个字节起,每 3 个字节为一组记录 1 个像素的红(R)、绿(G)、蓝(B)3 种颜色的亮度分量。

实验证明,人眼对红、绿、蓝的感觉是不同的,根据亮度公式:$Y = 0.3R + 0.59G + 0.11B$,以及人眼视锥细胞对颜色敏感度的理论,人眼对绿色最敏感,对红色次之,而对蓝色最不敏感,红色分量改变最低 2 位,绿色分量改变最低 1 位,蓝色分量改变最低 3 位,都不会让图像产生人眼容易察觉的变化。按照这种方法,一个长度为 L 字节的 24 位 BMP 图像可以隐藏信息的最大字节数是 $(L-54)/4$ 字节,其中需要排除位图文件头和位图信息头共 54 字节。

隐藏密文的步骤如下:

1) 选择合适大小的 BMP 图像文件。设密文文件的长度为 N 字节,再考虑存储该数字 N 要使用 3 个字节,要选取的 24 位 BMP 图像的字节数 L 应满足关系:$L \geqslant 4(N+3) + 54$。

2) 存储密文文件长度值 N。将数字 N 转化为 24 位二进制数 n_i ($i = 0 \sim 23$),$N = \sum_{i=0}^{23} 2^i n_i$,从 BMP 图像文件第 55 字节起连续读出 12 字节,用 n_i 分别替换这 12 个字节的低位。

3) 隐藏密文。从 BMP 图像文件第 67 字节起按 12 字节一组(最后一组不够时可少于 12 字节)依次读出。同时从密文文件头开始按 3 字节一组(最后一组不够时可少于 3 字节)依次读出密文文件字节到 A、B、$C(A = a_7 a_6 a_5 a_4 a_3 a_2 a_1 a_0, B = b_7 b_6 b_5 b_4 b_3 b_2 b_1 b_0, C = c_7 c_6 c_5 c_4 c_3 c_2 c_1 c_0)$,每读一组 BMP 图像文件的 12 字节和一组密文文件的 3 字节后,进行替换,如图 2-17 所示。第 2 步中的替换方法与此类似。

提取密文过程按隐藏密文的逆过程,从隐藏密文的 24 位 BMP 图像文件中抽取信息,并以字节为单位重新生成密文。

67 R	****** $a_7 a_6$
68 G	******* a_5
69 B	***** $a_4 a_3 a_2$
70 R	****** $a_1 a_0$
71 G	******* b_7
72 B	***** $b_6 b_5 b_4$
73 R	****** $b_3 b_2$
74 G	******* b_1
75 B	***** $b_0 c_7 c_6$
76 R	****** $c_5 c_4$
77 G	******* c_3
78 B	***** $c_2 c_1 c_0$
...	...

图 2-17 替换表

为了提高隐藏的可靠性,需要注意:

1) 保证所选取的图像文件的大小与待隐藏的加密文件的大小保持适当的比例,建议选取的图片和机密文件的大小悬殊一点,即一张图片中不要藏过多(或过大)的机密文件。

2) 可将经加密隐藏后的图片再进行多重加密隐藏,使之难于被发现和破解。

3. 网络协议中的信息隐藏

当前广泛使用的 TCP/IP 是 IPv 4 版本,该版本协议在设计时存在冗余,这为隐藏秘密信息提供了可能。与图像、音频等经典信息隐藏技术不同,网络协议信息隐藏技术以各种网络协议为载体进行信息隐藏,主要用于保密通信。TCP/IP 中,传输层的 TCP 和 UDP、应用层的 HTTP、SMTP 等协议均可以隐藏信息。

2.8　无线网络中的密码应用

无线网络,尤其是以无线应用协议(Wireless Application Protocol,WAP)和通常指无线局域网(Wireless Fidelity,Wi-Fi)为代表的技术为应用带来了极大方便,但是由于无线网络基于电磁波的传输,因此极易产生信息窃取或中间人攻击等攻击行为,相应地也需要有适用于无线网络环境的加密技术。

无线加密协议(Wireless Encryption Protocol,WEP),有时候也称为"有线等效加密协议"(Wire Equivalent Privacy,简写同样是 WEP),是为了使无线网络能够达到与有线网络等同的安全而设计的协议。WEP 是 1999 年 9 月通过的 IEEE 802.11 标准的一部分,使用 RC4 加密算法对信息进行加密,并使用 CRC-32 验证完整性。起草原始的 WEP 标准的时候采用的是 64 位密钥,而目前实用性的 WEP 应用中,广泛采用 128 位的密钥长度。目前已有厂商提供 256 位的密钥用于保证安全性。但是,实际使用中,密钥长度是影响 WEP 安全性的因素之一,破解较长的密钥可以通过拦截较多的数据包来完成,某些主动式的攻击可以激发所需的流量。除此之外,WEP 的应用中还有其他的弱点,包括密钥初始化串雷同的可能性和伪造的封包。而更普遍的弱点,如设备默认不启动 WEP 或人为设置相同的密钥等做法,使得 WEP 的安全措施很轻易地被攻破。因此,无线网络中通常采用 WPA 或 WPA2 安全标准。

WPA 的全名为 Wi-Fi 访问控制协议(Wi-Fi Protected Access),包括 WPA 和 WPA2 两个标准。WPA 实现了 IEEE 802.11i 标准的大部分要求,是在 IEEE 802.11i 标准完备之前替代 WEP 的一套过渡方案。WPA 的设计可以用在所有的无线网卡上。而 WPA2 实现了完整的 IEEE 802.11i 标准,这两个标准修改了 WEP 中的几个严重弱点,都能实现较好的安全性。

WPA 使用 128 位的密钥和一个 48 位的初始化向量(IV)组成的完整密钥,使用 RC4 加密算法来加密。WPA 相比于 WEP 的主要改进就是增加了可以动态改变密钥的"临时密钥完整性协议"(Temporal Key Integrity Protocol,TKIP),还使用了更长的初始化向量。除了认证和加密过程的改进外,WPA 对于所传输信息的完整性也提供了很大的帮助。WEP 所使用的 CRC(循环冗余校验)先天就不安全,在不知道 WEP 密钥的情况下,修改 CRC 校验码是可能的。而 WPA 使用了更安全的信息认证码(MIC)。进一步地,WPA 使用的 MIC 包含帧计数器,以避免 WEP 容易遭受的重放攻击。

WPA2 是经由 Wi-Fi 联盟验证过的 IEEE 802.11i 标准的认证形式。对比 WPA 而言,WPA 中使用的 MIC 在 WPA2 中被更加安全的 CCMP 信息认证码所取代,而加密使用的 RC4 算法也被更加安全的 AES 所取代。

2.9 思考与练习

1. 什么是密码学？什么是密码编码学和密码分析学？
2. 现代密码系统的 5 个组成部分是什么？
3. 密码分析主要有哪些形式？各有何特点？
4. 密码学中的柯克霍夫原则（Kerckhoffs's Principle）是什么？
5. 对称密码体制和非对称密码体制各有何优缺点？
6. 假设 Alice 想发送消息 M 给 Bob。出于机密性以及确保完整性和不可否认性的考虑，Alice 可以在发送前对消息进行签名和加密，其操作顺序对安全性有无影响？
7. 简述用 RSA 算法实现机密性、完整性和抗否认性的原理。
8. 已知有明文"public key encryptions"，先将明文以 2 个字母为组分成 10 块，如果利用英文字母表的顺序，即 $a=00$，$b=01$，…，将明文数据化。现在令 $p=53$，$q=58$，请计算得出 RSA 的加密密文。
9. 在使用 RSA 公钥中如果截取了发送给其他用户的密文 $C=10$，若此用户的公钥为 $e=5$，$n=35$，请问明文的内容是什么？
10. 什么是散列函数？散列函数有哪些应用？
11. 什么是数字签名？常用的算法有哪些？
12. 知识拓展：访问网站 http://www.tripwire.com，了解完整性校验工具 Tripwire 的更多信息。
13. 知识拓展：进一步阅读数字水印有关文献，了解数字水印的攻击方法和对抗策略，了解软件水印的概念。
14. 知识拓展：访问书生电子印章中心网站 http://estamp.sursen.com，了解电子印章的最新应用。
15. 知识拓展：访问中国电子签名网站 http://www.eschina.info，了解电子签名的研究动态和最新应用。
16. 知识拓展：访问国家密码管理局（国家商用密码管理办公室）网站 http://www.oscca.gov.cn，了解我国商用密码管理规定、商用密码产品等信息。
17. 读书报告：访问数字版权管理相关厂商网站，例如 http://www.china-drm.com，阅读相关书籍，例如冯明等编著的《数字版权管理技术原理与应用》（人民邮电出版社，2009），了解数字版权管理（DRM）的相关原理与应用技术，完成读书报告。
18. 操作实验：访问网站 http://www-rohan.sdsu.edu/~gawron/crypto/pyrsa_gui，下载 RSA Tools 工具，实践利用 RSA 算法产生公私钥的过程。
19. 操作实验：TrueCrypt 是一款免费开源的加密软件。TrueCrypt 提供多种加密算法，支持加密硬盘、加密文件、隐藏卷标等多种功能。试从软件官网 http://www.truecrypt.org 下载，并使用该软件，完成实验报告。
20. 操作实验：PGP 是一款由 Phil Zimmermann 提出的著名安全软件。使用的算法包括公钥密码体制的 RSA、DSS 及 Diffie-Hellman 算法、对称密码体制的 IDEA、3DES 及 CAST-128 算法，以及 SHA-1 散列函数。软件支持邮件加解密、文件加解密以及文件粉碎等功能。试从网上下载 PGP,并使用该软件,完成实验报告。

21. 操作实验:Windows 系统中对多种常用文档进行加密及解密,了解对于常用文件的保护方法,掌握密码设置的技巧。实验主要内容:Microsoft Office 文档的加解密;WinRAR 文档的加解密;pdf 文档的加解密;PhotoEncrypt 加密图片文件。

22. 操作实验:下载相关数字水印工具并使用。实验主要内容:使用专业水印制作软件 Photo Watermark Professional 制作图片中的可视水印;使用抓图软件 SnagIt 制作图片中的可视水印;使用 HyperSnap 制作图片中的可视水印;使用"渗透"软件制作图片中的隐形水印;使用 VidLogo 制作视频中的可视水印;使用"绘声绘影"制作视频中的可视水印;使用"密安数字水印软件系统"制作视频中的隐形水印。

23. 操作实验:目前因特网上的信息隐藏工具很多,它们可以使用图像、音频、视频、文本、数据库、文件系统、硬盘、可执行代码以及网络数据包作为载体隐藏信息。这些隐藏工具有商用软件、共享软件和提供源代码的自由软件。请参考文献《互联网上常见的图像隐写软件》(刘九芬,陈嘉勇,张卫明. 计算机研究与发展,2006,43(S):285 - 289)及更多资源,下载这些软件并使用,完成实验报告。

24. 编程实验:凯撒密码是一种简单置换密码,密文字母表是由正常顺序的明文字母表循环左移 3 个字母得到的,如图 2-18 所示。表示为:$C_i = E(M_i) = M_i + 3$。如将字母 A 换作字母 D,将字母 B 换作字母 E。据说凯撒是率先使用加密函的古代将领之一,因此这种加密方法被称为凯撒密码。在 Visual C ++6.0 环境下编程实现凯撒密码的加密与破解,完成实验报告。

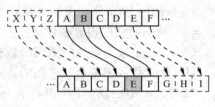

图 2-18 凯撒密码

25. 编程实验:在 Visual C ++6.0 环境下实现 DES、AES、RSA、SHA、DSA、MD5、SHA-1 等算法。完成实验报告。

26. 编程实验:常见的加解密、完整性验证以及数字签名算法都已经在 .NET Framework 中得到了实现,为编码提供了极大的便利性,实现这些算法的命名空间是 system. security. cryptography。请基于 .NET Framework 提供的诸多加密服务提供类,实现本章中的 DES、AES、RSA、SHA、DSA、MD5、SHA-1 等算法。完成实验报告。

27. 编程实验:在 Visual C ++6.0 环境下实现利用散列算法进行文件完整性验证的程序,完成实验报告。

28. 编程实验:在 Visual C ++6.0 环境下实现基于 LSB 算法,在 BMP 图片中进行信息隐藏的程序。完成实验报告。

第3章　计算机硬件与环境安全

计算机硬件及其运行环境是计算机网络信息系统运行的基础,它们的安全直接影响着网络信息的安全。由于自然灾害、设备自身的缺陷、设备自然损坏和受到环境干扰等自然因素,以及人为的窃取与破坏等原因,计算机设备和其中信息的安全面临很大的问题。

本章3.1节介绍计算机设备及其运行环境以及计算机中的信息面临的各种安全问题,3.2节介绍用硬件技术实现的PC防护技术、访问控制技术、可信计算和安全芯片技术以及防电磁泄漏技术,3.3节介绍机房环境安全技术。

3.1　计算机硬件与环境安全问题

本节主要介绍个人计算机(PC)包括移动终端等硬件设备的缺陷及面临的安全威胁。

3.1.1　计算机硬件安全问题

自从1946年计算机问世以来,随着半导体集成技术的发展,微型化、移动化成为PC发展的重要方向。PC硬件的尺寸越来越小,容易搬移,尤其是笔记本电脑、以iPad为代表的智能移动终端更是如此。计算机硬件体积的不断缩小给人们使用计算机带来了很大的便利,然而这既是优点也是弱点。这样小的机器并未设计固定装置,使机器能方便地放置在桌面上,于是盗窃者就能够很容易地搬走整个机器,其中的各种数据信息也就谈不上安全了。常用的移动硬盘和闪存盘,由于其体积小、易携带,而且常常作为计算机之间的信息"摆渡"工具,成为最容易造成信息泄漏的设备。

与大型计算机相比,一般PC无硬件级的保护,他人很容易操作控制机器。即使有保护,机制也很简单,很容易被绕过。例如,对于CMOS中的开机口令,可以通过将CMOS的供电电池短路,使CMOS电路失去记忆功能而绕过开机口令的控制。目前,PC的机箱一般都设计成便于用户打开的,有的甚至连螺钉旋具也不需要,因此打开机箱进行CMOS放电很容易做到。

PC的硬件是很容易安装和拆卸的,硬盘容易被盗,其中的信息自然也就不安全了。而且存储在硬盘上的文件几乎没有任何保护措施,文件系统的结构与管理方法是公开的,对文件附加的安全属性,如隐藏、只读、存档等属性,很容易被修改,对磁盘文件目录区的修改既没有软件保护也没有硬件保护。掌握磁盘管理工具的人,很容易更改磁盘文件目录区。在硬盘的磁介质表面的残留磁信息也是重要的信息泄漏渠道,文件删除操作仅仅在文件目录中做了一个标记,并没有删除文件本身数据存储区,有经验的用户可以很容易恢复被删除的文件。

计算机的中央处理器(CPU)中还包括许多未公布的指令代码。这些指令常常被厂家用于系统的内部诊断或可能被作为探测系统内部信息的"陷门",有的甚至可能被作为破坏整个系统运转的"炸弹"。

学过计算机基础知识的人都被告知,内存芯片 DRAM 的内容在断电后就消失了。然而普林斯顿大学 J. Alex Halderman 等人的实验证实,如果将 DRAM 芯片的温度用液氮降到 -196℃,其中储存的内容在 1 h 后仅损失 0.17%。大家知道,一个加密后的磁盘除非在读取时输入密码,不然解开磁盘上数据的可能性很小。但是 J. Alex Halderman 等人的实验进一步显示,一般的磁盘加密系统(如微软 Windows 系统中的 BitLocker,苹果 Mac 系统中的 FileVault)都会在密码输入后存于 RAM 中。所以,如果攻击者在用户离开机器时偷了用户开着的计算机,则攻击者就可以透过 RAM 而获得用户的密码。真正可怕的是,即使用户的计算机已经锁定了,攻击者还是可以先在开机状态下把用户的 RAM"冻"起来,这样,就算没有通电,RAM 里的数据也可以保存至少 10 min,这段时间足以让攻击者拔起 RAM 装到别的计算机上,然后搜索密钥。就算是已经关机的计算机,只要速度够快,也是有可能取出存在里面的密码的。

由于计算机硬件设备的固有特性,信息会通过"旁路"(Side Channel),也就是能规避加密等常规保护手段的安全漏洞泄漏出去。例如,攻击者可以通过分析敲击键盘的声音,针式打印机的噪声,不停闪烁的硬盘或是网络设备的 LED 灯,显示器(包括液晶显示器)、CPU 和总线等部件在运行过程中向外部辐射的电磁波等来获取一定的信息。这些区域基本不设防,而且在这些设备区域,原本加密的数据已经转换为明文信息。旁路攻击也不会留下任何异常登录信息或损坏的文件,具有极强的隐蔽性。最新的研究显示,还可以通过办公室里的玻璃、盯着屏幕的人的眼球解读出显示屏上的信息。计算机电磁泄漏是一种很严重的信息泄漏途径,本章 3.2.4 节介绍防范技术。

计算机硬件及网络设备故障也会对计算机中信息的可用性造成威胁,硬件故障常常会使正常的信息流中断,在实时控制系统中,这将造成历史信息的永久丢失。2006 年 12 月 26 日晚 8 时 26 分至 40 分间,我国台湾屏东外海发生地震。台湾地区的地震影响到大陆出口光缆,中美海缆、亚太 1 号等至少 6 条海底通信光缆发生中断,造成我国大陆至台湾地区、美国、欧洲的通信线路大量中断,互联网大面积瘫痪,除我国外,日本、韩国、新加坡网民均受到影响。这是计算机系统物理安全遭到破坏的一个典型例子。

近几年,信息物理系统(Cyber Physical System,CPS)正引起人们的关注。信息物理系统是一种新型的混成复杂系统,它是计算系统、通信系统、控制系统深度融合的产物,具有智能化、网络化的特征,也是一个开放控制系统。信息物理系统的应用很广,工业控制、智能交通、智能电网、智能医疗和国防等都已涉猎。广泛应用的同时,信息物理系统的安全问题也日益凸显,许多已建成的信息物理系统尚未认识到即将到来的安全威胁。美国程序员 John Matherly 经过近十年的努力,建立了在线设备的搜索引擎"Shodan"(http://www.shodanhq.com)。该搜索引擎的主页上写道"曝光在线设备:网络摄像头、路由器、发电厂、智能手机、风力发电机组、电冰箱、网络电话。"Shodan 被称为黑客的谷歌。Shodan 目前已经搜集到 1000 万个设备数据,包括准确的位置、运行的软件系统等。通过 Shodan 能够搜索到与互联网相连的工业控制系统。美国国土安全局表示,许多受到保护的工业控制系统正处在危险之中,它们面临着来自互联网的直接威胁。

3.1.2　计算机环境安全问题

计算机的运行环境对计算机的影响非常大,环境影响因素主要有温度、湿度、灰尘、腐蚀、电气与电磁干扰等。这些因素从不同侧面影响计算机的可靠工作,下面分别加以说明。

1. 温度

计算机的电子元器件、芯片都密封在机箱中,有的芯片工作时表面温度相当高。电源部件也是一个大的热源,虽然机箱后面有小型排风扇,但计算机工作时机箱内的温度仍然相当高,如果周边温度也比较高,则机箱内的温度很难降下来。过高的温度会降低电子元器件的可靠性,无疑将影响计算机的正确运行。

例如,温度对磁介质的磁导率影响很大,温度过高或过低都会使磁导率降低,影响磁头读写的正确性。温度还会使磁带、磁盘表面热胀冷缩发生变化,造成数据的读写错误,影响信息的正确性。温度过高会使插头、插座、计算机主板、各种信号线腐蚀速度加快,容易造成接触不良,温度过高也会使显示器各线圈骨架尺寸发生变化,使图像质量下降。温度过低会使绝缘材料变硬、变脆,使磁记录媒体性能变差,也会影响显示器的正常工作。计算机工作的环境温度最好是可调节的,一般控制在20℃左右。

2. 湿度

环境的相对湿度低于40%时,环境相对是干燥的;相对湿度高于60%时,环境相对是潮湿的。湿度过高或过低对计算机的可靠性与安全性都有影响。如果对计算机运行环境没有任何控制,温度与湿度高低交替大幅度变化,会加速对计算机中各种元器件与材料的腐蚀与破坏作用,严重影响计算机的正常运行与寿命。

当相对湿度超过65%以后,就会在元器件的表面附着一层很薄的水膜,会造成元器件各引脚之间的漏电,甚至可能出现电弧现象。当水膜中含有杂质时,它们会附着在元器件引脚、导线、接头表面,造成这些表面发霉和触点腐蚀。磁性介质是多孔材料,在相对湿度高的情况下,它会吸收空气中的水分变潮,使其磁导率发生明显变化,造成磁介质上的信息读写错误。在高湿度的情况下,打印纸会吸潮变厚,影响正常的打印操作。

当相对湿度低于20%时,空气相当干燥,这种情况下极易产生很高的静电(实验测量可达10 kV),如果这时碰触 MOS 器件,会造成这些器件的击穿或产生误动作。过分干燥的空气也会破坏磁介质上的信息,会使纸张变脆、印制电路板变形。

计算机正常的工作湿度应该控制在40%~60%。

3. 灰尘

空气中的灰尘对计算机中的精密机械装置,如磁盘、光盘驱动器影响很大,磁盘机与光盘机的读头与盘片之间的距离很小,不到1 μm。在高速旋转过程中,各种灰尘,其中包括纤维性灰尘会附着在盘片表面,当读头靠近盘片表面读信号时,就可能擦伤盘片表面或者磨损读头,造成数据读写错误或数据丢失。放在无防尘措施空气中,平滑的光盘表面经常会带有许多看不见的灰尘,即使用干净的布稍微用点力去擦抹,也会在盘面上形成一道道划痕。如果灰尘中还包括导电尘埃和腐蚀性尘埃,则它们会附着在元器件与电子电路的表面,此时机房空气湿度如果较大,则会造成短路或腐蚀裸露的金属表面。灰尘在器件表面的堆积,会降低器件的散热能力。因此,对进入机房的新鲜空气应进行一次或两次过滤,要采取严格的机房卫生制度,降低机房灰尘含量。

4. 电磁干扰

电气与电磁干扰是指电网电压和计算机内外的电磁场引起的干扰。常见的电气干扰是指电压瞬间较大幅度的变化、突发的尖脉冲或电压不足甚至掉电。例如,机房内使用较大功率的吸尘器、电钻,机房外使用电锯、电焊机等大用电量设备,这些情况都容易在附近的计算机电源中产生电气噪声信号干扰。这些干扰一般容易破坏信息的完整性,有时还会损坏计算机设备。

防止电气干扰的办法是采用稳压电源或不间断电源,为了防止突发的电源尖脉冲,对电源还要增加滤波和隔离措施。

对计算机正常运行影响较大的电磁干扰是静电干扰和周边环境的强电磁场干扰。计算机中的芯片大部分都是 MOS 器件,静电电压过高会破坏这些 MOS 器件。据统计,50% 以上的计算机设备的损害直接或间接与静电有关。防静电的主要方法有:机房应该按防静电要求装修(如使用防静电地板),整个机房应该有一个独立且良好的接地系统,机房中各种电气和用电设备都接在统一的地线上。周边环境的强电磁场干扰主要指无线电发射装置、微波线路、高压线路、电气化铁路、大型电机、高频设备等产生的强电磁干扰。这些强电磁干扰轻则会使计算机工作不稳定,重则会对计算机造成损坏。

3.2 计算机硬件安全技术

计算机硬件安全是所有单机计算机系统和计算机网络系统安全的基础。计算机硬件安全技术是指用硬件的手段保障计算机系统或网络系统中的信息安全的各种技术,其中也包括为保障计算机安全可靠运行对机房环境的要求,有关环境安全技术将在 3.3 节中介绍。

本节将介绍用硬件技术实现的 PC 防护技术、访问控制技术、可信计算和安全芯片技术以及防电磁泄漏技术,让读者对这些技术有初步的了解,以便在实际工作中考虑计算机安全时,从这些技术与措施中选择并加以应用。

3.2.1 PC 物理防护

1. 机箱锁扣

机箱锁扣实现的方式非常简单,如图 3-1 所示。在机箱上固定一个带孔的金属片,然后在机箱侧板上打一个孔,当侧板安装在机箱上时,金属片刚好穿过锁孔,此时用户在锁孔上加装一把锁就实现了防护功能。

其特点是:实现简单,制造成本低。但由于这种方式防护强度有限,安全系数也较低。

2. Kensington 锁孔

Kensington 锁孔需要配合 Kensington 线缆锁来实现防护功能。这个锁由美国的 Kensington 公司发明。Kensington 线缆锁是一根带有锁头的钢缆(图片左上方),如图 3-2 所示。使用时将钢缆的一头固定在桌子或其他固定装置上,另一头将锁头固定在机箱上的 Kensington 锁孔内,就实现了防护功能。

图 3-1 机箱锁扣

图 3-2 Kensington 锁孔

其特点是:这种固定方式灵活,对于一些开在机箱侧板上的 Kensington 锁孔,不仅可以锁定机箱侧板,而且钢缆还能防止机箱被挪动或搬走。

3. 机箱电磁锁

机箱电磁锁主要出现在一些高端的商用 PC 产品上。这种锁是安装在机箱内部的,并且借助嵌入在 BIOS 中的子系统通过密码实现电磁锁的开关管理,如图 3-3 所示。因此,这种防护方式更加安全和美观,也显得更加人性化。

其特点是:体现了较高的科技含量,但是也会使整体采购成本升高。

4. 智能网络传感设备

如图 3-4 所示,将传感设备安放在机箱边缘,当机箱盖被打开时,传感开关自动复位,此时传感开关通过控制芯片和相关程序,将此次开箱事件自动记录到 BIOS 中或通过网络及时传给网络设备管理中心,实现集中管理。

这是一种创新的防护方式。但是当网络断开或计算机电源彻底关闭时,上述网络管理方式的弊端也就体现出来了。

图 3-3　机箱电磁锁　　　　图 3-4　智能网络传感设备

上面 4 点只是品牌 PC 一些有代表性的物理防护方式,实际上还有一些其他的防护方式。如可以将键盘、鼠标固定在机箱侧板上的安全锁、可覆盖主机后端接口的机箱防护罩等,这些都能从一定程度上保障设备和信息的安全。

3.2.2　基于硬件的访问控制技术

访问控制的对象主要是计算机系统的软件与数据资源,这两种资源一般都是以文件的形式存放在磁盘上。所谓访问控制技术,主要是指保护这些文件不被非法访问的技术。

由于硬件功能的限制,PC 的访问控制功能明显地弱于大型计算机系统。PC 操作系统没有提供有效的文件访问控制机制。在 DOS 系统和 Windows 系统中,文件的隐藏、只读、只执行等属性以及 Windows 中的文件共享与非共享等机制是一种较弱的文件访问控制机制。

PC 访问控制系统应当具备的主要功能有:
- 防止用户不通过访问控制系统而进入计算机系统。
- 控制用户对存放敏感数据的存储区域(内存或硬盘)的访问。
- 对用户的所有 I/O 操作都加以控制。
- 防止用户绕过访问控制直接访问可移动介质上的文件,防止用户通过程序对文件的直接访问或通过计算机网络进行的访问。
- 防止用户对审计日志的恶意修改。

下面介绍常见的结合硬件实现的访问控制技术。

纯粹软件保护技术其安全性不高,比较容易破解。软件和硬件结合起来可以增加保护能力,目前常用的办法是使用电子设备"软件狗",这种设备也称为电子"锁"。软件运行前要把这个小设备插入到一个端口上,在运行过程中程序会向端口发送询问信号,如果"软件狗"给出响应信号,则说明该程序是合法的。

当一台计算机上运行多个需要保护的软件时,就需要多个"软件狗",运行时需要更换不同的"软件狗",这给用户增加了不便。这种保护方法也容易被破解,方法是跟踪程序的执行,找出和"软件狗"通信的模块,然后设法将其跳过,使程序的执行不需要和"软件狗"通信。为了提高不可破解性,最好对存放程序的磁盘增加反跟踪措施,例如一旦发现被跟踪,就停机或使系统瘫痪。

还有一种方法,在计算机内部芯片(如 ROM)里存放该机器唯一的标志信息,软件和具体的机器是配套的,如果软件检测到不是在特定机器上运行便拒绝执行。为了防止被跟踪破解,还可以在计算机中安装一个专门的安全芯片,密钥也封装于芯片中,这样可以保证一个机器上的文件在另一台机器上不能运行。下面介绍这种安全芯片。

3.2.3 可信计算与安全芯片

1. 可信计算的提出

信息安全技术日新月异,然而信息安全的防线并未因此而固若金汤,网络攻击层出不穷,恶意程序防不胜防。针对这种现象,越来越多的人开始认识到:计算机终端是安全的源头。

另外,从组成信息系统的服务器、网络、终端 3 个层面上来看,现有的保护手段是逐层递减的,这说明人们往往把过多的注意力放在对服务器和网络的保护上,而忽略了对终端的保护,这显然是不合理的。终端往往是创建和存放重要数据的源头,而且绝大多数的攻击事件都是从终端发起的。可以说,安全问题是终端体系结构和操作系统的不安全所引起的。如果从终端操作平台实施高等级的安全防范,这些不安全因素将从终端源头被控制。

可信计算的思想源于社会。和抵抗传染病要控制病源一样,必须做到终端的可信,才能从源头解决人与程序之间、人与机器之间的信息安全传递。对于最常用的微机,只有从芯片、主板等硬件和 BIOS、操作系统等底层软件综合采取措施,才能有效地提高其安全性。正是这一技术思想推动了可信计算的产生和发展。

可信计算的基本思想是在计算机系统中首先建立一个信任根,再建立一条信任链,一级测量认证一级,一级信任一级,把信任关系扩大到整个计算机系统,从而确保计算机系统的可信。

1983 年,美国国防部制定了《可信计算机系统评估准则》(Trusted Computer System Evaluation Criteria,TCSEC),第一次提出了可信计算机与可信计算基(Trusted Computing Base,TCB)的概念。TCB 一般被定义为:计算机系统内保护装置的总体,包括硬件、固件、软件和负责执行安全策略的组合体。可以认为 TCB 是安全的最小集合。之后,美国国防部又相继推出了可信网络解释(Trusted Network Interpretation,TNI)和可信数据库解释(Trusted Database Interpretation,TDI)。

1999 年底,微软、IBM、HP、Intel 等著名 IT 企业发起成立了可信计算平台联盟(Trusted Computing Platform Alliance,TCPA)。2003 年,TCPA 改组为可信计算组织(Trusted Computing Group,TCG)。TCPA 和 TCG 的出现形成了可信计算的新高潮。该组织提出可信计算平台的概念,并具体化到微机、PDA、服务器和手机设备,而且给出了体系结构和技术路线,不仅考虑了信息的秘密性,更强调了信息的真实性和完整性,而且更加产业化和更具广泛性。TCPA 和 TCG 制定了关于可信计算平台、可信存储和可信网络连接等一系列技术规范。目前,已有 200 多个企业加入了 TCG,可信计算机已经进入实际应用阶段。

我国在可信计算技术与产业领域也取得了很好的成绩。2005 年,联想公司、兆日公司的可信计算平台模块(Trusted Platform Module,TPM)芯片和联想公司的可信计算机相继研制成功。这些产品都通过了国家密码管理局的认证。从 2006 年开始,在国家密码管理局和国家信息安全标准化委员会的主持下,我国制定了一系列的可信计算规范和标准。从 2007 年起,我国企业陆续研制出符合我国可信计算规范的 TPM 芯片和其他可信计算产品。可信计算的实际应用进一步扩大。

目前,可信计算的用途包括:

- 安全风险管理。在突发安全事件发生时,使个人和企业财产的损失最小。
- 数字版权管理。保护数字媒体不被非授权地复制和扩散。
- 电子商务。减少电子交易的风险和损失。
- 安全检测与应急响应。监测计算机的安全状态,发生事件时做出响应。

2. 可信计算的概念

目前,关于"可信"尚未形成统一的定义。ISO/IEC 15408 标准定义"可信"为:参与计算的组件、操作或过程在任意的条件下是可预测的,并能够抵御病毒和物理干扰。

可信计算组织(TCG)用实体行为的预期性来定义"可信":如果它的行为总是以预期的方式,朝着预期的目标,则一个实体是可信的。

综合不同的定义,可以认为,"可信"就是强调实体的安全、可靠,同时强调实体行为的预期性。

可信计算是安全的基础,它从信任根出发,解决 PC 结构所引起的安全问题。信任根和信任链是可信计算平台的关键技术。一个可信计算机系统由信任根、可信硬件平台、可信操作系统和可信应用系统组成,如图 3-5 所示。

可信计算平台的工作原理是,将 BIOS 引导块作为完整性测量的信任根,可信计算平台模块(TPM)作为完整性报告的信任根,对 BIOS、操作系统进行完整性测量,保证计算环境的可信性。信任链通过构建一个信任根,从信任根开始到硬件平台、操作系统、再到应用系统,一级测量认证一级,一级信任一级,从而把这种信任扩展到整个计算机系统。其中,信任根的可信性由物理安全和管理安全确保。

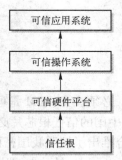

图 3-5　可信计算机系统

3. 可信计算平台模块(TPM)

可信计算技术的核心是称为 TPM 的安全芯片,它是可信计算平台的信任根。TCG 定义了 TPM 是一种小型片上系统(System on Chip,SOC)芯片,实际上是一个拥有丰富计算资源和密码资源,在嵌入式操作系统的管理下,构成的一个以安全功能为主要特色的小型计算机系统。因此,TPM 具有密钥管理、加解密、数字签名、数据安全存储等功能,在此基础上完成其作为可信存储根和可信报告根的职能。

TPM 技术最核心的功能在于对 CPU 处理的数据流进行加密,同时监测系统底层的状态。在这个基础上,可以开发出唯一身份识别、系统登录加密、文件夹加密、网络通信加密等各个环节的安全应用,它能够生成加密的密钥,还有密钥的存储和身份的验证,可以高速进行数据加密和还原,作为保护 BIOS 和操作系统不被修改的辅助处理器,通过可信计算软件栈 TSS 与TPM 的结合来构建跨平台与软硬件系统的可信计算体系结构。即使用户硬盘被盗,由于缺乏TPM 的认证处理,也不会造成数据泄漏。

目前,一些国内厂商已经将 TPM 芯片应用到台式机领域。图 3-6 分别为贴有 TPM 标志的主机箱(见右下角)、兆日公司的 TPM 芯片及在主板上的状态。

图 3-6　主机箱上的 TPM 标志、TPM 芯片及在主板上的状态

Windows Vista 及以后的版本支持可信计算功能,能够运用 TPM 和 USB KEY 实现密码存储保密、身份认证和完整性验证,实现系统版本不被篡改、防病毒和黑客攻击等功能。

要想查看计算机上是否有 TPM 芯片,可以打开"设备管理器"→"安全设备"节点,查看该节点下是否有"受信任的平台模块"这类的设备,并确定其版本即可,如图 3-7 所示。

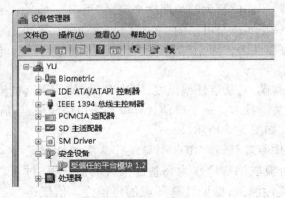

图 3-7　通过设备管理器看到的 TPM 芯片

必须注意:TPM 是可信计算平台的信任根。中国的可信计算机必须采用中国的信任根芯片,中国的信任根芯片必须采用中国的密码。长城、中兴、联想、同方、方正、兆日等多家厂商,联合推出了按照我国密码算法自主研制的、具有完全自主知识产权的可信密码模块(Trusted Cryptography Module,TCM)芯片。

4. 基于 TPM/TCM 的"可信计算"的理解

以 TPM/TCM 为基础的"可信计算"可以从 3 个方面来理解。

1) 用户的身份认证,这是对使用者的信任。传统的方法是依赖操作系统提供的用户登录,这种方法具有两个致命的弱点:一是用户名称和密码容易仿冒;二是无法控制操作系统启动之前的软件装载操作,所以被认为是不够安全的。而可信计算平台对用户的鉴别则是与硬件中的 BIOS 相结合,通过 BIOS 提取用户的身份信息,如 IC 卡或 USB KEY 中的认证信息进行验证,从而让用户身份认证不再依赖操作系统,并且使用户身份信息的假冒更加困难。

2）可信计算平台内部各元素之间的互相认证,这体现了使用者对平台运行环境的信任。系统的启动从一个可信任源(通常是 BIOS 的部分或全部)开始,依次将验证 BIOS、操作系统装载模块、操作系统等,从而保证可信计算平台启动链中的软件未被篡改。

3）平台之间的可验证性,指网络环境下平台之间的相互信任。可信计算平台具备在网络上的唯一的身份标识。现有的计算机在网络上依靠不固定的、也不唯一的 IP 地址进行活动,从而导致网络黑客泛滥和用户信用不足。而具备由权威机构颁发的唯一的身份证书的可信计算平台则可以准确地提供自己的身份证明,从而为电子商务类的系统应用奠定信用基础。

3.2.4　硬件防电磁泄漏

在考虑计算机信息安全问题时,一些用户常常仅会注意计算机内存、硬盘上的信息泄漏问题,而忽视了计算机通过磁辐射产生的信息泄漏。我们把前一类信息的泄漏称为信息的"明"泄漏,后一类的信息泄漏称为信息的"暗"泄漏。

1. TEMPEST 概念

计算机是一种非常复杂的机电一体化设备,工作在高速脉冲状态下的计算机就像是一台很好的小型无线电发射机和接收机,不但产生电磁辐射泄漏保密信息,而且还可以引入电磁干扰影响系统正常工作。尤其是在微电子技术和卫星通信技术飞速发展的今天,计算机电磁辐射泄密的危险越来越大。

1985 年,在法国召开的"计算机与通信安全"国际会议上,荷兰的一位工程师 WinvanEck 公开了他窃取微机信息的技术。他用价值仅几百美元的器件对普通电视机进行改造,然后安装在汽车里,从楼下的街道上接收到了放置在 8 层楼上的计算机电磁泄漏的信息,并显示出计算机屏幕上显示的图像。

2003 年,剑桥大学的 Markus G. Kuhn 证实,即使是平板显示器(包括笔记本电脑所用的液晶显示器)的视频连接线也会辐射出数字信号,而这些信号在很大范围内都可以被接收到并破解出来。这表明计算机电磁辐射造成的信息泄漏威胁是普遍存在的。

研究信息的电磁辐射泄漏,在国际上被称为 TEMPEST 问题,其研究内容和技术成果一直处于保密状态。TEMPEST(Transient Electromagnetic Pulse Emanations Standard Technology,瞬时电磁脉冲发射标准,或称为 Transient Electromagnetic Pulse Emanation Surveillance Technology,瞬时电磁脉冲发射监测技术)有多种表述,据文献可查,TEMPEST 一词最早出现在 1969 年美国制定的"电磁兼容(Electro Magnetic Compatibility,EMC)计划"中。而美国早在 20 世纪 50 年代就开始了计算机"泄密发射"(Compromising Emanations)的研究,并在 1981 年颁布了一系列 TEMPEST 标准;20 世纪 80 年代中期,英国和北约颁布了类似的标准,其他国家也制订了相应的研究开发计划。

随着 TEMPEST 技术的发展,其研究范围又增加了电磁泄漏的侦察检测技术,用于截获和分析对手的泄漏发射信号。1998 年,英国剑桥大学的科学家 Ross Anderson 和 Markus Kuhn 提出了 Soft TEMPEST 的概念,即通过特洛伊木马程序主动控制计算机的电磁信息辐射,这标志着 TEMPEST 技术从被动防守转变到主动进攻。

我国是从 20 世纪 80 年代中期开始关注 TEMPEST 领域的,已经在计算机系统电磁信息泄漏的安全防护方面取得了一些研究成果。但因为起步晚,许多课题尚有待深入研究、发展。

国际上把信息辐射泄漏技术简称为 TEMPEST 技术,TEMPEST 研究的范围包括理论、工程

和管理等方面,涉及电子、电磁、测量、信号处理、材料和化学等多学科的理论与技术。其主要研究内容有以下几方面:

1) 电子信息设备是如何辐射泄漏的,研究电子设备辐射的途径与方式,研究设备的电气特性和物理结构对辐射的影响。

2) 电子信息设备辐射泄漏如何防护,研究设备整体结构和各功能模块的布局、系统的接地、元器件的布局与连线以及各种屏蔽材料、屏蔽方法与结构的效果等问题。

3) 如何从辐射信息中提取有用信息,研究辐射信号的接收与还原技术,由于辐射信号弱小、频带宽等特点,需要研究低噪声、宽频带、高增益的接收与解调技术,进行信号分析和相关分析。

4) 信息辐射的测试技术与测试标准,研究测试内容、测试方法、测试要求、测试仪器以及测试结果的分析方法,并制定相应的测试标准。

2. TEMPEST 威胁

(1) 信息设备的电磁泄漏威胁

信息设备是信息技术设备和处理信息的模拟设备的总称。按麦克斯韦电磁理论,在电磁场空间的某处有电荷的加速运动,或电流随时间变化所引起的扰动会向四周传播。信息设备内部的电流变化都会产生电磁场的发射。如果该电磁发射是由红信号(携带涉密明文信息的信号称为红信号,否则称为黑信号)的电流变化引起的,则被称为电磁泄漏发射,这种发射可以被接收并还原为红信号。

1) 计算机及外围设备(简称外设)产生的电磁泄漏,伴随信息的接收、处理和发送的全过程。包括视频信息、键盘输入信息、磁盘信息等计算机处理的数据。泄漏发射源包括显示器、键盘、主板及各种连接电缆接口等。电话机、打印机、复印机和传真机等同样具有电磁泄漏威胁。

2) Soft TEMPEST。这是 1998 年由英国剑桥大学的两位学者提出的,用于攻击被物理隔离的计算机的方法。通过事先植入目标计算机的程序,窃取硬盘中的数据,以隐藏的方式通过信息设备产生的电磁波有意发射出去,然后利用接收还原设备接收隐藏的数据。不但可以利用 CRT 隐藏窃取的数据,而且其他硬件如 CPU 和 PCI 总线,通过编程,在总线上周期地改变数据,也可以达到隐蔽传递信息的目的。

(2) 声光的泄漏威胁

除了电流变化引起的电磁泄漏发射会对信息安全造成威胁外,声音和光的无意识泄漏也会造成信息的泄漏。

1) 声音信号也存在泄漏现象。例如,通过点阵式打印机击打打印纸发出的声音能够复原出打印的字符。2012 年 8 月的一篇新闻报道了一名大学生利用视频中记者采访时的拨号声音还原出了手机号码。专家通过实验证明,由振动引起的声场信息泄漏确实是信息泄漏的一个重要途径,而且其造成的危害性在某种程度上更甚于电磁泄漏。美国有关的 TEMPEST 资料中,也有降低点阵式打印机噪声的要求。

2) 光的泄漏威胁。如果计算机显示器直接面对窗外,它发出的光可以在直线很远的距离上接收到。即使没有直接的通路,接收显示器通过墙面反射的光线或是显示屏在眼球上的反光仍然能再现显示屏幕上的信息。这种光泄漏和电磁泄漏异曲同工,在目前复杂的电磁环境下,光信号的接收还原更容易实现。

3. 计算机设备的防泄漏措施

对计算机与外设究竟要采取哪些防泄漏措施,要根据计算机中信息的重要程度而定。对于企业而言,需要考虑这些信息的经济效益,对于军队则需要考虑这些信息的保密级别。在选择安全措施时,不应该花费 100 万元去保护价值 10 万元的信息。

下面介绍一些常用的防泄漏措施。

1）屏蔽。屏蔽不但能防止电磁波外泄,而且可以防止外部电磁波对系统内设备的干扰。重要部门的办公室、实验场所,甚至整幢大楼可以用有色金属网或金属板进行屏蔽,构成所谓的"法拉第笼"。并注意连接的可靠性和接地良好,防止向外辐射电磁波,使外面的电磁干扰对系统内的设备也不起作用。另外,还要加强对电子设备的屏蔽,例如对显示器、键盘、传输电缆线、打印机等的屏蔽。对电子线路中的局部器件,如有源器件、CPU、内存条、字库、传输线等强辐射部位采用屏蔽盒、合理布线等,以及局部电路的屏蔽。

2）隔离和合理布局。隔离是将信息系统中需要重点防护的设备从系统中分离出来,加以特别防护,并切断其与系统中其他设备间的电磁泄漏通路。合理布局是指以减少电磁泄漏为原则,合理地放置信息系统中的有关设备。合理布局也包括尽量扩大涉密设备与非安全区域(公共场所)的距离。此外即使在屏蔽室内,也必须把红、黑设备隔离。其中,红设备是指有信息泄漏危险的元器件、部件和连线等设备,黑设备是指处理、传输非保密数据的设备。如果要连接红、黑设备,必须通过严格的 TEMPEST 测试,按照规范进行连接。

3）滤波。电源线或信号线上加装合适的滤波器可以阻断传导泄漏的通路,从而大大抑制传导泄漏。

4）接地和搭接。良好的接地和搭接,可以给杂散电磁能量一个通向大地的低阻回路,从而在一定程度上分流掉可能经电源线和信号线传输出去的杂散电磁能量。

5）使用干扰器。干扰器是一种能辐射出电磁噪声的电子仪器。它通过增加电磁噪声降低辐射泄漏信息的总体信噪比,增大辐射信息被截获后破解还原的难度,从而达到"掩盖"真实信息的目的。其防护的可靠性相对较差,因为设备辐射出的信息量并未减少。从原理上讲,运用合适的信息处理手段仍有可能还原出有用信息,只是还原的难度相对增大。这是一种成本相对低廉的防护手段,主要用于保护密级较低的信息。此外,使用干扰器还会增加周围环境的电磁污染,对其他电磁兼容性较差的电子信息设备的正常工作构成一定的威胁。所以在没有其他有效防护手段的前提下,只有作为应急措施才使用干扰器。

6）配置低辐射设备。低辐射设备是在设计和生产计算机时就已对可能产生电磁辐射的元器件、集成电路、连接线、显示器等采取了防辐射措施,把电磁辐射抑制到最低限度。使用低辐射计算机设备是防止计算机电磁辐射泄密的较为根本的防护措施。

7）软件 TEMPEST 防护。软件 TEMPEST 是近几年兴起的用计算机软件控制信息泄漏的新技术。针对保密信息主要是文字、数字信息,防止信息泄漏就是如何防止这些文字信息被别人窃取,TEMPEST 字体是一种有效防止文字信息泄漏的新方法。经过特殊处理的 TEMPEST 字体即使被 TEMPEST 攻击设备截获,也根本无法还原泄漏信息的内容。

8）TEMPEST 测试技术。TEMPEST 测试技术即检验电子设备是否符合 TEMPEST 标准。其测试内容并不限于电磁发射的强度,还包括对发射信号内容的分析、鉴别。

将上述 TEMPEST 防护技术配合使用,可以增强防护的效果。当然,还要考虑成本和效益的关系。

4. TEMPEST 研究的发展

TEMPEST 研究的核心是计算机等各种信息设备无意识的电磁泄漏发射。而现在存在于我们周围的信息设备更多以系统的形式存在,如网络系统、通信系统。更重要的是,随着电磁兼容性(Electro Magnetic Compatibility,EMC,指设备或系统在其电磁环境中符合要求运行并不对其环境中的任何设备产生无法忍受的电磁干扰的能力)技术的提高,单个设备的 TEMPEST 发射变小,同时由于复杂系统的出现,整个系统的 TEMPEST 泄漏互相干扰、掩蔽、交叉调制,很难抛开系统去谈单独设备的 TEMPEST 问题,因此把对设备的关注转向对系统的关注,这应该是 TEMPEST 自身内涵的一个拓展。

此外,TEMPEST 关注的是电磁泄漏,也就是无意识的电磁发射信号携带信息的问题。在无线技术突飞猛进的今天,涉密单位、涉密场所所处环境中充斥着各种有意和无意发射的电磁信号,移动通信、无线联网这类有意识电磁发射所带来的保密问题,可以考虑统一归结到 TEMPEST 研究领域中去。这样,TEMPEST 的概念就从电磁泄漏发射安全的概念拓宽到电磁安全的概念。

3.3 环境安全技术

GB 50174—2008《电子信息系统机房设计规范》(以下简称《规范》)对电子信息系统机房的分级与性能、机房位置及设备布置、环境、建筑与结构、空气调节、电气、电磁屏蔽、机房布线、机房监控与安全防范、给水排水以及消防等做出了分级要求。本节重点介绍《规范》中的分级要求、机房位置及设备布置要求以及环境要求。这些要求对于 PC 用户同样具有指导意义。

3.3.1 机房安全等级

计算机系统中的各种数据依据其重要性和保密性,可以划分为不同等级,需要提供不同级别的保护。对于高等级数据采取低水平的保护会造成不应有的损失,对不重要的信息提供多余的保护,又会造成不应有的浪费。因此,在计算机机房安全管理中应对机房规定不同的安全等级。

《规范》不仅涵盖了传统的计算机机房,还将所有具有电子信息传输、存储、运算功能的场所都归入其中。《规范》将机房的安全等级分为 A、B、C 三级,设计时应根据机房的使用性质、管理要求及其在经济和社会中的重要性确定所属级别。

符合下列情况之一的电子信息系统机房应为 A 级:

● 电子信息系统运行中断将造成重大的经济损失。
● 电子信息系统运行中断将造成公共场所秩序严重混乱。

例如,国家气象台、国家级信息中心、重要的军事指挥部门、大中城市的机场、广播电台、电视台等的电子信息系统机房和重要的控制室应为 A 级。

符合下列情况之一的电子信息系统机房应为 B 级:

● 电子信息系统运行中断将造成较大的经济损失。
● 电子信息系统运行中断将造成公共场所秩序混乱。

例如,科研院所、高等院校、三级医院、大中城市的气象台、省部级以上政府办公楼、大型工矿企业等的电子信息系统机房和重要的控制室应为 B 级。

不属于 A 级或 B 级的电子信息系统机房应为 C 级。

读者可以阅读 GB 50174—2008,进一步了解各级电子信息系统机房的技术要求。

3.3.2 机房位置及设备布置要求

1. 机房位置选择

电子信息系统机房位置选择应符合下列要求:

- 电力供给应稳定可靠,交通、通信应便捷,自然环境应清洁。
- 应远离产生粉尘、油烟、有害气体以及生产或贮存具有腐蚀性、易燃、易爆物品的场所。
- 应远离水灾和火灾隐患区域。
- 应远离强振源和强噪声源。
- 应避开强电磁场干扰。

2. 机房组成

电子信息系统机房的组成应根据系统运行特点及设备具体要求确定,宜由主机房、辅助区、支持区、行政管理区等功能区组成。

主机房的使用面积宜根据电子信息设备的数量、外形尺寸和布置方式确定,并预留今后业务发展需要的使用面积。

辅助区的面积宜为主机房面积的 0.2 ~ 1。用户工作室的面积可按 3.5 ~ 4 m²/人计算;硬件及软件人员办公室等有人长期工作的房间面积,可按 5 ~ 7 m²/人计算。

3. 设备布置

电子信息系统机房的设备布置应满足机房管理、人员操作和安全、设备和物料运输、设备散热、安装和维护的要求。

产生尘埃及废物的设备应远离对尘埃敏感的设备,并宜布置在有隔断的单独区域内。

当机柜内或机架上的设备为前进风/后出风方式冷却时,机柜或机架的布置宜采用面对面、背对背方式。

主机房内通道与设备间的距离应符合《规范》的规定。

3.3.3 机房环境要求

1. 温度、相对湿度及空气含尘浓度

主机房和辅助区内的温度、相对湿度应满足电子信息设备的使用要求;无特殊要求时,应根据电子信息系统机房的等级,按《规范》附录 A 的要求执行,见表 3-1。

表 3-1 电子信息系统机房的温度、相对湿度要求

项　　目	技术要求			备　　注
	A 级	B 级	C 级	
主机房温度(开机时)	23℃ ±1℃		18 ~ 28℃	不得结露
主机房相对湿度(开机时)	40% ~ 55%		35% ~ 75%	
主机房温度(停机时)	5 ~ 35℃			
主机房相对湿度(停机时)	40% ~ 70%		20% ~ 80%	不得结露
主机房和辅助区温度变化率(开、停机时)	<5℃/h		<10℃/h	

项　目	技 术 要 求			备　注
	A 级	B 级	C 级	
辅助区温度、相对湿度（开机时）	18～28℃、35%～75%			
辅助区温度、相对湿度（停机时）	5～35℃、20%～80%			
不间断电源系统电池室温度	15～25℃			

A 级和 B 级主机房的空气含尘浓度,在静态条件下测试,每升空气中大于或等于 0.5 μm 的尘粒数应少于 18000 粒。

2. 噪声、电磁干扰、振动及静电

有人值守的主机房和辅助区,在电子信息设备停机时,在主操作员位置测量的噪声值应小于 65 dB(A)。

当无线电干扰频率为 0.15～1000 MHz 时,主机房和辅助区内的无线电干扰场强不应大于 126 dB。

主机房和辅助区内磁场干扰环境场强不应大于 800 A/m。

在电子信息设备停机条件下,主机房地板表面垂直及水平向的振动加速度不应大于 500 mm/s²。

主机房和辅助区内绝缘体的静电电位不应大于 1 kV。

机房场地环境方面更详细的内容,读者可以参阅 GB 50462—2008《电子信息系统机房施工及验收规范》、GB 50174—2008《电子信息系统机房设计规范》、GB/T 21052—2007《信息安全技术 信息系统物理安全技术要求》、GB/T 2887—2000《电子计算机场地通用规范》、GB 4943—2001《信息技术设备安全》。

3.4　思考与练习

1. 什么是旁路攻击?书中列举了一些例子,你能否再列举一些?
2. 环境可能对计算机安全造成哪些威胁?如何防护?
3. 有哪些基于硬件的访问控制技术?试分析它们的局限性。
4. 计算机哪些部件容易产生辐射?如何防护?
5. TEMPEST 技术的主要研究内容是什么?
6. 计算机设备防泄漏的主要措施有哪些?它们各自的主要内容是什么?
7. 为了保证计算机安全稳定地运行,对计算机机房有哪些主要要求?机房的安全等级有哪些?根据什么因素划分?
8. 读书报告:查阅资料,了解可信计算的技术新进展和新应用,写一篇读书报告。
9. 操作实验:搜集、阅读资料,分析 U 盘等移动存储设备面临的安全问题,下载相关软件,给出解决的方法。完成实验报告。
10. 操作实验:搜集 CPU、内存、硬盘、显卡检测工具以及硬件综合测试工具,安装使用这些软件,对计算机系统的关键部件进行状态、性能的监控与评测,并比较各类检测软件。完成实验报告。
11. 操作实验:利用软件 Rohos Logon Key 将 U 盘改造成带密钥的 U 盘(加密狗),作为系统的启动令牌。完成实验报告。

12. 编程实验：传统的数据窃取都是使用移动存储设备从计算机上窃取数据，但是 Bruce Schneier 于 2006 年 8 月 25 日在他的 Blog 中介绍了一种新的数据盗取技术——USBDumper，它寄生在计算机中，运行于后台，一旦有连接到计算机上的 USB 设备，即刻悄悄窃取其中的数据。这对于现如今普遍使用的移动办公设备来说，的确是个不小的挑战。USBDumper 这类工具的出现，提出了对 USB 设备的数据进行加密的要求，特别是需要在一个陌生的环境中使用移动设备时。可从 http://www.schneier.com/blog/archives/2006/08/usbdumper_1.html 下载 USBDumper 使用。类似的一个工具是：FlashDiskThief。试分析这类软件的工作原理，并编程实现，完成实验报告。

第4章　操作系统安全

计算机操作系统是对计算机软件、硬件资源进行调度控制和信息产生、传递、处理的平台，它为整个计算机信息系统提供底层(系统级)的安全保障。

操作系统中的安全缺陷和安全漏洞往往会造成严重的后果，本章4.1节对此进行了介绍。4.2节对操作系统的安全性设计进行了概述。

对于一个支持多道程序的操作系统(即多用户并发使用同一系统)，设计者设计了一些方法来保护用户的计算机免受其他用户无意或恶意的干扰，这些方法包括存储保护、用户认证和访问控制等，4.3节、4.4节分别对此进行了介绍。由于访问控制决定了用户对系统资源拥有怎样的权限，对系统的安全具有很重要的影响，所以4.5节对访问控制做了较详细的阐述，4.6节分析了操作系统的其他安全机制。

本章最后在4.7节介绍了常用的Windows操作系统的安全机制、安全子系统及其组件等知识。

4.1　操作系统安全问题

操作系统安全是计算机信息系统安全的重要基础，研究和开发安全操作系统具有重要意义。

计算机软件系统的组成可划分为：操作系统、数据库等应用平台软件、应用业务软件。操作系统用于管理计算机资源，控制整个系统的运行，它直接和硬件打交道，并为用户提供接口，是计算机软件的基础。数据库、应用软件通常是运行在操作系统上的，若没有操作系统安全机制的支持，它们就不可能具有真正的安全性。同时，在网络环境中，网络的安全性依赖于各主机系统的安全性，而主机系统的安全性又依赖于其操作系统的安全性。

通过第2章的学习读者知道，数据加密是保密通信中必不可少的手段，也是保护存储文件的有效方法，但数据加密、解密所涉及的密钥分配、转储等过程必须用计算机实现。若无安全的计算机操作系统保护，数据加密相当于在纸环上套了个铁锁。数据加密并不能提高操作系统的可信度，要解决计算机内部信息的安全性，必须解决操作系统的安全性。

当前，保障网络及信息安全的问题已引起人们的重视，网络加密机、防火墙、入侵检测等安全产品也得到了广泛使用，但是人们又在思考这样的问题：这些安全产品的"底座"(操作系统)可靠、坚固吗？美国计算机应急响应组(Computer Emergency Response Term，CERT)提供的安全报告表明，很多安全问题都源于操作系统的安全脆弱性。

4.1.1　操作系统易用性与安全性的矛盾

操作系统在设计时不可避免地要在安全性和易用性之间寻找一个最佳平衡点，这就使得操作系统在安全性方面必然存在着缺陷。

2007 年微软推出的 Vista 操作系统,是微软第一款根据"安全开发生命周期(Security De-velopment Lifecycle,SDL)"机制进行开发的操作系统。它首次实现了从用户易用优先向操作系统安全优先的转变,系统中所有选项的默认设置都是以安全为第一要素考虑的。但是,Vista 系统很快就曝出了漏洞。现在应用最广泛的 Windows 系列操作系统在安全性方面还不断地被发现漏洞。安全专家表示,Windows 系统不是"有没有漏洞"的问题,而是何时被发现的问题。

4.1.2　操作系统面临的安全问题

操作系统在安全性方面必然存在着缺陷,而这种缺陷正是恶意代码(包括病毒、特洛伊木马、蠕虫等)得以蔓延的主要原因。威胁操作系统安全的因素除了第 3 章介绍的硬件与环境方面以外,还有以下几种。

1)网络攻击破坏系统的可用性和完整性。例如,恶意代码(如 Rootkit)可以使系统感染,也可以使应用程序或数据文件受到感染,造成程序和数据文件的丢失或被破坏,甚至使系统瘫痪或崩溃。

2)隐通道(Covert Channel,也称为隐蔽信道)破坏系统的保密性和完整性。如今,攻击者攻击系统的目的更多地转向获取非授权的信息访问权。这些信息可以是系统运行时内存中的信息,也可以是存储在磁盘上的信息(文件)。窃取的方法有多种,如使用 Cain&Abel 等口令破解工具破解系统口令,再如使用 Golden keylogger 等木马工具记录键盘信息,还可以利用隐通道非法访问资源。

隐通道一般可分为存储通道和时间通道,它们都是利用共享资源(如文件,对文件是否存在的判断)来传递秘密信息的,并要协调好时间间隔。共享资源在多用户环境里是很普遍的。例如,对磁盘存储而言,服务程序为了表示信息 1,在磁盘上创建一个非常大的文件,占用了磁盘上的大部分可用空间。之后,间谍程序也会尝试在磁盘上创建一个大型文件。如果成功,间谍程序就推断服务程序没有在磁盘上创建大型文件,所以服务程序提供的信息是 0;否则,该信息就是 1。在这里,间谍程序只需要通过判定某个文件是否存在,就能接收到某些秘密信息。

3)用户的误操作破坏系统的可用性和完整性。例如,用户无意中删除了系统的某个文件,无意中停止了系统的正常处理任务,这样的误操作或不合理地使用了系统提供的命令,会影响系统的稳定运行。此外,在多用户操作系统中,各用户程序执行过程中相互间会产生不良影响,用户之间会相互干扰。

一个有效、可靠的操作系统必须具有相应的保护措施,消除或限制如恶意代码、网络攻击、隐通道、误操作等对系统构成的安全隐患。

4.2　操作系统的安全性设计

操作系统安全的主要目标如下:
- 标识系统中的用户并进行身份鉴别。
- 依据系统安全策略对用户的操作进行存取控制,防止用户对计算机资源的非法存取。
- 监督系统运行的安全。
- 保证系统自身的安全性和完整性。

操作系统安全涉及两个重要概念:安全功能(安全机制)和安全保证。不同的安全系统所能提供的安全功能可能不同,实现相同安全功能的途径可能也不同。为此,人们制定了安全评测等级。在这样的安全等级评测标准中,安全功能主要说明各安全等级所需实现的安全策略和安全机制的要求,而安全保证则是描述通过何种方法保证操作系统所提供的安全功能达到了确定的功能要求。相关国内外安全等级测评标准将在本书的10.2节介绍。

下面主要介绍实现操作系统安全目标需要建立的安全机制,包括隔离控制、存储保护、用户认证、访问控制、最小权限管理、可信路径和安全审计等。

此处先介绍隔离控制,其他安全机制在接下来的内容中介绍。

隔离控制的方法有4种:

1)物理隔离。在物理设备或部件一级进行隔离,使不同的用户进程使用不同的物理对象。例如,为不同安全级别的用户分配不同的打印机,对特殊用户的高密级运算甚至可以在CPU一级进行隔离,使用专用的CPU运算。

2)时间隔离。对不同安全要求的用户进程分配不同的运行时间段。例如,对于用户运算高密级信息时,独占计算机进行运算。

3)逻辑隔离。操作系统限定各进程的运行区域,不允许进程访问其他未被允许的区域。这样,多个用户进程可以同时运行,但相互之间感觉不到其他用户进程的存在。

4)加密隔离。进程把自己的数据和计算活动隐蔽起来,使它们对于其他进程不可见;对用户的口令信息或文件数据以密码形式存储,使其他用户无法访问。

这几种隔离措施实现的复杂性是逐步递增的,第一种相对简单一些,最后一种则相对复杂一些。而它们的安全性则是逐步递减的,前两种方法的安全性是比较高的,但会降低硬件资源的利用率;后两种隔离方法主要依赖操作系统的功能实现。

4.3　存储保护

对于一个安全的操作系统,存储保护是最基本的要求,这里包括内存保护、运行保护和I/O保护等。

4.3.1　内存保护

内存储器是操作系统中的共享资源,即使对于单用户的个人计算机,内存也是被用户程序与系统程序所共享的,在多道环境下更是被多个进程所共享。为了防止共享失去控制和产生不安全问题,对内存进行保护是必要的。

对于一个安全操作系统,存储保护是最基本的要求,这主要是指保护用户在存储器中的数据。保护单元是存储器中的最小数据范围,可为字、字块、页面或段。保护单元越小,则存储保护精度越高。对于代表单个用户,在内存中一次运行一个进程的系统,存储保护机制应该防止用户程序对操作系统的影响。在允许多道程序并发运行的多任务操作系统中,还进一步要求存储保护机制对进程的存储区域实行互相隔离。

存储器保护的主要目的如下:

- 防止对内存的未授权访问。
- 防止对内存的错误读写,如向只读单元写。

- 防止用户的不当操作破坏内存数据区、程序区或系统区。
- 多道程序环境下,防止不同用户的内存区域互相影响。
- 将用户与内存隔离,不让用户知道数据或程序在内存中的具体位置。

常用的内存保护技术有单用户内存保护、多道程序的保护、内存标记保护和分段与分页保护技术。这些技术的实现方法在一般的操作系统原理教科书中都有介绍,这里仅介绍各种内存保护技术的安全作用。

1. 单用户内存保护

在单用户操作系统中,系统程序和用户程序同时运行在一个内存之中,若无防护措施,用户程序中的错误有可能破坏系统程序的运行。可以利用基址寄存器在内存中规定一条区域边界(一个内存地址),用户程序运行时不能跨越这个地址。利用该寄存器也可以实现程序重定位功能,可以指定用户程序的装入地址。

2. 多道程序的保护

对于多用户系统,可能有多个用户程序需要在内存运行,利用一个基址寄存器无法把这些用户程序分隔在不同内存区运行。解决这个问题的办法是再增加一个寄存器,保存用户程序的上边界地址,如图4-1所示。程序执行时硬件系统将自动检查程序代码所访问的地址是否在基址与上边界之间,若不在则报错。

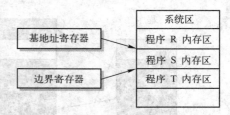

图4-1　多道程序的保护

用这种办法可以把程序完整地封闭在上下两个边界地址空间中,可以有效地防止一个用户程序访问甚至修改另一个用户的内存。如果使用多对基址和边界寄存器,还可以把用户的可读写数据区与只读数据区和程序区互相隔离,这种方法可以防止程序自身的访问错误。例如,可以防止向程序区或只读数据区写访问。

3. 标记保护法

用上面介绍的多对基址与边界寄存器技术,只能保护数据区不被其他用户程序访问,不能控制自身程序对同一个数据区内单元有选择的读或写。例如,一个程序中若没有数组越界溢出检查,当向该数组区写入时就有可能越界到其他数据单元,甚至越界到程序代码区(这就是缓冲区溢出的一种情况),而代码区是严格禁止写的。为了能对每个存储单元按其内容要求进行保护,例如有的单元只读、读/写或仅执行(代码单元),可以在每个内存单元中专用几个比特来标记(Tagging)该单元的属性。除了标记读、写、执行等属性外,还可以标记该单元的数据类型,如数据、字符、指针或未定义等。在高安全级别的系统中,要求对主体与客体的安全级别与权限给出标记,因此单元标记的内容还可以包括敏感级别等信息。每次指令访问这些单元时,都要测试这些比特,当访问操作与这些比特表示的属性不一致时就要报错。

X	代码
X	代码
X	代码
X	代码
…	…
R	数据
RW	数据

使用带标记的存储器需要占用一些存储空间,还会影响操作系统代码的可移植性,这种保护技术一般在安全要求较高的系统中使用。图4-2给出加标记内存的示意图,其中 X 表示执行(eXecute),R 表示读(Read),W 表示写(Write)。

图4-2　加标记的内存

4. 分段与分页技术

对于稍微复杂一些的用户程序,通常按功能划分成若干个模块(过程)。每个模块有自己的数据区,各模块之间也可能有共享数据区,各用户程序之间也可能有共享模块或共享数据区。这些模块或数据区有着不同的访问属性和安全要求,使用上述各种保护技术很难满足这些要求。分段技术就是试图解决较大程序的装入、调度、运行和安全保护等问题的一种技术。

分段将内存分成很多逻辑单元,如一组组私有程序或数据,如图 4-3 所示。采用分段技术以后,用户并不知道他的程序实际使用的内存物理地址,操作系统把程序实际地址隐藏起来了。这种隐藏对保护用户代码与数据的安全是极有好处的。

但是,分段本身比较复杂,因为段大小可变,内存"碎片"成为一个潜在的问题,并且分段及管理也给操作系统带来了明显的负担。

分页是把目标程序与内存都划分成相同大小的片段,这些片段称为"页",如图 4-4 所示。在分页模式下,需要使用参数对 < 页, 偏移地址 > 来访问特定的页。

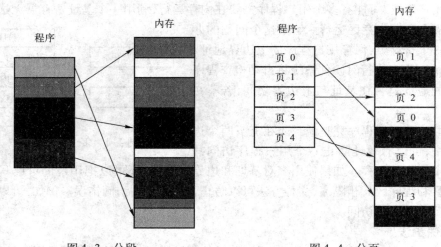

图 4-3 分段　　　　　　　　　　　　　图 4-4 分页

分页技术虽然解决了碎片问题,但损失了分段技术的安全功能。由于段具有逻辑上的完整意义,而页没有这样的意义,程序员可以为段规定某些安全控制要求,但却无法指定各页的访问控制要求。

解决这个问题的方法是将分页与分段技术结合起来使用,由程序员按计算逻辑把程序划分为段,再由操作系统把段划分为页。在段的基础上进行分页的好处在于不会产生碎片、效率高,并且不需要考虑每部分大小的变化所带来的各种问题。

操作系统同时管理段表与页表,完成地址映射任务和页面的调进调出,并使同一段内的各页具有相同的安全管理要求,这也是虚拟存储器的基本思想。

系统还可以为每个物理页分配一个密钥,只允许拥有相同密钥的进程访问该页,该密钥由操作系统装入进程的状态字中,在进程访问某个页面时,由硬件对进程的密钥进行检验,只有密钥相同,且进程的访问权限与页面的读写访问属性相同时方可访问。

这种对物理页附加密钥的方法是比较烦琐的。采用基于描述符的地址解释机制可以避免上述管理上的困难。在这种方式下,每个进程都有一个"私有的"地址描述符,进程对系统内存某页或某段的访问模式都在该描述符中说明。由于在地址解释期间,地址描述符同时也被系统调用检验,所以这种基于描述符的内存访问控制方法所需开销很小。

4.3.2 运行保护

安全操作系统很重要的一点是进行分层设计,而运行域正是这样一种基于保护环的等级式结构。运行域是进程运行的区域,在最内层具有最小环号的环具有最高权限,而在最外层具有最大环号的环是最小的权限环。

设置两环系统是很容易理解的,它只是为了隔离操作系统程序与用户程序。这就像生活中的道路被划分为机动车道和非机动车道一样,各种车辆和行人各行其道,互不影响,保证了各自的安全。对于多环结构,它的最内层是操作系统,它控制整个计算机系统的运行;操作系统环之外的是受限使用的系统应用环,如数据库管理系统或事务处理系统;最外一层则是各种不同用户的应用环。

在这里,最重要的安全概念是:等级域机制应该保护某一环不被其外层环侵入,并且允许在某一环内的进程能够有效地控制和利用该环以及该环以外的环。进程隔离机制与等级域机制是不同的。给定一个进程,它可以在任意时刻在任何一个环内运行,在运行期间还可以从一个环转移到另一个环。当一个进程在某个环内运行时,进程隔离机制将保护该进程免遭在同一环内同时运行的其他进程破坏。也就是说,系统将隔离在同一环内同时运行的各个进程。

Intel x86 微芯片系列就是使用环概念来实施运行保护的,如图 4-5 所示。环有 4 个级别:环 0 是最高权限的,环 3 是最低权限的。当然,微芯片上并没有实际的物理环。Windows 操作系统中的所有内核代码都在环 0 级上运行。用户模式程序(例如 Office 软件程序)在环 3 级上运行。包括 Windows 和 Linux 在内的许多操作系统在 Intel x86 微芯片上只使用环 0 和环 3,而不使用环 1 和环 2。

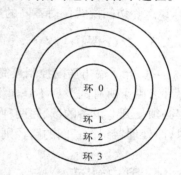

图 4-5 Intel x86 支持的保护环

CPU 负责跟踪为软件代码和内存分配环的情况,并在各环之间实施访问限制。通常,每个软件程序都会获得一个环编号,它不能访问任何具有更小编号的环。例如,环 3 的程序不能访问环 0 的程序。若环 3 的程序试图访问环 0 的内存,则 CPU 将发出一个中断。在多数情况下,操作系统将不会允许这种访问。该访问尝试甚至会导致程序的终止。

下面介绍两域结构的实现,在段描述符中相应地有两类访问模式信息,一类用于系统域,另一类用于用户域。这种访问模式信息决定了对该段可进行的访问模式,如图 4-6 所示。

如果要实现多级域,就需要在每个段描述符中保存一个分立的 W、R、X 比特集,集的大小取决于设立多少个等级。这在管理上是很笨拙的,但我们可以根据等级原则简化段描述符以便于管理。在描述符中,不用为每个环都保存相应的访问模式信息。对于一个给定的内存段,仅需要 3 个区域(它们表示 3 种访问模式),在这 3 个区域中只要保存具有该访问模式的最大环号即可,如图 4-7 所示。

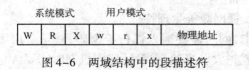

图 4-6 两域结构中的段描述符

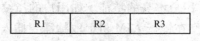

图 4-7 多域结构中的段描述符

称这 3 个环号为环界(Ring Bracket)。相应地,这里的 R1、R2、R3 分别表示对该段可以进行写、读、运行操作的环界。

实际上,如果某环内的某一进程对内存某段具有写操作的权限,那就不必限制其对该段的读与运行操作权限。此外,如果进程对某段具有读操作的权限,那当然允许其运行该段的内容。

如果某段对具有较低权限的环而言是可写的,那么在较高权限环内运行该段的内容将是危险的,因为该段内容中可能含有破坏系统运行或偷窃系统机密信息的非法程序(如特洛伊木马)。所以从安全性的角度考虑,不允许低权限环内编写(修改)的程序在高权限环内运行。

环界集为(0,0,0)的段只允许最内环(具最高权限)访问,而环界集为(7,7,7)表示任何环都可以对该段进行任何形式的访问操作。

对于一个给定的段,为每个进程分配一个相应的环界集,不同的进程对该段的环界可能是不同的。这种方法不能解决在同一环内,两个进程对共享段设立不同访问模式的问题。为解决这个问题所采取的方法是:将段的环界集定义为系统属性,它只说明某环内的进程对该段具有什么样的访问模式,即哪个环内的进程可以访问该段以及可以进行何种模式的访问,而不考虑究竟是哪个进程访问该段。所以对一个给定的段,不是为每个进程都分配一个相应的环界集,而是为所有进程都分配一个相同的环界集。同时,在段描述符中再增加 3 个访问模式位W、R、X。访问模式位对不同的进程是不同的。

4.3.3 I/O 保护

I/O 介质输出访问控制最简单的方式是将设备看做是一个客体,仿佛它们都处于安全边界外。由于所有的 I/O 不是向设备写数据就是从设备接收数据,所以一个进行 I/O 操作的进程必须受到对设备的读、写两种访问控制。这就意味着设备到介质间的路径可以不受什么约束,而处理器到设备间的路径则需要施以一定的读写访问控制。

4.4 用户认证

用户的认证包括:标识与鉴别。标识(Identification)就是系统要标识用户的身份,并为每个用户取一个系统可以识别的内部名称——用户标识符。用户标识符必须是唯一的且不能被伪造,防止一个用户冒充另一个用户。

将用户标识符与用户联系的过程称为鉴别(Authentication),鉴别过程主要用以识别用户的真实身份,鉴别操作总是要求用户具有能够证明其身份的特殊信息,并且这个信息是秘密的或独一无二的,任何其他用户都不能拥有它。

一般情况下,可以通过多个因素(Multi - Factor)来共同鉴别用户身份的真伪。常用的 3 种是:

1)用户所知道的。如要求输入用户的姓名、口令或加密密钥等。

2)用户所拥有的。如智能卡等物理识别设备。

3)用户本身的特征。如用户的指纹、声音、视网膜等生理特征。

我们在银行 ATM 机上取款需要插入银行卡,同时需要输入银行卡密码,就是采用了双因子认证。鉴别的因子越多,鉴别真伪的可靠性就越大。当然,在设计鉴别机制时需要考虑认证的方便性和性能等综合因素。

4.4.1 基于口令的认证

使用口令进行身份验证是一种古老、容易实现,也是比较有效的身份认证手段。

在操作系统中,口令是用户与操作系统之间交换的信物。用户要想使用系统,就必须通过系统管理员系统登录,在系统中建立一个用户账号,账号中存放用户的名字(或标识)和口令。用户输入的用户名和口令必须和存放在系统中的账户/口令文件中的相关信息一致,才能进入系统。没有有效的口令,入侵者要闯入计算机系统是很困难的。

同样,确认用户(访问者)的真实身份,解决访问者的物理身份和数字身份的一致性也是网络中要解决的安全问题。因为只有知道对方是谁,数据的保密性、完整性和访问控制等才有意义。下面的内容主要基于计算机操作系统的应用环境,在网络环境中同样适用。

计算机操作系统中使用的口令,是只有用户自己和系统管理员知道(有的系统中管理员也不知道)的简单的字符串。只要一个用户保持口令的保密性,非授权用户就无法使用该用户的账户。各个系统的登录进程可以有很大的不同,有的安全性很高的系统要求几个等级的口令。例如,一个用于登录进入系统,一个用于个人账户,还有一个用于指定敏感文件。有的系统则只要一个口令就可以访问整个系统,大多数系统具有介于这两个极端情况之间的登录进程。

图4-8给出了一种基于口令的用户身份鉴别基本过程。

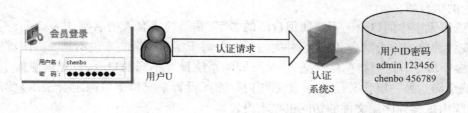

图4-8 一种基于口令的用户身份鉴别过程

用户U在系统登录界面中选择相应的用户ID,输入对应密码,认证系统S检查用户账户数据库,确定该用户ID和口令组合是否存在,如果存在,S向U返回鉴别成功信息,否则返回鉴别失败信息。

图4-8所示的鉴别机制的优点是简单易用,在安全性要求不高的情况下易于实现。但是该机制存在着严重的安全问题,主要包括:

- 用户信息安全意识不高,口令质量不高。例如,采用一些有意义的字母、数字作为密码,攻击者可以利用掌握的一些信息运用密码字典生成工具,生成密码字典然后逐一尝试破解。
- 攻击者运用社会工程学,冒充合法用户骗取口令。目前,这种"网络钓鱼"现象层出不穷。
- 在输入密码时被键盘记录器等盗号程序所记录。
- 口令在传输过程中被攻击者嗅探到。一些信息系统对传输的口令没有加密,攻击者可以轻易得到口令的明文。但是即使口令经过加密也是难于抵抗重放攻击,因为攻击者可以直接使用这些加密信息向认证服务器发送认证请求,而这些加密信息是合法有效的。

- 数据库存放明文口令,如果攻击者成功访问数据库,则可以得到整个用户名和口令表。即使数据库中的口令进行了加密,仍面临破解等威胁。

为此,下面介绍针对图 4-8 所示简单鉴别机制的改进措施。

1. 提高口令质量

破解口令是黑客们攻击系统的常用手段,那些仅由数字、字母组成,或仅由两、三个字符组成,或名字缩写,或常用单词、生日、日期、电话号码、用户喜欢的宠物名、节目名等易猜的字符串作为口令是很容易被破解的。这些类型的口令都不是安全有效的,常被称为弱口令。因此,口令质量是一个非常关键的因素,它涉及以下几点。

1)增大口令空间。下面的公式给出了计算口令空间的方法:$S = A^M$。

- S 表示口令空间。
- A 表示口令的字符空间,不要仅限于 26 个大写字母,要扩大到包括 26 个小写字母、10 个数字以及其他系统可接受字符。
- M 表示口令长度。选择长口令可以增加破解的时间。假定字符空间是 26 个字母,如果已知口令的长度不超过 3,则可能的口令有 $26 + 26 \times 26 + 26 \times 26 \times 26 = 18278$ 个。若每毫秒验证一个口令,则只需 18 s 多就可以检验所有口令。如果口令长度不超过 4,检验时间只需要 8 min 左右。很显然,增加字符空间的字符数和口令的长度可以显著增加口令的组合数。

2)选用无规律的口令。不要使用自己的名字、熟悉的或名人的名字作为口令,不要选择宠物名或各种单词作为口令,因为这种类型的口令对于字典破解法来说不是一件困难的事情。

3)多个口令。这里指两层含义,一是不同的系统设置不同的口令,以免因泄露了一个口令而影响全局。另一层含义是,在一个系统内部除了设置系统口令以限定合法用户访问系统外,对系统内敏感程序或文件的访问也要求设置口令。

4)在用户使用口令登录时,还可以采取更加严格的控制措施:

- 登录时间限制。例如,用户只能在某段时间内(如上班时间)才能登录到系统中。
- 限制登录次数。例如,如果有人连续几次(如 3 次)登录失败,终端与系统的连接就自动断开。这样可以防止有人不断地尝试不同的口令和登录名。
- 尽量减少会话透露的信息。例如,登录失败时系统不提示是用户名错误还是口令错误,使外漏的信息最少。
- 增加认证的信息量。例如,认证程序还可以在认证过程中向用户随机提问一些与该用户有关的问题,这些问题通常只有这个用户才能回答(如个人隐私信息)。当然这需要在认证系统中存放每个用户的多条秘密信息供系统提问用。

2. 保护输入口令

需要对输入的口令加以保护。Windows 系统中具有可信路径功能,以防止特洛伊木马程序在用户登录时截获用户的用户名和口令,通过〈Ctrl + Alt + Delete〉组合键来实现可信路径功能。在网络环境中,各银行的网银及网络交易平台等大多都会使用安全控件对客户的账号、密码等信息加以保护。例如,网银登录界面上通常会提示用户安装"安全控件",如图 4-9 所示。

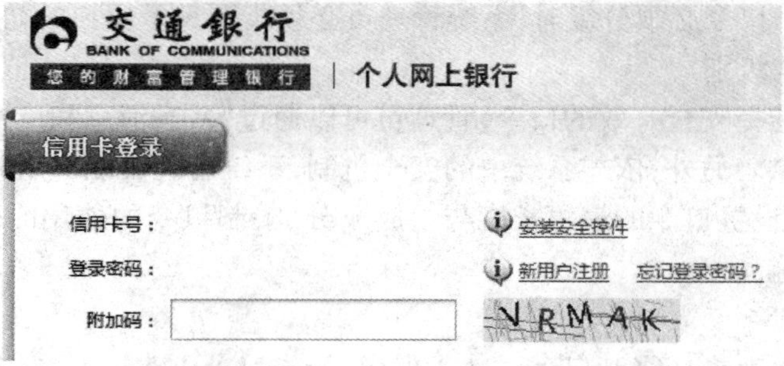

图4-9 网银登录界面上提示用户安装"安全控件"

安全控件实质上是一种小程序,由各网站依据需要自行编写。当该网站的注册会员登录该网站时,安全控件发挥作用,通过对关键数据进行加密,防止账号、密码被木马程序或病毒窃取,可以有效防止木马截取键盘记录。安全控件工作时,从客户的登录一直到注销,实时做到对网站及客户终端数据流的监控。就目前而言,由于安全控件的保护,客户的账号及密码还是相对安全的。

不过,一些不法分子会将一些木马等程序伪装成安全控件,导致用户安装后造成一些不必要的损失。因此,在选择控件方面:

- 确定所用的网站或是平台是否必须使用此控件。
- 安全的控件从官方网站下载。
- 安装控件时检查控件的发行商。
- 安装控件时最好让杀毒或是保护计算机安全的软件处于开启状态,发现异常马上处理。

3. 加密存储口令

必须对存储的口令实行访问控制,保证口令数据库不被未授权用户读取或者修改。而且,无论采取何种访问控制机制,都应对存储的口令进行加密,因为访问控制有时可能被绕过。

4. 口令传输安全

网络环境中,口令从用户终端到认证端的传输过程中,应施加保护以应对口令被截获。

5. 口令安全管理

以上介绍了口令的生成、存储、传输等环节的安全措施。为了确保口令的安全,还应当注意口令的安全管理。

(1)系统管理员的职责

1)初始化系统口令。系统中有一些标准用户是事先在系统中注册的。在允许普通用户访问系统之前,系统管理员应能为所有标准用户更改口令。

2)初始口令分配。系统管理员应负责为每个用户产生和分配初始口令,但要防止口令暴露给系统管理员。

- 有许多方法可以实现口令生成后对系统管理员的保密。一种方法是将口令用一种密封的多分块方式显示。另一种方法是,口令产生时用户在场。系统管理员启动产生口令的程序,用户则掩盖住产生的口令并删除或擦去显示痕迹。
- 使口令暴露无效。当用户初始口令必须暴露给系统管理员时,用户应立即通过正常程序更改其口令,使这种暴露无效。

71

- 分级分配。当口令必须分级时,系统管理员必须指明每个用户的初始口令,以及后续口令的最高安全级别。

为了帮助用户选择安全有效的口令,管理员可以通过警告、消息和广播告诉用户什么样的口令是最有效的口令。另外,依靠系统中的安全机制,系统管理员能对用户的口令有效条件进行强制性的修改,如设置口令的最短长度与组成成分、限制口令的使用时间,甚至防止用户使用易猜的口令等措施。

(2)用户的职责

用户应明白自己有责任将其口令对他人保密,报告口令更改情况,并关注安全性是否被破坏。为此,用户应担负的职责包括:

1)口令要自己记忆。

2)口令应进行周期性的改动。用户可以自己主动更换口令,系统也会要求用户定期更换口令。有的系统还会把用户使用过的口令记录下来,防止用户使用重复的口令。

为避免不必要地将用户口令暴露给系统管理员,用户应能够独自更改其口令。为确保这一点,口令更改程序应要求用户输入其原始口令。更改口令发生在用户要求或口令过期的情况下。用户必须输入新口令两次,这样就表明用户能连续正确地输入新口令。

(3)系统审计

应对口令的使用和更改进行审计。审计事件包括成功登录、失败尝试、口令更改程序的使用、口令过期后上锁的用户账号等。

实时通知系统管理员。同一访问端口或使用同一用户账号连续 5 次(或其他阈值)以上登录失败,应立即通知系统管理员。

通知用户。在成功登录时,系统应通知用户以下信息:用户上一次成功登录的日期和时间、用户登录地点、从上一次成功登录以后的所有失败登录。

4.4.2 一次性口令认证

在口令的传输过程中首先考虑引入散列函数,同时对用户账户数据库中的口令也计算其散列值后存储。这样用户 U 在客户端输入自己的用户名和口令后,客户端程序计算口令的散列值,并将用户名和口令散列值传输给系统 S。S 检查账户数据库确定用户名和口令散列值是否存在,如果存在,S 向 U 返回鉴别成功的信息,否则返回鉴别失败信息。

在这种方案中,攻击者可以监听用户计算机与服务器之间涉及登录请求/响应的通信,并截获用户名和口令散列值。

攻击者很容易构造一张 p 与 q 对应的表(称为口令字典),表中的 p 是猜测的口令,尽可能包含各种可能的口令值,q 是 p 的散列值。利用截获的散列值,攻击者借助口令字典能以很高的概率获得用户的口令,这种攻击方式称为字典攻击。

利用截获的散列值,攻击者可以在新的登录请求中将其提交到同一服务器,服务器不能区分这个登录请求是来自合法用户,还是来自攻击者,这种攻击方式称为重放攻击。

(1)一次性口令原理

美国科学家 Leslie Lamport 于 1981 年提出了一次性口令(One - Time Password,OTP)的思想,主要目的是确保在每次鉴别中所使用的加密口令不同,以对付重放攻击。

一次性口令的基本原理是:在登录过程中加入不确定因子,使用户在每次登录时产生的口令信息都不相同。认证系统得到口令信息后,通过相应的算法验证用户的身份。

在一次性口令生成机制中,时间同步方案原理较为简单。该方案要求用户和认证服务器的时钟必须严格一致,用户持有时间令牌(动态密码生成器),令牌内置同步时钟、秘密密钥和加密算法。时间令牌根据同步时钟和密钥每隔一个单位时间(如1 min)产生一个动态口令,用户登录时将令牌的当前口令发送到认证服务器,认证服务器根据当前时间和密钥副本计算出口令,最后将认证服务器计算出的口令和用户发送的口令相比较,得出是否授权用户的结论。该方案的难点在于需要解决好网络延迟等不确定因素带来的干扰,使口令在生命期内顺利到达认证系统。

图4-10 挑战/响应的基本工作过程

一次性口令的一种常见实现是挑战/响应(Challenge/Response)方案,其基本工作过程如图4-10所示。

1)认证请求。用户端首先向认证端发出认证请求,认证端提示用户输入用户 ID 等信息。

2)挑战(或称质询)。认证端选择一个一次性随机串 X 发送给客户端。同时,认证端根据用户 ID 取出对应的密钥 K 后,利用发送给客户机的随机串 X,在认证端用加密引擎进行运算,得到运算结果 Es。

3)响应。客户端程序根据输入的随机串 X 与产生的密钥 K 得到一个加密运算结果 E_U,此运算结果将作为认证的依据发送给认证端。

4)鉴别结果。认证端比较两次运算结果 Es 与 E_U 是否相同,若相同,则鉴别为合法用户。

由于密钥存在客户端中,也未直接在网上发送,整个运算过程也是在客户端相应程序中完成的,因而极大地提高了安全性。并且每当客户端有一次认证申请时,认证端便产生一个随机挑战给客户,即使在网上传输的认证数据被截获,攻击者想要重放攻击也很难成功。

(2)一次性口令应用实例

【例4-1】 使用"验证码"实现一次性口令认证。

如图4-11a所示,某客户端用户登录界面上设置了"验证码"输入框,此验证码是随机值。目前,得到广泛应用的验证码如图4-11b所示。这类验证码通常称为全自动区分计算机和人类的图灵测试(Completely Automated Public Turing test to tell Computers and Humans Apart,CAPTCHA),是一种主要区分用户是计算机和人的自动程序。这类验证码的随机性不仅可以防止口令猜测攻击,还可以有效防止攻击者对某一个特定注册用户用特定程序进行不断的登录尝试,例如刷票、恶意注册、论坛灌水等。

a)

b)

图4-11 用户登录界面上设置的验证码

a)随机数字验证码 b)随机图形验证码

【例 4-2】 使用口令卡实现一次性口令认证。

如图 4-12 所示,是网上银行应用的口令卡,卡的一面以矩阵的形式印有若干字符串,初始时有覆膜。不同的账号口令卡不同,用户在使用网上银行进行对外转账或缴费等支付交易时,电子银行系统会随机给出一组口令卡坐标,客户根据坐标从卡片中找到口令组合并输入到网上银行系统,网上银行系统据此来对用户进行身份鉴别。

基于口令卡的鉴别过程如下:

1) 认证端系统 S 的数据库存放用户 U 的用户名(账号)和口令卡内容(包括坐标及对应的随机 3 位数字)。

2) U 在客户端只输入自己的 ID,不输入口令。用户 ID 通过网络传递到 S。

3) S 检查用户名是否有效,如果无效,则向 U 返回相应的错误消息,结束鉴别过程;如果有效,则进入下一步。

4) S 生成两个随机坐标(也称为挑战码),保留这个随机挑战并通过网络传递到 U,如图 4-13 所示。

5) U 根据坐标利用口令卡查出对应的 6 位口令,并将查找的结果发送给 S,如图 4-13 所示。

6) S 也根据保留的坐标去查找该账户的口令卡,找出对应的 6 位口令。S 比较这两个 6 位口令,如果相等,S 向 U 返回鉴别成功的信息,否则返回鉴别失败的信息。

在该认证过程中,用户每次输入不同的动态口令,防止了重放攻击。该方法对用户端要求较低,不要求用户端计算口令散列值和进行数据加密,不需要在计算机上安装任何软件,每张口令卡都不一样,并且每个口令卡在领用时会绑定用户的银行卡号,任何人不能使用他人的口令卡。当口令卡中的口令使用完之后,需要重新换卡。

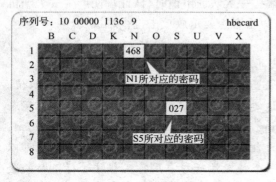

图 4-12 口令卡(有覆膜)

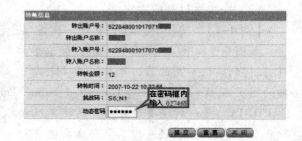

图 4-13 根据挑战码输入口令

用户只要保管好手中的口令卡,就能较好地确保资金交易安全。即使用户不慎丢失了卡号和登录密码,只要保管好手中的口令卡,使登录卡号、登录密码、口令卡不被同一个人获取,也能够保证网上交易的安全。

领用动态口令卡时,需要确认口令卡的包装膜和覆膜是否完好,如有损坏,应该要求更换。建议不要一次性将覆膜全部刮开,而是使用到哪个位置即刮开哪个位置。

使用口令卡的一次性口令认证技术的缺点是:

- 动态口令机制简单,安全系数低于口令令牌(如 U 盾)。因此,一般口令卡对网上交易有金额限制,如果要进行大额交易,建议使用 U 盾之类的口令令牌。

- 虽然用口令卡一次性成本低,但每张卡可用的次数有限,网银使用次数越多,口令卡更换就越频繁,累积成本较大。
- 口令卡容易丢失。

【例4-3】 使用口令令牌实现一次性口令认证。

这里讲的令牌是一种能标识其持有人身份的特殊物件。例如,公民身份证就是一种认证令牌。为了起到认证作用,令牌必须与持有人之间是一一对应的,要求令牌是唯一的和不能伪造的。

口令令牌是个小设备,一般如钥匙扣或信用卡那么大,如图4-14所示。口令令牌通常具有的结构是:处理器、显示屏幕、可选的小键盘、可选实时时钟。每个口令令牌预编了一个唯一数字,称为随机种子(Random Seed),随机种子是保证口令令牌产生唯一输出的基础。根据令牌的使用方法,可分为基于挑战/响应的令牌用户鉴别机制和

图4-14 口令令牌

基于时间的令牌用户鉴别机制。下面介绍基于挑战/响应的令牌用户鉴别机制。

1)认证端系统S生成令牌的随机种子,这个种子在令牌中存储,同时这个种子和用户名存储在认证端的用户数据库中。

2)U在客户端只输入自己的ID,不输入口令。用户ID通过网络传递到S。

3)S检查用户名是否有效,如果无效,则向U返回相应的错误消息,结束鉴别过程;如果有效,则进入下一步。

4)S生成一个随机挑战(随机数),保留这个随机挑战并通过网络传递至U。

5)U使用个人识别码(Personal Identification Number,PIN)打开令牌,并在令牌中输入从S收到的随机挑战,令牌自动用种子值加密随机挑战,结果显示在令牌上。

6)U将用种子值加密的随机挑战通过网络传递到S。

7)S对U进行身份鉴别。S使用用户的种子值解密从U那里收到的加密随机挑战(U的种子可以通过S的用户数据库取得)。如果解密结果与S上原先发送给U的随机挑战相等,S向U返回鉴别成功信息,否则返回鉴别失败的信息。

该机制的优点是用户不需要记口令,只要拥有令牌就可以了,解决了记口令带来的麻烦和问题,可以把令牌种子看成用户口令,但用户不知道种子值,口令令牌自动使用种子。

如果用户丢失口令令牌如何处理?其他人拿到了令牌是否可以冒充呢?答案是否定的,从机制的第5步可以看到,用户只有输入正确的PIN之后,才能使用令牌,因此这种鉴别机制的安全性是基于双因子的鉴别,即用户既要知道PIN,又要拥有鉴别令牌。该机制同时使用了随机挑战,因此可以防止重放攻击。对于网络截获者来说,获得的是用种子加密的随机挑战,不能非法得到种子值。因此,这种鉴别机制的安全性相当高。

不过,这种机制也有缺点:

- 服务器遭到攻击后,用户的种子值会暴露给攻击者,造成鉴别的不安全性,需要对服务器中的用户种子值进行加密,以防止服务器攻击。
- 使用令牌的不方便性,用户在使用令牌时要进行3次输入:首先要输入PIN才能访问令牌;其次要从屏幕上阅读随机挑战,并在令牌中输入随机数挑战;最后要从令牌屏幕上阅读加密的随机挑战,输入到计算机终端,然后发送给服务器,用户在这个过程中很容易出错。

【例4-4】 使用智能卡实现一次性口令认证。

智能卡(Smart Card)是一种更为复杂的令牌。智能卡是随着半导体技术的发展以及社会对信息的安全性和存储容量要求的日益提高而应运而生的。它是一种将具有加密、存储、处理能力的集成电路芯片嵌装于塑料基片上而制成的卡片(见图4-15)，智能卡一般由微处理器、存储器等部件构成。为防止智能卡遗失或被窃，许多系统需要智能卡和个人识别码 PIN 同时使用。

图4-15　智能卡

智能卡的使用过程大致如下：一个用户在网络终端上输入自己的名字，当系统提示他输入口令时，把智能卡插入槽中并输入其通行字，口令不以明文形式回显，也不以明文方式传输，这是因为智能卡对它加密的结果。在接收端对通行字进行解密，身份得到确认后，该用户便可以进行他希望的操作了。

使用智能卡在线交易迅速并且简单，只需把智能卡插入与计算机相连的读卡器，输入用户 ID 和 PIN 即可。在智能卡中存储私钥和数字证书，给用户带来了安全信息的轻便移动性，智能卡可以方便地携带，可以在任何地点进行电子交易。智能卡的读卡器也越来越普遍，有 USB 型的，也有 PC 卡型的，在 Windows 终端上也可以设置智能卡插槽。

4.4.3　生物特征认证

传统的用户身份认证机制有许多缺点。目前，虽然从最早的"用户名＋口令"方式过渡到最新的网银广泛使用的 U 盾方式，但它仍然有许多缺点，首先需要随时携带 U 盾，其次它也容易丢失或失窃，补办手续烦琐，并且仍然需要用户出具能够证明身份的其他文件，使用很不方便。直到生物识别技术得到成功应用，身份认证机制才真正回归到了对人类最原始的特性上。基于生物特征的认证技术具有传统的身份认证手段无法比拟的优点。采用生物鉴别技术(Biometrics)，可不必再记忆和设置密码，使用更加方便。生物特征鉴别技术已经成为一种公认的、最安全的和最有效的身份认证技术，将成为 IT 产业最为重要的技术革命。

生物特征认证，可以分为生理特征认证和生物行为认证，就是利用人体固有的生理特征或行为动作来进行身份识别或验证。这里的生物特征通常具有唯一的(与其他人不同)、可以测量或可自动识别和验证、遗传性或终身不变等特点。

研究和经验表明，人的生理特征，如指纹、掌纹、面孔、发音、虹膜、视网膜、骨架等都具有唯一性和稳定性。人的行为特征，如语音语调、书写习惯、肢体运动、表情行为等也都具有一定的稳定性和难以复制性。

生物识别的核心在于如何获取这些生物特征，并将之转换为数字信息，存储于计算机中，利用可靠的匹配算法来完成验证与识别个人身份。

一些学者将生物特征认证技术分为3类：
- 高级生物识别技术，包括视网膜识别、虹膜识别和指纹识别等。
- 次级生物识别技术，包括掌形识别、脸形识别、语音识别和签名识别等。
- "深奥的"生物识别技术，包括血管纹理识别、人体气味识别和 DNA 识别等。

基于生物特征的认证机制一般过程如下：

1) 认证系统 S 先对用户 U 的生物特征进行多次采样，然后对这些采样进行特征提取，并将平均值存放在认证系统的用户数据库中。

2) 鉴别时，对 U 的生物特征进行采样，并对这些采样进行特征提取。通过数据的保密性和完整性保护措施将提取的特征发送到 S,并在 S 上解密 U 的特征。

3）比较步骤 1 和步骤 2 的特征,如果特征匹配达到近似要求,S 向 U 返回鉴别成功的信息,否则返回鉴别失败的信息。

与传统身份鉴定相比,生物识别技术具有以下特点。

- 随身性:生物特征是人体固有的特征,与人体是唯一绑定的,具有随身性。
- 安全性:人体特征本身就是个人身份的最好证明,满足更高的安全需求。
- 唯一性:每个人拥有的生物特征各不相同。
- 稳定性:生物特征如指纹、虹膜等人体特征,不会随时间等条件的变化而变化。
- 广泛性:每个人都具有这种特征。
- 方便性:生物识别技术不需要记忆密码与携带使用特殊工具,不会遗失。
- 可采集性:选择的生物特征易于测量。

基于以上特点,生物识别技术具有传统的身份认证手段无法比拟的优点。

基于生物特征的身份鉴别也有缺点,每次鉴别产生的样本可能稍有不同。这是因为用户的物理特征可能因为某些原因而改变。例如,在获取用户的指纹时,手指可能变脏,可能割破,或手指放在阅读器上的位置不同等。

在高安全等级需求的应用中,最好将基于生物特征的身份认证机制和其他用户认证机制结合起来使用,形成三因子鉴别机制,即包括用户所知道的,如口令、密码等;用户所拥有的,如口令卡或 U 盾等;用户所特有的东西,如声音、指纹、视网膜、签字或笔迹等。同时要防止攻击者对服务器、网络传输和重放的攻击。例如,在鉴别的交互过程中可以采用随机挑战的方式进行鉴别,但用户响应随机挑战时,如果用户用提取的生物特征加密随机挑战,服务器验证随机挑战时也要用数据库中的用户生物特征加密随机挑战,但由于每次的生物特征会有微小区别,两次加密的比较结果可能不同,因此要进行必要的处理。

4.5 访问控制

访问控制技术起源于 20 世纪 70 年代,当时是为了满足管理大型主机系统上共享数据授权访问的需要。随着计算机技术和网络技术的发展,先后出现了多种重要的访问控制技术,访问控制技术在信息系统的各个领域得到越来越广泛的应用。它们的基本目标都是防止非法用户进入系统和合法用户对系统资源的非法使用。为了达到这个目标,访问控制常以用户身份认证为前提,在此基础上实施各种访问控制策略来控制和规范合法用户在系统中的行为。

上一节介绍的用户认证解决的是:“你是谁? 你是否真的是你所声称的身份?”,而本节介绍的访问控制技术解决的是“你能做什么? 你有什么样的权限?”。

4.5.1 访问控制模型

1. 访问控制的三要素

根据安全性要求,需要在系统中的各种实体之间建立必要的访问与控制关系。这里的实体(Entity)是指计算机资源(物理设备、数据文件、内存或进程)或一个合法用户。为了抽象地描述系统中的访问控制关系,通常根据访问与被访问的关系把系统中的实体划分为两大类:主体和客体,而将它们之间的关系称为规则。

1）主体（Subject）。主体是访问操作的主动发起者，但不一定是动作的执行者。主体可以是用户或其他任何代理用户行为的实体（例如设备、进程、作业和程序）。

2）客体（Object）。客体通常是指信息的载体或从其他主体或客体接收信息的实体。客体不受它们所依存的系统的限制，可以包括记录、数据块、存储页、存储段、文件、目录、目录树、库表、邮箱、消息、程序、进程等，还可以包括位、字节、字、字段、变量、处理器、通信信道、时钟、网络节点等。主体有时也会成为访问或受控的对象，如一个主体可以向另一个主体授权，一个进程可能控制几个子进程等情况，这时受控的主体或子进程也是一种客体。本书中有时也把客体称为目标或对象。

3）安全访问规则。用以确定一个主体是否对某个客体拥有某种访问权力。

2. 引用监视器和安全内核

访问控制机制的理论基础是引用监视器（Reference Monitor），由 J. P. Anderson 于 1972 年首次提出。

如图 4-16 所示，引用监视器是一个抽象的概念，它表现的是一种思想。引用监视器借助访问数据库控制主体到客体的每一次访问，并将重要的安全事件记入审计文件中。访问控制数据库包含有关主体访问客体访问模式的信息。数据库是动态的，它会随着主体和客体的产生或删除及其权限的改变而改变。

在引用监视器思想的基础上，J. P. Anderson 定义了安全内核的概念。安全内核是实现引用监视器概念的一种技术。安全内核可以由硬件和介于硬件与

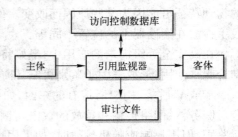

图 4-16 引用监视器

操作系统之间的一层软件组成。安全内核的软件和硬件是可信的，处于安全边界内，而操作系统和应用软件均处于安全边界之外。这里讲的边界，是指与系统安全有关和无关对象之间的一个想象的边界。

3. 基本的访问控制模型

1969 年，B. W. Lampson 通过形式化表示方法，运用主体、客体和访问矩阵的思想，第一次对访问控制问题进行了抽象。

（1）访问控制矩阵（Access Control Matrix，ACM）

访问控制矩阵模型的基本思想是将所有的访问控制信息存储在一个矩阵中集中管理。当前的访问控制模型一般都是在它的基础上建立起来的。

表 4-1 是访问控制矩阵的示例。其中，行代表主体，列代表客体，每个矩阵元素说明每个用户的访问权限。

表 4-1　访问控制矩阵

主体＼客体	File1	File2	Process1	Process2
User1	ORW		OX	
User2	R			R
Program1	RW	ORW		RW
Program2			X	O

表中，O：Owner，R：Read，W：Write，X：eXecute。

访问控制矩阵的实现存在以下 3 个主要问题。

- 在特定系统中,主体和客体的数目可能非常大,使得矩阵的实现要消耗大量的存储空间。
- 由于每个主体访问的客体有限,这种矩阵一般是稀疏的,空间浪费较大。
- 主体和客体的创建、删除需要对矩阵存储进行细致的管理,这增加了代码的复杂程度。

因此,人们在访问控制矩阵的基础上研究建立了其他模型,主要包括访问控制表(Access Control List,ACL)和能力表(Capability List)。

(2)访问控制表

访问控制表机制实际上是按访问控制矩阵的列,实施对系统中客体的访问控制。每个客体都有一张 ACL,用于说明可以访问该客体的主体及其访问权限。

形式化的定义如下:

用 S 表示系统中主体集合,R 表示权限集合。访问控制表 l 是序对 (s, r) 的集合,即 $l = \{(s, r) | s \in S, r \subseteq R\}$。定义 acl 为将特定客体 o 映射为访问控制表 l 的函数。

访问控制表 $acl(o) = \{(s_i, r_i) | 1 \le i \le n\}$ 可理解为 s_i 可使用 r_i 中的权限访问客体 o。

根据上面的定义,表 4-1 对应的访问控制表是:

$acl(\text{File1}) = \{(\text{User1}, \{\text{Owner, Read, Write}\}), (\text{User2}, \{\text{Read}\}), (\text{Program1}, \{\text{Read, Write}\})\}$

$acl(\text{File2}) = \{(\text{Program1}, \{\text{Owner, Read, Write}\})\}$

$acl(\text{Process1}) = \{(\text{User1}, \{\text{Owner, eXecute}\}), (\text{Program2}, \{\text{eXecute}\})\}$

$acl(\text{Process2}) = \{(\text{User2}, \{\text{Read}\}), (\text{Program1}, \{\text{Read, Write}\}), (\text{Program2}, \{\text{Owner}\})\}$

这种访问控制方式可以有效地解决目录表方式管理共享客体的困难。对某个共享客体,操作系统只要维护一张 ACL 即可。

ACL 对于大多数用户都可以拥有的某种访问权限,可以采用默认方式表示,ACL 中只存放各用户的特殊访问要求。这样,对于那些被大多数用户共享的程序或文件等客体就不必在每个用户的目录中都保留一项。

(3)能力表

能力表保护机制实际上是按访问控制矩阵的行,实施对系统中客体的访问控制。每个主体都有一张能力表,用于说明可以访问的客体及其访问权限。

形式化的定义如下:

用 O 表示系统中客体集合,R 表示权限集合。能力表 c 是序对 (o, r) 的集合,即 $c = \{(o, r) | o \in O, r \subseteq R\}$。定义 cap 为将主体 s 映射为能力表 c 的函数。

能力表 $cap(s) = \{(o_i, r_i) | 1 \le i \le n\}$ 可理解为主体 s 可使用 r_i 中的权限访问客体 o_i。

根据上面的定义,表 4-1 对应的能力表是:

$cap(\text{User1}) = \{(\text{File1}, \{\text{Owner, Read, Write}\}), (\text{Process1}, \{\text{Owner, eXecute}\})\}$

$cap(\text{User2}) = \{(\text{File1}, \{\text{Read}\}), (\text{Process2}, \{\text{Read}\})\}$

$cap(\text{Program1}) = \{(\text{File1}, \{\text{Read, Write}\}), (\text{File2}, \{\text{Owner, Read, Write}\}), (\text{Process2}, \{\text{Read, Write}\})\}$

$cap(\text{Program2}) = \{(\text{Process1}, \{\text{eXecute}\}), (\text{Process2}, \{\text{Owner}\})\}$

主体具有的能力(也被译作"权限")类似一张"入场券",是由操作系统赋予的一种权限标记,它不可伪造,主体凭借该标记对客体进行许可的访问。能力的最基本形式是对一个客体的访问权力的索引,它的基本内容是每个"客体—权限"对,一个主体如果能够拥有这个"客体—权限"对,就说这个主体拥有访问该客体某项权力的能力。

在实际中还存在这样的需求:主体不仅应该能够创立新的客体,而且还应该能指定对这些客体的操作权限。例如,应该允许用户创建文件、数据段或子例程等客体,也应该让用户为这些客体指定操作类型,如读、写、执行等操作。

"能力"可以实现这种复杂的访问控制机制。假设主体对客体的能力包括"转授"(或"传播")的访问权限,具有这种能力的主体可以把自己的能力复制传递给其他主体。这种能力可以用表格描述,"转授"权限是其中的一个表项。一个具有"转授"能力的主体可以把这个权限传递给其他主体,其他主体也可以再传递给第三方。具有转授能力的主体可以把"转授"权限从能力表中删除,进而限制这种能力的进一步传播。由此可见,能力表机制应当是动态实现的。

下面对访问控制表和能力表进行比较分析。

两个问题构成了访问控制的基础:

1)对于给定主体,它能访问哪些客体以及如何访问?

2)对于给定客体,哪些主体能访问它以及如何访问?

对于第 1 个问题,使用能力表回答最为简单,只需要列出与主体相关联的 *cap* 表中的元素即可。对于第 2 个问题,使用 ACL 回答最为简单,只需列出与客体相关联的 *acl* 表中的元素即可。

人们可能更关注第 2 个问题,因此现今大多数主流的操作系统都把 ACL 作为主要的访问控制机制。这种机制也可以扩展到分布式系统,ACL 由文件服务器维护。

下面介绍和分析几种被广泛接受的主流访问控制技术,包括自主访问控制、强制访问控制和基于角色的访问控制。

4.5.2 自主访问控制

1. 自主访问控制的概念

如何对系统中各种客体的访问权进行管理与控制是操作系统必须解决的问题。管理方式不同,就形成不同的访问控制方式。一种方式是由客体的属主对自己的客体进行管理,由属主决定是否将自己客体的访问权或部分访问权授予其他主体,这种控制方式是自主的,称为自主访问控制(Discretionary Access Control,DAC)。在自主访问控制下,一个用户可以自主选择哪些用户可以共享他的文件。

对于通用型商业操作系统,DAC 是一种普遍采用的访问控制手段。几乎所有系统的 DAC 机制中都包括对文件、目录、通信信道以及设备的访问控制。如果通用操作系统希望为用户提供较完备的和友好的 DAC 接口,那么在系统中还应该对邮箱、消息、I/O 设备等客体提供自主访问控制保护。

2. 访问控制模型的选择

访问控制表(ACL)、能力表是实现 DAC 策略的基本数据结构。

(1) 能力表

能力表中存放着主体可访问的每个客体的权限(如读、写、执行等),主体只能按赋予的权限访问客体。程序中可以包含权限,权限也可以存储在数据文件中。为了防止权限信息被非法修改,可以采用硬件、软件和加密措施。

由于允许主体把自己的权限转授给其他进程,或从其他进程收回访问权,因此在运行期间,进程的权限可能会发生变化(增加或删除)。由此可见权限表机制是动态实现的,所以对一个程序而言,最好能够把该程序所需访问的客体限制在较小的范围内。由于在 DAC 策略下权限的转移是不受限制的,而且权限还可以存储在数据文件中,因此对某个文件的访问权还可以用于访问其他客体。

通过上一节的分析可知,由于能力表体现的是访问矩阵中单行的信息,所以对某个特定客体而言,一般情况下很难确定所有能够访问它的所有主体,因此,利用能力表不能实现完备的自主访问控制。实际利用能力表实现自主访问控制的系统并不多。

(2) 访问控制表

在这种机制中,每个客体附带了访问矩阵中可访问它自己的所有主体的访问权限信息表(即 ACL)。该表中的每一项包括主体的身份和对该客体的访问权。如果利用组或通配符的概念,则可以使 ACL 缩短。与上一种方式不同,利用这种机制,系统可以决定某个主体是否可对某个特定客体进行访问。在各种访问控制技术中,ACL 方式是实现 DAC 策略的最好方法。

3. 访问许可权与访问操作权

在 DAC 策略下,访问许可(Access Permission)权和访问操作权是两个有区别的概念。访问操作表示有权对客体进行一些具体操作,如读、写、执行等;访问许可则表示可以改变访问权限的能力或把这种能力转授给其他主体的能力。对某客体具有访问许可权的主体可以改变该客体的 ACL,并可以把这种权利转授给其他主体。简而言之,许可权是主体对客体(也可以是另一主体)的一种控制能力,访问权限则是指对客体的操作。在一个系统中,不仅主体对客体有控制关系,主体与主体之间也有控制关系,这就涉及对许可权限的管理问题。这个问题很重要,因为它与 ACL 的修改问题有关。

在 DAC 模式下,有 3 种控制许可权手段:层次型、属主型和自由型。下面分别进行介绍。

(1) 层次型(Hierarchical)

在一个社会的部门中,其组织机构的控制关系一般都呈树形的层次结构,最顶层的领导者有最高的权限,最底层的职员只有权处理自己的事务(如编写报表)。在操作系统中也可以仿此结构建立对客体访问权的控制关系。在这个结构中,系统管理员有最高的控制(即访问许可)权,可以修改系统中所有对象(包括主体与客体)的 ACL,也具有转授权,可以把修改 ACL 的权利转授给位于顶部第二层的部门管理员。当然,具有许可权的主体也可以修改自身的 ACL。在这个结构的最底层是对应于组织机构的业务文件,是被访问的对象,是纯粹的客体,它们对任何客体都不具备任何访问许可权与访问操作权。

层次型的优点是可以通过选择可信的人担任各级权限管理员,从而以可信的方式实现对客体实施控制,而这种控制关系往往与部门的组织机构对应,容易获得用户单位的认可。它的缺点是一个客体可能会有多个主体对它具有控制权,发生问题后存在一个责任问题。

(2) 属主型(Owner)

属主型的访问权控制方式是为每一个客体设置拥有者,一般情况下客体的创建者就是该客体的拥有者。拥有者是唯一可以修改自己客体的 ACL 的主体,也可以对其他主体授予或撤销对自己客体的访问操作权。拥有者拥有对自己客体的全部控制权,但无权将该控制权转授给其他主体。属主型访问权控制符合自主访问控制原则。

有两种途径实现属主型许可权控制方式。一是与 DAC 机制一起通过管理的方式实现,由系统管理员为每一个主体建立一个主目录(Home Directory),并把该目录下的所有客体(子目录与文件)的许可权都授予该主目录的主体,使它有权修改其主目录下所有客体的 ACL,但不允许它把这种许可权转授给其他主体。当然系统管理员可以修改系统中所有客体的 ACL。另一种方式是把属主型控制纳入到 DAC 机制中,但不实现任何访问许可功能。DAC 机制将客体的创建者的标识符保存起来作为拥有者的标记,并使他成为唯一能够修改该 ACL 的主体。

属主型控制方式的优点是修改权限的责任明确,由于拥有者最关心自己客体的安全,他不会随意把访问权转授给不可信的主体,因此这种方式有利于系统的安全性。有许多重要系统使用属主型访问权控制方式,如 UNIX 系统采用了这种方式。但这种方式也有一定的缺陷。由于规定拥有者是唯一能够删除自己客体的主体,如果主体(用户)被调离他处或死亡,系统需要利用某种权限机制来删除该主体拥有的客体。在 UNIX 中,这种情况由超级用户权限进行处理。

(3)自由型(Laissez-Faire)

在自由型的访问权控制方案中,客体的拥有者(创建者)可以把对自己客体的许可权转授给其他主体,也可以使其他主体拥有这种转授权,而且这种转授能力不受创建者自己的控制。在这种情况下,一旦对某个客体的 ACL 修改权被转授出去,拥有者就很难对自己的客体实施控制了。虽然可以通过客体的 ACL 查询出所有能够修改该表的主体,但由于这种许可权(修改权)可能会被转授给不可信的主体,因此这种对访问权修改的控制方式很不安全。

4.5.3 强制访问控制

DAC 机制虽然使得系统中对客体的访问受到了必要的控制,提高了系统的安全性,但它的主要目的还是方便用户对自己客体的管理。由于这种机制允许用户自主地将自己客体的访问操作权转授给别的主体,这又成为系统不安全的隐患。权力的多次转授后,一旦转授给不可信主体,那么该客体的信息就会泄漏。DAC 机制的第二个主要缺点是无法抵御特洛伊木马的攻击。在 DAC 机制下,某一合法的用户可以任意运行一段程序来修改自己文件的访问控制信息,系统无法区分这是用户合法的修改还是木马程序的非法修改。DAC 机制的第三个主要缺点是,还没有一般的方法能够防止木马程序利用共享客体或隐通道把信息从一个进程传送给另一个进程。另外,因用户无意(如程序错误、某些误操作等)或不负责任的操作而造成的敏感信息的泄漏问题,在 DAC 机制下也无法解决。

对于安全性要求更高的系统来说,仅采用 DAC 机制是很难满足要求的,这就要求更强的访问控制技术——强制访问控制(Mandatory Access Control,MAC)。

1. 强制访问控制的概念

强制访问控制最早出现在 20 世纪 70 年代,是美国政府和军方源于对信息保密性的要求以及防止特洛伊木马之类的攻击而研发的。

MAC 是一种基于安全级标签的访问控制方法,通过分级的安全标签实现信息从下向上的单向流动,从而防止高密级信息的泄露。

在 MAC 中,对于主体和客体,系统为每个实体指派一个安全级,安全级由两部分组成:

1）保密级别(Classification,或叫做敏感级别或级别)。保密级别是按机密程度高低排列的线性有序的序列,如绝密(Topsecret) > 机密(Confidential) > 秘密(Secret) > 公开(Unclassified)。

2）范畴集(Categories)。该安全级涉及的领域,如人事处、财务处等。两个范畴集之间的关系是包含、被包含或无关。

安全级中包括一个保密级别,范畴集包含任意多个范畴。安全级通常写成保密级别后随范畴集的形式。例如｛机密:人事处,财务处,科技处｝。

安全级的集合形成一个满足偏序关系的格(Lattice),此偏序关系称为支配(Dominate),通常用符号" > "表示,它类似于"大于或等于"的含义。

对于任意两个安全级 $S_i = (l_i, C_i)$ 和 $S_j = (l_j, C_j)$,若 S_i 支配 $S_j(S_i > S_j)$,当且仅当 $l_i > l_j$,且 C_i 包含 C_j。如果两个安全级的范畴互不包含,则这两个安全级不可比。

在一个系统中实现 MAC 机制,最主要的是要做到两条:

1）对系统中的每一个主体与客体,都要根据总体安全策略与需求分配一个特殊的安全级别。该安全级别能够反映该主体或客体的敏感等级和访问权限,并把它以标签的形式和这个主体或客体紧密相连而无法分开。这些安全属性是不能轻易改变的,它由管理部门(如安全管理员)或由操作系统自动按照严格的规则来设置,不像 DAC 那样可以由用户或他们的程序直接或间接修改。

2）当一个主体访问一个客体时,调用强制访问控制机制,比较主体和客体的安全级别,从而确定是否允许主体访问客体。在 MAC 机制下,即使是客体的拥有者,也没有对自己客体的控制权,也没有权力向别的主体转授对自己客体的访问权。即使是系统安全管理员修改、授予或撤销主体对某客体的访问权的管理工作,也要受到严格的审核与监控。有了 MAC 控制后,可以极大地减少因用户的无意性(如程序错误或某些误操作)泄漏敏感信息的可能。

在高安全级(B 级及以上)的计算机系统中常常同时运用 MAC 与 DAC 机制。一个主体必须同时通过 DAC 和 MAC 的控制检查,才能访问某个客体。客体受到了双重保护,DAC 可以防范未经允许的用户对客体的攻击,而 MAC 不允许随意修改主体、客体的安全属性,因而又可以防范任意用户随意滥用 DAC 机制转授访问权。

强制访问控制机制比较适合专用目的的计算机系统,如军用计算机系统。因此从 B1 级的计算机系统才开始实施这种机制,B2 级计算机系统实现更强的 MAC 控制,B2 级计算机系统符合军用要求的最低安全级别(计算机系统安全等级评测标准在 10.2 节介绍)。但对于通用型操作系统,从对用户友好性出发,一般还是以 DAC 机制为主,适当增加 MAC 控制。目前流行的操作系统(如 UNIX、Linux、Windows)都属于这种情况。

2. 加强保密性的强制访问控制模型

（1）安全模型的概念

在现实中,对于一个安全管理人员来说,很难在安全目标的保密性、可用性和完整性之间做出完美的平衡。例如,一个会计如果接受一项统计公司资产的任务,可能必须对他赋予较高权限使其能够访问库存信息,但是较高的权限可能导致库存信息被非法地修改(恶意的或无恶意的)。换言之,在保证了可用性的条件下很难同时保证安全目标的保密性。因此,安全管理人员必须在系统和网络构建之前遵循一定的规范,选择适合组织的一套安全体系。这些规范和规定,称为安全体系模型(或简称为安全模型)。

MAC 模型可分为以加强数据保密性为目的的强制控制模型和以加强数据完整性为目的的强制控制模型。

（2）BLP 模型

Bell-LaPadula 模型（一般称为 BLP 模型）是第一个典型的基于保密性的强制控制模型，由 David Bell 和 Leonard LaPadula 于 1973 年创立，已实际应用于许多安全操作系统的开发中。

BLP 模型有两条基本的规则，如图 4-17 所示。

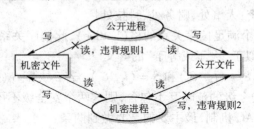

图 4-17　多级安全规则

规则 1：不能向上读（No-Read-Up），也称为简单安全特性。如果一个主体的安全级支配客体的安全级，则主体可读客体，即主体只能向下读，不能向上读。

规则 2：不能向下写（No-Write-Down），也称为 * 特性。如果一个客体的安全级支配主体的安全级，则主体可写客体，即主体只能向上写，不能向下写。

对于规则 1，举一个例子，一个文件的安全级是 {机密：NATO，NUCLEAR}，如果用户的安全级为 {绝密：NATO，NUCLEAR，CRYPTO}，则他可以阅读这个文件，因为用户的级别高，涵盖了文件的范畴。相反，如果用户具有安全级为 {绝密：NATO，CRYTPO} 则不能读这个文件，因为用户缺少了 NUCLEAR 范畴。

运用规则 2，可有效防范特洛伊木马。

木马窃取敏感文件的方法通常有两种，一种方法是通过修改敏感文件的安全属性（如敏感级别、访问权限等）来获取敏感信息。这在 DAC 机制下是完全可以做到的，因为在这种机制下，合法的用户可以利用一段程序修改自己客体的访问控制信息，木马程序同样也能做到。但在 MAC 机制下，严格地杜绝了修改客体安全属性的可能性，因此木马利用这种方法获取敏感文件信息是不可能的。

木马窃取敏感文件的另一种方法是，躲在用户程序中的木马利用合法用户身份读敏感文件的机会，把所访问文件的内容复制到入侵者的临时目录下，这在 DAC 机制下也是完全可以做到的，然而在 * 特性下，就能够阻止正在机密安全级上运行进程中的木马，把机密信息写入一个低安全级别的文件中，因为用机密进程写入的每条信息的安全级必须至少是机密级的。

当然，虽然强制访问控制对系统主体的限制很严，但还是无法防范用户自己用非计算机手段将自己有权阅读的文件泄漏出去，例如用户将计算机显示的文件内容记住，然后再用手写方式泄漏出去。

BLP 模型阻止了信息由高级别的主/客体流向低或不可比级别的主/客体，因此保证了信息的保密性。该模型在保密性要求较高的军事或政府领域应用较广泛，但它并不能保证信息的完整性。而在商业领域，由于保密性要求较低，以加强数据完整性为目的的强制控制模型也有广泛的应用。

3. 加强完整性的强制访问控制模型

（1）Biba 模型

Biba 模型的设计目的是保证信息的完整性。Biba 模型设计类似于 BLP 模型，不过使用完整性级别而非信息安全级别来进行划分。Biba 模型规定，信息只能从高完整性的安全等级向低完整性的安全等级流动，就是要防止低完整性的信息"污染"高完整性的信息。

Biba 模型只能实现信息完整性中防止数据被未授权用户修改这一要求。而对于保护数据不被授权用户越权修改、维护数据的内部和外部一致性这两项数据完整性要求却无法做到。

（2）Clark-Wilson 模型

Clark-Wilson 模型相对于 BLP 模型和 Biba 模型差异较大。Clark-Wilson 模型的特点有以下几个方面：

- 采用主体（Subject）/事务（Program）/客体（Object）三元素的组成方式，主体要访问客体只能通过程序进行。
- 权限分离原则。将关键功能分为由两个或多个主体完成，防止已授权用户进行未授权的修改。
- 要求具有审计能力（Auditing）。

因为 Clark-Wilson 模型使用了事务这一元素进行主体对客体的访问控制手段，因此 Clark-Wilson 模型也常称为 Restricted Interface 模型。事务的概念通常表现为以事务处理作为规则的基础。对于关键的数据，用户不能直接访问和修改数据（客体），而必须经由特定的事务（Program）进行修改。这样就可以保证数据完整性的所有要求。同时，在事务处理中规定多用户参与（至少两名工作人员签字确认）等方式，实现了权限分离，防止个人权力过大导致安全事故发生。而通过事务日志可以实现良好的可审计性。鉴于 Clark-Wilson 模型对于数据完整性的保护，银行和金融机构通常采用此模型。

4. 其他模型

（1）Dion 模型

Dion 模型结合 BLP 模型中保护数据保密性的策略和 Biba 模型中保护数据完整性的策略，模型中的每一个客体和主体被赋予一个安全级别和完整性级别，安全级别定义同 BLP 模型，完整性级别定义同 Biba 模型，因此，可以有效地保护数据的保密性和完整性。

（2）China Wall 模型

China Wall 模型和上述的安全模型不同，它主要用于可能存在利益冲突的多边应用体系中。比如，在某个领域有两个竞争对手同时选择了一个投资银行作为他们的服务机构，而这个银行出于对这两个客户的商业机密的保护，就只能为其中一个客户提供服务。

China Wall 模型的特点是：

- 用户必须选择一个自己可以自由访问的领域。
- 用户必须拒绝与其已选区域的内容冲突的其他内容的访问。

4.5.4 基于角色的访问控制

由于 DAC 和 MAC 授权时需要对系统中的所有用户进行一维的权限管理，因此不能适应大型系统中数量庞大的用户管理和权限管理的需求。20 世纪 90 年代以来，随着对在线的多用户、多系统的研究不断深入，角色的概念逐渐形成，并逐步产生了基于角色的访问控制

（Role-Based Access Control，RBAC）模型，这一访问控制模型已被广为应用。

1. RBAC 的概念

根据自主访问控制策略，用户可以自主地把自己所拥有的客体的访问权限授予其他用户，但是在很多商业部门中，终端用户并不"拥有"他们所能访问的信息，这些信息的真正"拥有者"是企业（公司），这种情况下，访问控制应该基于职员的职务而不是基于信息的拥有者，即访问控制是由各个用户在部门中所担任的角色来确定的。例如，一个医院可能包括医生、护士、药剂师等角色，而银行则包括出纳员、会计、行长等角色。因此，RBAC 是实施面向企业的安全策略的一种有效的访问控制方式。

RBAC 的突出优点是简化了各种环境下的授权管理。在 DAC/MAC 系统中访问权限直接授予用户，而系统中的用户数量众多且经常变动，这就增加了授权管理的复杂性。RBAC 中的基本元素包括：用户、角色和权限。角色是实现访问控制策略的基本语义实体，不仅仅是用户的集合，也是一系列权限的集合。基于角色访问控制的核心思想是将权限同角色关联起来，而用户的授权则通过赋予相应的角色来完成，用户所能访问的权限由该用户所拥有的所有角色的权限集合的并集决定。当用户机构或权限发生变动时，可以很灵活地将该用户从一个角色转移到另一个角色来实现权限的协调转换，降低了管理的复杂度。另外，在组织机构发生职能性改变时，应用系统只需要对角色进行重新授权或取消某些权限，就可以使系统重新适应需要。与用户相比，角色是相对稳定的。这里的角色就充当着主体（用户）和客体之间关系的桥梁，如图 4-18 所示。

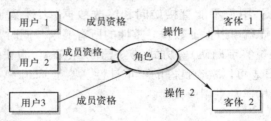

图 4-18　基于角色的访问控制

例如，一个医院有医生、护士、药剂师若干名，不妨设 $D_1, D_2, \cdots, D_m$ 是医生，$N_1, N_2, \cdots, N_n$ 是护士，$P_1, P_2, \cdots, P_t$ 是药剂师，医生的职责包括 DD = ｛诊断病情、开处方、给出治疗方案、填写医生值班记录｝；护士的职责则包括 DN = ｛换药、填写护士值班记录｝；药剂师的职责包括 DP = ｛配药、发药｝。医生 $D_j(j = 1, \cdots, m)$ 可以尽医生的职责，执行 DD 中的操作而不能执行 DN 和 DP 中的操作；同样 $N_k(k = 1, \cdots, n)$ 也只能尽护士的职责，执行 DN 中的操作而不能执行 DD 和 DP 中的操作。用户在一定的部门中具有一定的角色（如医生、护士、药剂师等），其所执行的操作与其所扮演的角色的职能相匹配，这正是 RBAC 的根本特征，即依据 RBAC 策略，系统定义了各种角色，每种角色可以完成一定的职能，不同的用户根据其职能和责任被赋予相应的角色，一旦某个用户成为某角色的成员，则此用户可以完成该角色所具有的职能。

角色由系统管理员定义，角色成员的增减也只能由系统管理员来执行，即只有系统管理员有权定义和分配角色。用户与客体无直接联系，他只有通过角色才享有该角色所对应的权限，从而访问相应的客体。例如，增加一名医生 D_u，系统管理员只需将 D_u 添加到医生这一角色的成员中即可；删除一名护士 N_u，只需从护士角色中删除成员 N_u。同一个用户可以是多个角色的成员，即同一个用户可以扮演多种角色，一个角色可以拥有多个用户成员，这与现实是一致的，因为一个人可以在同一部门中担任多种职务，而且担任相同职务的可能不止一人。因此，RBAC 提供了一种描述用户和权限之间的多—多关系,图4-18表示了用户、角色、操作和客体之间的关系。

RBAC与DAC的根本区别在于:用户不能自主地将访问权限授给别的用户。RBAC与MAC的区别在于:MAC是基于多级安全需求的,而RBAC不是。

2. RBAC核心模型

目前针对RBAC提出多种模型,如RBAC 96/ARBAC 97/ARBAC 02模型族、角色图模型、NIST模型、OASIS模型和SARBAC模型等。但这些模型主要是基于RBAC模型进行不同程度的深入展开,其理论基础还是由Sandhu提出的核心模型。

在RBAC核心模型中包含了5个基本静态集合:用户集(Users)、角色集(Roles)、对象集(Objects)、操作集(Operators)和权限集(Perms),以及一个运行过程中动态维护的集合——会话集(Sessions),如图4-19所示。

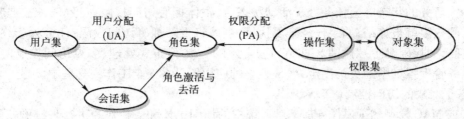

图4-19 RBAC核心模型

其中,用户集是系统中可以执行操作的用户;对象集是系统中需要保护的被动的实体;操作集是定义在对象上的一组操作,也就是权限;特定的一组操作构成了一个针对不同角色的权限;而角色则是RBAC模型的核心,通过用户分配(UA)和权限分配(PA)等操作建立起主体和权限的关联。

3. RBAC的特点

基于角色的访问控制机制有几个优点:便于授权管理、便于根据工作需要分级、便于赋予最小权限、便于任务分担、便于文件分级管理、便于大规模实现。

RBAC中引进了角色表示访问主体具有的职权和责任,灵活地表达和实现了企业的安全策略,使系统权限管理可在企业的组织视图这个较高的抽象集上进行,从而简化了权限设置的管理。从这个角度看,RBAC很好地解决了企业管理信息系统中用户数量多、变动频繁的问题。相比较而言,RBAC是实施面向企业的安全策略的一种有效的访问控制方式,它具有灵活性、方便性和安全性的特点,目前在大型数据库系统的权限管理中得到了普遍应用。但是,在大型开放式分布式网络环境下,通常无法确知网络实体的身份真实性和授权信息,而RBAC无法实现对未知用户的访问控制和委托授权机制,从而限制了RBAC在网络环境下的应用。

虽然RBAC已在某些系统中得到了应用(如SQL),但RBAC仍处于发展阶段,RBAC的应用仍是一个相当复杂的问题。

4.5.5 新型访问控制

1. 基于任务的访问控制(TBAC)

访问控制的目的在于限制系统内合法用户的行为和操作(非法用户应该被挡在身份鉴别这道门外)。传统的访问控制方法——强制访问控制(MAC)、自主访问控制(DAC),以及现在广泛应用的基于角色的访问控制(RBAC)等模型,都是基于主体—客体观点的被动安全模型。

在被动安全模型中,授权是静态的,没有考虑到操作的上下文,因此存在如下缺点:在执行任务之前,主体就已有权限,或者在执行完任务后继续拥有权限,这样就导致主体拥有额外的权限,系统安全面临极大的危险。

数据库、网络和分布式计算的发展,组织任务进一步自动化,与服务相关的信息进一步计算机化,促使人们将安全问题方面的注意力从独立的计算机系统中静态的主体和客体保护,转移到随着任务的执行而进行动态授权的保护上。人们提出了基于任务的访问控制(Task-Based Access Control,TBAC)模型。

TBAC 模型是从应用和企业层角度来解决安全问题,是一种以任务为中心的,从任务(活动)的角度来建立安全模型和实现安全机制,在任务处理的过程中提供动态和实时的安全管理。该模型的基本思想是:授予用户的访问权限,不仅仅依赖主体、客体,还依赖于主体当前执行的任务及任务的状态。当任务处于活动状态时,主体拥有访问权限;一旦任务被挂起,主体拥有的访问权限就被冻结;如果任务恢复执行,主体将重新拥有访问权限;任务处于终止状态时,主体拥有的权限马上被撤销。TBAC 适用于工作流、分布式处理、多点访问控制的信息处理以及事务管理系统中的决策制定,但最显著的应用还是在安全工作流管理中。

2. 基于对象的访问控制(OBAC)

DAC 或 MAC 模型的主要任务都是对系统中的访问主体和受控对象进行一维的权限管理。当用户数量多、处理的信息数据量巨大时,用户权限的管理任务将变得十分繁重,并且用户权限难以维护,这就降低了系统的安全性和可靠性。对于海量的数据和差异较大的数据类型,需要用专门的系统和专门的人员加以处理,如果采用 RBAC 模型,则安全管理员除了维护用户和角色的关联关系外,还需要将庞大的信息资源访问权限赋予有限个角色。当信息资源的种类增加或减少时,安全管理员必须更新所有角色的访问权限设置,而且如果受控对象的属性发生变化,同时需要将受控对象不同属性的数据分配给不同的访问主体处理时,安全管理员将不得不增加新的角色,并且还必须更新原来所有角色的访问权限设置以及访问主体的角色分配设置,而且这样的访问控制需求变化往往是不可预知的,从而造成访问控制管理的难度加大和巨大的工作量。在这种情况下,人们引入了基于受控对象的访问控制(Object – Based Access Control,OBAC)模型。

OBAC 从信息系统的数据差异变化和用户需求出发,有效地解决了信息数据量大、数据种类繁多、数据更新变化频繁的大型管理信息系统的安全管理。OBAC 从受控对象的角度出发,将访问主体的访问权限直接与受控对象相关联,一方面定义对象的访问控制列表,使增、删、修改访问控制项易于操作;另一方面,当受控对象的属性发生改变,或者受控对象发生继承和派生行为时,无需更新访问主体的权限,只需要修改受控对象的相应访问控制项即可,从而减少了访问主体的权限管理,降低了授权数据管理的复杂性。

4.6 其他安全机制

4.6.1 最小权限管理

在安全操作系统中,为了维护系统的正常运行及其安全策略库,管理员往往需要一定的权限直接执行一些受限的操作或进行超越安全策略控制的访问。传统的超级用户权限管理模式,即超级用户/进程拥有所有权限,而普通用户/进程不具有任何权限,这便于系统的维护和配置,却不利于系统的安全性。一旦超级用户的口令丢失或超级用户被冒充,将会对系统造成极大的损失。另外,超级用户的误操作也是系统极大的潜在安全隐患。因此,TCSEC 标准对 B2 级以上安全操作系统均要求提供最小权限管理安全保证。

最小权限管理的思想是系统不应给用户/管理员超过执行任务所需权限以外的权限,如将超级用户的权限划分为一组细粒度的权限,分别授予不同的系统操作员/管理员,使各种系统操作员/管理员只具有完成其任务所需的权限,从而减少由于权限用户口令丢失或错误软件、恶意软件、误操作所引起的损失。

例如,对于一个 Windows 系统管理员用户,他登录后就具有管理员权限的访问令牌,而该用户运行的程序也将具有管理员权限,对系统具有完全控制的权力。假设该用户从电子邮件中收到了一个带有病毒的附件,则这个病毒会恶意修改系统设置。如果运行了该附件,那么这个附件也将具有管理员的权限,因此完全可以实现目的,修改系统设置。但如果该用户是标准/受限账户,没有修改这个系统设置的权限,那么该用户运行感染病毒的附件后,病毒虽然可以运行起来,但因为缺少权限,无法修改系统设置,这也就直接防止了病毒的破坏。

因此,在 Windows Vista 出现之前,很多安全类的书籍或者文章都会建议大家,在 Windows 中创建一个管理员账户,并创建一个标准账户,这样平时可以使用标准账户登录,只有在需要维护系统,或者进行其他需要管理员权限才可以进行的操作时再使用管理员账户登录。

不过在 Windows Vista 中,因为有了全新的用户账户控制功能,因此不必如此大费周章。因为用户账户控制功能就可以限制用户的权限,进一步保证系统的安全。

在 Windows Vista 中,当用户使用管理员账户登录时,Windows 会为该账户创建两个访问令牌,一个是标准令牌,另一个是管理员令牌。一般情况下,当用户试图访问文件或运行程序时,系统都会自动使用标准令牌进行,只有在权限不足,也就是说,如果程序宣称需要管理员权限时,系统才会使用管理员令牌。这种将管理员权限区分对待的机制就叫做用户账户控制(User Account Control,UAC)。简单来说,UAC 实际上是一种特殊的"缩减权限"运行模式。在 Windows 7 中,UAC 有了进一步的改进,为用户提供了 4 种配置选择。读者可以通过完成课后操作实验来体验 UAC 的功能。

4.6.2 可信路径

在计算机系统中,用户是通过不可信的中间应用层和操作系统相互作用的。但用户登录、定义用户的安全属性、改变文件的安全级等操作,用户必须确实与安全核心通信,而不是与一个特洛伊木马打交道。系统必须防止特洛伊木马模仿登录过程,窃取用户的口令。权限用户在进行权限操作时,也要有办法证实从终端上输出的信息是正确的,而不是来自于特洛伊木马。这些都需要一个机制保障用户和内核的通信,这种机制是由可信路径提供的。

提供可信路径的一个办法是给每个用户两台终端,一台做通常的工作,一台用于与内核的硬连接。这种办法虽然十分简单,但太昂贵了。对用户建立可信路径的一种现实方法是使用通用终端发信号给核心,这个信号是不可信软件不能拦截、覆盖或伪造的。一般称这个信号为"安全注意键"。早先实现可信路径的做法是通过终端上的一些由内核控制的特殊信号或屏幕上空出的特殊区域和内核通信。如今大多数终端已经十分智能,内核要使该机制不被特洛伊木马欺骗是十分困难的。

这里介绍一下"安全桌面"的概念。Windows Vista 在显示提升提示时切换到安全桌面。安全桌面可以将该程序和进程限制在桌面环境下,这样可以降低恶意软件或用户可以访问需要提升的进程的可能性。默认情况下这个安全选项是被启用的,如果不希望 Windows Vista 在提示提升之前切换到安全桌面,那么可以禁用该策略。然而,这可能使得计算机更容易被恶意软件所感染和攻击。

简单来说,默认情况下 Windows Vista 弹出 UAC"提升"对话框时,桌面背景会变暗。这样做并不是为了突出显示"用户账户控制"对话框,而是为了安全。由于 UAC"提升"对话框运行在安全桌面上,所以安全性非常好。除了受信任的系统进程之外,任何用户级别的进程都无法在安全桌面上运行。这样就可以阻止恶意程序的仿冒攻击。

举例来说,如果有恶意软件打算伪造 UAC 的"提升"对话框,以便骗取用户的账户和密码,如果没有安全桌面功能,那么用户如果没能区分出真正的 UAC"提升"对话框,或者伪造的对话框太过逼真,那就有可能泄露自己的密码。而使用安全桌面功能后,因为真正的"提升"对话框都是显示在安全桌面上的,而这种情况下用户无法和其他程序的界面进行交互,因此避免了大量安全问题。

4.6.3 审计

一个系统的安全审计就是对系统中有关安全的活动进行记录、检查及审核。它的主要目的就是检测和阻止非法用户对计算机系统的入侵,并显示合法用户的误操作。审计作为一种事后追查的手段用来保证系统的安全,它对涉及系统安全的操作进行一个完整的记录。审计为系统进行事故原因的查询、定位,事故发生前的预测、报警以及事故发生之后的实时处理提供详细、可靠的依据和支持,以备有违反系统安全规则的事件发生后能够有效地追查事件发生的地点、过程以及责任人。

因此,审计是操作系统安全的一个重要方面,安全操作系统也都要求用审计方法监视安全相关的活动。《可信计算机系统评估标准》明确要求"可信计算机必须向授权人员提供一种能力,以便对访问、生成或泄露秘密/敏感信息的任何活动进行审计。根据一个特定机制或特定应用的审计要求,可以有选择地获取审计数据。但审计数据中必须有足够细的粒度,以支持对一个特定个体已发生的动作或代表该个体发生的动作进行追踪"。

如果将审计和报警功能结合起来,那就可以做到每当有违反系统安全的事件发生或者有涉及系统安全的重要操作进行时,就及时向安全操作员终端发送相应的报警信息。审计过程一般是一个独立的过程,它应与系统其他功能相隔离。同时,要求操作系统必须能够生成、维护及保护审计过程,使其免遭修改、非法访问及毁坏,特别要保护审计数据,要严格限制未经授权的用户访问它。

4.7 Windows 系统安全

当前,Windows 系统被作为企业、政府部门以及个人计算机的系统平台广泛应用。Windows 系统在其设计的初期就把安全性作为操作系统的核心功能之一。尽管 Windows 安全机制比较全面,但是其安全漏洞不断地被发现。了解 Windows 系统的安全机制,并制订精细的安全策略,用 Windows 构建一个高度安全的系统才能成为可能。本节将介绍 Windows 系统安全机制、安全子系统及其组件等知识。

4.7.1　Windows 系统安全等级

　　用明确定义的标准来给操作系统(包括其他软件)划分安全等级,将有助于政府、企业以及个人用户保护计算机系统及存储的数据。美国和许多国家目前使用的计算机安全等级标准是《信息技术安全评估通用标准》(Common Criteria of Information Technical Security Evaluation,CCITSE),简称 CC。当然,为了了解 Windows 的安全性设计,还必须提及曾经影响了 Windows 设计的计算机安全等级标准——《可信计算机系统评估标准》(TCSEC)。有关这两个标准的详细内容本书将在第 10 章介绍。

　　TCSEC 把计算机系统的安全分为 A、B、C、D 四个大等级七个安全级别。按照安全程度由弱到强的排列顺序是:D,C1,C2,B1,B2,B3,A1。CC 由低到高共分 EAL1 ~ EAL7 七个级别。

　　1995 年 7 月,Windows NT 3.5(工作站和服务器)Service Pack3 成为第一个获得 C2 等级的 Windows NT 版本。1993 年 3 月,Windows NT 4 Service Pack3 获得了英国政府《信息技术安全性评估标准》(Information Technology Security Evaluation Criteria,ITSEC)的 E3 等级,这相当于美国的 C2 等级。

　　Windows 2000、Windows XP、Windows Server 2003 以及 Windows Vista Enterprise 都达到了 CC 的 EAL 4 + 等级,这相当于 TCSEC 中的 C2 等级。2011 年 3 月,Windows 7 和 Windows Server 2008 R2 被评测为达到了网络环境下美国政府通用操作系统保护框架(GPOSPP)的要求,同样达到了 CC 的 EAL 4 + 等级。

　　以下是 TCSEC 中 C2 安全等级的关键要求,虽然 TCSEC 已经被 CC 所取代,但是现在它们仍然被认为是任何一个安全操作系统的核心要求。

　　1)安全的登录设施。要求用户被唯一识别,而且只有当他们通过某种方式被认证身份以后,才能被授予对该计算机的访问权。

　　2)自主访问控制。资源的所有者可以为单个用户或一组用户授予各种访问权限。

　　3)安全审计。要具有检测和记录与安全相关事件的能力。例如,记录创建、访问或删除系统资源的操作行为。

　　4)对象重用保护。在将一个对象,如文件和内存分配给一个用户之前,对它进行初始化,以防止用户看到其他用户已经删除的数据,或者访问到其他用户原先使用、后来又释放的内存。

　　Windows 也满足 TCSEC 中 B 等级安全性的两个要求:

　　1)可信路径功能。防止特洛伊木马程序在用户登录时截获用户的用户名和口令。在 Windows 中,例如通过 < Ctrl + Alt + Delete > 组合键序列来实现可信路径功能。< Ctrl + Alt + Delete > 是系统默认的系统登录/注销组合键序列,系统级别很高,理论上木马程序想要屏蔽掉该键序列的响应或得到这个事件响应是不可能的。

　　2)可信设施管理。要求针对各种管理功能有单独的账户角色。例如,针对管理员、负责计算机备份的用户和标准用户分别提供单独的账户。

　　Windows 通过它的安全子系统和相关组件来满足以上要求。

4.7.2　Windows 系统安全机制

1. Windows 认证机制

　　早期 Windows 系统的认证机制不是很完善,甚至缺乏认证机制。例如 Windows 32、Windows 98 等。随着系统发展,微软公司逐步增强了 Windows 系统的认证机制。以 Windows XP 为例,系统提供两种基本认证类型:本地登录和基于活动目录的域登录。

(1) 本地登录

本地登录指用户登录的是本地计算机,对网络资源不具备访问权力。本地登录所使用的用户名与密码被存储在本地计算机的安全账户管理器(SAM)中,由计算机完成本地登录验证,提交登录凭证,包括用户 ID 与口令。本地计算机的安全子系统将用户 ID 与口令送到本地计算机上的 SAM 数据库中进行凭证验证。这里需要注意的是,Windows 的口令不是以纯文本格式存储在 SAM 数据库中的,而是每个口令利用散列算法进行存储。

针对 SAM 进行破解的工具有很多,如 L0phtCrack(LC)、Cain&Abel 等。如果操作系统的 SAM 数据库出现问题,将面临无法完成身份认证、无法登录操作系统、用户密码丢失的情况。所以,保护 SAM 数据的安全就显得尤为重要。使用 SysKey 是一个很好的选择,读者可自行完成 SysKey 的配置。

本地用户登录没有集中统一的安全认证机制。如果有 N 台计算机要相互访问资源,就需要在 N 台计算机上维护 N 个 SAM 库。这样,用户登录的验证机制就被分布到了多个地方,这违反了信息安全的可控性原则。因为在实际的环境中,如果需要在多个点上维护安全,还不如使用某一种机制在一个点上维护安全,以此达到统一验证、统一管理的目的。

(2) 基于活动目录的域登录

基于活动目录的域登录与本地登录的方式完全不同。首先,所有的用户登录凭证(用户 ID 与口令)被集中地存放到一台服务器上,结束了分散式验证的行为。该过程必须使用网络身份验证协议,这些协议包括 Kerberos、LAN 管理器(LM)、NTLAN 管理器(NTLM)等,而且这些过程对于用户而言是透明的。从某种意义上讲,这真正做到了统一验证、一次登录、多次访问。

如图 4-20 所示,此时网络上所有用户的登录凭证(包括用户 ID 和口令)都被集中地存储到活动目录安全数据库中。这台完成集中存储域用户 ID 与口令并提供用户身份的服务器,就是域控制器(DC)。用户在计算机上登录域时,需要通过网络身份认证协议,将登录凭证提交到 DC 进行认证。注意,在基于活动目录的域登录环境中必须部署活动目录服务器。

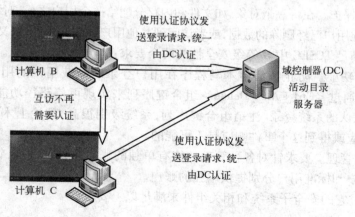

图 4-20　基于活动目录的域登录

只要登录"域"成功,服务器之间或主机之间的相互访问就不再是进行分散的验证,而是通过活动目录去维护一个安全堡垒。如果计算机 B 与计算机 C 要相互访问活动目录上的资

92

源,那么这两台主机在网络初始化时就必须成功地被域控制器所验证。那么此时计算机 B 与计算机 C 的相互访问,就不再需要输入用户名和密码了。这样就达到了"一次登录、多次访问"的效果,不仅提高了登录验证的安全性,也提高了访问效率。

2. Windows 访问控制机制

Windows 的访问控制策略是基于自主访问控制的,如图 4-21 所示。根据对用户进行授权,决定用户可以访问哪些资源以及对这些资源的访问能力,以保证资源的合法、受控的使用。

Windows 利用安全子系统来控制用户对计算机上资源的访问。安全子系统包括的关键组件是:安全标识符(SID)、访问令牌(Access Token)、安全描述符(Security Descriptor)、访问控制表(Access Control List)、访问控制项(Access Control Entry)、安全引用监视器(Security Reference Monitor,SRM)。相关内容在 4.7.4 节介绍。

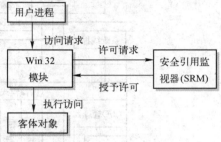

图 4-21　Windows 访问控制示意图

3. 加密文件系统

权限的访问控制行为在某种程度上提高了资源的安全性,防止了资源被非法访问或者修改。但事实上这种行为只能针对系统级层面进行控制,如果资源所在的物理硬盘被非法者窃取,那么使用上述的权限访问控制行为对资源进行保护将没有任何意义。窃取者只需要把资源所在的物理硬盘放到自己的主机上,使用自己的操作系统启动计算机,再将该硬盘设置成为操作系统的资源盘,便可以轻松地解除原有操作系统的权限并访问到资源。为了防止这样的事情发生,需要一种基于文件系统加密的方法来保证资源的安全。

加密文件系统(Encrypting File System,EFS)是 Windows 2000 及以上版本中 NTFS 格式磁盘的文件加密。EFS 允许用户以加密格式存储磁盘上的数据,将数据转换成不能被其他用户读取的格式。用户加密文件之后只要文件存储在磁盘上,它就会自动保持加密的状态。读者可以通过完成课后操作实验来体验 EFS 的功能。

4. Windows 审计/日志机制

日志文件是 Windows 系统中一个比较特殊的文件,它记录 Windows 系统的运行状况,如各种系统服务的启动、运行和关闭等信息。Windows 日志有 3 种类型:系统日志、应用程序日志和安全日志。可以通过打开"控制面板"→"管理工具"→"事件查看器"来浏览这些日志文件中的内容。

5. Windows 协议过滤和防火墙

针对来自网络上的威胁,Windows NT 4.0、Windows 2000 提供了包过滤机制,通过过滤机制可以限制网络包进入到用户计算机。而 Windows XP SP2 以后的版本则自带了防火墙,该防火墙能够监控和限制用户计算机的网络通信。有关防火墙的原理与技术将在 5.3 节介绍。

4.7.3　Windows 安全子系统的结构

Windows 系统在安全设计上有专门的安全子系统,安全子系统主要由本地安全授权(LSA)、安全账户管理器(SAM)和安全引用监视器(SRM)等模块组成,如图 4-22 所示。

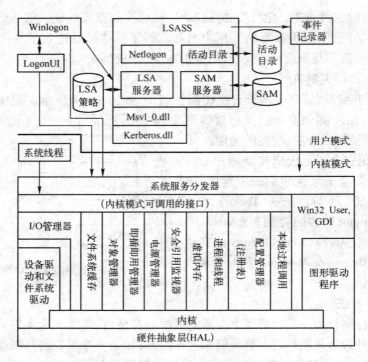

图 4-22 Windows 安全子系统的结构

（1）登录进程 Winlogon

Winlogon 是一个用户模式进程，运行% SystemRoot% \System32\Winlogon. exe，提供交互式登录支持。用户在 Windows 系统启动后按 < Ctrl + Alt + Delete > 组合键，则会引起硬件中断，该中断信息被系统捕获后，操作系统即激活 Winlogon 进程。

Winlogon 通过调用 LogonUI 显示"登录"对话框，LogonUI 运行% SystemRoot% \System32\ LogonUI. exe。LogonUI 可以通过多种方式利用凭据提供者（Credential Providers）来查询用户的凭据。

在 Windows XP 和 Windows Server 2003 下是使用图形化标识和认证（Microsoft Graphical Identification and Authentication, GINA）来显示"登录"对话框的。GINA 是一个用户模式的 DLL，运行在 Winlogon 进程中，标准 GINA 是\Windows\ System32\msgina. dll。当时，用户可以自行定义 GINA，而 GINA 通过串接的方式来组合多种身份认证机制，例如自定义 GINA 的指纹识别模块串接到原本的 Windows XP 账号及密码认证之后。不过，这种方式会带来一个大问题，那就是当 GINA 串接前面的认证方式更新之后，有可能造成 GINA 串接断掉，让后面的认证进程失效。

在 Windows 7 中使用了全新的凭据提供者 API 来取代原先的 GINA 机制。Windows 7 中可以同时挂接多个凭据提供者，这些凭据提供者之间以并联的方式组成，因此彼此之间不会有任何干扰。

Winlogon 在收集好用户的登录信息后，就调用本地安全授权（Local Security Authority, LSA）的 LsaLogonUser 命令，把用户的登录信息传递给 LSA。实际认证部分的功能是通过 LSA 来实现的。Winlogon、LogonUI 和 LSA 三部分相互协作实现了 Windows 的登录认证功能。

（2）本地安全授权子系统（Local Security Authority SubSystem，LSASS）

LSASS 是一个运行%SystemRoot%\System32\Lsass.exe 的用户模式进程，负责本地系统安全策略（例如允许哪些用户登录到本地机器上、口令策略、授予用户和用户组的权限，以及系统安全设计设置）、用户认证，以及发送安全审计消息到事件日志（Event Log）中。本地安全授权服务（Lsasrv—%SystemRoot%\System32\Lsasrv.dll）是 LSASS 加载的一个库，它实现了这些功能中的绝大部分。

LSASS 策略数据库是包含本地系统安全策略设置的数据库。该数据库被存储在注册表中，位于 HKLM\SECURITY 的下面。它包含了诸如此类的信息：哪些域是可信任的，从而可以认证用户的登录请求；谁允许访问系统，以及如何访问（交互式登录、网络登录，或者服务登录）；分配给谁哪些权限；执行哪一种安全审计。LSASS 策略数据库也保存一些"秘密"，包括域登录（Domain Logon）在本地缓存的信息，以及 Windows 服务的用户账户登录信息。

（3）安全账户管理器（Security Account Manager，SAM）

SAM 服务负责管理一个数据库，该数据库包含了本地机器上已定义的用户名和组。SAM 服务是在%SystemRoot%\System32\Samsrv.dll 中实现的，它运行在 LSASS 进程中。

SAM 数据库在非域控制器的系统上，包含了已定义的本地用户和用户组，连同它们的口令及其他属性。在域控制器上，SAM 数据库保存了该系统的管理员恢复账户的定义及其口令。该数据库被存储在注册表的 HKLM\SAM 下面。

（4）安全引用监视器（Security Refrence Monitor，SRM）

SRM 负责访问控制和审计策略，由 LSA 支持。SRM 提供客体（文件、目录等）的存取权限，检查主体（用户账户等）的权限，产生必要的审计信息。客体的安全属性由安全控制项（ACE）来描述，全部客体的 ACE 组成访问控制表（ACL）。没有 ACL 的客体意味着任何主体都可访问。而有 ACL 的客体则由 SRM 检查其中的每一项 ACE，从而决定主体的访问是否被允许。

（5）认证包（Authentication Package）

认证包可以为真实用户提供认证。这包括运行在 LSASS 进程和客户进程环境中的动态链接库（DLL），认证 DLL 负责检查一个给定的用户名和口令是否匹配，如果匹配，则向 LSASS 返回有关用户安全标识的细节信息，以供 LSASS 利用这些信息来生成令牌。

（6）网络登录（Netlogon）

网络登录服务必须在通过认证后建立一个安全的通道。要实现这个目标，必须通过安全通道与域中的域控制器建立连接，然后再通过安全的通道传递用户的口令，在域的域控制器上响应请求后，重新取回用户的 SID 和用户权限。

（7）活动目录（Active Directory）

活动目录是一个目录服务，它包含了一个数据库，其中存放了关于域中对象的信息。这里，域（Domain）是由一组计算机和与它们相关联的安全组构成的，每个安全组被当做单个实体来管理。活动目录存储了有关该域中对象的信息，这样的对象包括用户、组和计算机。域用户和组的口令信息和权限也被存储在活动目录中，而活动目录则是在一组被指定为该域的域控制器（Domain Controller）的机器之间进行复制的。活动目录不是 Windows 系统必须安装的一种服务。

（8）AppLocker 管理应用程序

在 Windows XP 和 Windows Vista 中都带有软件限制策略，管理员可以使用组策略防止用户运行某些可能引发安全风险的特定程序。不过在这两个系统中，软件限制策略的使用频率很低,因为使用起来不简单。Windows 7 发展出了名为 AppLocker 的功能,可方便对用户在计算机上运行哪些程序、安装哪些程序以及运行哪些脚本做出限制。AppLocker 也被植入 Windows Server 2008 R2 中。

4.7.4 Windows 安全子系统的组件

Windows 安全子系统包含 5 个关键的组件:安全标识符、访问令牌、安全描述符、访问控制表和访问控制项,下面分别介绍它们。

(1) 安全标识符(Security Identifiers,SID)

Windows 并不是根据每个账户的名称来区分账户的,而是使用 SID。在 Windows 环境下,几乎所有对象都具有对应的 SID,例如本地账户、本地账户组、域账户、域账户组、本地计算机、域、域成员,这些对象都有唯一的 SID。可以将用户名理解为每个人的名字,将 SID 理解为每个人的身份证号码,人名可以重复,但身份证号码绝对不会重复。这样做主要是为了便于管理,例如因为 Windows 是通过 SID 区分对象的,完全可以在需要时更改一个账户的用户名,而不用再对新名称的同一个账户重新设置所需的权限,因为 SID 是不会变化的。然而,如果有一个账户,已经给该账户分配了相应的权限,一旦删除了该账户,然后重建一个使用同样用户名和密码的账户,原账户具有的权限和权力并不会自动应用给新账户,因为尽管账户的名称和密码都相同,但账户的 SID 已经发生了变化。

标识某个特定账号或组的 SID 是在创建该账号或组时由系统生成的。本地账号或组的 SID 由计算机上的 LSA 生成,并与其他账号信息一起存储在注册的一个安全域里。域账号或组的 SID 由域 LSA 生成并作为活动目录里的用户或组对象的一个属性存储。SID 在它们所标识的账号或组的范围内是唯一的。每个本地账号或组的 SID 在创建它的计算机上是唯一的,机器上的不同账号或组不能共享同一个 SID。SID 在整个生存期内也是唯一的。安全主体绝不会重复发放同一个 SID,也不重用已删除账号的 SID。

SID 是一个 48 位的字符串,在 Windows Vista 中,要查看当前登录账户的 SID,可以使用管理员身份启动命令提示行窗口,然后运行"whoami /user"命令。运行该命令后,可以看到类似如图 4-23 所示结果。

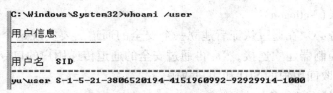

图 4-23 "whoami /user"命令执行结果

Windows XP 默认安装中没有 whoami 程序,因此如果想在 Windows XP 下查看当前账户的 SID,或者在 Windows Vista 和 Windows XP 下查看其他账户的 SID,可以借助微软的一个免费小工具 PsGetSid(http://www.microsoft.com/technet/sysinternals/utilities/psgetsid.mspx)。

(2) 访问令牌(Access Token)

安全引用监视器(SRM)使用一个称为访问令牌的对象来标识一个进程或线程的安全环境。访问令牌可以看做是一张电子通行证,里面记录了用于访问对象以及执行程序,甚至修改系统设置所需的安全验证信息。

令牌的大小是不固定的,因为不同的用户账户有不同的权限集合,它们关联的组账户集合也不同。然而,所有的令牌包含了同样的信息,如图 4-24 所示。

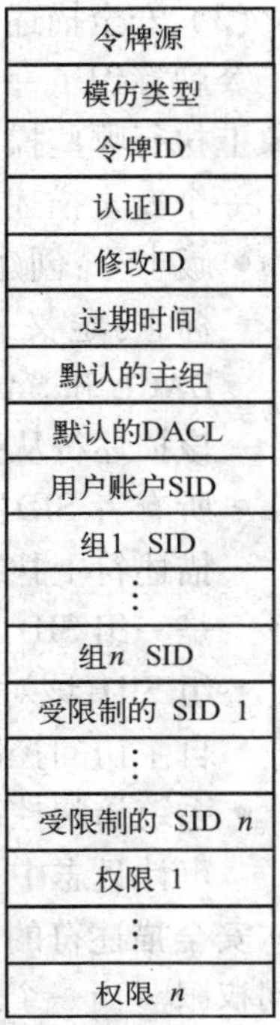

Windows 中的安全机制用到了令牌中的两部分信息来决定哪些对象可以被访问,以及哪些安全操作可以被执行。第一部分由令牌的用户账户 SID 和组 SID 域构成。SRM 使用这些 SID 来决定一个进程或线程是否可以获得指定的、对于一个被保护对象(比如一个 NTFS 文件)的访问许可。

令牌中的组 SID 说明了一个用户的账户是哪些组的成员。当服务器应用程序在执行客户请求的一些动作时,它可以禁止某些特定的组,以限制一个令牌的凭证。像这样禁止一个组,其效果几乎等同于这个组没有出现在令牌中(禁止 SID 也被当做安全访问检查的一部分)。

在一个令牌中,决定该令牌的线程或进程可以做哪些事情的第二部分信息是权限集。一个令牌的权限集是一组与该令牌关联的权限的列表。关于权限的一个例子是,与该令牌关联的进程或线程具有关闭该计算机的权限。一个令牌默认的主组域和默认的自主访问控制表(DACL)域是指这样一些安全属性:当一个进程或线程使用该令牌时,Windows 将这些安全属性应用在它所创建的对象上。Windows 通过将这些安全信息包含在令牌中,使得进程或者线程可以很方便地创建一些具有标准安全属性的对象,因为进程和线程不需要为它所创建的每个对象请求单独的安全信息。

在进程管理器(Process Explorer)中,通过"进程属性"对话框的安全属性页面,可以间接地查看令牌的内容,如图 4-25 所示对话框显示了当前进程的令牌中包括的组和权限。

| 令牌源 |
| 模仿类型 |
| 令牌ID |
| 认证ID |
| 修改ID |
| 过期时间 |
| 默认的主组 |
| 默认的DACL |
| 用户账户SID |
| 组1 SID |
| ⋮ |
| 组n SID |
| 受限制的 SID 1 |
| ⋮ |
| 受限制的 SID n |
| 权限 1 |
| ⋮ |
| 权限 n |

图 4-24 访问令牌

图 4-25 显示了当前某进程的令牌中包括的组和权限

97

（3）安全描述符（Security Descriptor）

令牌标识了一个用户的凭证，而安全描述符与一个对象关联在一起，规定了谁可以在这个对象上执行哪些操作。

一个安全描述符由以下属性构成，如图 4-26 所示。

图 4-26　安全描述符

- 版本号：创建此描述符的 SRM 安全模型的版本。
- 标志：定义了该描述符的类型和内容。该标志指明是否存在 DACL 和 SACL。还包括如 SE_DACl_PROTECTED 的标志，防止该描述符从另一个对象继承安全设置。
- 所有者 SID：所有者的安全 ID，该对象的所有者可以在这个安全描述符上执行任何动作。所有者可以是一个单一的 SID，也可以是一组 SID。所有者具有改变 DACL 内容的权限。
- 组 SID：该对象的主组的安全 ID（仅用于 POSIX 系统）。
- 自主访问控制表（Discretionary ACL, DACL）：规定了谁可以用什么方式访问该对象。
- 系统访问控制表（System ACL, SACL）：规定了哪些用户的哪些操作应该被记录到安全审计日志中。

安全描述符的主要组件是访问控制表，访问控制表为该对象确定了各个用户和用户组的访问权限。当一个进程试图访问该对象时，以该进程的 SID 与该对象的访问控制表是否相匹配，来确定本次访问是否被允许。

当一个应用程序打开对一个可得到的对象的引用时，Windows 系统验证该对象的安全描述符是否同意该应用程序的用户访问。如果检测成功，系统缓存这个允许的访问权限。

创建一个对象时，创建进程可以把该进程的所有者指定成它自己的 SID 或者它的访问令牌中的任何组 SID。创建进程不能指定一个不在当前访问令牌中的 SID 作为该进程的所有者。随后，任何被授权可以改变一个对象的所有者的进程都可以这样做，但是也有同样的限制。使用这种限制的原因是防止用户在试图进行某些未授权的动作后隐藏自己的踪迹。

图 4-27　访问控制表

（4）访问控制表（Access Control List, ACL）

ACL 是 Windows 访问控制机制的核心，它的结构如图 4-27 所示。每个表由整个表的表头和许多访问控制（ACE）项组成。每一项定义一个个人 SID 或组 SID，访问掩码定义了该 SID 被授予的权限。

前面介绍过 Windows 中访问控制表有两种：系统访问控制表（SACL）和自主访问控制表（DACL）。Windows XP 下用鼠标右键单击 C:图标，在弹出的快捷菜单中选择"属性"，可查看 C 盘的 DACL，如图 4-28 所示。

当进程试图访问一个对象时，系统中该对象的管理程序从访问令牌中读取 SID 和组 SID，然后扫描该对象的 DACL，进行以下 3 种情况的判断。

- 如果目录对象没有访问控制表（DACL），则系统允许所有进程访问该对象。
- 如果目录对象有访问控制表（DACL），但访问控制条目 ACE 为空，则系统对所有进程都拒绝访问该对象。

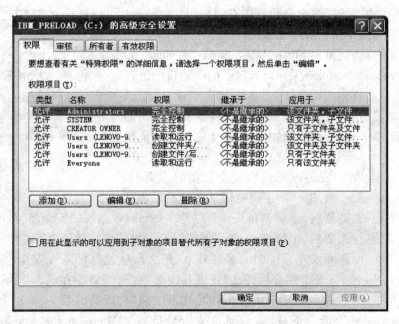

图 4-28 C 盘的 DACL

- 如果目录对象有访问控制表(DACL),且访问控制条目 ACE 不为空,那么如果找到了一个访问控制项,它的 SID 与访问令牌中的一个 SID 匹配,那么该进程具有该访问控制项的访问掩码所确定的访问权限。

(5) 访问控制项(Access Control Entry,ACE)

访问控制项包含了用户或组的 SID 以及对象的权限。SID 用来标识允许、禁止或审计访问的用户或组。访问控制项有两种:允许访问和拒绝访问。拒绝访问的级别高于允许访问。

4.8 思考与练习

1. 操作系统面临哪些安全问题?

2. 操作系统安全的主要目标是什么? 实现操作系统安全目标需要建立哪些安全机制?

3. 用哪些方法可以提高用户认证的安全性?

4. 什么是字典攻击和重放攻击? 什么是一次性口令认证? 为什么口令加密过程要加入不确定因子?

5. 什么是自主访问控制? 自主访问控制的方法有哪些? 自主访问控制有哪些类型?

6. 什么是强制访问控制? 如何利用强制访问控制抵御特洛伊木马的攻击?

7. 什么是基于角色的访问控制技术? 它与传统的访问控制技术有何不同?

8. Windows 系统的安全子系统组件有哪些?

9. 当用户开始登录时,无论屏幕上是否有"登录"对话框,一定要按下 < Ctrl + Alt + Delete >组合键,为什么要采用此"强制性登录过程"?

10. 图 4-29 是一个常见的登录界面,进行用户身份的验证。

请回答:

（1）图中的"校验码"在身份验证中有何作用？

（2）请简述现今常采用的认证机制。

11. 知识拓展：访问网站 http://www.microsoft.com/protect/yourself/password/checker.mspx，对自己的一些口令进行安全性检测。

12. 知识拓展：访问北京微通新成网络科技有限公司网站 http://www.microdone.cn，了解击键特征生物行为认证技术的应用。

图 4-29　登录界面

13. 知识拓展：访问安盟电子信息安全公司的主页 http://www.anmeng.com.cn，进一步了解身份认证产品原理及其应用。

14. 读书笔记：查阅资料，了解 Windows 7 以及 Windows 8 系统的安全新特性。

15. 读书笔记：查阅资料，了解 Web 操作系统以及云操作系统的概念及对安全性的要求。

16. 操作实验：检测和发现系统中的薄弱环节，最大限度地保证系统安全，最有效的方法之一就是定期对系统进行安全性分析，及时发现并改正系统、网络存在的薄弱环节和漏洞，保证系统安全。但是，仅仅依靠管理员去分析和发现系统漏洞，既费时费力，同时还受管理员水平的限制，分析也未必全面。下载"微软基准安全分析器"（Microsoft Baseline Security Analyzer，MBSA）检查 Windows 系统的常见漏洞。完成实验报告。

17. 操作实验：在 Windows 7 系统中设置 UAC。依次选择"控制面板"→"用户账户和家庭安全"→"更改用户账户控制设置"，分别选择其中的 4 个选项，然后修改系统时间，查看 UAC 是如何起到控制作用的，最后再谈谈你对 UAC 功能的认识。完成实验报告。

18. 操作实验：配置 SysKey，加强 SAM 数据库的安全性。完成实验报告。

19. 操作实验：完成加密文件系统 EFS 的加密、解密和恢复代理。完成实验报告。

20. 操作实验：Windows 系统上文件所有权的夺取。文件夹或文件的最高权限用户是创建该对象的用户本身，但是系统管理员（Administrator）拥有对操作系统维护和管理的最高权限。我们可以利用系统管理员用户强制夺取某用户对其文件夹的拥有权。实验内容：以用户名 account 创建自己可以访问的"财务"文件夹，然后删除该 account 账户，以管理员账户 Administrator 的身份登录计算机，选择"财务"文件夹并单击鼠标右键，在弹出的快捷菜单中选择"属性"→"安全"命令，通过设置成为文件夹的拥有者，拥有该文件夹的最高权限。完成实验报告。

21. 操作实验：AppLocker 设置。实验内容：在 Windows 7 企业版、旗舰版等版本中，执行"开始"→"运行"，输入"gpedit.msc"打开组策略编辑器。在左侧的窗格中依次定位到"计算机配置"→"Windows 设置"→"安全设置"→"应用程序控制"，可以看到 AppLocker 组策略配置项。AppLocker 包含 3 部分功能：可执行程序控制；安装程序控制；脚本控制。分别对其进行设置，完成实验报告。

22. 操作实验：Windows Sysinternals 工具集里包含了一系列免费的系统工具，如 Process Explorer。熟悉和掌握这些工具，对深入了解 Windows 系统与在日常的计算机使用中进行诊断和排错有很大的帮助。从 Microsoft 官方网站（http://www.microsoft.com/ technet/sysinternals/ securityutilities.mspx）下载系统工具集中的工具，在 Windows 系统中应用，完成实验报告。

23. 材料分析：很多人在系统安全方面存在一个误区，那就是"技术是万能的，靠技术可以解决一切问题"。然而,在安全领域(以及其他大部分领域)却并非如此。例如,网上曾经盛传过一个所谓的 Windows XP 的漏洞:"我们都知道,要想在 Windows XP 中进入故障恢复控制台,必须使用 Windows XP 的安装光盘引导计算机,选择修复,同时如果要修复的是 Windows XP 专业版,还必须使用正确的 Administrator 账户的密码登录才可以使用。然而如果使用 Windows 2000 安装光盘引导安装了 Windows XP 的计算机,并选择修复,进入故障恢复控制台,无论是 Windows XP 专业版还是家庭版,完全不需要登录,就可以直接进入。"很多人认为这是一个很大的安全漏洞,但微软却一直没有修复这个问题,试分析原因。

第 5 章   网 络 安 全

随着计算机网络的不断延伸以及和其他网络的集成,保持网络内敏感对象安全的难度也极大地增加了。共享既是网络的优点,也是风险的根源,非法用户能够从远端对计算机数据、程序等资源进行非法访问,使数据遭到拦截与破坏。计算机网络的安全问题成为当前的热点课题。

计算机网络系统可以看成是一个扩大了的计算机系统,在网络操作系统和各层通信协议的支持下,位于不同主机内的操作系统进程可以像在一个单机系统中一样互相通信,只不过通信时延稍大一些而已。因此,在讨论计算机网络安全时,可以参照操作系统安全的有关内容进行讨论。对网络而言,它的安全性与每一个计算机系统的安全问题一样,都与数据的完整性、保密性以及服务的可用性有关。

在本章的讨论中,就是以一个系统的观念看待计算机网络,5.1 节首先分析其面临的网络攻击以及网络协议的脆弱性,5.2 节给出了解决安全问题的框架和机制,5.3 节和 5.4 节集中讨论用户对网络访问的控制以及网络攻击的检测,5.5 节介绍网络隔离,5.6 ~ 5.8 节介绍公钥基础设施(PKI)、网络安全协议等重要网络安全技术。

5.1   网络安全问题

本节主要讨论网络面临的黑客攻击威胁以及 TCP/IP 协议的脆弱性。

5.1.1   黑客与网络攻击

美国 CERT 组织研究报告指出,发起网络攻击的人员可以归结为黑客、间谍、恐怖主义者、公司职员、职业犯罪、破坏者 6 种类型。他们各不相同,如黑客是为了挑战计算机网络安全技术;间谍为了取得对秘密信息的访问权限,获取政治、经济等情报;恐怖主义者通过网络攻击制造恐怖氛围;公司职员对公司的网站报复泄愤,等等。其中网络安全最大的威胁来自黑客。

黑客(Hacker),源于英语动词 hack,意为"劈,砍",也就意味着"辟出,开辟",进一步引申为"干了一件非常漂亮的工作"。多数黑客对计算机非常着迷,认为自己有比他人更高的才能,因此只要他们愿意,就非法闯入某些禁区,或开玩笑或恶作剧,甚至干出违法的事情。现在"黑客"一词普遍的含意是指计算机系统的非法侵入者。

目前,黑客已成为一个广泛的社会群体。在西方有完全合法的黑客组织、黑客学会,这些黑客经常召开黑客技术交流会。在因特网上,黑客组织有公开网站,提供免费的黑客工具软件,介绍黑客手法,出版网上黑客杂志和书籍。因此,现在"行黑"已变得比较容易,普通人很容易学到网络攻击的方法。

1. 网络攻击步骤

网络攻击者的一次完整攻击过程通常包括如图 5-1 所示的步骤,当然不是必须包括这些步骤。下面对攻击过程中的各个步骤逐一介绍。

（1）隐藏攻击源

在因特网上的主机均有自己的网络地址，因此攻击者在实施攻击活动时的首要步骤是设法隐藏自己所在的网络位置，如 IP 地址和域名，这样使调查者难以发现真正的攻击来源。

攻击者经常使用如下技术隐藏他们的真实 IP 地址或者域名。

- 利用被侵入的主机（俗称"肉鸡"）作为跳板进行攻击，这样即使被发现了，也是"肉鸡"的 IP 地址。
- 使用多级代理，这样在被入侵主机上留下的是代理计算机的 IP 地址。
- 伪造 IP 地址。
- 假冒用户账号。

图 5-1　网络攻击步骤

（2）信息搜集

在发起一次攻击之前，攻击者要对目标系统进行信息搜集，一般要先完成如下步骤。

- 确定攻击目标。
- 踩点，就是通过各种途径搜集目标系统的相关信息，包括机构的注册资料、公司的性质、网络拓扑结构、邮件地址、网络管理员的个人爱好等。
- 扫描，利用扫描工具在攻击目标的 IP 地址或地址段的主机上，扫描目标系统的软硬件平台类型，并进一步寻找漏洞，如目标主机提供的服务与应用及其安全性的强弱等。
- 嗅探，利用嗅探工具获取敏感信息，如用户口令等。

攻击者将搜集来的信息进行综合、整理和分析后，能够初步了解一个机构的安全态势，并能够据此拟定出一个攻击方案。

（3）掌握系统控制权

一般账户对目标系统只有有限的访问权限，要达到某些攻击目的，攻击者只有得到系统或管理员权限，才能控制目标主机实施进一步的攻击。

获取系统管理权限的方法通常有：扫描系统漏洞、系统口令猜测、种植木马、会话劫持等。

（4）实施攻击

不同的攻击者有不同的攻击目的，无外乎是破坏机密性、完整性和可用性等。一般来说，可归结为以下几种。

- 下载敏感信息。
- 攻击其他被信任的主机和网络。
- 瘫痪网络。
- 修改或删除重要数据。
- 其他非法活动。

（5）安装后门

一次成功的入侵通常要耗费攻击者的大量时间与精力，所以精于算计的攻击者在退出系统之前会在系统中安装后门，以保持对已经入侵主机的长期控制。

攻击者设置后门时通常有以下方法。

- 放宽文件许可权。
- 重新开放不安全的服务。

- 修改系统的配置,如系统启动文件、网络服务配置文件等。
- 替换系统本身的共享库文件。
- 安装各种特洛伊木马,修改系统的源代码。

（6）清除攻击痕迹

一次成功入侵之后,通常攻击者的活动在被攻击主机上的一些日志文档中会有记载,如攻击者的 IP 地址、入侵的时间以及进行的操作等,这样很容易被管理员发现。为此,攻击者往往在入侵完毕后清除登录日志等攻击痕迹。

攻击者通常采用如下方法。

- 清除或篡改日志文件。
- 改变系统时间造成日志文件数据紊乱,以迷惑系统管理员。
- 利用前面介绍的代理跳板隐藏真实的攻击者和攻击路径。

2. 黑客攻击的常用手段

在上述的攻击过程中涉及的具体攻击手段主要包括:

1）伪装攻击。通过指定路由或伪造假地址,以假冒身份与其他主机进行合法通信或发送假数据包,使受攻击主机出现错误动作,如 IP 欺骗。

2）探测攻击。通过扫描允许连接的服务和开放的端口,能够迅速发现目标主机端口的分配情况、提供的各项服务和服务程序的版本号,以及系统漏洞情况。黑客找到有机可乘的服务、端口或漏洞后进行攻击。常见的探测攻击程序有 Nmap、Nessus、Metasploit、Shadow Security Scanner、X – Scan 等。

3）嗅探攻击。将网卡设置为混杂模式,对以太网上流通的所有数据包进行嗅探,以获取敏感信息。常见的网络嗅探工具有 SnifferPro、Tcpdump、Wireshark 等。

4）解码类攻击。用口令猜测程序破解系统用户账号和密码。常见工具有 L0phtCrack、John the Ripper、Cain&Abel、Saminside、WinlogonHack 等。还可以破解重要支撑软件的弱口令,例如使用 Apache Tomcat Crack 破解 Tomcat 口令。

5）缓冲区溢出攻击。通过向程序的缓冲区写超出其长度的内容,造成缓冲区的溢出,从而破坏程序的堆栈,使程序转而执行其他的指令。缓冲区攻击的目的在于扰乱某些以特权身份运行的程序的功能,使攻击者获得程序的控制权。

6）欺骗攻击。利用 TCP/IP 协议本身的一些缺陷对 TCP/IP 网络进行攻击,主要方式有 ARP 欺骗、DNS 欺骗、Web 欺骗、电子邮件欺骗等。

7）拒绝服务和分布式拒绝服务攻击。这种攻击行为通过发送一定数量、一定序列的数据包,使网络服务器中充斥了大量要求回复的信息,消耗网络带宽或系统资源,导致网络或系统不胜负荷以至于瘫痪、停止正常的网络服务。常见的拒绝服务（Denial of Service,DoS）攻击有同步洪流（SYN Flooding）、Smurf 等。近年,DoS 攻击有了新的发展,攻击者通过入侵大量有安全漏洞的主机并获取控制权,在多台被入侵的主机上安装攻击程序,然后利用所控制的这些大量攻击源,同时向目标机发起拒绝服务攻击,称为分布式拒绝服务（Distribute Denial of Service,DDoS）攻击。常见的 DDoS 攻击工具有 Trinoo、TFN 等。

8）Web 脚本入侵。由于使用不同的 Web 网站服务器、不同的开放语言,使网站存在的漏洞也不相同,所以使用 Web 脚本攻击的方式也很多。如黑客可以从网站的文章、系统下载、系统留言板等部分进行攻击;也可以针对网站后台数据库进行攻击,还可以在网页中写入具有攻击性的代码;甚至可以通过图片进行攻击。Web 脚本攻击常见方式有注入攻击、上传漏洞攻击、跨站攻击、数据库入侵等。

9) 0 day 攻击。0 day 通常是指还没有补丁的漏洞,而 0 day 攻击则是指利用这种漏洞进行的攻击。提供该漏洞细节或者利用程序的人通常是该漏洞的发现者。0 day 漏洞的利用程序对网络安全具有巨大威胁,因此 0 day 不但是黑客的最爱,掌握多少 0 day 也成为评价黑客技术水平的一个重要参数。

3. 网络攻击的发展

随着网络的发展,攻击技术日新月异。近几年,出现了一种有组织、有特定目标、持续时间极长的新型攻击和威胁,国际上有的称为高级持续性威胁(Advanced Persistent Threat,APT)攻击,或者称为"针对特定目标的攻击"。

APT 攻击的"高级"体现在利用了多种攻击手段,包括各种最先进的手段和社会工程学方法,一步一步地获取进入组织内部的权限。APT 往往利用组织内部的人员作为攻击跳板。有时,攻击者会针对被攻击对象编写专门的攻击程序,而非使用一些通用的攻击代码。此外,APT 攻击具有"持续性",甚至长达数年。这种持续体现在攻击者不断尝试各种攻击手段,以及在渗透到网络内部后长期蛰伏,不断搜集各种信息,直到搜集到重要情报。更加危险的是,这些新型的攻击和威胁主要是针对国家重要的基础设施和单位进行,包括能源、电力、金融、国防等关系到国计民生,或者是国家核心利益的网络基础设施。

5.1.2 IPv4 版本 TCP/IP 的安全问题

TCP/IP 协议族可以看做是一组不同层的集合,每一层负责一个具体任务,各层联合工作实现整个网络通信。每一层与其上层或下层都有一个明确定义的接口来具体说明希望处理的数据。一般将 TCP/IP 协议族分为 4 个功能层:应用层、传输层、网络层和网络接口层。这 4 层概括了相对于 OSI 参考模型中的 7 层。TCP/IP 协议层次如图 5-2 所示。

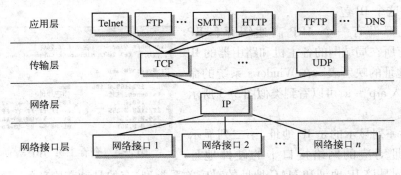

图 5-2 TCP/IP 协议层次

1) 网络接口层。网络接口层有时又称为数据链路层,一般负责处理通信介质的细节问题,如设备驱动程序、以太网(Ethernet)、令牌环网(Token Ring)。ARP 和 RARP 协议负责 IP 地址和网络接口物理地址的转换工作。

2) 网络层。该层负责处理网络上的主机间路由及存储转发网络数据包。IP 是网络层的主要协议,提供无连接、不可靠的服务。IP 还给出了因特网地址分配方案,要求网络接口必须分配独一无二的 IP 地址。同时,IP 为 ICMP、IGMP 以及 TCP 和 UDP 等协议提供服务。

3）传输层。这一层响应来自应用层的服务请求，并向网络层发出服务请求。传输层提供两台主机间透明的传输，通常用于端到端连接、流量控制或错误恢复。这一层的两个最重要协议是 TCP 和 UDP 协议。TCP 提供可靠的数据流通信服务。TCP 的可靠性由定时器、计数器、确认和重传来实现。与 TCP 处理不同的是，UDP 不提供可靠的服务，其主要作用在于应用程序间发送数据。UDP 数据包有可能丢失、复制和乱序。

4）应用层。该层包含应用程序实现服务所使用的协议。用户通常与应用层进行交互。

- HTTP：超文本传输协议，提供浏览器和 WWW 服务间有关 HTML 文件传递服务。
- FTP：文件传输协议，提供主机间数据传递服务。
- SMTP：简单消息传输协议，提供发送电子邮件服务。
- DNS：域名解析协议，完成域名解析服务。
- DHCP：动态主机配置协议，为新加入网络的计算机统一分发 IP 地址及相关的 TCP/IP 属性。

此外，还有 POP3、Telnet、OSPF、NFS、TFTP 等其他应用协议。

TCP/IP 协议族出现之初，协议设计者主要关注与网络运行和应用相关的技术问题，安全问题不是重点。其结果是网络通信问题得到了很好的解决，而安全风险却必须通过其他各种途径来防范。目前，广泛使用的 TCP/IP 协议是缺少安全机制的 IP v4 版本，本节将对这些安全问题进行分析。

1. 网络接口层 ARP 协议的安全问题

地址解析协议（Address Resolution Protocol，ARP）的基本功能是，主机在发送帧前将目标 IP 地址转换成目标 MAC 地址。从某种意义上讲，ARP 协议是工作在更低于 IP 协议的协议层。

要将 IP 地址转化成 MAC 地址的原因在于，在 TCP 网络环境下，一个 IP 包走到哪里，要怎么走是靠路由表定义。但是，当 IP 包到达该网络后，哪台机器响应这个 IP 包却靠该 IP 包中所包含的 MAC 地址来识别。也就是说，只有机器的 MAC 地址和该 IP 包中的 MAC 地址相同的机器才会应答这个 IP 包。

每台主机都设有一个 ARP 高速缓存（ARP Cache），里面有所在局域网的各主机和路由器的 IP 地址到 MAC 地址的映射表。在 Windows 系统的命令提示符下输入 arp -a，可以看到类似图 5-3 所示的缓存表信息。

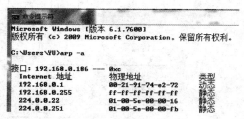

图 5-3 第一列显示的是 IP 地址，第二列显示的是和 IP 地址对应的网络接口卡的硬件地址

图 5-3　查看主机 ARP 缓存表信息

（MAC），第三列是该 IP 地址和 MAC 地址的对应关系类型，有的是动态刷新的。

当主机 A 向本局域网上的某个主机 B 发送 IP 包时，就先在其 ARP 高速缓存中查看有无主机 B 的 IP 地址。如果有，就可查出其对应的硬件地址，再将此硬件地址写入 MAC 帧，然后通过局域网将该 MAC 帧发往此硬件地址。如果没有找到，该主机就发送一个 ARP 广播包，看起来像这样，"我是主机 xxx. xxx. xxx. xxx，mac 是 xxxxxxxxxxx，IP 为 xxx. xxx. xxx. xx1 的主机请告之你的 MAC 地址"，IP 为 xxx. xxx. xxx. xx1 的主机于是响应这个广播，应答 ARP 广播为："我是 xxx. xxx. xxx. xx1，我的 MAC 地址为 xxxxxxxxxx2"。于是，主机刷新自己的 ARP 缓存，然后发出该 IP 包。

ARP 缓存表的作用本是提高网络效率、减少数据延迟。然而缓存表是动态刷新的，存在易信任性,即主机不对发来的 ARP 数据包内容的正确性进行审查。主机接收到被刻意编制的,将 IP 地址指向错误 MAC 地址的 ARP 数据包时,会不加审查地将其中的记录加入 ARP 缓存表中。这样,当主机访问该 IP 地址时,就会根据此虚假的记录,将数据包发送到记录所对应的错误 MAC 地址,而真正使用这个 IP 地址的目标主机则收不到数据。这就是 ARP 欺骗。

ARP 欺骗有以下几种实现方式:

1）发送未被请求的 ARP 应答报文。对于大多数操作系统,主机收到 ARP 应答报文后立即更新 ARP 缓存,因此直接发送伪造 ARP 应答报文就可以实现 ARP 欺骗。

2）发送 ARP 请求报文。主机可以根据局域网中其他主机发送的 ARP 请求来更新自己的 ARP 缓存。因此,攻击者可以发送一个修改了源 IP – MAC 映射的 ARP 请求来实现欺骗。

3）响应一个请求报文。操作系统一般用后到的 ARP 应答中的 MAC 地址来刷新 ARP 缓存,攻击者往往延迟发送该 ARP 响应。对于一些操作系统有一些特殊规定,如 Solaris 要求接收到 ARP 应答之前必须有 ARP 请求报文发送。在这种情况下,攻击主机可以监听主机,当接收到来自目标主机发送的 ARP 请求报文时,再发送应答。

下面以第 1 种方式来阐述 ARP 欺骗的原理。假设这样一个网络,一个 Hub 或交换机连接了 3 台机器,依次是计算机 A、B、C。正常情况下,在计算机 A、B 上运行 arp – a 查询 ARP 缓存表,出现如图 5-4 所示信息。

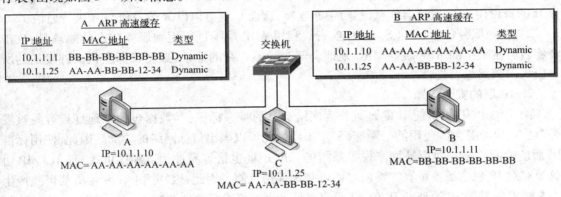

图 5-4　ARP 欺骗前的情况

欺骗时,在计算机 C 上运行 ARP 欺骗程序来发送 ARP 欺骗包。

C 向 A 发送一个自己伪造的 ARP 应答,ARP reply: 10. 1. 1. 11 is – at AAAA. BBBB. 1234

C 向 B 发送一个自己伪造的 ARP 应答,ARP reply: 10. 1. 1. 10 is – at AAAA. BBBB. 1234

当 A、B 接收到 C 伪造的 ARP 应答时,就会更新本地的 ARP 缓存。

图 5-5 中,计算机 A 上的关于计算机 B 的 MAC 地址已经错误了,所以即使以后从计算机 A 访问计算机 B10. 1. 1. 11 这个地址,也会被 ARP 协议错误地解析成 MAC 地址为 AA – AA – BB – BB – 12 – 34。

利用 ARP 欺骗进行攻击的具体方式主要有:

1）中间人(Man – in – the Middle)攻击。中间人攻击就是攻击者通过将自己的主机插入到两个目标主机通信路径之间,使其成为两个目标主机相互通信的一个中继。为了不中断通信,攻击者将设置自己的主机转发来自两个目标主机之间的数据包。攻击过程如图 5-5 所示。

最终结果是所有的 A 和 B 发送给对方的数据将发送给 C,由 C 转发给目标主机。中间人

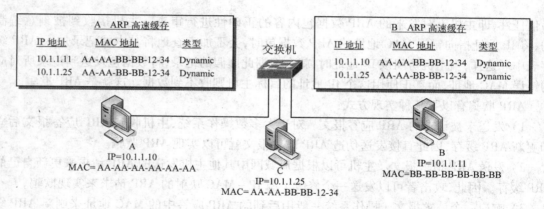

图 5-5　ARP 欺骗后的情况

攻击主要应用于网络监听。攻击者只要将网卡设置为混杂模式,就可以监听到 A 和 B 的通信,此方法更适合交换式局域网。攻击者还可以针对目标主机和路由器进行中间人攻击,从而监听到目标主机与外部网络之间的通信。

中间人攻击的另一形式是会话劫持(Connection Hijacking)。会话劫持允许攻击者在两台主机之间完成连接后由自己来接管该连接。例如,A Telnet 到目标主机 B,C 等 A 登录完成后以 B 的身份向 A 发送错误信息,然后中断连接,这样 C 就可以以 A 的身份与 B 进行通信。

2)拒绝服务(Denial of Service)攻击。利用 ARP 欺骗进行拒绝服务攻击的原理是:攻击者将目标主机中的 ARP 缓存 MAC 地址全部改为不存在的地址,致使目标主机向外发送的所有以太网数据包丢失。

2. IP 层的安全问题

由于 TCP/IP 协议使用 IP 地址作为网络节点的唯一标识,其数据包的源地址很容易被发现,且 IP 地址隐含所使用的子网掩码,攻击者据此可以画出目标网络的轮廓。因此,使用标准 IP 地址的网络拓扑对因特网来说是暴露的。IP 地址也很容易被伪造和被更改,且 TCP/IP 协议没有对 IP 包中源地址真实性的鉴别机制和保密机制。因此,因特网上任一主机都可能产生一个带有任意源 IP 地址的 IP 包,从而假冒另一个主机进行地址欺骗。

IP 层本身不提供加密传输功能,用户口令和数据是以明文形式传输的,很容易在传输过程中被截获或修改。

在 IP 层上同样缺乏对路由协议的安全认证机制,因此对路由信息缺乏鉴别与保护。路由欺骗有多种方法,都是通过伪造路由表欺骗。

3. 传输层的安全问题

TCP/IP 协议规定 TCP/UDP 是基于 IP 协议上的传输协议。TCP 分组和 UDP 数据报是封装在 IP 报中在网上传输的,除可能面临 IP 层所遇到的安全威胁外,还存在 TCP/UDP 实现中的以下几种安全隐患。

1)要建立 TCP/IP 连接,必须在两台通信计算机之间完成"三次握手"过程,图 5-6 为成功连接。假如源主机的 IP 地址是假的,"三次握手"不能完成,TCP 连接将处于半开连接状态。攻击者利用这一弱点可以实施如 TCP SYN Flooding 攻击这样的 DoS 攻击。

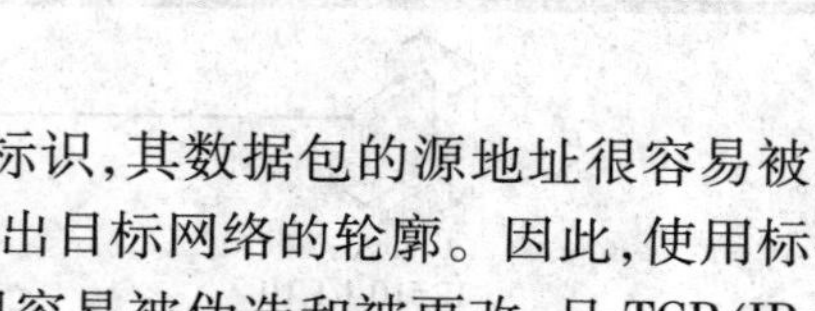

图 5-6　TCP 的三次握手

在 SYN Flooding 攻击中,黑客机器向目标主机发出数据包的源地址是一个虚假的或者是一个根本不存在的 IP 地址。当目标主机收到这样的请求后,回复黑客机一个 ACK + SYN 数据包,并分配一些资源给该连接。由于 ACK + SYN 包是返回给假的 IP 地址,因此没有任何响应。于是目标主机将继续发送 ACK + SYN 报,并将该半开连接放入端口的积压队列中。虽然一般系统都有默认的回复次数和超时时间,但由于端口积压队列的大小有限,如果不断向目标主机发送大量伪造 IP 的 SYN 请求,就将导致该端口无法去响应其他机器进行的连接请求,形成通常所说的端口被"淹"的情况,最终使目标主机资源耗尽。

攻击者还可以利用 TCP 协议中关于对报文应答的机制,利用连接的非同步状态来进行 IP 劫持。首先,攻击者利用发 RST 报文引起连接重置的方法或空报文法,在真正用户与服务器之间连接建立的初期制造非同步状态。在非同步状态中,一方发送的报文序列号由于没有落在接收方的滑动窗口内,将被简单抛弃,并向发送方发送一个反馈包,以通告合法的序列号。这时,攻击者在网络上截获客户方发送的报文,并据此仿造报文,重新设置报文的序列号,使之落入接收方的滑动窗口内,这样服务器将接收到攻击者发送的虚假报文,自己却一无所知。这样就完成了 IP 劫持,攻击者接管用户的连接,使得正常连接和经过攻击者中转一样,客户和服务器都认为他们在互相通信,这样,攻击者就能对连接交换的数据进行修改,冒充客户给服务器发送非法命令,或冒充服务器给用户发回虚假信息。

2)TCP 提供可靠连接是通过初始序列号和鉴别机制来实现的。一个合法的 TCP 连接都有一个源主机/目标主机双方共享的唯一序列号作为标识和鉴别。初始序列号一般由随机数发生器产生,问题出在很多操作系统(如 UNIX)产生 TCP 连接初始序列号的方法中,所产生的序列号并不是真正随机的,而是一个具有一定规律的、可猜测的或计算的数字。对攻击者来说,猜出了初始序列号并且掌握目标 IP 地址之后,就可以对目标实施 IP 欺骗(Spoofing)攻击,而此类攻击很难检测,因此危害极大。

3)由于 UDP 是一个无连接控制协议,所以极易受 IP 源路由和拒绝服务型攻击。

4. 应用层的安全问题

在 TCP/IP 协议层结构中,应用层位于最顶部,因此下层的安全缺陷必然导致应用层的安全出现漏洞,甚至崩溃。各种应用层服务协议(如 HTTP、FTP、E - mail、DNS、DHCP 等)本身也存在许多安全隐患,这些隐患涉及鉴别、访问控制、完整性和机密性等多个方面。有关 Web 服务的安全问题,本书将在 7.6 节专门讲解。

(1)FTP 和 TFTP 服务的安全问题

这两个服务都是用于传输文件的,但应用场合不同,安全程度也不同。TFTP 服务用于局域网,在无盘工作站启动时用于传输系统文件,安全性极差,常被用来窃取密码文件/etc/passwd,因为它不带有任何安全认证。

FTP 服务对于局域网和广域网都可以,可以用来下载任何类型的文件。网上有许多匿名 FTP 服务站点,上面有许多免费软件、图片、游戏,匿名 FTP 是人们常使用的一种服务方式。FTP 服务的安全性要好一些,用户权力会受到严格的限制,但匿名 FTP 也存在一定的安全隐患,因为有些匿名 FTP 站点提供可写区给用户,这样用户可以上传一些软件到站点上。但这些可写区常被一些人用做地下仓库,浪费用户的磁盘空间、网络带宽等系统资源,可能会造成"拒绝服务"攻击。匿名 FTP 服务的安全很大程度上决定于系统管理员的水平,一个低水平的系统管理员很可能会错误配置权限,从而被黑客利用而破坏整个系统。

（2）电子邮件的安全问题

电子邮件作为一种网络应用服务，采用的主要协议是简单邮件传输协议（Simple Mail Transfer Protocol，SMTP）。随着网络应用的不断发展，大量多媒体数据，如图形、音频、视频数据都可能需要通过电子邮件传输。因特网采用"类型/编码"格式的多目的互联网络邮件扩展（Multipurpose Internet Mail Extensions，MIME）标准来标识和编码这些多媒体数据。

电子邮件面临的安全问题主要有：

1）邮件拒绝服务（邮件炸弹）。攻击者利用工具使邮箱在很短的时间内涌进成千上万封邮件，导致邮箱无法正常使用。

2）邮件内容被截获。邮件服务一般使用的 SMTP 和 POP3 协议是明文传递的，攻击者可以截获邮件，获取信件的内容。不过，可以对电子邮件加密，只要加密算法和密钥足够强大，那么即使攻击者截获了邮件数据也不能看到或修改邮件的内容。

3）邮件软件漏洞非法利用。攻击者利用邮件软件程序漏洞来攻击网站，特别是一些具有缓冲区溢出漏洞的程序。目前，邮件成为渗透内网的重要攻击手段。

4）邮件恶意代码。攻击者通过电子邮件的附件携带恶意代码，如病毒、木马或蠕虫，然后诱骗用户触发执行，甚至利用邮件客户端软件漏洞直接运行，进而控制用户机器，传播病毒或者进行其他目的的攻击。

5）邮箱口令暴力攻击。攻击者通过邮件口令猜测程序，暴力破解用户邮箱的口令。

6）垃圾邮件。垃圾邮件违背收件人的意愿，占用用户时间，干扰正常电子邮件的使用。

7）用户邮箱地址泄漏。攻击者利用邮件服务管理配置漏洞，造成远程用户可以验证邮件地址真实性和获取用户电子邮件地址列表。

（3）DNS 服务的安全问题

域名系统（Domain Name System，DNS），是因特网重要的网络基础服务，它作为可以将域名和 IP 地址相互映射的一个分布式数据库，能够使人更方便地访问互联网，而不用去记住能够被机器直接读取的 IP 数串。一旦域名服务器遭到破坏，网络用户就难以访问网络。

常见的域名服务问题如下：

1）域名欺骗。DNS 通过客户/服务器方式提供域名解析服务，但查询者不易验证请求回答信息的真实性和有效性。攻击者设法构造虚假的应答数据包，将网络用户导向攻击者所控制的站点。欺骗攻击原理如图 5-7 所示。

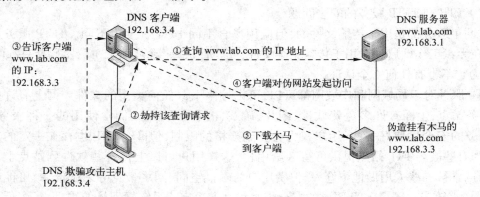

图 5-7　DNS 攻击原理

① DNS 客户机对 DNS 服务器发起 www. lab. com 域名请求的解析。

② 原本真实的 www. lab. com 对应的 IP 地址应该是 192. 168. 3. 1,此时 DNS 客户机发向真实 DNS 服务器的请求会话被 DNS 欺骗攻击主机所劫持。

③ DNS 欺骗攻击主机伪造 DNS 的应答数据帧,告诉 DNS 客户端 www. lab. com 的 IP 地址是 192. 168. 3. 3。但事实上 www. lab. com 的 IP 地址应该是 192. 168. 3. 1。

④ 此时 DNS 客户端收到伪造的 DNS 应答数据帧,误认为 192. 168. 3. 3 就是 www. lab. com。所以客户端在下次访问时会连接到 IP 地址为 192. 168. 3. 3 的伪网站,而该网站的主页上可能挂有木马或非法脚本。

⑤ 木马与恶意脚本通过访问被成功地植入到客户机中。

2) 网络信息泄漏。域名服务器存储大量的网络信息,如 IP 地址分配、主机操作系统信息、重要网络服务器名称等。假如域名服务器允许区域信息传递,就等于为攻击者提供了“目标网络拓扑图”。

3) DNS 服务器拒绝服务。域名服务器是因特网运行的基础服务,某个单位的域名受到破坏,则大部分网络用户就无法获得该单位提供的服务。

4) 远程漏洞。BIND 服务器软件的许多版本存在缓冲区溢出漏洞,黑客可以利用这些漏洞远程入侵 BIND 服务器所在的主机,并以 root 身份执行任意命令。这种攻击的危害比较严重,黑客不仅获得了 DNS 服务器上所有授权区域内的数据信息,甚至可以直接修改授权区域内的任意数据,同时可以利用这台主机作为攻击其他机器的“跳板”。

(4) DHCP 服务的安全问题

动态主机分配协议(Dynamic Host Configuration Protocal,DHCP),其作用是为子网中的客户端统一分发 IP 地址及相关的 TCP/IP 属性。

DHCP 攻击原理如图 5-8 所示。

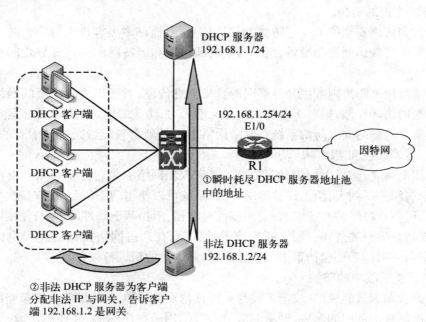

图 5-8　DHCP 攻击原理

① DHCP 攻击主机首先向网络中发送大量的 DHCP 请求包,因为是伪造不同的源 MAC 进行发送的,所以在几秒的时间内 DHCP 服务器的 IP 地址池就会被这些伪造的 MAC 地址用尽。当地址池的 IP 被用尽后,DHCP 就无法再向内网客户机分配 IP 地址。

② 这时攻击主机就把自己伪装成 DHCP 服务器,向客户端提供 IP 地址及相关属性配置。此时的攻击主机如果把自己的 IP 地址作为网关发给客户机,客户机就会把原本发向网关的数据转发给攻击主机,这些数据中很可能就包含着账号和密码等敏感的信息。

5.2 网络攻击防护

应对网络安全的传统对策包括技术对策,管理对策和法律对策,本节概要介绍技术对策。技术对策主要包括:数据加密技术、身份认证技术、访问控制技术、防火墙技术、入侵检测技术、网络隔离技术、公钥基础设施(PKI)、安全协议技术等。本章后续内容将分别介绍这些技术细节。

由于网络安全所涉及的内容很多,范围很广,因此在许多情况下是将各种技术相互结合、综合利用,以达到网络的相对安全。但是,TCP/IP 没有一个整体的安全体系,各种安全技术虽然能够在某一方面保护网络资源或保证网络通信的安全,但是各种技术相对独立,冗余性大,在可管理性和扩展性方面都存在很多局限。我们需要从安全体系结构的角度研究怎样有机地组合各种单元技术,设计出一个合理的安全体系,为各种层次不同的应用提供统一的安全服务,以满足不同强度的安全需求。

下面首先介绍网络攻击防护中涉及的一些关键技术,再介绍一种网络安全体系框架。

5.2.1 网络攻击的分层防护技术

1. 攻击发生前的防护

防火墙作为网络安全的第一道防线,可以识别并阻挡许多黑客攻击行为。防火墙是一种位于网络边界的特殊访问控制设备,用于隔离内部网络和因特网的其他部分之间信息的自由流动。

防火墙主要用来隔离内部网和外部网的直接信息传输,对于出入防火墙的网络流量施加基于安全策略的访问控制,但对于内部入侵却无能为力,防火墙能否正确工作依赖于安全管理员的手工配置。这样的安全防御系统在复杂网络中要做到合理配置是十分困难的,而且在大规模部署时,可缩放性和实时响应功能较差。

除了应用防火墙,还可以使用漏洞扫描工具来探测网络上每台主机乃至路由器的各种漏洞,并将系统漏洞一一列表,给出最佳解决方法;系统可以使用动态口令,用户每次登录系统的口令都不同,可防止口令被非法窃取;使用邮件过滤器,阻挡基于邮件的进攻;使用网络防病毒系统,以有效防止病毒的危害;使用 VPN 技术,使信息在通过网络传输的过程中更加安全可靠。另外,事前防御体系还包括系统的安全配置,对用户的培训与教育等。

2. 攻击发生过程中的防护

随着攻击者知识日趋成熟,攻击工具与手法日趋复杂多样,单纯的防火墙策略已经无法满足对安全高度敏感的部门的需要,网络的防卫必须采用一种纵深的、多样的手段。与此同时,当今的网络环境也变得越来越复杂,各式各样复杂的设备、需要不断升级和补漏的系统使得网络管理员的工作不断加重,不经意的疏忽便会给企业造成巨大损失。在这种环境下,入侵检测系统(Intrusion Detection System,IDS)成为了安全市场上新的热点,不仅越来越多地受到人们的关注,而且已经开始在各种不同的环境中发挥关键作用。

IDS 相对于传统意义的防火墙是一种主动防御系统,入侵检测作为安全的一道屏障,可以在一定程度上预防和检测来自系统内、外部的入侵。与防火墙相比,IDS 还存在相当多的问题。随着网络技术的不断发展,IDS 面临着许多挑战,IDS 要在安全防范体系中真正发挥作用还有一些困难,主要表现在 IDS 的有效性、效率、安全性、适应性等方面。防火墙正在与 IDS 等安全设备融合,协同防范攻击,5.3.4 节将对此做介绍。

3. 攻击发生后的应对

防火墙、IDS 等都提供详细的数据记录功能,可以对所有误操作的危险动作和蓄意攻击行为保留详尽的记录,而且记录在一台专用的安全主机上,这样可以在黑客攻击后通过这些记录来分析黑客的攻击方式,弥补系统漏洞,防止再次遭受攻击,并可进行黑客追踪和查找责任人。

本书第 8 ~ 10 章将介绍应急响应、计算机风险评估和安全管理,其中包含了网络攻击发生后的响应等应对方法。

5.2.2　网络安全体系框架

开放式系统互联参考模型(OSI/RM)扩展部分中增加了有关安全体系结构的描述,安全体系结构(Security Architecture)是指对网络系统安全功能的抽象描述,从整体上定义网络系统所提供的安全服务和安全机制,然而这一体系只为安全通信环境提出了一个概念性框架。事实上,安全体系结构不仅应该定义一个系统安全所需的各种元素,还应该包括这些元素之间的关系,以构成一个有机的整体,正像 Architecture 这个词的本义,一堆砖瓦不能称为建筑。

美国国防信息系统安全计划(DISSP)提出了一个反映网络安全需求的安全框架,该框架是一个由安全属性、OSI 各协议层和系统部件组成的三维矩阵结构,但是该框架中系统部件维所包含的系统部件(端系统、接口、网络系统和安全管理)并不能反映网络工程中的实际需求,也没有给出安全属性维中各安全属性的逻辑关系。本节介绍一个针对 TCP/IP 网络,由安全服务、协议层次和实体单元组成的三维框架结构,它是在 DISSP 三维安全模型基础上的改进模型,从 3 个不同的角度阐述不同实体、不同层次的安全需求以及它们之间的逻辑关系。

1. 网络安全体系结构的相关概念

安全服务:是一个系统各功能部件所提供的安全功能的总和。从协议分层的角度,底层协议实体为上层实体提供安全服务,而对外屏蔽安全服务的具体实现。OSI 安全体系结构模型中定义了 5 组安全服务:认证(Authentication)服务、保密(Confidentiality)服务、数据完整性(Integrity)服务、访问控制(Access Control)服务、抗抵赖(Non-repudiation)服务(或称为不可否认服务)。

安全机制:是指安全服务的实现机制,一种安全服务可以由多种安全机制来实现,一种安全机制也可以为多种安全服务所用。

安全管理:包括两方面的内容,一是安全的管理(Management of Security),是指网络和系统中各种安全服务和安全机制的管理,如认证或加密服务的激活、密钥等参数的分配、更新等;二是管理的安全(Security of Management),是指各种管理活动自身的安全,如管理系统本身和管理信息的安全。

2. 网络安全体系的三维框架结构

图5-9给出了计算机网络安全体系的三维框架结构。

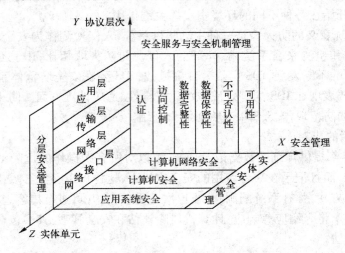

图5-9 计算机网络安全体系的三维框架结构

安全服务平面取自于国际标准化组织制订的安全体系结构模型,我们在5类基本的安全服务以外增加了可用性(Availability)服务。不同的应用环境对安全服务的需求是不同的,各种安全服务之间也不是完全独立的。在后面将介绍各种安全服务之间的依赖关系。

协议层次平面参照TCP/IP协议的分层模型,目的是从网络协议结构角度考察安全体系结构。

实体单元平面给出了计算机网络系统的基本组成单元,各种单元安全技术或安全系统也可以划分成这几个层次。

安全管理涉及所有协议层次、所有实体单元的安全服务和安全机制的管理,安全管理操作不是正常的通信业务,但为正常通信所需的安全服务提供控制与管理机制,是各种安全机制有效性的重要保证。

从X、Y、Z三个平面各取一点,比如取(认证服务,网络层,计算机),表示计算机系统在网络层采取的认证服务,如端到端的、基于主机地址的认证;(认证服务,应用层,计算机)是指计算机操作系统在应用层中对用户身份的认证,如系统登录时的用户名/口令保护等;(访问控制服务,网络层,计算机网络)表示网络系统在网络层采取的访问控制服务,比如防火墙系统。

3. 安全服务之间的关系

图5-9中的X平面表示,一个网络系统的安全需求包括以下几个方面:主体、客体的标识与认证;主体的授权与访问控制;数据存储与传输的完整性、保密性;可用性保证;抗抵赖服务。各种安全需求之间存在相互依赖关系,孤立地选取某种安全服务常常是无效的。这些安全服务之间的关系如图5-10所示。

在计算机系统或网络通信中,参与交互或通信的实体分别被称为主体(Subject)和客体(Object),对主体与客体的标识与鉴别是计算机网络安全的前提。认证服务用来验证实体标识的合法性,不经认证的实体和通信数据都是不可信的。不过目前因特网从底层协议到高层

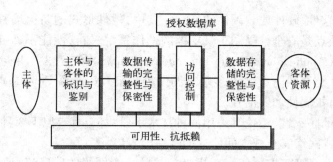

图 5-10 安全服务之间的关系

的应用许多都没有认证机制,如 IPv4 中无法验证对方 IP 地址的真实性,SMTP 协议也没有对收到的 E-mail 中源地址和数据的验证能力。没有实体之间的认证,所有的访问控制措施、数据加密手段等都是不完备的。比如,目前绝大多数基于包过滤的防火墙由于没有地址认证的能力,从而无法防范假冒地址类型的攻击。

访问控制是许多系统安全保护机制的核心。任何访问控制措施都应该以一定的访问控制策略(Policy)为基础,并依据对应该策略的访问控制模型。网络资源的访问控制和操作系统类似,比如需要一个引用监视器(Reference Monitor),控制所有主体对客体的访问。防火墙系统可以看成外部用户(主体)访问内部资源(客体)的参考监视器,然而集中式的网络资源参考监视器很难实现,特别是在分布式应用环境中。与操作系统访问控制的另外一点不同是,信道、数据包、网络连接等都是一种实体,有些实体(如代理进程)既是主体又是客体,这都导致传统操作系统的访问控制模型很难用于网络环境。

数据存储与传输的完整性是认证和访问控制有效性的重要保证,比如,认证协议的设计一定要考虑认证信息在传输过程中不被篡改;同时,访问控制又常常是实现数据存储完整性的手段之一。与数据保密性相比,数据完整性的需求更为普遍。数据保密性一般也要和数据完整性结合,才能保证保密机制的有效性。

保证系统高度的可用性是网络安全的重要内容之一,许多针对网络和系统的攻击都是破坏系统的可用性,而不一定损害数据的完整性与保密性。目前,保证系统可用性的研究还不够充分,许多拒绝服务类型的攻击还很难防范。抗抵赖服务在许多应用(如电子商务)中非常关键,它和数据源认证、数据完整性紧密相关。

5.3 防火墙

5.3.1 防火墙概念

1. 防火墙的定义

国家标准《GB/T 20281—2006 信息安全技术 防火墙技术要求和测试评价方法》给出的防火墙定义是,设置在不同网络(如可信任的企业内部网络和不可信的公共网络)或网络安全域之间的一系列部件的组合。在逻辑上,防火墙是一个分离器,一个限制器,也是一个分析器,能有效地监控流经防火墙的数据,保证内部网络和隔离区(Demilitarized Zone,DMZ,或译作非军事区)的安全。

防火墙可以是软件、硬件或软硬件的组合。其中,软件形式的防火墙具有安装灵活、便于升级扩展等优点,缺点是安全性受制于其支撑的操作系统平台,性能不高;纯硬件防火墙基于特定用途集成电路(Application Specific Integrated Circuit,ASIC)开发,性能优越,但可扩展性、灵活性较差;软硬件结合的防火墙大多基于网络处理器(Network Processor,NP)开发,性能较高,也具备一定的可扩展性和灵活性。

不管什么种类的防火墙,不论其采用何种技术手段,都应具有以下 3 种基本性质。

- 是不同网络或网络安全域之间信息的唯一出入口。
- 能根据网络安全策略控制(允许、拒绝、监测)出入网络的信息流,且自身具有较强的抗攻击能力。
- 本身不能影响网络信息的流通。

2. 防火墙的功能

考虑一个典型的网络体系结构,如图 5-11 所示。

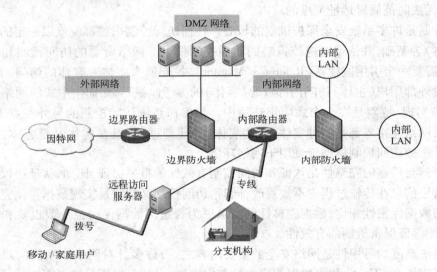

图 5-11　一个典型的网络体系结构及防火墙的应用

在这种应用中,整个网络结构分为 3 个不同的安全区域。

1)外部网络。包括外部因特网用户主机和设备,这个区域为防火墙的非可信网络区域,此边界上设置的防火墙将对外部网络用户发起的通信连接按照防火墙的安全过滤规则进行过滤和审计,不符合条件的则不允许连接,起到保护内网的目的。

2)DMZ 网络。它是从内部网络中划分的一个小区域,其中包括内部网络中用于公众服务的服务器,如 Web 服务器、E-mail 服务器、FTP 服务器、外部 DNS 服务器等,都是为因特网公众用户提供某种信息服务的。在这个区域中,由于需要对外开放某些特定的服务和应用,因而网络受保护的级别较低。如果级别太高,则这些提供公共服务的网络应用就无法进行。也正因如此,这个区域中的网络设备所运行的应用也非常单一。

3)内部网络。这是防火墙要保护的对象,包括全部的内部网络设备、内网核心服务器及用户主机。要注意的是,内部网络还可能包括不同的安全区域,具有不同等级的安全访问权限。虽然内部网络和 DMZ 区都是内部网络的一部分,但它们的安全级别(策略)是不同的。

对于要保护的大部分内部网络来说,在一般情况下,禁止所有来自因特网用户的访问;而由企业内部网络划分出去的 DMZ 区,因需为因特网应用提供相关的服务,所以在一定程度上没有内部网络限制得那么严格,如 Web 服务器通常是允许任何人进行正常访问的。虽然这些服务器很容易遭受攻击,但是由于在这些服务器上所安装的服务非常少,所允许的权限非常低,真正的服务器数据在受保护的内部网络主机上,所以黑客攻击这些服务器最可能的后果就是使服务器瘫痪。必要时可以通过 NAT(网络地址转换)对外屏蔽内部网络结构,以保护内网安全。

对于以上典型的网络体系结构,可以部署两种类型的防火墙。

1) 边界防火墙。处于外部不可信网络(包括因特网、广域网和其他公司的专用网)与内部可信网络之间,控制来自外部不可信网络对内部可信网络的访问,防范来自外部网络的非法攻击。同时,保证了 DMZ 区服务器的相对安全性和使用便利性。这是目前防火墙的最主要应用。

防火墙的内、外网卡分别连接于内、外部网络,但内部网络和外部网络是从逻辑上完全隔开的。所有来自外部网络的服务请求只能到达防火墙的外部网卡,防火墙对收到的数据包进行分析后将合法的请求通过内部网卡传送给相应的服务主机,对于非法访问予以拒绝。

边界防火墙具备的基本功能包括:

- 通过对源地址过滤,拒绝外部非法 IP 地址,可避免外部网络主机的越权访问。
- 关闭不必要的服务,可将系统受攻击的可能性降低到最小限度。
- 可制订访问策略,使只有被授权的外部主机可以访问内部网络有限的 IP 地址,拒绝与业务无关的操作。
- 由于防火墙是内、外部网络的唯一通信通道,因此防火墙可以对所有针对内部网络的访问进行详细的记录,形成完整的日志文件(包过滤型防火墙不具有此功能)。
- 对于远程登录的用户,如 Telnet 等,防火墙利用加强的认证功能,可以有效地防止非法入侵。
- 集中管理网络的安全策略,因此黑客无法通过更改某台主机的安全策略来控制其他资源,获取访问权限。
- 进行地址转换工作,使外部网络不能看到内部网络的结构,从而使黑客的攻击失去目标。

2) 内部防火墙。处于内部不同可信等级安全域之间,起到隔离内网关键部门、子网或用户的目的。如图 5-11 所示的网络体系结构是一个多层次、多节点、多业务的网络,各节点间的信任程度不同。然而可能由于业务的需要,各节点和服务器群之间要频繁地交换数据,这时就要考虑在服务器与其他工作站或者服务器之间加设防火墙以提供保护。通过在服务器群的入口处设置内部防火墙,制订完善的安全策略,可以有效地控制内部网络的访问。

内部防火墙具备的基本功能包括:

- 可以精确制订每个用户的访问权限,保证内部网络用户只能访问必要的资源。
- 对于拨号备份线路的连接,通过强大的认证功能,实现对远程用户的管理。
- 内部防火墙可以记录网段间的访问信息,及时发现误操作和来自内部网络其他网段的攻击行为。
- 通过集中的安全策略管理,使每个网段上的主机不必再单独设立安全策略,降低了人为因素导致产生网络安全问题的可能性。

5.3.2 防火墙技术

防火墙技术的发展经历了一个从简单到复杂,并不断借鉴和融合其他网络技术的过程。防火墙技术是一种综合技术,主要包括:包过滤技术、状态包过滤技术、NAT 网络地址转换技术和代理技术等。随着网络安全技术和防火墙技术的发展,人们开始将虚拟专用网 VPN、防病毒、入侵检测、URL 过滤、内容过滤等技术加入到防火墙中,形成了整体防御系统。下面分别介绍相关技术。

1. 包过滤技术

(1)包过滤原理

包过滤(Packet Filter)是最早应用到防火墙中的技术之一。它针对网络数据包由信息头和数据信息两部分组成这一特点而设计。包过滤防火墙工作在网络层和传输层,它根据通过防火墙的每个数据包的首部信息来决定是将该数据包发往目的地址还是丢弃,从而达到对进出防火墙的数据进行检测和限制的目的。

包过滤防火墙的关键问题是如何检查数据包,以及检查到何种程度才能既保障安全,又不会对通信速度产生明显的负面影响。从理论上讲,包过滤防火墙可以被配置为根据协议报头的任何数据域进行分析和过滤,但是大多数包过滤型防火墙只是针对性地分析数据包信息头的部分域,按照预先设置的过滤规则过滤数据包。只有满足过滤规则的数据包才被转发,其余数据包则被从数据流中丢弃。

(2)包过滤规则表

包过滤设备(不管是路由器还是防火墙)配置有一系列的数据包过滤规则,定义了什么包可以通过防火墙,什么包必须丢弃。这些规则常称为数据包过滤访问控制列表(ACL)。各个厂商的防火墙产品都有自己的语法用于创建规则。对于一些常用的包过滤规则,本书使用与厂商无关但可理解的定义语言,见表 5-1。

表 5-1　一个过滤规则样表

序　号	源 IP	目的 IP	协议	源 端 口	目 的 端 口	标 志 位	操　作
1	内部网络地址	外部网络地址	TCP	任意	80	任意	允许
2	外部网络地址	内部网络地址	TCP	80	>1023	ACK	允许
3	所有	所有	所有	所有	所有	所有	拒绝

在表 5-1 所示的过滤规则样表中包含了:

- 规则执行顺序。
- 源 IP 地址。
- 目标 IP 地址。
- 协议类型(TCP 包、UDP 包和 ICMP 包)。
- TCP 或 UDP 包的源端口。
- TCP 或 UDP 包的目的端口。
- TCP 包头的标志位(如 ACK)。
- 对数据包的操作。

● 数据流向。

在实际应用中,过滤规则表中还可以包含 TCP 包的序列号、IP 校验和等,如果设备有多个网卡,表中还应该包含网卡名称。

该表中的第 1 条规则允许内部用户向外部 Web 服务器发送数据包,并定向到 80 端口,第 2 条规则允许外部网络向内部的高端口发送 TCP 包,只要将 ACK 位置位,且入包的源端口为 80。即允许外部 Web 服务器的应答返回内部网络。最后一条规则拒绝所有数据包,以确保除了先前规则所允许的数据包外,其他所有数据包都被丢弃。

当数据流进入包过滤防火墙后,防火墙检查数据包的相关信息,开始从上至下扫描过滤规则,如果匹配成功则按照规则设定的操作执行,不再匹配后续规则。所以,在访问控制列表中,规则的出现顺序至关重要。

访问控制列表的配置有两种方式:

● 严策略。接受受信任的 IP 包,拒绝其他所有 IP 包。

● 宽策略。拒绝不受信任的 IP 包,接受其他所有 IP 包。

显然,前者相对保守,但是相对安全。后者仅可以拒绝有限的、可能造成安全隐患的 IP 包,网络攻击者可以改变 IP 地址轻松绕过防火墙,导致包过滤技术在实际应用中失效。所以,在实际应用中一般都应采用严策略来设置防火墙规则。

一般,包过滤防火墙规则中还应该阻止如下几种 IP 包进入内部网:

● 源地址是内部地址的外来数据包。这类数据包很可能是为实行 IP 地址诈骗攻击而设计的,其目的是装扮成内部主机混过防火墙的检查进入内部网。

● 指定中转路由器的数据包。这类数据包很可能是为绕过防火墙而设计的数据包。

● 有效载荷很小的数据包。这类数据包很可能是为抵御过滤规则而设计的数据包,其目的是将 TCP 包首部分封装成两个或多个 IP 包送出。比如,将源端口和目标端口分别放在两个不同的 TCP 包中,使防火墙的过滤规则对这类数据包失效,这种方法称为 TCP 碎片攻击。

除了阻止从外部网送来的恶意数据包外,过滤规则还应阻止某些类型的内部网数据包进入外部网,特别是那些用于建立局域网和提供内部网通信服务的各种协议数据包,如启动程序协议(Bootp)、动态主机配置协议(DHCP)、简易文件传输协议(TFTP)、网络基本输入输出系统(NetBIOS)、公共互联网文件系统(CIFS)、远程行式打印机(LPR)和网络文件系统(NFS)。

Bootp 协议使联网计算机无需使用硬盘就可启动,它使计算机在装载操作系统之前能自动获得 IP 地址及存储启动操作系统映像的路径。DHCP 协议是基于 Bootp 协议发展起来的协议,并且通常也支持 Bootp 协议。TFTP 协议是最简单的文件传输协议,它使用的内存空间很小,因此常用于中央处理器与嵌入式处理器之间的通信。NetBIOS 系统提供局域网计算机之间的通信服务。CIFS、LPR 及 NFS 等协议使局域网计算机能够共享远程文件及使用远程打印机。

(3)包过滤技术优缺点分析

包过滤防火墙的优点在于处理效率,其安全性体现在根据过滤规则对 TCP、UDP 数据包进行检测。但其缺点也很明显,主要体现在以下几个方面:

1)判别过滤的依据只是网络层和传输层的有限信息,因而不可能满足各种安全要求。

2)大多数过滤器中缺少审计和报警机制,只能依据包头信息,而不能对用户身份进行验证,很容易遭受欺骗型攻击。

3）在许多型号的防火墙过滤器中,过滤规则的数目有限制,随着规则数目的增加,防火墙性能会受到很大的影响。

4）对安全管理人员的要求高,在建立安全规则时,必须对协议本身及其在不同应用程序中的作用有较深入的了解。

5）由于缺少上下文关联信息,不能有效地过滤如 UDP、RPC、Telnet 一类的协议以及处理动态端口连接。

下面以两个简单的例子来说明包过滤防火墙不能很好地处理动态端口连接的情况。

【例 5-1】 假设通过部署包过滤防火墙将内部网络和外网分隔开,配置过滤规则,仅开通内部主机对外部 Web 服务器的访问,并分析该规则表存在的问题。

过滤规则见表 5-1。Web 通信涉及客户端和服务器端两个端点,由于服务器将 Web 服务绑定在固定的 80 端口上,但是客户端的端口号是动态分配的,即预先不能确定客户使用哪个端口进行通信,这种情况称为动态端口连接。包过滤处理这种情况只能将客户端动态分配端口的区域全部打开（1024 ~ 65535）,才能满足正常通信的需要,而不能根据每一连接的情况,开放实际使用的端口。

包过滤防火墙不论是对待有连接的 TCP 协议,还是无连接的 UDP 协议,都以单个数据包为单位进行处理,对数据传输的状态并不关心,因而传统包过滤又称为无状态包过滤,它对基于应用层的网络入侵无能为力。

【例 5-2】 包过滤防火墙对于 TCP ACK 隐蔽扫描的处理分析。

如图 5-12 所示,外部的攻击机可以在没有 TCP 三次握手中的前两步的情况下,发送一个具有 ACK 位的初始包,这样的包违反了 TCP 协议,因为初始包必须有 SYN 位。但是因为包过滤防火墙没有状态的概念,防火墙将认为这个包是已建立连接的一部分,并让它通过（当然,如果根据表 5-1 的过滤规则,ACK 位置位,但目的端口 ≤1203 的数据包将被丢弃）。当这个伪装的包到达内网的某个主机时,主机将意识到有问题（因为这个包不是任何已建立连接的一部分）,若目标端口开放,目标主机将返回 RST 信息,并期望该 RST 包能通知发送者（即攻击机）终止本次连接。这个过程看起来是无害的,但它却使攻击者能通过防火墙对内网主机开放的端口进行扫描。这个技术称为 TCP 的 ACK 扫描。

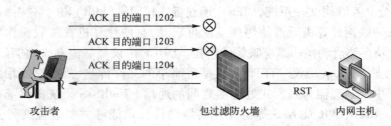

图 5-12   TCP ACK 扫描穿越包过滤防火墙

通过图 5-12 中示意的 TCP ACK 扫描,攻击者穿越了防火墙进行探测,并且获知端口 1204 是开放的。为了阻止这样的攻击,防火墙需要记住已经存在的 TCP 连接,这样它将知道 ACK 扫描是非法连接的一部分。

下面将讲解状态包过滤防火墙,它能够跟踪连接状态并以此来阻止 ACK 扫描等攻击。

2. 状态包过滤技术

（1）状态包过滤原理

状态包过滤（Stateful Packet Filter）是一种基于连接的状态检测机制，将属于同一连接的所有包作为一个整体的数据流看待，对接收到的数据包进行分析，判断其是否属于当前合法连接，从而进行动态的过滤。

与传统包过滤只有一张过滤规则表不同，状态包过滤同时维护过滤规则表和状态表。过滤规则表是静态的，而状态表中保留着当前活动的合法连接，它的内容是动态变化的，随着数据包来回经过设备而实时更新。当新的连接通过验证，在状态表中则添加该连接条目，而当一条连接完成它的通信任务后，状态表中的该条目将自动删除。

分析几种状态包过滤防火墙的实现，其内部处理流程一般如图5-13所示。

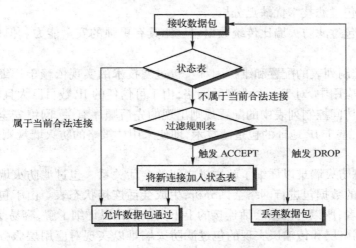

图5-13　状态包过滤内部处理流程

步骤1：当接收到数据包，首先查看状态表，判断该包是否属于当前合法连接，若是，则接受该包让其通过，否则进入步骤2。

步骤2：在过滤规则表中遍历，若触发DROP动作，直接丢弃该包，跳回步骤1处理后续数据包；若触发ACCEPT动作，则进入步骤3。

步骤3：在状态表中加入该新连接条目，并允许数据包通过。跳回步骤1处理后续数据包。

【例5-3】　下面使用状态包过滤技术重新分析例5-1和例5-2。

在主机A和服务器间开放Web通道，主机A是初始连接发起者：

|OUT|主机A地址：＊|服务器地址：80|TCP协议|接受并加入状态表|

和例5-1配置不同，状态包过滤只需设定发起初始连接方向上的过滤规则即可，该规则不仅决定是否接受数据包，而且也包含是否往状态表中添加新连接的判断标准。原先的动态端口范围包（1024～65535）由"＊"取代，表示过滤规则并不关心主机A是以什么端口进行连接的，即主机A分配到哪一个端口都允许外出，但是返回通信就要基于已存连接的情况进行验证。因而状态包过滤借助状态表，可以按需开放端口，分配到哪个动态端口，就只开放这个端口，一旦连接结束，该端口就重新被关闭，这样很好地弥补了前面提到的传统包过滤缺陷，大

大提高了安全性。

再看看前面介绍的 TCP ACK 扫描穿透包过滤防火墙的例 5-2。在状态过滤防火墙中,状态防火墙记住了原来 Web 请求的外出 SYN 包,如果攻击者试图从早先没有 SYN 的地址和端口发送 ACK 数据包,则状态包防火墙会丢弃这些包。

除了记住 TCP 标志位,状态数据包防火墙还能记住 UDP 数据包,只有存在前一个外出数据包,才允许进入的 UDP 数据包通过。此外,状态数据包过滤能够帮助保护更复杂的服务,如 FTP。FTP 传输一个文件需要两个连接:一个 FTP 控制连接(通过这个连接发送获取目录列表和传输文件的命令),以及一个 FTP 数据连接(通过这个连接发送文件列表和文件本身)。可以配置状态防火墙,使之只在建立了 FTP 控制连接之后才允许建立 FTP 数据连接,从而比传统的(非状态)数据包过滤防火墙能更好地维护协议。

（2）状态包过滤技术优缺点分析

状态数据包过滤防火墙比传统数据包过滤具有更强的安全能力。但是,在应用中依然存在以下问题。

1）访问控制列表的配置和维护困难。包过滤技术的实现依赖于详细和正确的访问控制列表。在实际应用中,对于一个大型的网络,由于可信任的 IP 数目巨大且经常变动,而防火墙的安全性能与访问控制列表中的配置规则出现的先后顺序有关,网络安全策略维护将变得非常繁杂。而且,基于 IP 地址的包过滤技术,即使采用严策略的防火墙规则也无法避免 IP 地址欺骗的攻击。

2）包过滤防火墙难以详细了解主机之间的会话关系。包过滤防火墙处于网络边界并根据流经防火墙的数据包进行网络会话分析,生成会话连接状态表。由于包过滤防火墙并非会话连接的发起者,所以对网络会话连接的上下文关系难以详细了解,容易受到欺骗。

3）基于网络层和传输层实现的包过滤防火墙难以实现对应用层服务的过滤。对于包过滤防火墙而言,数据包来自远端主机。由于防火墙不是数据包的最终接收者,仅仅能够对数据包网络层和传输层信息头等控制信息进行分析,所以难以了解数据包是由哪个应用程序发起的。目前的网络攻击和木马程序往往伪装成常用的应用层服务(例如,HTTP、ICMP 隧道攻击)的数据包,从而逃避包过滤防火墙的检查,这也正是包过滤技术难以解决的问题之一。

4）由于必须查询状态表,状态数据包过滤防火墙的性能会受到一定影响。不过,由于大大提高了安全性,性能上的这点变化通常可以忽略。而且,使用定制的专用芯片,状态过滤处理仍然可以相当快速。因此,现在许多防火墙解决方案都还基于状态数据包过滤技术。

3. NAT 网络地址转换技术

（1）NAT 的概念

网络地址转换(Network Address Translation,NAT),也称 IP 地址伪装技术(IP Masquerading)。最初设计 NAT 的目的是允许将私有 IP 地址映射到公网(合法的因特网 IP 地址),以缓解 IP 地址短缺的问题。RFC3022 描述了 NAT 技术的细节。

因特网编号分配管理机构(Internet Assigned Number Authority,IANA)保留了以下 IP 地址空间为私有网络地址空间:10.0.0.0 – 10.255.255.255(A 类)、172.16.0.0 – 172.31.255.255(B 类)、192.168.0.0 – 192.168.255.255(C 类)。

私有 IP 地址只能作为内部网络号,不能在互联网主干网上使用。NAT 技术通过地址映射保证了使用私有 IP 地址的内部主机或网络能够连接到公用网络。NAT 网关被安放在网络末端区域(内部网络和外部网络之间的边界点上),并且在源自内部网络的数据包发送到外部网络之前,把数据包的源地址转换为唯一的 IP 地址。

NAT 技术并非为防火墙而设计,其最显著的优点是节约了合法公网 IP 地址,正是因为这个原因,我们至今还能使用 IPv4,否则早就已经升级到 IPv6 了。此外,NAT 还具有以下功能:

- 内部主机地址隐藏。可以防止内部网络结构被人掌握,因此从一定程度上降低了内部网络被攻击的可能性,提高了私有网络的安全性。正是具有内部主机地址隐藏的特性,使 NAT 技术成为防火墙实现中经常采用的核心技术之一。
- 网络负载均衡。
- 网络地址交叠。

NAT 技术根据实现方法的不同通常可以分为两种:静态 NAT 和动态 NAT(包括端口地址转换 PAT,Port Address Translation)技术。

(2)静态 NAT 技术

静态 NAT 是为了在内网地址和公网地址间建立一对一映射而设计的。静态 NAT 需要内网中的每台主机都拥有一个真实的公网 IP 地址。NAT 网关依赖于指定的内网地址到公网地址之间的映射关系来运行,因此称为静态 NAT 技术。

【例 5-4】 静态 NAT 过程。

如图 5-14 所示,静态 NAT 过程描述如下。

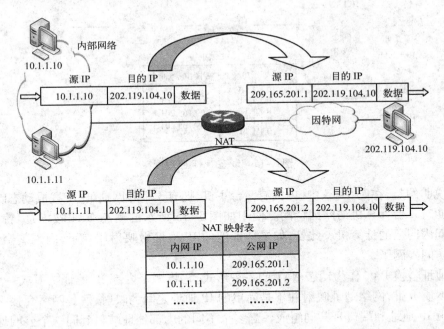

图 5-14 静态 NAT 原理图

1)在防火墙建立静态 NAT 映射表,在内网地址和公网地址间建立一对一映射。

2)网络内部主机 10.1.1.10 建立一条到外部主机 202.119.104.10 的会话连接。主机发送数据包到主机。

3)防火墙从内部网络接收到一个数据包时检查 NAT 映射表:如果已为该地址配置了静

态地址转换,则防火墙使用公网 IP 地址 209.165.201.1 来替换内网地址 10.1.1.10,并转发该数据包;否则,防火墙不对内部地址进行任何转换,直接将数据包进行丢弃或转发。

4)外部主机 202.119.104.10 收到来自 209.165.201.1 的数据包(已经经过 NAT 转换)后进行应答。

5)当防火墙接收到来自外部网络的数据包时,防火墙检查 NAT 映射表:如果 NAT 映射表中存在匹配项,则使用内部地址 10.1.1.10 替换数据包的目的 IP 地址 209.165.201.1,并将数据包转发到内部网络主机,并进行转发;如果 NAT 映射表中不存在匹配项,则拒绝数据包。

对于每个数据包,防火墙都将执行 2)~5)的操作。

(3)动态 NAT 技术

动态 NAT 可以实现将一个内网 IP 地址动态映射为公网 IP 地址池中的一个,不必像使用静态 NAT 那样,进行一对一的映射。动态 NAT 的映射表对网络管理员和用户透明,因此称为动态 NAT 技术。

【例 5-5】 动态 NAT 过程如图 5-15 所示。

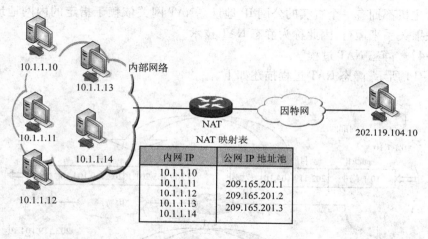

图 5-15 动态 NAT 原理图

需要说明的是,在图 5-15 中,内网有 5 台主机,拥有 3 个外网地址,配置成动态映射,则内网同时只能有 3 台计算机访问因特网。使用如图 5-15 所示的动态 NAT 技术,因特网上的主机不能访问内网上的计算机。此外,如果地址池的 IP 地址做映射用完了,内网剩余的计算机将不能再访问外网了。

端口地址转换 PAT 作为动态 NAT 的一种形式,它将多个内部 IP 地址映射成一个公网 IP 地址。从本质上讲,网络地址映射并不是简单的 IP 地址之间的映射,而是网络套接字映射,网络套接字由 IP 地址和端口号共同组成。当多个不同的内部地址映射到同一个公网地址时,可以使用不同端口号来区分它们,这种技术称为复用。这种方法在节省了大量的网络 IP 地址的同时,隐藏了内部网络拓扑结构。

NAT 技术不仅具有隐蔽内部网络结构的作用,同时可用于网络负载均衡,也常被用来解决内部网络地址与外部网络地址交叠的情况。例如,当两个公司要进行兼并,但双方各自使用的内部网络地址有重叠时;再如,用户在内部网络设计中私自使用了合法地址,但后来又想与公司网络(如因特网)进行连接时。

（4）NAT 技术的缺点

NAT 技术本身依然存在一些问题难以解决。

1）一些应用层协议的工作特点导致了它们无法使用 NAT 技术。当端口改变时，有些协议不能正确执行它们的功能。

2）静态和动态 NAT 安全问题。对于静态 NAT 技术，仅仅在一对一的基础上替换 IP 包头中的 IP 地址，应用层协议数据包所包含的相关地址并不能同时得到替换，如图 5-16 所示。如果希望提高安全性，应该考虑使用应用层代理服务来实现。

源 IP	目的 IP	数据	源 IP	目的 IP	数据
10.1.1.1	198.5.5.1	…10.1.1.1…	193.9.9.1	198.5.5.1	…10.1.1.1…

图 5-16　NAT 时数据包中的相关地址并不能同时得到替换

对于动态 NAT 技术，在内部主机建立穿越防火墙的网络连接之前，相应的 NAT 映射并不存在。网络外部主机根本没有到达内部主机的路径，因此网络内部主机完全被屏蔽，不可能受到攻击。但是 NAT 只能防止外部主机的攻击，对于内部网络攻击，NAT 不存在任何安全保护。

3）对内部主机的引诱和特洛伊木马攻击。通过动态 NAT 可以使黑客难以了解网络内部结构，但是无法阻止内部用户主动连接黑客主机。如果内部主机被引诱连接到一个恶意外部主机上，或者连接到一个已被黑客安装了木马的外部主机上，内部主机将完全暴露，就像没有防火墙一样容易被攻击。

4）状态表超时问题。当内部主机向外部主机发送连接请求时，动态 NAT 映射表内容动态生成。NAT 映射表条目有一个生存周期，当连接中断时，映射条目清除，或者经过一个超时值（这个超时值由各个防火墙厂商定义）后自动清除。从理论上讲，在超时发生之前，攻击者得到并利用动态网络地址翻译地址映射的内容是有可能的，但十分困难。

4. 代理技术

代理（Proxy）技术与包过滤技术完全不同。数据包过滤设备，无论是传统的还是状态的，都主要用于过滤数据包，查看在 TCP 和 IP 层提供的信息。代理防火墙不再围绕数据包，而着重于应用级别，分析经过它们的应用信息，决定是传送或是丢弃。

代理服务一般分为应用层代理与传输层代理两种。

（1）应用层代理

应用层代理也称为应用层网关（Application Gateway）技术，它工作在网络体系结构的最高层——应用层。应用层代理使得网络管理员能够实现比包过滤更加严格的安全策略。应用层代理不用依靠包过滤工具来管理进出防火墙的数据流，而是通过对每一种应用服务编制专门的代理程序，实现监视和控制应用层信息流的作用。防火墙可以代理 HTTP、FTP、SMTP、POP3、Telnet 等协议，使得内网用户可以在安全的情况下实现浏览网页、收发邮件、远程登录等应用。

如图 5-17 所示，客户机与代理交互，而代理代表客户机与服务器交互。所有其他应用、客户机或服务器的连接都被丢弃。

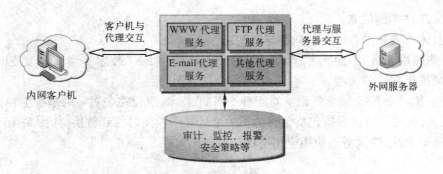

图 5-17 基于代理的防火墙实现应用级控制

代理服务通常由两个部分组成:代理服务器端程序和代理客户端程序。代理服务程序接收内网用户的请求,并按照一个访问规则检查表进行核查,检查表中给出所允许的请求类型。当证实该请求是允许的后,代理服务程序把该请求转发给外部的真正服务程序。一旦会话建立,应用层代理程序便作为中转站在内网用户和外部服务器之间转抄数据,因此,代理服务程序实际上担当着客户机和服务器的双重角色。因为在客户机和服务器之间传递的所有数据均由应用层代理程序转发,因此它完全控制着会话过程,并可按照需要进行详细的记录。为了连接到一个应用层代理服务程序,许多应用层网关要求用户在内部网络的主机上运行一个专用的代理客户端程序;另一种方法是使用 Telnet 命令,并给出代理服务的端口号。

基于代理的防火墙没有传统数据包过滤防火墙遇到的 ACK 攻击扫描问题,因为 ACK 不是有意义的应用请求的一部分,它将被代理丢弃。而且,由于主要针对应用级,基于代理的防火墙可以梳理应用级协议,以确保所有交换都严格遵守协议消息集。例如,一个 Web 代理可以确保所有消息都是正确格式的 HTTP,而不是仅仅检查确保它们是前往目标 TCP 端口 80。而且,代理可以允许或拒绝应用级功能。因此,对于 FTP,代理可以允许 FTP GET,从而使用户可以将文件带入网络,同时拒绝 FTP PUT,禁止用户使用 FTP 将文件传送出去。

此外,可以将经常访问的信息进行缓存,从而对于同一数据,无须向服务器发出新的请求,这样代理可帮助优化性能。

采用应用层网关技术的防火墙还有以下优点:

1)应用层网关有能力支持可靠的用户认证并提供详细的注册信息。因为它在应用级操作,并可以显示用户 ID 和口令提示或其他验证请求。

2)用于应用层的过滤规则相对于包过滤防火墙来说,更容易配置和测试。

3)代理工作在客户机和真实服务器之间,完全控制会话,所以可以提供很详细的日志和安全审计功能。

4)提供代理服务的防火墙可以被配置成唯一的可被外部看见的主机,这样可以隐藏内部网的 IP 地址,从而保护内部主机免受外部主机的进攻。

5)通过代理访问因特网可以解决合法 IP 地址不够用的问题,因为因特网见到的只是代理服务器的地址,内部的 IP 则通过代理可以访问因特网。

然而,应用层代理也有明显的缺点:

1)当用户对内外网络网关的吞吐量要求比较高时,代理防火墙就会成为内外网络之间的瓶颈。尽管特定厂商的实现差别很大,一般来讲,因为基于代理的防火墙注重于应用层,并详细搜索协议,代理对数据流的控制更多、更细,控制需要 CPU 开销和内存开销,因此代理防火墙的最大缺点是速度相对较慢。不过,目前用户接入因特网的速度一般都远低于这个数字。此外,基于代理的防火墙通常还可以选用更高性能的处理器。

2)有限的连接性。代理服务器一般具有解释应用层命令的功能,如解释 FTP 命令和 Telnet 命令等,那么这种代理服务器就只能用于某一种服务。因此,可能需要提供很多种不同的代理服务器,如 FTP 代理服务器和 Telnet 代理服务器等,而且每种应用升级时,一般代理服务程序也要升级,所以能提供的服务和可伸缩性是有限的。但从安全角度上看,这也是一个优点,因为除非明确地提供了应用层代理服务,就不可能通过防火墙,这也符合"未被明确允许的就将被禁止"的原则。

3)有限的技术。应用层网关不能为 RPC、Talk 和其他一些基于通用协议族的服务提供代理。

（2）传输层代理

传输层代理(SOCKS)弥补了应用层代理的一种代理只能针对一种应用的缺陷。

SOCKS 代理通常含两个组件:SOCKS 服务端和 SOCKS 客户端。SOCKS 代理技术以类似于 NAT 的方式对内外网的通信连接进行转换,与普通代理不同的是,服务端实现在应用层,客户端实现在应用层和传输层之间。它能够实现 SOCKS 服务端两侧主机间的互访,而无需直接的 IP 连通性作为前提。SOCKS 代理对高层应用来说是透明的,即无论何种具体应用都可以通过 SOCKS 来提供代理。

SOCKS 有两个版本,SOCKS 4 是旧的版本,只支持 TCP 协议,也没有强大的认证功能。为了解决这些问题,SOCKS 5 应运而生,除了 TCP,它还支持 UDP 协议,有多种身份认证方式,也支持服务器端域名解析和新的 IPv6 地址集。

SOCKS 服务器一般在 1080 端口进行监听,使用 SOCKS 代理的客户端首先要建立一个到 SOCKS 服务器 1080 端口的 TCP 连接,然后进行认证方式协商,并使用选定的方式进行身份认证,一旦认证成功,客户端就可以向 SOCKS 服务器发送应用请求了。它通过特定的"命令"字段来标识请求的方式,可以是对 TCP 协议的"connect",也可以是对 UDP 协议的"UDP Associate"。这里很清楚的是,无论客户端是与远程主机建立 TCP 连接还是使用无连接的 UDP 协议,它与 SOCKS 服务器之间都是通过 TCP 连接来通信的。

5. 虚拟专用网技术

作为一种网络互连方式和一种将远程用户连接到网络的方法,虚拟专用网(Virtual Private Network,VPN)一直在快速发展。

（1）VPN 的定义

目前存在着范围较广的 VPN 定义。本书按照国家标准《GB/T 25068.5—2010 信息技术安全技术 IT 网络安全 第 5 部分:使用虚拟专用网的跨网通信安全保护》中的定义,VPN 提供一种在现有网络或点对点连接上建立一至多条安全数据信道的机制。它只分配给受限的用户组独占使用,并能在需要时动态地建立和撤销。主机网络可为专用的或公共的。

在图 5-11 中所示的远程用户可以通过因特网建立到组织内部网络的 VPN 连接,远程用户建立到远程访问服务器的 VPN 拨号后,会得到一个内网的 IP 地址,这样该用户就可以像是在内网中一样访问组织内部的主机了,通常称这种应用为端到点的 VPN 接入。

图 5-11 中的分支结构的局域网如果不能通过专线连接,也可以利用站点间的 VPN 通过因特网将两个局域网连接起来。如图 5-18 所示,它具有一条跨越不安全的公网来连接两个端点的安全数据通道,通常称这种情况为点到点的 VPN 接入。

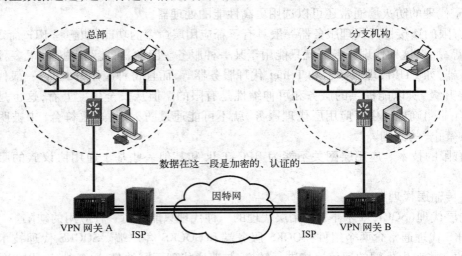

图 5-18　VPN 的一个应用示例

从上面的两个例子可以看出,VPN 技术是利用因特网扩展内部网络的一项非常有用的技术。它利用现有的因特网接入,只需稍加配置就能实现远程用户对内网的安全访问或是两个私有网络的相互访问。

一个虚拟专用网络至少能提供如下功能。

- 数据加密:保证通过公共网络传输的数据即使被他人截获也不会泄露信息。
- 信息认证和身份认证:保证信息的完整性、合法性和来源可靠性(不可抵赖性)。
- 访问控制:不同的用户应该分别具有不同的访问权限。

基于因特网建立虚拟专用网络,如果实施得当,可以保护网络免受病毒感染、防止欺骗、遏制商业间谍、增强访问控制、增强系统管理、加强认证等。在虚拟专用网络提供的功能中,认证和加密是至关重要的。而访问控制相对比较复杂,因为它的配置与实施策略和所用的工具紧密相关。虚拟专用网络的 3 种功能必须相互配合,才能保证真正的安全性。

虚拟专用网络可以帮助远程用户、公司分支机构、商业伙伴以及供应商等和公司内部网络建立可信的安全连接,并保证数据的安全传输。虚拟专用网络利用了现有的因特网环境,有利于降低建立远程安全网络连接的成本,同时也将简化网络的设计和降低管理的复杂度和难度,利于网络的扩展。随着移动用户的增加,虚拟专用网络的解决方案可以有效地实现远程网络办公和商业合作间的安全网络连接。

(2) VPN 的实质

VPN 的实质是在共享网络环境下建立的安全"隧道"(Tunnel)连接,数据可以在"隧道"中传输。

隧道是利用一种协议来封装传输另外一种协议的技术。简单而言就是:原始数据报文在 A 地进行封装,到达 B 地后把封装去掉还原成原始数据报文,这样就形成了一条由 A 到 B 的通信"隧道"。

隧道技术的标准化表现形式就是隧道协议。一个隧道协议通常包含3方面内容,从高层到底层分别是:

1)乘客协议。即被封装的协议,如点对点(Point to Point,PPP)、串行线路网际协议(Serial Line Internet Protocol,SLIP)等。

2)隧道协议。用于隧道的建立、维持和断开,把乘客协议当作自己的数据(载荷)来传输。隧道协议可分为:

- 二层隧道协议,有点对点隧道协议(Point – to – Point Tunneling Protocol,PPTP)、第二层转发(Layer 2 Forwarding,L2F)、第二层隧道协议(Layer 2 Tunneling Protocol,L2TP)等。
- 三层隧道协议,有 IP 安全(IP Security,IPSec)、多协议标签交换(Multi – Protocol Label Switching,MPLS)等。
- 高层隧道协议,有安全套接字层(Secure Sockets Layer,SSL)、因特网密钥交换(Internet Key Exchange,IKE)等。

不同隧道协议的区别主要在于,用户数据在网络协议栈的第几层被封装。IPSec VPN 和 SSL VPN 在将5.7.3节中详细介绍。

3)承载协议。用于传送经过隧道协议封装后的数据分组,把隧道协议当作自己的数据(载荷)来传输,典型的承载协议有 IP、ATM、以太网等。

5.3.3 防火墙体系结构

有人认为防火墙的部署很简单,只需要把防火墙的 LAN 端口与企业局域网线路连接,把防火墙的 WAN 端口连接到外部网络线路连接即可。其实这是错误的观点,防火墙的具体部署方法要根据实际的应用需求而定,不是一成不变的。本节介绍防火墙在几种典型应用中的体系结构,当然这里所说的防火墙均是指一种部署方式,以实现前面所述的防火墙功能。

防火墙的体系结构一般分为:

- 屏蔽路由器(Screening Router)防火墙。
- 双宿主机(Multihomed Bastion Hosts)防火墙。
- 屏蔽主机(Screened Host)防火墙。
- 屏蔽子网(Screened Subnet)防火墙。

1. 屏蔽路由器防火墙

这是最初的防火墙设计方案,它不是采用专用的防火墙设备进行部署的,而是在原有的包过滤路由器上进行包过滤部署。具备这种包过滤技术的路由器通常称为屏蔽路由器防火墙,又称为包过滤路由器防火墙。这种防火墙的结构如图 5-19 所示。

屏蔽路由器防火墙结构中,一般有一端与外部网络(例如因特网)连接,路由器根据制定的过滤规则决定进出数据包的取舍。

一般情况下,屏蔽路由器按如下方式完成包过滤过程:

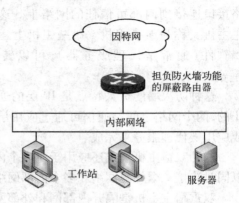

图 5-19 屏蔽路由器防火墙结构

1）在包过滤设备端口设置包过滤标准,即包过滤规则。

2）当数据包到达包过滤路由器的端口时,包过滤路由器对其报头进行语法分析。

3）包过滤规则以特定方式存储。用于数据包的规则与包过滤防火墙规则存储的顺序相同。

4）如果一条规则阻止数据包传输或接收,此数据包便被禁止。

5）如果一条规则允许数据包传输或接收,该数据包可以被继续处理。

6）如果一个数据包不满足任何一条规则,该数据包被丢掉。

屏蔽路由器只需在原有的路由器设备上进行包过滤的配置,即可实现防火墙的安全策略,在经费有限的情况下,这不失为一种既经济又能满足一定安全性的选择。

屏蔽路由器防火墙还具有以下优点:

1）因为过滤操作仅仅是对发送过来的数据包的 IP 源地址、端口号和协议等头部信息进行粗略的检查,所以其工作速度很快。

2）不要求用户机器和主应用程序做出修改,因为过滤操作一般是在网络层次上,与应用层问题不相关,这使得这些安全策略不会对用户产生影响。

3）过滤路由器的实现比较简单。只需根据系统的安全策略要求,列出过滤路由器所允许和禁止通过的各种数据包。

4）利用商用过滤路由器本身提供的语法规则,可以根据用户不同的要求将各种不同的过滤任务重新设置,经过编译、调试正确后再应用于网络上。

由于过滤路由器工作在网络层,这就决定了它自身有难以克服的缺点。

1）包过滤规则说明的复杂性,而且必须根据网络情况的新变化,不断地对其过滤规则进行补充和修改,因而对网络管理人员的经验和素质要求较高。

2）采用屏蔽路由器防火墙的内部网络的 IP 地址没有被隐藏起来,并且不具备日志记录、审核报警等功能。

2. 双宿主机防火墙

在如图 5-20 所示的结构中,用一台双宿主主机做防火墙。双宿主主机就是拥有两个网络适配器、能连接到两个不同网络上的主机。例如,一个网络接口连接到外部不可信任的网络上,另一个网络接口连接到内部可信任的网络上。这样的双宿主主机又称为堡垒主机。堡垒主机上运行着防火墙软件(通常是代理服务器),可以转发应用程序等。

这种防火墙的最大特点是 IP 层的通信是被阻止的,两个网络之间的通信可通过应用层数据共享或应用层代理服务来完成。

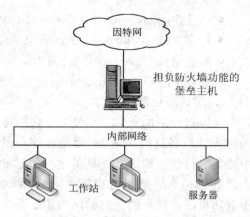

图 5-20 双宿主机型防火墙结构

这种双宿主机模式还应用于对多个内部网络或网段的安全防护,也就是一个堡垒主机可以同时连接一个外部网络和多个内部网络或网段。堡垒主机上需要安装多个网卡。

双重宿主主机是隔开内部网和外部网之间的唯一屏障,如果入侵者得到了双重宿主主机的访问权,那么就能迅速控制内部网络。因此,双重宿主主机上只能安装最小的服务,设置低的权限,以免被攻击者控制后对内网安全造成大的危害。

此外,由于双宿主机是外部用户访问内部网络系统的中间转接点,因此双宿主机的性能非常重要。

3. 屏蔽主机防火墙

屏蔽主机防火墙由屏蔽路由器和堡垒主机组成,是上面的第一种和第二种防火墙模式的结合,如图5-21所示。

屏蔽主机防火墙使用一个屏蔽路由器,屏蔽路由器至少有一条路径,分别连接到非信任的网络和堡垒主机上。屏蔽路由器为堡垒主机提供基本的过滤服务,所有IP数据包只有经过路由器的过滤后才能到达堡垒主机。

在这种结构中,堡垒主机同样可以同时连接多个内部网络或网段,堡垒主机上需要安装多个网卡。

当来自外部网络的数据包通过屏蔽路由器的过滤后,还必须到堡垒主机进行进一步检查。堡垒主机不仅可以使用网络层的策略,还可以使用应用层的功能对发来的数据包进行检测,允许或者阻挡外部的数据包流入可信的网络。

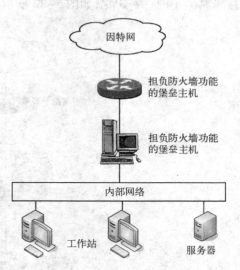

图5-21　屏蔽主机防火墙结构

屏蔽路由器的引入减少了流向堡垒主机的网络流量,简化了堡垒主机的过滤算法。而且,即使入侵者攻破了屏蔽路由器,他还必须攻击堡垒主机。只有攻破堡垒主机后,入侵者才能入侵到网络内部。

这个防火墙系统提供的安全等级比包过滤防火墙系统要高,因为它实现了网络层安全(包过滤)和应用层安全(代理服务)。所以入侵者在破坏内部网络的安全性之前,必须首先渗透两种不同的安全系统。堡垒主机配置在内部网络上,而屏蔽路由器则放置在内部网络和外网之间。在路由器上进行规则配置,使得外部系统只能访问堡垒主机,去往内部系统上其他主机的信息全部被阻塞。由于内部主机与堡垒主机处于同一个网络,内部系统是否允许直接访问外网,或者是要求使用堡垒主机上的代理服务来访问外网,由组织设定的安全策略来决定。对路由器的过滤规则进行配置,使得其只接受来自堡垒主机的内部数据包,就可以强制内部用户使用代理服务。

屏蔽主机防火墙存在一些问题,具体表现在如下几个方面:

1)使用的屏蔽路由器成为安全关键点,也可能成为可信网络流量的瓶颈。

2)屏蔽路由器是否正确配置是这种防火墙安全与否的关键。而且对屏蔽路由器的路由表必须加以保护,使其免受入侵者的修改。因为,一个入侵者可以通过修改过滤路由器的路由表,使得网络流量不发往堡垒主机,而是直接发往可信网络。

3)要禁止ICMP重新定向,否则入侵者可以借助路由器对错误的ICMP重新定向消息的回答而攻击网络。

因为在这种体系结构中,堡垒主机有被绕过的可能,堡垒主机与其他内部主机之间没有任何保护网络安全的东西存在,一旦堡垒主机被攻破,内部网将完全暴露。所以,下面介绍另一种防火墙体系结构——屏蔽子网。

4. 屏蔽子网防火墙

屏蔽子网防火墙使用一个或者更多的屏蔽路由器和堡垒主机,同时在内外网间建立一个被隔离的子网——DMZ,如图 5-22 所示。这是目前应用最广泛的防火墙体系结构。

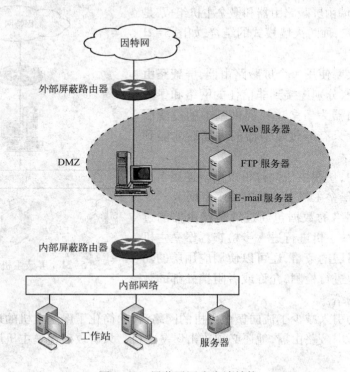

图 5-22　屏蔽子网防火墙结构

DMZ 网络是一个与内部网络和外部网络隔离的小型网络,一般将堡垒主机、Web 服务器、邮件服务器以及其他公用服务器放在 DMZ 网络中。

整个体系结构中存在 3 道防线。外部屏蔽路由器防火墙用于管理所有外部网络对 DMZ 的访问,它只允许外部系统访问堡垒主机或是 DMZ 中对外开放的服务器,并防范来自外部网络的攻击。内部屏蔽路由器防火墙位于 DMZ 网络和内部网之间,提供第三层防御。它只接受源于堡垒主机的数据包,管理 DMZ 到内部网络的访问。它只允许内部系统访问 DMZ 网络中的堡垒主机或是服务器。

这种防火墙系统的安全性很好,因为来自外部网络将要访问内部网络的流量,必须经过这个由屏蔽路由器和堡垒主机组成的 DMZ 子网络;可信网络内部流向外界的所有流量,也必须首先接受这个子网络的审查。

堡垒主机上可以运行代理服务,它是一个连接外部非信任网络和可信网络的"桥梁"。堡垒主机是最容易受侵袭的,一旦堡垒主机被控制,如果采用了屏蔽子网体系结构,则入侵者仍然不能直接侵袭内部网络,内部网络仍受到内部屏蔽路由器的保护。

同其他类型的网络层防火墙相比,屏蔽子网防火墙仍有以下不足之处:

1) 屏蔽子网防火墙要比使用单一的堡垒主机防火墙更昂贵。因为,这种防火墙必须为可信网络的每一个子网分配一个路由器端口和堡垒主机。

2）屏蔽子网防火墙中堡垒主机的配置更加复杂。当可信网络的子网增加时,这种复杂性以几何级数增长。

5. 其他防火墙体系结构

以上介绍了目前常见的几种防火墙系统设计方案。当然,没有完美的防火墙系统设计。每个网络在应用模式下都是独特的,防火墙也应该按照业务的特别要求而制作。当设计一个防火墙方案时,必须考虑很多因素,包括费用、培训、安全、技术和完成该方案所需要的时间。

随着网络设备功能的增强,在新型的防火墙系统方案中通常可以考虑采用以下几种体系结构:

- 使用多堡垒主机。
- 使用多台内部屏蔽路由器。
- 使用多台外部屏蔽路由器。
- 使用多个周边网络。
- 使用双重宿主主机与屏蔽子网。

5.3.4 防火墙的局限性和发展

在经历了多次技术变革后,防火墙的概念正在变得模糊,在不同语境中有着不同的含义。

- 传统防火墙:采用状态检测机制、集成 IPSec VPN 等功能、支持桥/路由/NAT 工作模式、作用在 2~4 层的访问控制设备。
- 宏观意义上的防火墙:以性能为主导、在网络边缘执行多层次的访问控制策略、使用状态检测或深度包检测机制、包含一种或多种安全功能的网关设备(Gateway)。

本节讲解防火墙的局限性主要是针对传统防火墙。为了发展防火墙技术,国外的分析机构和厂商在描述下一代防火墙时更多地倾向于使用宏观的防火墙概念,其包含了传统防火墙、IPS、UTM 及一些厂商市场推广时宣称的"多功能安全网关"、"综合安全网关"等多种产品形态。

1. 防火墙的局限性

一种错误的认识是,安装了防火墙就万事大吉了。确实,防火墙作为一种访问控制设备,在保护服务器和内网安全中起着非常重要的作用。然而,大多数熟练的黑客都能利用防火墙配置和维护上的弱点来绕过防火墙,对服务器和内网安全造成严重威胁。

防火墙具有一些典型的局限性:

1）防火墙防外不防内。目前,防火墙的安全控制主要作用于外对内或内对外,即对外可屏蔽内部网的拓扑结构,封锁外部网上的用户连接内部网上的重要站点或某些端口;对内可屏蔽外部危险站点。但它很难解决内部网以及内部人员的安全问题,即防外不防内。而据 IDC 等统计表明,网络上的安全攻击事件 70% 以上来自内部。

2）防火墙的管理及配置比较复杂,易造成安全漏洞。要想成功维护防火墙,就要求防火墙管理员对网络安全攻击的手段及其与系统配置的关系有相当深刻的了解。一般来说,由多个系统(路由器、过滤器、代理服务器、网关、堡垒主机)组成的防火墙,管理上的复杂程度往往使得疏漏不可避免。

3）很难为用户在防火墙内外提供一致的安全策略。如果防火墙对用户的安全控制主要是基于用户所用机器的 IP 地址而不是用户身份,就很难为同一用户在防火墙内外提供一致的安全控制策略,限制了网络的物理范围。

4)防火墙粗粒度的访问控制带来的维护复杂性。如果防火墙只实现了粗粒度的访问控制,且不能与网络内部使用的其他安全(如访问控制)集中使用,就必须为网络内部的身份验证和访问控制管理维护单独的数据库。

5)使用防火墙可能会成为网络的瓶颈。网络在安全方面加强了多少,它就会在功能上失去多少;反之,亦然。例如,一些研究结果表明,在大量使用分布式应用的环境下设置防火墙是不切合实际的。因为防火墙所实施的严格的安全策略使得这样的环境无法继续运转。

6)使用应用代理防火墙时必须不断地设法获得新出现服务的应用代理。虽然像 FTP、HTTP、TELNET 以及 GOPHER 等应用的代理服务程序都已经成熟,但是新类型的服务不断出现。为了使用户更方便地使用因特网,就不得不编写或设法获得新访问的应用代理,而且还要重新配置防火墙。

7)防火墙防范病毒的能力有限。防火墙不可能限制所有被计算机病毒感染的软件和文件通过,也不可能杀掉通过它的病毒。虽然现在内容安全的技术可以对经过防火墙的数据内容进行过滤,但是对病毒防范是不现实的,因为病毒类型太多,隐藏的方式也很多,比如各种压缩软件等。

8)大量潜在的后门使得防火墙失效。防火墙不能保护那些不经过防火墙的攻击,实际上在内部网络中存在很多这样的后门,例如不严格的拨号上网、Fax 服务器等。

9)防火墙本身存在漏洞。攻击者首先利用一些专用扫描器对防火墙进行扫描分析,利用它可能存在的漏洞或配置错误来攻击防火墙和受其保护的主机。

一直以来,黑客都在研究攻击防火墙的技术,攻击的手法越来越多样化和智能化。就黑客攻击防火墙的过程来看,一般可以分为两类:

1)针对防火墙的探测攻击。通过构造各种特殊的数据包对防火墙进行探测,例如,探测在目标网络上安装的是何种防火墙系统,以及该防火墙开放了哪些服务,防火墙所允许通过的端口和 IP 等信息。探测攻击为随后的网络攻击提供有用的信息。

2)针对防火墙的穿透攻击。利用前面的探测结果,将一些攻击数据包(如病毒、木马等)伪装成防火墙允许通过的数据包,绕过防火墙、进入位于防火墙后面的内部网络,并对内部网络实施攻击。

2. 防火墙的发展

随着用户安全需求的不断增加,下一代防火墙必将集成更多的安全特性,以应对攻击行为和业务流程的新变化。著名市场分析咨询机构 Gartner 于 2009 年发布的一份名为《Defining the Next - Generation Firewall》的文档给出了下一代防火墙(Next - Generation Firewall,NGFW)的定义。

NGFW 是一个线速(Wire - speed)网络安全处理平台,定位于宏观意义上的防火墙市场。NGFW 在功能上至少应当具备以下属性:

1)拥有传统防火墙的所有功能。如基于连接状态的访问控制、NAT、VPN 等。虽然传统防火墙已经不能满足需求,但它仍然是一种无可替代的基础性访问控制手段。

2)支持与防火墙自动联动的集成化 IPS。NGFW 内置的防火墙与 IPS 之间应该具有联动的功能,例如 IPS 检测到某个 IP 地址不断地发送恶意流量,可以直接告知防火墙并由其来进行更简单、有效的阻止。这个告知与防火墙策略生成的过程应当由 NGFW 自动完成,而不再需要管理员介入。比起传统防火墙与 IDS 间的联动机制,这一属性将能让管理和安全业务处理变得更简单、高效。

3)应用识别、控制与可视化。NGFW 必须具有与传统的基于端口和 IP 协议不同的方式进行应用识别的能力,并执行访问控制策略。例如,允许用户使用 QQ 的文本聊天、文件传输功能,但不允许进行语音视频聊天,或者允许使用 WebMail 收发邮件但不允许附加文件等。应用识别带来的额外好处是可以合理优化带宽的使用情况,保证关键业务的畅通。虽然严格意义上来讲应用流量优化(俗称应用 QoS)不是一个属于安全范畴的特性,但 P2P 下载、在线视频等网络滥用确实会导致业务中断等严重安全事件。

4)智能化联动。获取来自"防火墙外面"的信息,做出更合理的访问控制,例如从域控制器上获取用户身份信息,将权限与访问控制策略联系起来,或是来自 URL 过滤判定的恶意地址的流量直接由防火墙去阻挡,而不再浪费 IPS 的资源去判定。也可以理解这个"外面"是NGFW 本体内的其他安全业务,它们应该像之前提到的 IPS 那样与防火墙形成紧密的耦合关系,实现自动联动的效果(如思科的"云火墙"解决方案)。

总之,集成传统防火墙、可与之联动的 IPS、应用管控/可视化和智能化联动是 NGFW 要具备的四大基本要素。

不同机构对 NGFW 做出的定义都是最小化的功能集合。站在厂商的角度,势必要根据自身技术积累的情况,在产品上集成更多的安全功能。这导致不同厂商的 NGFW 产品在功能上可能存在差异,同时更像一个大而全的集中化解决方案。

国际著名第三方安全产品评测机构 NSSLabs 也已经开始了对 NGFW 产品的公开测试工作。该机构基本认同 Gartner 对 NGFW 的定义,只是在智能化联动方面并未做过多的强制性要求,但突出了对用户/用户组的控制能力。

综上所述,未来防火墙技术会全面考虑网络的安全、操作系统的安全、应用程序的安全、用户的安全和数据的安全。此外,防火墙产品还将把网络前沿技术,如 Web 页面超高速缓存、虚拟网络和带宽管理等与其自身结合起来。

不过,应当认识到,防火墙并不是对一个网络进行安全保护的唯一措施。如果防火墙被突破,则入侵者会获得网络的控制权,因而还需要对网络攻击的检测等攻击响应技术进行研究。

5.4 入侵检测

入侵检测相对于传统意义的防火墙来说,是一种主动防御系统,入侵检测作为安全的一道屏障,可以在一定程度上预防和检测来自系统内、外部的入侵。

5.4.1 入侵检测概念

1. 入侵检测的定义

入侵(Intrusion)是指任何企图危及资源的完整性、机密性和可用性的活动。不仅包括发起攻击的人(如恶意的黑客)取得超出合法范围的系统控制权,也包括收集漏洞信息,造成拒绝服务等对计算机系统产生危害的行为。入侵检测顾名思义,是指通过对计算机网络或计算机系统中的若干关键点收集信息并对其进行分析,从中发现网络或系统中是否有违反安全策略的行为和被攻击的迹象。入侵检测的软件与硬件的组合便是入侵检测系统(Intrusion Detection System,IDS)。

2. 入侵检测的分类

入侵检测系统可以从不同的角度进行分类,主要有以下几种分类方法。

(1) 根据其采用的分析方法可分为异常检测和误用检测

1) 异常检测(Anomaly Detection)。需要建立目标系统及其用户的正常活动模型,然后基于这个模型对系统和用户的实际活动进行审计,当主体活动违反其统计规律时,则将其视为可疑行为。该技术的关键是异常阈值和特征的选择。其优点是可以发现新型的入侵行为,漏报少;缺点是容易产生误报。

2) 误用检测(Misuse Detection)。假定所有入侵行为和手段(及其变种)都能够表达为一种模式或特征,系统的目标就是检测主体活动是否符合这些模式。误用检测的优点是可以有针对性地建立高效的入侵检测系统,其精确性较高,误报少。主要缺陷是只能发现攻击库中已知的攻击,不能检测未知的入侵,也不能检测已知入侵的变种,因此可能发生漏报,且其复杂性将随着攻击数量的增加而增加。

(2) 根据系统所检测的对象可分为基于主机和基于网络

1) 基于主机的IDS(HIDS)。通过监视和分析主机的审计记录检测入侵。这类系统的优点是可精确判断入侵事件,并及时进行反应。缺点是会占用宝贵的主机资源。另外,能否及时采集到审计也是这种系统的关键,因为入侵者会将主机审计子系统作为攻击目标以避开IDS。

2) 基于网络的IDS(NIDS)。通过在共享网段上对通信数据进行侦听,分析可疑现象。这类系统的优点是检测速度快、隐蔽性好,不容易遭受攻击,它对主机资源消耗少,并且由于网络协议是标准的,可以对网络提供通用的保护而无需顾及异构主机的不同架构。但它只能监视经过本网段的活动,且精确度较差,在交换网络环境下难于配置,防欺骗能力也较差。

以上两种入侵检测系统都具有优点和不足,可互相作为补充。一个完备的IDS一定是基于主机和基于网络两种方式兼备的分布式系统,但现在还没有一种完美的IDS模型可以照搬。事实上,现在的商用产品也很少是基于一种入侵检测模型,使用一种技术实现的,一般都是理论模型与技术条件的折中方案。不同的体系结构、不同的技术途径实现的入侵检测系统有不同的优缺点,都只能比较适用于某种特定的环境。

(3) 根据系统的工作方式可分为离线检测和在线检测

1) 离线检测。在事后分析审计事件,从中检查入侵活动,是一种非实时工作的系统。

2) 在线检测。实时联机的检测系统,它包含对实时网络数据包分析,对实时主机审计分析。

另外,根据系统的对抗措施还可以分为主动系统和被动系统;根据系统检测频率可分为实时连续入侵检测系统和周期性入侵检测系统。值得注意的是,以上这几种方法并不相交,一个系统可以属于某几类。当然,系统攻击和入侵检测是矛与盾的关系,各种不同机制的入侵检测系统之间并没有绝对的优劣之分。在当前,由于对计算机系统各部分存在漏洞的情况、人类的攻击行为、漏洞与攻击行为之间的关系都没有(也不可能)用数学语言明确地描述,无法建立可靠的数学描述模型,因而无法通过数学和其他逻辑方法从理论上证明某一个入侵检测模型的有效性,而只能对一个已经建立起来的原型系统进行攻防比较测试,通过实验的方法在实践中检验系统的有效性。

3. 入侵检测通用模型及框架

最早的入侵检测模型是由 Denning 给出的,该模型主要根据主机系统审计记录数据,生成有关系统的若干轮廓,并监测轮廓的变化差异发现系统的入侵行为,如图 5-23 所示。

这几年,入侵检测系统的市场发展很快,但是由于缺乏相应的通用标准,不同系统之间缺乏互操作性和互用性,大大阻碍了入侵检测系统的发展。为了解决不同 IDS 之间的互操作和共存问题,1997 年 3 月美国国防部高级研究计划局(DARPA)开始着手通用入侵检测框架(Common Intrusion Detection Framework,CIDF)标准的制定,试图提供一个允许入侵检测、分析并响应系统和部件共享分布式协作攻击信息的基础结构。加州大学 Davis 分校的安全实验室完成了 CIDF 标准,Internet 工程任务组(Internet Engineering Task Force,IETF)成立了入侵检测任务组(Intrusion Detection Working Group,IDWG)负责建立入侵检测数据交换格式(Intrusion Detection System Exchange Format,IDEF)标准,并提供支持该标准的工具,以便更高效地开发IDS 系统。

该框架的主要目的是:

- IDS 构件共享,即一个 IDS 的构件可以被另一个 IDS 构件所使用。
- 数据共享,即通过提供标准的数据格式,使得 IDS 中的各类数据可以在不同系统之间传递并共享。
- 完善互用性标准并建立一套开发接口和支持工具,以提供独立开发部分构件的能力。

CIDF 阐述的是一个入侵检测系统的通用模型。按功能,它把一个入侵检测系统分为以下组件,如图 5-24 所示。

- 事件产生器(Event Generators):从整个计算环境中获得事件,并向系统的其他部分提供此事件。
- 事件分析器(Event Analyzers):分析得到的数据,并产生分析结果。
- 响应单元(Response Units):对分析结果做出反应的功能单元。它可以做出切断连接、改变文件属性等强烈反应,也可以只是简单的报警。
- 事件数据库(Event Databases):是存放各种中间和最终数据的地方的统称。它可以是复杂的数据库,也可以是简单的文本文件。

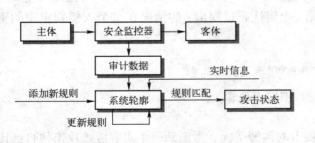

图 5-23　IDES 入侵检测模型

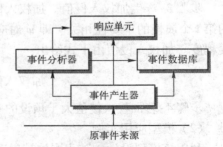

图 5-24　CIDF 各组件之间的关系

CIDF 将 IDS 需要分析的数据统称为事件,事件可以是网络中的数据包,也可以是从系统日志等其他途径得到的信息。在这个模型中,前三者以程序的形式出现,而最后一个则往往是文件或数据流的形式。以上4类组件以通用入侵检测对象(Generalized Intrusion Detection Objects,GIDOs)的形式交换数据,而GIDOs通过一种用通用入侵规范语言(Common Intrusion Specification Language,CISL)定义的标准通用格式来表示。

5.4.2 入侵检测技术

1. 一个简单的基于统计的异常检测模型

为了便于读者理解入侵检测技术,本节介绍一个简单的基于统计的异常检测模型。

(1)工作流程

如图5-25所示,根据计算机审计记录文件产生代表用户会话行为的会话矢量,对这些会话矢量进行分析,计算出会话的异常值,当该值超过阈值便产生警告。

步骤1:产生会话矢量。根据审计文件中的用户会话(如用户会话包括login和logout之间的所有行为),产生会话矢量。会话矢量 $X = <x_1, x_2, \cdots, x_n>$ 表示描述单一会话用户行为的各种属性的数量。会话开始于login,终止于logout,login和logout次数也作为会话矢量的一部分。可监视20多种属性,如工作的时间、创建文件数、阅读文件数、打印页数和I/O失败次数等。

步骤2:产生伯努利矢量。伯努利矢量 $B = <b_1, b_2, \cdots, b_n>$ 是单一2值矢量,表示属性的数目是否在正常用户的阈值范围之外。阈值矢量 $T = <t_1, t_2, \cdots, t_n>$ 表示每个属性的范围,其中 t_i 是 $<t_{i,min}, t_{i,max}>$ 形式的元组,代表第 i 个属性的范围。这样阈值矢量实际上构成了一张测量表。算法假设 t_i 服从高斯分布(即正态分布)。

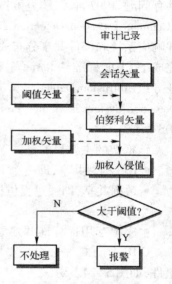

图5-25 异常检测简单模型

产生伯努利矢量的方法就是用属性 i 的数值 x_i 与测量表中相应的阈值范围比较,当超出范围时,b_i 被置1,否则 b_i 被置0。产生伯努利矢量的函数可描述为:

$$b_i = \begin{cases} 0 & t_{i,min} \leq x_i \leq t_{i,max} \\ 1 & \text{其他} \end{cases}$$

步骤3:产生加权入侵值。加权入侵矢量 $W = <w_1, w_2, \cdots, w_n>$ 中每个 w_i 与检测入侵类型的第 i 个属性的重要性相关。即 w_i 对应第 i 个属性超过阈值 t_i 的情况在整个入侵判定中的重要程度。加权入侵值由下式给出:

$$\text{加权入侵值 score} = \sum_{i=1}^{n} b_i * w_i$$

步骤4:若加权入侵值大于预设的阈值,则给出报警。

(2)模型应用实例

利用该模型设计一防止网站被黑客攻击的预警系统。考虑到一个黑客应该攻击他自己比较感兴趣的网站,因此可以在黑客最易发起攻击的时间段去统计各网页被访问的频率,当某一网页突然间被同一主机访问的频率剧增,那么可以判定该主机对某一网页发生了超乎寻常的兴趣,这时可以给管理员一个警报,以使其提高警惕。

借助该模型,可以根据某一时间段的 Web 日志信息产生会话矢量,该矢量描述在特定时间段同一请求主机访问各网页的频率,x_i 说明第 i 个网页被访问的频率;接着根据阈值矢量产生伯努利矢量,此处的阈值矢量定为各网页被访问的正常频率范围;然后计算加权入侵值,加权矢量中的 w_i 与网页需受保护程度相关,若 $w_i > w_j$,表明网页 i 比网页 j 更需要保护;最后,若加权入侵值大于预设的阈值,则给出报警,提醒管理员网页可能会被破坏。

（3）模型分析

该简单模型具有一般性,来自不同操作系统的审计记录只需转换格式,就可用此模型进行分析处理。

然而,该模型还有很多缺陷和问题,例如:

- 大量审计日志的实时处理问题。尽管审计日志能提供大量信息,但它们可能遭受数据崩溃、修改和删除。并且在许多情况下,只有在发生入侵行为后才产生相应的审计记录,因此该模型在实时监控性能方面较差。
- 检测属性的选择问题。如何选择与入侵判定相关度高的、有限的一些检测属性仍然是目前的研究课题。
- 阈值矢量的设置存在缺陷。由于模型依赖于用户正常行为的规范性,因此用户行为变化越快,误警率也越高。
- 预设入侵阈值的选择问题。如何更加科学地设置入侵阈值,以降低误报率、漏报率仍然是目前的研究课题。

2. 现有入侵检测技术

目前,在入侵检测系统中有多种检测入侵的方法和技术,常见的主要有以下几种。

（1）统计方法

统计方法通常用于异常检测。统计方法是一种较成熟的入侵检测方法,它使得入侵检测系统能够学习主体的日常行为,将那些与正常活动之间存在较大统计偏差的活动标识为异常活动。

在统计方法中,需要解决以下 4 个问题:

- 选取有效的统计数据测量点,生成能够反映主体特征的会话向量。
- 根据主体活动产生的审计记录,不断更新当前主体活动的会话向量。
- 采用统计方法分析数据,判断当前活动是否符合主体的历史行为特征。
- 随着时间变化,学习主体的行为特征,更新历史记录。

（2）模式预测

模式预测也是一种用于异常检测的方法。这一方法首先根据已有的事件集合按时间顺序归纳出一系列规则,在归纳过程中随着新事件的加入,它可以不断改变规则集合,最终得到的规则能够准确地预测下一步要发生的事件。

（3）专家系统

用专家系统对入侵进行检测,经常是针对有特征的入侵行为。专家系统的建立依赖于知识库的完备性,知识库的完备性又取决于审计记录的完备性与实时性。

（4）状态转移分析

状态迁移分析方法以状态图表示攻击特征,不同状态刻画了系统某一时刻的特征。初始状态对应于入侵开始前的系统状态,危害状态对应于已成功入侵时刻的系统状态。初始状态与危害状态之间的迁移可能有一个或多个中间状态。攻击者执行一系列操作,使状态发生迁移,可能使系统从初始状态迁移到危害状态。因此,通过检查系统的状态就能够发现系统中的入侵行为。

（5）模式匹配

模式匹配的方法常用于误用检测。将已知的入侵特征编码成与审计记录相符合的模式,当新的审计事件产生时,这一方法将寻找与它相匹配的已知入侵模式。

（6）其他新技术

这几年随着网络及其安全技术的飞速发展,一些新的入侵检测技术相继出现,主要包括:

1）数据挖掘。W. Lee 和 Stolfo 将数据挖掘技术引入入侵检测领域,从审计数据或数据流中提取感兴趣的知识。这些知识是隐含的、事先未知的潜在有用信息。提取的知识表示为概念、规则、规律、模式等形式,并用这些知识检测异常入侵和已知的入侵。数据挖掘的优点在于处理大量数据的能力与进行数据关联分析的能力。

2）软计算方法。软计算方法包括神经网络、遗传算法与模糊技术。运用神经网络进行入侵检测有助于解决具有非线性特征的攻击活动。而用于入侵检测的神经网络运用模糊技术确定神经网络的权重,加快神经网络的训练时间,提高神经网络的容错和外拓能力。神经网络方法的运用是提高检测系统的准确性和效率的重要手段。近年来,人们还将遗传算法、遗传编程及免疫原理运用到入侵检测中。

3）移动代理。移动代理的特性,如动态迁移性、智能性、平台无关性,分布的灵活性、低网络数据流量和多代理合作等特性,特别适合做大规模信息收集和动态处理。在 IDS 的信息采集和处理中采用移动代理,既能充分发挥移动代理的特长,又能大大提高入侵检测系统的性能和整体功能,如自治代理入侵检测（Autonomous Agents for Intrusion Detection, AAFID）。

4）计算机免疫学。系统模仿生物有机体的免疫系统工作机制,使受保护的系统能够将"非自我"（Non - Self）的攻击行为与"自我"（Self）的合法行为区分开来。该方法综合了异常检测和误用检测两种方法,其关键技术在于构造系统"自我"标志以及标志演变。

5）协议分析加命令解析技术。该技术结合高速数据包捕捉、协议分析和命令解析来进行入侵检测。该技术的优势表现在:提高了性能和准确性;是一种基于状态的分析;反规避能力强;降低了系统资源开销。

上述攻击检测方法和技术单独使用并不能保证准确地检测出变化无穷的入侵行为。在网络安全防护中应该充分权衡各种方法的利弊,综合运用这些方法,这样才能更有效地检测出入侵者的非法行为。目前,已有的 IDS 产品还主要以模式发现技术为主,并结合异常发现技术。

5.4.3　入侵检测体系结构

入侵检测体系结构主要有以下几种形式。

1. 集中式结构

入侵检测系统发展的初期,IDS 大都采用单一的体系结构,即所有的工作包括数据的采集、分析,都是由单一主机上的单一程序来完成。

目前,一些所谓的分布式入侵检测系统只是在数据采集上实现了分布式,数据的分析、入侵的发现和识别还是由单一程序来完成。

这种技术的优点是:数据的集中处理可以更加准确地分析可能的入侵行为。

缺点主要在于:

1)可扩展性差。在单一主机上处理所有的信息限制了受监视网络的规模;分布式的数据收集常会引起网络数据过载问题。

2)难于重新配置和添加新功能。要使新的设置和功能生效,IDS 通常要重新启动。

3)中央分析器是个单一失效点。数据的集中处理使检测主机成了网络安全的瓶颈,若它出现故障或受到攻击,则整个网络的安全将无从保障。此外,这种方式的数据采集对于大型网络很难实现。

2. 分布式结构

随着入侵检测产品在规模庞大的企业中的应用,分布式技术也开始融入到入侵检测产品中来。这种分布式结构采用多个代理在网络各部分分别进行入侵检测,并且协同处理可能的入侵行为。

其优点是:能够较好地实现数据的监听,可以检测内部和外部的入侵行为。

但是这种技术不能完全解决集中式入侵检测的缺点。因为当前的网络普遍是分层的结构,而纯分布式的入侵检测要求代理分布在同一个层次,若代理所处的层次太低,则无法检测针对网络上层的入侵,若代理所处的层次太高,则无法检测针对网络下层的入侵。同时,由于每个代理都没有对网络数据的整体认识,所以无法准确地判断跨一定时间和空间的攻击,容易受到 IP 分段等针对 IDS 的攻击。

3. 分层结构

由于单个主机资源的限制和攻击信息的分布,针对高层次攻击(如协同攻击),需要多个检测单元进行协同处理,而检测单元通常是智能代理 Agent。因此,近来入侵检测的体系结构开始考虑采用分层的结构来检测越来越复杂的入侵,如图 5-26 所示。

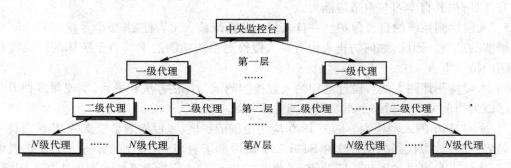

图 5-26　IDS 的分层结构

在树形分层体系中,最底层的代理负责收集所有的基本信息,然后对这些信息进行简单的处理,并完成简单的判断和处理。特点是所处理的数据量大、速度快、效率高,但它只能检测某些简单的攻击。中间层代理起承上启下的作用,一方面可以接受并处理下层节点处理后的数据,另一方面可以进行较高层次的关联分析、判断和结果输出,并向高层节点进行报告。

中间节点的加入减轻了中央控制的负担,增强了系统的伸缩性。最高层节点主要负责在整体上对各级节点进行管理和协调,此外,它还可根据环境的要求动态调整节点层次关系,实现系统的动态配置。

5.4.4　入侵检测的局限性和发展

1. 入侵检测技术和产品的发展

随着网络技术的飞速发展,入侵技术也在日新月异地发展。交换技术的发展以及通过加密信道的数据通信使通过共享网段侦听的网络数据采集方法显得不足,而巨大的通信量对数据分析也提出了新的要求。总的来看,入侵检测技术主要有以下几个发展方向:

1) 体系架构演变。传统的 IDS 局限于单一的主机或网络架构,对异构系统及大规模的网络检测明显不足,并且不同的 IDS 之间不能协同工作。因此,有必要发展分布式通用入侵检测架构。除此之外,现代网络技术的发展带来的新问题是,IDS 需要进行海量计算,因而高性能检测算法及新的入侵检测体系也成为了研究热点,高性能并行计算技术将用于入侵检测领域。

2) 标准化。标准化有利于不同类型的 IDS 之间的数据融合及 IDS 与其他安全产品之间的互动。IETF(Internet Engineering Task Force)的入侵检测工作组(IDWG)已制定了入侵检测消息交换格式(IDMEF)、入侵检测交换协议(IDXP)、入侵报警(IAP)等标准,以适应入侵检测系统之间安全数据交换的需要。构筑分布式入侵检测系统,一种方法是对现有的IDS 进行规模上的扩展,另一种则通过 IDS 之间的信息共享来实现(例如 CIDF、IDMEF、IDXP 协议)。

3) 应用层入侵检测。许多入侵检测的语义只有在应用层才能理解,而目前的 IDS 仅能检测 Web 之类的通用协议,而不能处理 Lotus Notes、数据库系统等其他应用系统。

4) 智能入侵检测。入侵方法越来越多样化与综合化,尽管已经有智能体、神经网络与遗传算法在入侵检测领域应用研究,但这只是一些尝试性的研究工作,仍需对智能化的 IDS 进一步研究,以解决其自学习与自适应能力。

5) 入侵检测系统的自身保护。一旦入侵检测系统被入侵者控制,整个系统的安全防线将面临崩溃的危险。因此,如何防止入侵者对入侵检测系统功能的削弱乃至破坏的研究将在很长时间内持续下去。

6) 入侵检测评测方法。设计通用的入侵检测测试与评估方法和平台,实现对多种 IDS 的检测已成为当前 IDS 的另一个重要研究与发展领域。

7) 面向 IPv6 的入侵检测。随着 IPv6 应用范围的扩展,入侵检测系统支持 IPv6 将是一大发展趋势,如开放源代码的免费软件 Snort 2.0 就增加了对 IPv6 协议的分析。IPv6 扩展了地址空间,协议本身提供加密和认证功能,因此面向 IPv6 的入侵检测系统主要解决如下问题:

- 大规模网络环境下的入侵检测。由于 IPv6 支持超大规模的网络环境,面向 IPv6 的入侵检测系统要解决大数据量的问题,就需要融合分布式体系结构和高性能计算技术。
- 认证和加密情况下的网络监听。IPv6 协议本身支持加密和认证的特点,极大地增加了面向 IPv6 的入侵检测系统监听网络数据包内容的难度。极端情况下,甚至需要首先获得通信双方的会话密钥。

2. 入侵防御系统

虽然传统的安全防御技术在某种程度上对防止系统非法入侵起到了一定的作用,但这些安全措施自身存在许多缺点,尤其是对网络环境下日新月异的攻击手段缺乏主动防御能力。所谓主动防御能力,是指系统不仅要具有入侵检测系统的入侵发现能力和防火墙的静态防御能力,还要针对当前入侵行为动态调整系统安全策略,阻止入侵和对入侵攻击源进行主动追踪和发现的能力。单独的防火墙和 IDS 等技术不能对网络入侵行为实现快速、积极的主动防御。针对这一问题,人们不断进行新的探索,于是入侵防御系统(Intrusion Prevention System,IPS,也有称为 Intrusion Detection Prevention,IDP)作为 IDS 的替代技术诞生了。

(1) IPS 的概念

2002 年下半年,国际上一些网络信息安全研究组织提出了 IPS 的概念。指出网络安全产品之间应该能够互相协作、联动,即基于协同式的入侵防范与安全保护。协同的目的就是通过 IDS 和其他安全系统之间的协作,共同来建立和维护一个安全的网络环境。

2003 年 6 月 11 日,Gartner(全球最具权威的 IT 研究与顾问咨询公司)发布了一份研究报告"Intrusion Detection is Dead—Long Live Intrusion Prevention"。

IPS 是一种主动的、智能的入侵检测、防范、阻止系统,其设计旨在预先对入侵活动和攻击性网络流量进行拦截,避免其造成任何损失,而不是简单地在恶意流量传送时或传送后才发出警报。它部署在网络的进出口处,当它检测到攻击企图后,会自动地将攻击包丢掉或采取措施将攻击源阻断。

IPS 根据部署方式可分为以下 3 类。

1) 基于主机的入侵防护(Host IPS,HIPS):HIPS 通过在主机/服务器上安装软件代理程序,防止网络攻击操作系统以及应用程序。

2) 基于网络的入侵防护(Network IPS,NIPS):NIPS 通过检测流经的网络流量,提供对网络系统的安全保护,由于它采用在线连接方式,所以一旦辨识出入侵行为,NIPS 就可以去除整个网络会话,而不仅仅是复位会话。

3) 应用入侵防护(Application Intrusion Prevention,AIP):AIP 是 HIPS 的一个特例,它把基于主机的入侵防护扩展成位于应用服务器之前的网络设备,AIP 被设计成一种高性能的设备,配置在应用数据的网络链路上。

国内外许多专家学者从不同的角度来分析、研究和构建 IPS。在不同的应用中采用不同的技术,比如针对邮件系统的应用,采用基于状态与流检测的入侵防御技术;针对千兆高速网络,采用基于 WindForce 千兆网络数据控制卡的入侵防御系统;针对分布式网络,采用基于 Multi—Agent 的分布式入侵防御技术等。

入侵防御系统结构,常见的有在线 IDS(in – line IDS)、七层交换机(Layer Seven Switches)、七层防火墙(Layer Seven Firewall)、混合型(Hybrid),这 4 种 IPS 体系提供了不同程度的安全防护,适用于不同的网络环境,有各自的优缺点,在应用时要根据实际情况进行选择。从技术层面上考虑,以混合型 IPS 的综合效果最好,在保证性能满足要求的条件下可以达到比较好的功能可扩展性,它充分利用了硬件优势来保证处理效率,利用软件的强大分析机制来保证入侵检测的准确性,在现有的几种 IPS 体系中最有前途。

（2）工作原理

IPS 与 IDS 在检测方面的原理相同。它们的区别主要在于：自动阻截和在线运行。防护工具必须设置相关策略，以对攻击自动做出响应，而不仅仅是在恶意通信进入时向网络主管发出告警。要实现自动响应，系统就必须在线运行。当黑客试图与目标服务器建立会话时，所有数据都会经过 IPS 传感器，传感器位于活动数据路径中。传感器检测数据流中的恶意代码，核对策略，在未转发到服务器之前将信息包或数据流阻截。由于是在线操作，因而能保证处理方法适当而且可预知。

（3）关键技术

1）主动防御技术。通过对关键主机和服务的数据进行全面的强制性防护，对其操作系统进行加固，并对用户权力进行适当限制，以达到保护驻留在主机和服务器上的数据的效果。例如，若一个入侵者利用一个新的漏洞获取了操作系统超级用户的口令，下一步他希望采用这个账户和密码对服务器上的数据进行删除和篡改。这时，如果利用主动防范的方式首先限制了超级用户的权限，又通过访问地点、时间以及访问采用的应用程序等几方面的因素予以了限制，入侵者的攻击企图就很难得逞。同时，系统会将访问企图记录下来。

2）防火墙和 IPS 联动技术。一是通过开放接口实现联动。即防火墙或 IPS 产品开放一个接口供对方调用，按照一定的协议进行通信，传输警报。该方式比较灵活，防火墙可以行使它的第一层防御功能——访问控制，IPS 可以行使它的第二层防御功能——检测入侵，丢弃恶意通信，确保该通信不能到达目的地，并通知防火墙进行阻断。而且，该方式不影响防火墙和 IPS 产品的性能，对于两个产品的自身发展比较好。但是，由于是两个系统的配合，所以要重点考虑防火墙和 IPS 产品互动的安全性。二是紧密集成实现互动。即把 IPS 技术与防火墙技术集成到同一个硬件平台上，在统一的操作系统管理下有序地运行。该方式实际上是把两种产品集成起来，所有通过该硬件平台的数据不仅要接受防火墙规则的验证，还要被检测判断是否有攻击，以达到真正的实时阻断。

3）集成多种检测方法。IPS 存在的最大隐患是有可能引发误操作，阻塞合法的网络事件，造成数据丢失。为避免发生这种情况，IPS 可以采用多种检测方法，最大限度地正确判断已知和未知攻击，包括提供规则匹配，异常检测功能，增加状态信号、协议和通信异常分析功能，以及后门和二进制代码检测。为解决主动性误操作，采用通信关联分析的方法，让IPS 全方位识别网络环境，减少错误告警。通过将琐碎的防火墙日志记录、IDS 数据、应用日志记录以及系统弱点评估状况收集到一起，合理推断出将发生哪些情况，并做出合适响应。

4）硬件加速系统。IPS 必须具有高效处理数据包的能力，才能实现千兆级网络流量的深度数据包检测和阻断功能。因此 IPS 必须基于特定的硬件平台，必须采用专用硬件加速系统来提高 IPS 的运行效率。该特定硬件平台通常可分为三类：一是网络处理器（网络芯片），二是专用的 FPGA 编程芯片，三是专用的 ASIC 芯片。

（4）面临的问题及发展前景

IPS 技术要面对诸多挑战，其中主要有 3 点：

1）单点故障。设计要求 IPS 必须以嵌入模式工作，这就可能造成瓶颈问题或单点故障。如果 IDS 出现故障，最坏的情况是造成某些攻击无法被检测到，而嵌入式的 IPS 设备出现问题，就会严重影响网络的正常运行。如果 IPS 出现故障而关闭，用户就会面对一个由 IPS 造成的拒绝服务问题，所有客户都将无法访问企业网络提供的应用。

2）性能瓶颈。即使 IPS 设备不出现故障,它仍然是一个潜在的网络瓶颈,不仅会增加滞后时间,而且会降低网络的效率,IPS 必须与数千兆或者更大容量的网络流量保持同步,尤其是当加载了数量庞大的检测特征库时,设计不够完善的 IPS 嵌入设备无法支持这种响应速度。绝大多数高端 IPS 产品供应商都通过使用自定义硬件 FPGA、网络处理器和 ASIC 芯片来提高 IPS 的运行效率。

3）误报和漏报。误报率和漏报率也需要重视。在繁忙的网络当中,每天需要处理百万条警报。一旦生成了警报,最基本的要求就是 IPS 能够对警报进行有效处理。如果入侵规则编写不当,会导致合法流量也有可能被意外拦截。

3. 下一代防火墙 NGFW、IPS 与 UTM

市场分析咨询机构 IDC 这样定义统一威胁管理(Unified Threat Management,UTM):这是一类集成了常用安全功能的设备,必须包括传统防火墙、网络入侵检测与防护和网关防病毒功能,并且可能会集成其他一些安全或网络特性。所有这些功能不一定要打开,但是这些功能必须集成在一个硬件中。

Gartner 在其市场分析报告中对 UTM 产品形态则有着更为细致的描述。该机构认为,除了传统防火墙与 IPS,UTM 至少还应该具有 VPN、URL 过滤和内容过滤的能力,并且将网关防病毒的要求扩大至反恶意软件(包括病毒、木马、间谍软件等)范畴。另一方面,Gartner 对 UTM 的用户群体有着自己的看法,认为该产品主要面对的是中小企业或分支机构(1000 人以下)。这类用户通常对性能没有太高要求,看中的是产品的易用性和集成安全业务乃至网络特性(如无线规格、无线管理、广域网加速)的丰富度。

UTM 与 NGFW 集成安全功能的对比如图 5-27 所示。

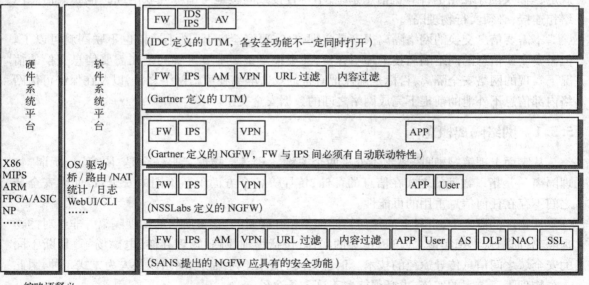

图 5-27　UTM 与 NGFW 集成安全功能的对比

应当说,UTM 和 NGFW 只是针对不同级别用户的需求,对宏观意义上的防火墙的功能进行了更有针对性的归纳总结,是互为补充的关系。无论从产品与技术发展角度还是市场角度看,NGFW 与 IDC 定义的 UTM 一样,都是不同时间情况下对边缘网关集成多种安全业务的阶段性描述,其出发点就是用户需求变化产生的牵引力。

由于网络攻击技术的不确定性,靠单一的产品往往不能够满足不同用户的不同安全需求。信息安全产品的发展趋势是不断地走向融合,走向集中管理。UTM 可以说是将防火墙、IDS 系统、防病毒和脆弱性评估等技术的优点,与自动阻止攻击的功能融为一体。

采用入侵协同技术,让入侵防御体系更加有效地应对重大网络安全事件,实现多种安全产品的统一管理和协同操作、分析,从而实现对入侵行为进行全面、深层次的有效管理,降低安全风险和管理成本,成为入侵防护产品发展的一个主要方向。

5.5 网络隔离

人们开发了多种安全技术来解决计算机网络安全问题,包括密码技术、访问控制技术、用户认证技术、安全操作系统等,也相继推出了包括防火墙、入侵检测、防病毒软件等在内的网络安全产品,这些技术和安全产品在一定程度上对网络系统提供了一定的安全防范。但是,由于这些技术基本都属于某种逻辑机制,仍然存在安全漏洞和安全威胁,因而无法满足某些特殊组织,如军队、政府、金融以及企业提出的高度信息安全的要求。由此,产生了网络隔离(Network Isolation)技术。

我国 2000 年 1 月 1 日起实施的《计算机信息系统国际联网保密管理规定》第二章第六条规定,"涉及国家秘密的计算机信息系统,不得直接或间接地与国际互联网或其他公共信息网络相连接,必须实行物理隔离"。

不需要信息交换的网络隔离很容易实现,只需要完全断开,既不通信也不联网就可以了。但需要交换信息的网络隔离技术却不容易,甚至很复杂。本节讲解的是在需要信息交换的情况下实现的网络安全隔离,目标是确保把有害的攻击隔离在可信网络之外,以及在保证可信网络内部信息不外泄的前提下完成网络之间的数据安全交换。

5.5.1 网络隔离概念

从字面上理解"物理隔离",不外乎两个关键,一个是"物理",另一个是"隔离"。所谓"物理隔离",是指以物理的方式在信息的存储、传导等各个方面阻断不同的安全域,使得安全域之间不存在任何信息重用的可能性。

从物理的概念上,世界上的任何物体都是相互联系的,这里所指的物理隔离并非绝对的物理隔离,而是从物理实体上(可以传导的实体,包括物理线路、物理存储、电磁场等)切断不同的安全域之间信息传导途径的技术。信息交换的途径包括辐射、网络以及人为方式 3 种,因此一个物理隔离方案的实施,也必须能覆盖这 3 条途径。

由此,物理隔离技术应当具备的几个特征包括:

1) 网络物理传导隔断保护。不同安全域的网络,在物理连接上是完全隔离的,在物理传导上也是断开的,以确保不同级别安全域的信息不能通过网络传输的方式交互。

2) 信息物理存储隔断保护。在物理存储上隔断不同安全域网络的数据存储环境,不存在任何公用的存储数据,安全域数据在物理上分开存储。

3)客体重用防护。对于断电后易失信息的存储部件(如内存、处理器缓存等暂存部件)上的数据,在切换安全域时需要清除,以防残留数据进行安全域访问;对于断电后非易失性存储部件(如硬盘、磁带、FLASH 等存储部件,光盘、软盘、U 盘等移动存储部件)上不同安全域的数据,通过存储隔离技术进行分开存储,且不能互相访问。

4)电磁信息泄漏防护。在物理辐射上隔断内、外网。确保高安全域的信息不会通过电磁辐射或耦合方式泄露到低安全域的环境中或被非授权个人、单位获取。

5)产品本身安全防护。终端隔离的关键技术由硬件产品实现,产品的隔离机制受硬件保护,不受网络攻击的影响。

5.5.2 网络隔离技术和应用

1. 网络隔离技术的发展

隔离是为了保护高安全级别物理环境所实施的技术手段,安全隔离与信息交换技术自提出以后,经历了快速的发展。从技术角度上说,安全隔离与信息交换技术在不同语义环境下产生了不同的隔离技术。主要的隔离技术可总结如下。

（1）完全隔离(隔离即 Disconnecton)技术

如图 5-28 所示,该技术要求内外网络各自独立运行,彼此之间彻底切断连接,也就是双机双网系统,使得内外网络彼此成为不可交互的信息孤岛,从而达到或接近绝对安全的境界。该方法的缺点是信息交流不便,而且成本高,给应用和维护带来极大不便,是一种优点和缺点都十分突出的技术方法。

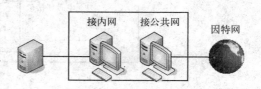

图 5-28　完全隔离技术

（2）终端隔离(隔离即 Isolation)技术

终端隔离技术保护的对象是终端用户,物理隔离技术是其最主要的组成部分。安全隔离与信息交换技术是在终端隔离技术中物理隔离技术的基础上发展出来,专注于保护交互信息安全的一种技术。终端隔离技术在实际应用中,由于需求的不同,演化出各种不同的技术。

安全隔离卡、隔离交换机、隔离集线器等技术都是终端隔离技术的代表。通过终端安全隔离技术在客户端增加一块安全隔离卡,或加上隔离交换机、隔离集线器配合,控制客户端连通到内部或外部网络,这是由用户控制,按照不同时间、地点,连接内外网络的安全策略。

1)物理断开隔离技术。最早的隔离计算机包括两套相互独立的计算机系统,通过一块完全物理隔离的且无任何信息交流的控制卡进行两套系统的切换,从而达到安全使用不同网络的目的。除了显示器、键盘和鼠标,它们分别有自己的主板、内存、硬盘、显卡和网卡等。这种产品从本质上讲无非是把两台主机装在了一个机箱里,再安装一个切换器而已。

严格使用物理隔离技术的安全隔离卡,其技术特点是:不同安全域的网络完全隔离,不进行任何数据交换,形成彼此隔离的孤岛式的终端系统。通过终端双重状态的切换(高安全域状态和低安全域状态),实现两种状态的安全隔离。同一时刻,只能存在一种状态。终端处于两种状态下的信息不能交换使用,包括存储的信息和网络资源。

物理断开隔离技术由于完全隔离,具有不进行任何数据交换的特点,从物理隔离的角度看,较为安全地保护了不同安全域的数据。不过物理断开的缺点是难以满足信息交换的要求,无法进行网络信息资源共享。数据共享主要依靠人工离线的迁移,如果迁移用的移动设备带有恶意代码或客体重用等问题,则将存在高安全域内信息通过移动存储设备泄露到低安全域的风险。管理行为也无法从根本上杜绝移动存储设备上带有内网信息。

2) 断开隔离技术。这类物理隔离卡把双机共享的部件进一步扩大,从原来的显示器、鼠标和键盘扩大到除了硬盘以外的所有计算机部件,对于寄存器、内存等存储介质,则通过关机掉电来实现对存储信息的清零。两块独立的硬盘各自安装独立的操作系统,分别与内、外网相对应。在同一时间内只有一个硬盘供电,或连通数据线并与相应的网络接通,另外一个硬盘不供电,或切断数据线,其对应的网络也切断,从而实现内、外网络彻底的物理隔离,如图5-29所示。

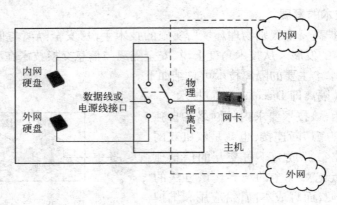

图 5-29 断开隔离技术

为了解决布线的问题,单布线隔离卡随之诞生了。它把网络切换的部件由原来的隔离卡转移到了一个"隔离集线切换器"上,如图5-30所示。隔离集线切换器由三部分组成:两个普通的网络集线交换器(分别连接内、外网),若干个计算机网线的接入器和切换装置。当网络信号来自内网时,集线切换器切换连接至内网;当网络信号来自外网时,集线切换器切换连接至外网。

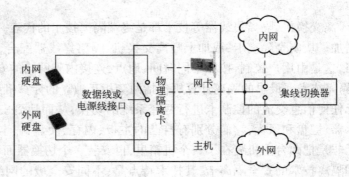

图 5-30 单布线隔离卡技术

3) 单向隔离技术。为了解决物理断开隔离技术信息共享方面的局限性,实现物理隔离方式下方便、安全地进行信息共享,产生了单向隔离技术。

单向隔离技术的特点是:在物理断开技术的基础上,保持不同安全域的网络和数据完全物理隔离,同时引入一个特殊的存储交换区(可以由一套交换存储系统、整个硬盘或硬盘分区实现),将低安全域数据写入,向高安全域开放共享,交换存储区的读/写控制机制由硬件实现,如图 5-31 所示。当终端处于高安全状态时,网络连通高安全域网络,与低安全域网络断开,终端对交换存储区只读,低安全域处于关闭状态,不可见且不能被访问;当终端处于低安全状态时,网络与低安全域网络连通,与高安全网络断开,终端对交换存储区只写(也可以读/写,但只写的安全系数更高),高安全域存储处于关闭状态,不可见且不能被访问。单向隔离技术在物理隔离的基础上实现了高安全域对低安全域共享信息的访问。

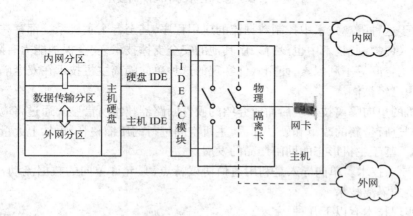

图 5-31　单向隔离技术

单向隔离卡虽然没有在信息存储上对不同安全域实现物理断开,但它还是在安全域的计算机终端上实现了网络的物理断开,并且通过专有硬件对信息流的单向流动做了限制。在恶意代码不能更改专有硬件芯片设置的前提下,其内部存储环境相对于外部存储环境也是隔离的。

单向隔离卡的缺点在于数据交换能力实时性差,由于数据导入只能通过内、外网切换进行,而切换又必须要关机或重启系统,因此传递延时比较长,无法传递动态数据。此外,单向隔离卡破坏了物理隔离卡在存储上物理断开的优点,一来外网的数据可以写入内网,二来存在数据线控制芯片被非授权篡改的可能性。所以,它不是纯粹的物理断开,无法满足物理隔离的要求。基于终端的单向隔离卡正逐渐被边缘化。

(3)安全隔离与信息交换(协议隔离 Protocol Isolation 和网闸)技术

以单向隔离技术的雏形出发,安全隔离与信息交换技术经过了几个阶段的发展。

1)早期基于主机的单向隔离技术。在单向隔离技术的基础上,最早出现了通过多主机的方式实现安全隔离与信息交换的单向隔离系统技术。

如图 5-32 所示,整个产品需要在内网区域、交换区域、外网区域部署 3 台不同的主机系统。通过应用软件(驻留在内网主机上)对内网主机的访问控制,以及对时分开关的切换控制(开关由驻留在交换存储区主机上的应用程序控制,一般进行周期性的切换)来进行数据流的时分交换。数据流的方向为单向(可由内至外,也可由外至内),避免了在共享交换存储区中无法控制数据失控交换的安全问题。

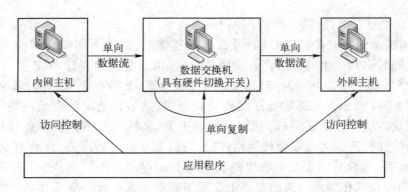

图 5-32　早期基于主机的单向隔离技术

但是,由于这种隔离技术中控制数据流的应用程序,甚至各个主机系统都存在严重的安全隐患,易遭受入侵控制;技术中也没有采用其他的安全支撑技术,安全保护能力有限;再加之存在成本高、占用空间等不利因素,使用软件实现的这种单向隔离主机技术在安全隔离与信息交换技术发展中已经被淘汰。

基于主机的单向隔离技术被后面要介绍的硬件断路器技术所借鉴。通过将应用程序的切换和访问控制进行全新的改革和硬件加固,主机空间进行的压缩整合,再加上大量附加安全检查功能,推动了基于主机形态的网闸产品的发展。

2）单向导入技术。单向导入是利用通信协议特点,只允许单向的数据流动,但过程中不进行协议转换的隔离技术。

具体的实现技术有以下几种。

- 数据泵技术（Data Pump）。在基于通信的基础上,只允许单方向传送数据,反方向只有控制信息可以通过,比如数据的收到确认、差错控制、流量控制等。不过,数据泵技术中虽然数据是单方向的,但协议控制形式是双方向传递的,若协议本身存在漏洞,则有可能利用协议的漏洞实现反向发送数据。

- 数据二极管技术（Data Diode）,也称为信息流的单向技术。也就是取消上述方法中反向的控制协议,采用"盲发"的方式,一方只管发送,另一方只管接收,至于数据是否有错误,是否完整都不去管它,反向没有数据通道也没有控制通道,完全处于盲状态。不过,由于没有交互的控制协议,数据的容错控制是一个大问题,一般还需要采用一些策略控制可能的出错。

3）协议隔离技术。协议隔离（Protocol Isolation）,主要是指处于不同安全域的网络在物理上是有连线的,通过协议转换的手段,即在所属某一安全域的隔离部件一端,把基于网络的公共协议中的应用数据剥离出来,封装为系统专用协议传递至所属其他安全域的隔离部件另一端,再将专用协议剥离,并封装成需要的格式,以此手段保证受保护信息在逻辑上是隔离的,只有被系统要求传输的、内容受限的信息可以通过。

协议隔离部件最早用于旅馆治安业管理系统的前置通信服务器与后置数据服务器之间进行隔离。它的前置机通过以太网等通用网络连线与不可信安全域相连;后置机同样以通用网络连线与可信网络相连;在前置机与后置机之间则通过专有协议进行连接,从而达到隔离的目的。

那么,协议隔离技术与防火墙技术有什么区别与联系呢? 生活中的一个例子可以帮助我们理解。生活中为了制造纯净的、不含病菌的生理盐水,一种简单的方式是用滤纸对水过滤,另一种方法是蒸馏,将水蒸发成水蒸气,冷凝后得到纯净水。在内外网络交互信息的过程中,传统的防火墙技术好比过滤水的滤纸。符合安全策略的连接直接通过防火墙,否则被滤掉。过滤后的水仍然可能携带病毒,同样,通过安全策略检查的连接完全可能是一个潜在的攻击。事实上,只要允许连接进入内部网络,攻击者就有攻击内部网络的可能。而在蒸馏方法中,首先打破原水的组成结构,将其转变为水蒸气,然后再冷凝——重构成"可信"的纯净水。协议隔离技术处理进出内外网络连接时就借用了这种思想:对进入内部网络的连接,隔离技术首先将其断开,将连接中的分组分解成应用数据和控制信息(如路由信息),并利用非 TCP/IP 协议将这些信息打包,发送到内部网络的安全审核区。被打包的信息在发送过程中,将经过一条物理断开的传输通道,如电子交换存储器。在安全审核区,数据内容和控制信息的合法性得到检查。如果通过合法性检查,则隔离技术重构原有的连接和分组,将相应的分组通过连接发送到目的地。可以说,协议隔离技术既拥有网络连接中数据交换的优势,又拥有保持内外网络断开的安全优势。

协议隔离最大的好处是通过两台相对隔离的独立计算机来进行边界保护,从而克服了防火墙最大的安全脆弱性后果———一旦被攻陷,整个内网就暴露在入侵者面前。在双机隔离模式下,即使是前置机被入侵者完全掌握,但是因为前置机只能通过专有协议把一些有指定格式要求的内容传送到后置机,它无法直接通过该通道来实施进一步的入侵,因此所能实施的危害也就相当有限了。

但是协议隔离毕竟只是一种逻辑隔离,它既不能彻底解决恶意代码流入的问题,也不能彻底解决敏感信息流出的问题,所以不能用在要求物理隔离的场合。此外,由于协议隔离毕竟在两台计算机之间建立了物理连线,不管这种连接是否为计算机之间的常用连接,毕竟给从底层突破双机隔离留下了一个隐患。对于掌握信息技术制高点与底层软硬件技术的敌对势力而言,利用这样的隐患并非没有可能。

因此,该部件适合于在内部不同安全域之间传输专用应用协议的数据,如电力专用数据传输、文件传输、数据库数据交换等;而不适合直接连接到互联网,使用在内外安全域之间。

4) 网闸技术。网闸(Gap)是位于两个不同安全域之间,通过协议转换的手段,以信息摆渡的方式实现数据交换的网络安全产品,它只可以通过被系统明确要求传输的信息。其信息流一般是通用应用服务。

网闸就像船闸一样有两个物理开关,信息流进入网闸时,前闸合上而后闸断开,网闸连通发送方而断开接收方;待信息存入中间的缓存以后,前闸断开而后闸合上,网闸连通所隔离接收方而断开发送方。这样,从网络电子信道角度,发送方与接收方不会同时和网闸连通,从而达到在信道上物理隔离的目的。这是对网闸信息传输方式在物理层面的描述,目前几乎所有的网闸隔离部件的物理模型都是这样的。

网闸技术的主要特点是能够通过硬件设备将网闸设备连接的两个网络在物理线路上断开,但又能让其中一个网络的数据高速通过网闸设备传送到另一个网络。网闸设备连接在可信网络与不可信网络之间,网闸设备有两组高速电子开关,分别设置在设备的可信网络与不可信网络之间,并且分时通断,使得可信网络与不可信网络之间的任何瞬间既不会有实际的网络通信连接,又可以安全地交换数据。

相比而言,协议隔离部件和网闸最重要的技术区别是:协议隔离部件网络在物理上是有连线的,存在着逻辑连接;而网闸对内外网数据传输链路进行物理上的时分切换,即内外网络在物理链路上不能同时连通,并且穿越网闸的数据必须以摆渡的方式到达另一安全域。就核心技术而言,协议转换和访问控制是协议隔离部件和网闸共同的核心技术特征,而信息摆渡技术是网闸独有的核心技术。网闸在两台计算机之间建立的物理连线上增加了独立的硬件进行隔离,使得从底层突破双机隔离的难度大大增加,这也正是"闸"的意义所在。

如图 5-33 所示,是一种由带有多种控制功能专用硬件在电路上切断网络之间的链路层连接,并能够在网络层进行安全、适度的应用数据交换的网闸设备。它是由硬件和软件共同组成的一个系统,硬件设备由 3 部分组成:外部处理单元、内部处理单元、专用隔离硬件。

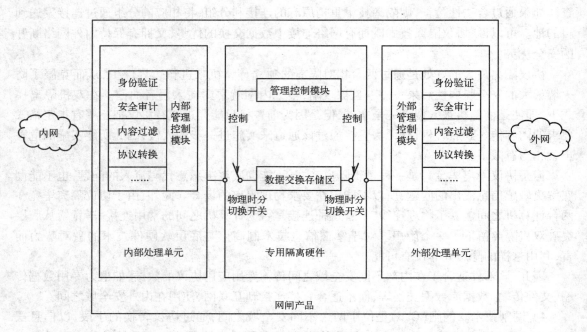

图 5-33 网闸技术

网闸中的安全控制至少应包含对信息流的访问控制和内容审查。隔离技术在安全控制方面涉及网络通信的所有协议层次。除了在数据链路层保持连接的物理断开、在网络层和传输层实现访问控制外,隔离设备还依据安全规则的需要,在应用层实现信息流的内容安全,做到对内防泄漏,对外防攻击、病毒和不良信息。隔离技术不但应该能对内外交互的数据信息进行内容审核和病毒检测,还应该能判断关键应用命令的合法性。例如,对于 Web 应用,如果只允许对服务器站点网页进行"读"操作,不允许"写"操作,则隔离设备应该能滤掉所有的 POST 命令,而只允许 GET 等必需的命令。

对信息流的内容审查是相当占用计算资源的。为了保证对应用数据、命令检查过程的安全性,并行实施安全处理,以及提高对通信的响应性能,内容审查、病毒扫描等安全功能应该在一个隔离的设备上进行。这样,即使在病毒扫描过程中病毒发作,也不能危及访问控制模块的运行,而且系统也不会因为内容审查而影响访问控制等模块的运行。

网闸作为一种通过专用硬件使两个或者两个以上的网络在不连通的情况下,实现安全数据传输和资源共享的技术和产品,被越来越多地应用到网络中。

网闸技术将向易用性、应用融合化等方向发展。目前,安全隔离与信息交换系统产品大都提供了文件交换、收发邮件、浏览网页等基本功能。安全隔离与信息交换的安全思路的提出,改变了过去将安全作为孤立的补丁角色,而是将网闸技术渗透到业务应用系统中,使用户在网闸的坚固保护下感觉不到业务应用的不便。

此外,网闸技术在负载均衡、冗余备份、硬件密码加速、易集成管理等方面仍需要进一步改进,同时更好地集成入侵检测、病毒防护和加密通道、数字证书等技术,也成为新一代网闸隔离部件产品发展的趋势。

5)高速切换技术随着现有系统大数据量和高实时性的应用增加,安全隔离与信息交换技术在保障内外网隔离的前提下,越来越注重性能方面的要求。要求能在内外网之间进行高速切换,使数据交换的速率接近在没有使用安全隔离与信息交换产品之前,连接内外网的网关处所能达到的最高速率,没有明显延时和迟滞。在这种情况下,专用硬件芯片被研究来实现安全隔离与信息交换的核心以及关键技术。

例如,基于硬件的高速切换开关,大大缩短了切换延时,延长了使用寿命;开始通过基于LVDS 总线、SCSI 总线、内存高速复制等硬件级技术,实现高速数据传递;使用嵌入式系统的硬件平台 ARM、FPGA、DSP 等,通过硬件编程来实现内外部处理单元的软件应用服务以及其他安全支撑技术,数据包从外网传至内网所经过的会话终止、剥离数据、编码、恶意代码扫描、传输恢复、会话再生等过程,在确保安全性的首位需求前提下,都通过硬件性能进行提高和保障。通过这些硬件技术实现的安全隔离与信息交换产品,在性能上得到了飞速提高。表现在吞吐量指标上,现在最高已经可以接近千兆的线性数据吞吐。

使用专用通信硬件和专有交换协议等安全机制来实现网络间的隔离和数据交换,不仅继承了以往隔离技术的优点,并且在网络隔离的同时实现了高效的内外网数据的安全交换,它也能够透明地支持多种网络应用,成为当前隔离技术的发展方向。

2. 安全隔离与信息交换技术的优势

安全隔离与信息交换技术是一种区别于传统网络安全技术的新技术。以部署和应用场景最类似的防火墙为例,安全隔离与信息交换技术具有以下优势:

1)内、外网之间没有直接或间接的网络连接。因为互联网是基于 TCP/IP 协议实现的,而大多数攻击都可归纳为对基于 TCP/IP 协议的数据的攻击。因此,断开 TCP/IP 的连接,就可以消除目前 TCP/IP 网络存在的攻击。

2)除了不采用 TCP/IP 协议或其他通用网络协议传输数据外,安全隔离与信息交换技术还通过隔离专用协议传输特定数据实现专用或特定的通用服务。因此,安全隔离与信息交换技术能够有效地减少基于通用网络协议对内部网络的攻击。

3)安全隔离与信息交换技术不依赖操作系统,采用安全隔离与信息交换技术的设备运行在专用操作系统上,不依赖通用操作系统,有效地减少了利用操作系统漏洞进行攻击的威胁。

4)从外部处理单元和内部处理单元的运作模式来看,比较类似于应用代理防火墙。安全隔离与信息交换技术秉承了应用代理的高安全性,通过用不受任何软件编程控制,基于独立控制代理程序、甚至专用隔离硬件来代替原有的软件代理程序,解决了应用代理防火墙通过对本身进程和内存空间进行安全区域保护所存在的脆弱性问题。

5）比应用代理防火墙具有更高级的检测能力。安全隔离与信息交换产品非常理解它保护的应用服务，由于专注于安全，连通成为次要需求。因此，在通过应用代理机制双向接收、检查和转发客户端和应用之间的所有数据后，安全隔离与信息交换产品完全有能力结合访问控制、内容检查等技术，检查网络流量中的所有内容，包括对负载的深度检测，并能够在应用层检查任何可疑活动。

综上所述，安全隔离与信息交换产品在保证链路连接安全的基础上，可以结合已有的先进安全防御技术，如防火墙技术、入侵检测技术、病毒检测技术、深度包分析技术等，将内外网信息交换过程中的网络链路、网络信息的安全防护工作尽可能地做到最好。虽然安全隔离与信息交换技术还不是万无一失的（对不依靠连接进行攻击的方法，比如新型未知病毒、内容注入、连接诱骗等，不可能绝对防御），但其在连接链路隔离、多代理处理单元以及数据专注分析等方面的实现方法，可以说是一种高安全性的新兴（相对传统网络安全技术）网络安全技术。

5.5.3 网络隔离的局限性和发展

随着国家大力推动政府上网工程及实现政府机关的办公自动化，越来越多的党政部门建立了内部计算机网络。由于这些内部网络都涉及大量的国家机密信息，因此在政府建立内部网的工程中，安全隔离卡产品作为其中安全保密工作的重要技术保障产品，一定会继续发展壮大。安全隔离卡产品的技术也将日趋完善，新一代物理隔离技术应该向着更先进、更安全、更易集成管理的方向发展。

在终端安全方面，加强受保护信息在整个生存周期中的访问安全是安全隔离卡产品发展的一种趋势。现有的安全隔离卡产品要求通过正常程序来保护数据安全，为进一步保证安全隔离卡产品的内网硬盘信息不暴露给未经授权的人或程序，特别是防止在授权人员不在的情况下非授权人员窃取信息（比如内网硬盘报废回收，甚至终端被盗等情况）。将可借鉴安全隔离与信息交换产品中所采用的身份认证和加密技术，发展对安全隔离卡保护的终端内网信息的身份识别、数据加密等技术，这样即使终端整个生存周期内面对较差的物理环境，也能保护内网信息的安全。比如，通过发展身份认证和基于角色的访问控制功能，以数字证书、信息加密、USB 认证盘、基于可信终端等技术，为授权用户提供基于证书的用户身份鉴别以及数据加密功能。只有正确的用户提供了正确的身份鉴别信息，才能访问经过加密的数据；否则，用户将无法进入内网状态，或者进入内网也得不到明文的数据。

在终端管理方面，对于一个机构或企业初期的部署，少量集中的管理可以依靠人工进行解决。但随着机构和企业组织架构的扩充，涉及的终端数量的增大、分布地域的增大，规模性的安全维护对管理人员的要求也随之提高。对隔离终端进行集中管理，由于其高安全的集中数据管理优势，在现有可控的信息安全管理体系中将会逐渐形成今后发展的趋势。例如，集中式安全隔离管理系统，可以使用无盘技术或结合虚拟化技术进行集中部署，把计算机的操作系统、应用软件和用户数据集中控制管理和存储，全部存放在文件服务器上，客户端不再配备硬盘，这样不仅易于管理文件和数据，而且杜绝了信息泄密。另外，实行了安全隔离集中部署，对机密信息与互联网实行物理隔离，确保内网环境、外网环境实现完全隔离，可以防止内网上的信息通过网络泄漏。如果病毒或黑客侵入，只需重启终端计算机并单键执行即时系统复原或通过即时系统恢复功能即可消除病毒，不会引起系统崩溃。集中管理能够解决计算机因黑客攻击、人为故意破坏、病毒、系统故障、误操作、误删除等问题,而且能够有效控制信息内部泄密,达到更高的资料保密与安全性,具有一定的发展潜力。

5.6　公钥基础设施和权限管理基础设施

在第2章中已经介绍过,公钥(非对称)密码系统能够有效地实现通信的保密性、完整性、不可否认性和身份认证。在使用公钥密码系统的实践中,遇到的最大问题就是如何共享和分发公钥。

一般来说,用户B向用户A发送加密消息时,用户A应该首先产生公私钥对,并将公钥传送给用户B。B获取A的公钥以后就可以用来加密消息了。为了简化公钥的传送,A一般会将公钥置于一个对所有人开放的目录服务器上。这样,如果A需要与多个人传递加密消息,只需要告诉这些人A的公钥存放的地址即可,这样可能节省建立多个点对点连接的资源。并且,目录服务器上任何合法的用户都可以获取A的公钥。但是,对于一个公共的服务器来说,可能遭受攻击,服务器上存储的某人的公钥可能被攻击者冒用或替换。如果通信的双方采用了假冒的公钥进行通信的加密,所传送的消息可能被攻击者截取。PKI的产生就是为了验证公钥所有者的身份是否真实有效。

5.6.1　公钥基础设施

1. PKI 的定义

概括地说,公钥基础设施(Public Key Infrastructure,PKI)是一个使用公钥密码技术,实施和提供安全服务的具有普适性的安全基础框架,是为了创建、管理、存储、分发和撤销基于公钥加密技术的公钥证书所需要的一套硬件、软件、策略和过程的集合。

两个相互不信任的人为了进行保密的通信,在PKI环境中,通信的一方需要申请一个数字证书。在此申请过程中,PKI将会采用其他手段验证其身份。如果验证无误,那么PKI将创建一个数字证书,并由认证中心对其进行数字签名。当通信的另一方接收到数字证书,并根据数字签名判断出证书来自于他信任的认证机构,则他将确信收到的公钥确实来自需要进行通信的另一方。这种情况相当于第三方的认证机构为通信的双方提供身份认证的担保。因此,也称为"第三方信任模型"。

PKI的本质就是实现大规模网络中的公钥分发问题,建立大规模网络中的信任基础。

PKI为开放的Internet(或Intranet)环境提供了4个基本的安全服务:

1)认证。确认发送者和接收者的真实身份。

2)数据完整性。确保数据在传输过程中不能被有意或无意地修改。

3)不可抵赖性。通过验证,确保发送方不能否认其发送的消息。

4)保密性。确保数据不能被非授权的第三方访问。

另外,PKI还提供了其他的安全服务,主要包括以下两个:

1)授权。确保发送者和接收者被授予访问数据、系统或应用程序的权力。

2)可用性。确保合法用户能够正确访问信息和资源。

PKI在实际应用中是一套软硬件系统和安全策略的集合,它提供了一整套安全机制,使用户在不知道对方身份或分布地点的情况下,以证书为基础,通过一系列的信任关系进行网络通信和网络交易。

2. 典型 PKI 的组成

一个典型的 PKI 系统如图 5-34 所示,其中包括 PKI 策略、软硬件系统、证书颁发机构（Certificate Authority,CA,也称为认证中心）、证书注册机构（Registration Authority,RA）、证书管理系统和 PKI 应用接口。

（1）PKI 策略

建立和定义了一个组织信息安全方面的指导方针,同时也定义了密码系统使用的处理方法和原则。它包括一个组织怎样处理密钥和机密的信息,根据风险的级别定义安全控制的级别。

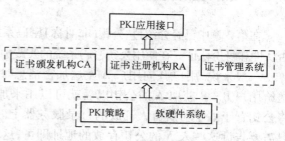

图 5-34　典型 PKI 系统组成

（2）证书颁发机构（CA）

CA 是 PKI 的核心,是信任基础,它应是一个权威的可信任机构。这个机构能够证明用户的身份并建立一份基于用户真实身份的电子证书。证书确立了主体的身份和与之相匹配的公钥。

CA 不仅仅是一个软件系统,实际上是一组软件、硬件、程序、策略及人员的统称。其作用包括:发放证书、规定证书的有效期和通过发布证书作废列表（CRL）确保必要时可以作废证书。

（3）证书注册机构（RA）

RA 提供用户和 CA 之间的一个接口,它获取并认证用户的身份,向 CA 提出证书请求。对于一个规模较小的 PKI 应用系统,注册管理的职能可以由认证中心（CA）来行使,而不设立独立运行的 RA。PKI 国际标准推荐由一个独立的 RA 来完成注册管理的任务,这样可以增强应用系统的安全。

（4）PKI 应用接口系统

便于各种网络应用能够以安全可信的方式与 PKI 交互,确保所建立的网络环境安全可信。

3. PKI 的应用

以 PKI 为基础的安全应用非常多,许多应用程序依赖于 PKI。下面列举几个比较典型的安全技术。

1）基于 SSL/TLS 的 Web 安全服务。利用 PKI 技术,SSL/TLS 协议允许在浏览器和服务器之间进行加密通信,还可以利用数字证书保证通信安全,便于交易双方确认对方的身份。结合 SSL 协议和数字证书,PKI 技术可以保证 Web 交易多方面的安全需求,使 Web 上的交易和面对面的交易一样安全。

2）基于 SET 的电子交易系统。这是比 SSL 更为专业的电子商务安全技术。

3）基于 S/MIME 的安全电子邮件。电子邮件的安全需求,如机密、完整、认证和不可否认等,都可以利用 PKI 技术来实现。

4）用于认证的智能卡。

5）软件的代码签名认证。

6）VPN 的安全认证。目前广泛使用的 IPSec VPN 需要部署 PKI 用于 VPN 路由器和 VPN 客户机的身份认证。

国际知名的 CA 不少,如 VeriSign（http://www.verisign.com）和 GTE CyberTrust（http://www.cybertrust.com）。国内有中国电信 CA 安全认证体系（CTCA）、中国金融认证中心（CF-

CA)等,各个省份也都建有 CA 中心。当然也可以建立自己的证书颁发机构,面向 Internet 或 Intranet 提供证书服务。

许多网络系统安全业务需要 PKI 提供相关证书和认证体系,这就需要部署 PKI。企业在选择 PKI 解决方案时,有以下 3 种选择:

1)向第三方 CA 提供商外购 PKI。

2)部署自己的企业级 PKI。

3)部署混合模式 PKI 体系,由第三方 CA 提供根 CA,将 CA 颁发限定于企业内部。

多数中小型网络都运行 Windows 服务器,实际上 Windows 2003 Server 及以上版本就提供功能完善的 CA 服务器软件,包括证书颁发机构、证书层次、密钥、证书和证书模板、证书作废列表、公共密钥策略、加密服务提供者(CSP)、证书信任列表等组件,可用来创建自己的证书颁发机构,提供证书服务,接收证书申请,验证申请中的信息和申请者的身份、颁发证书,废除证书以及发布证书撤销列表(CRL)。

4. 数字证书

(1)数字证书的概念

数字证书是指 PKI 中由权威公正的第三方机构,即认证中心(CA)发出的用于证明自己的身份或存取信息权力的电子文档。

数字证书是各类实体(持卡人/个人、商户/企业、网关/银行等)在网上进行信息交流及商务活动的身份证明。通信各方通过验证对方证书的有效性,从而解决相互间的信任问题。可以说,数字证书类似于现实生活中的由国家公安部门发放的居民身份证或各种国家权威部门发放的各类资格证书。

一张数字证书是一个二进制文件,它包含用户身份信息和用户公钥信息,这就给出了证书持有者和其公钥之间的对应关系。此外,证书中还包含发证机关 CA 的信息,所有证书都用 CA 的私钥进行数字签名,以确保证书的真实性。

数字证书采用公钥密码机制。每个用户拥有一把仅为自己掌握的私钥,用它进行解密和签名,同时拥有一把可以对外的公钥,其他用户可用于加密和验证签名。因而从证书的用途来看,数字证书可分为签名证书和加密证书。签名证书主要用于对用户信息进行签名,以保证信息的完整性和不可否认性;加密证书主要用于对用户传送的信息进行加密,以保证信息的机密性。以数字证书为核心的加密技术可以对网络上传输的信息进行加密和解密、数字签名和签名验证,确保网上传递信息的机密性、完整性,以及交易实体身份的真实性、签名信息的不可否认性,从而保障网络应用的安全性。

(2)数字证书的类型

常见的数字证书有以下几种类型:

1)Web 服务器证书。用于 Web 服务器与用户浏览器之间建立安全连接通道,直接存储在 Web 服务器的硬盘中。

2)服务器身份证书。提供服务器信息、公钥及 CA 的签名,用于在网络中标识服务器软件的身份,确保与其他服务器或用户通信的安全性。

3)计算机证书。颁发给计算机,提供计算机(如服务器、PC)本身的身份信息,确保与其他计算机通信的安全性。

4)个人证书。提供证书持有者的个人身份信息、公钥及 CA 的签名,用于在网络中标识证书持有者的个人身份。浏览器证书也是一种个人证书。

5）安全电子邮件证书。提供证书持有者的电子邮件地址、公钥及 CA 的签名,用于电子邮件的安全传递和认证。

6）企业证书。提供企业身份信息、公钥及 CA 的签名,用于在网络中标识证书持有企业的身份。

7）代码签名证书。软件开发者借助数字签名技术,在软件代码中附加一些相关信息,使得用户在下载这些具有代码签名的软件时,可以确信软件的真实来源(用户可以相信该软件确实出自其签发者)和软件的完整性(用户可以确信该软件在签发之后未被篡改或破坏)。代码签名技术将在本书的 7.2 节介绍。

（3）数字证书的格式

数字证书的形式有很多种,由于 PKI 必须适用于异构环境,所以证书的格式在所使用的范围内必须统一。其中最为广泛的是遵循 ITU－T(国际电联电信标准化部门) X.509 标准的数字证书 v3 版本。许多与 PKI 相关的协议标准(如 PKIX、S/MIME、SSL、TLS、IPSec)都是在 X.509 的基础上发展起来的。

一份 X.509 标准的证书是一些标准字段的集合,这些字段包含有关用户或设备及其相应公钥信息。证书内容有 10 个字段,6 个强制性的和 4 个可选择的,见表 5–2。4 个可选字段是:版本,两个唯一标识符和扩展项。

表 5–2　X.509 版本 3 的证书形式

字　段		含　义
版本（Version）		该字段指出 X.509 证书的版本
序列号（Serial Number）		由 CA 分配给证书的唯一的数字型标识符
签名算法标识符（Signature）		指定 CA 签名证书使用的公钥算法和散列算法
签发者（Issuer）		发证 CA 的名称
有效期（Validity）		定义证书有效期的起始时间和终止时间
主体（Subject）		证书持有者(和公钥相对应的私钥持有人)的名称
主体公钥信息（Subject Public Key Information）		标识了两个重要的信息:主体拥有的公钥的值;公钥所应用的算法的标识符。算法标识符指定公钥算法和散列算法(例如,RSA 和 SHA－1)。这个字段里的公钥和可选算法参数一样,被用来核实数字签名或者执行密钥管理。如果证书的主体是 CA,那么公钥就被用来检测证书的数字签名
发证者唯一标识符（Issuer Unique ID）		标记 CA
主体唯一标识符（Subject Unique ID）		标记用户
扩展标志符	关键程度标志	用于存放附加信息或扩展证书功能,保持兼容性
CA 的数字签名		CA 对该证书内容的签名

微软的 IE 浏览器自带一个数字证书管理器,通过这个管理器读者可以查看数字证书。首先打开 Internet Explorer,在 Internet Explorer 的菜单上单击“工具”菜单中的“Internet 选项”。选取“内容”选项卡,单击“证书”按钮,查看读者信任的当前证书的列表,如图 5–35 所示。

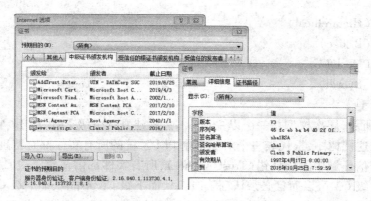

图 5-35 IE 中的一个数字证书

（4）数字证书的生命周期

数字证书从创建到销毁总共要经历 5 个阶段,这 5 个阶段分别是:

1）证书申请。指用户通过支持 PKI 的应用程序,如 Web 浏览器向认证机构申请数字证书的过程,该过程从用户生成密钥对(公钥和私钥)时开始。完整的证书申请由密钥生成和信息登记构成。

2）证书生成。一旦用户请求了证书,认证机构就根据其建立的认证策略验证用户信息。如果确定信息有效,则认证机构创建该证书。

3）证书存储。认证机构在生成用户证书之后,将通过安全的途径把证书发送给用户,或通知用户自行下载。数字证书将保存在用户计算机的安全空间里。为了防止证书的丢失或损坏,证书持有者应将证书导出并保存在安全的存储介质中,如软盘、智能卡。

4）证书发布(证书库)。认证机构在生成用户证书之后,会把用户的公钥发送到指定的任何资源库,如内部目录或公用服务器,以方便人们获得或验证证书持有者的公钥。

5）证书废止。当发出证书时,将根据分发策略为其配置特定的到期日。如果需要在该日期之前取消证书,则可以指示认证机构将这一事实发布和分发到证书撤销列表(CRL)中。浏览器和其他支持 PKI 的应用程序则配置成需要对当前的证书撤销列表进行检查,并且如果它们无法验证某一证书还没有被添加到该列表,将不进行任何操作。证书可能会因各种原因而被废止,包括证书持有者私钥的损坏或丢失。

5. PKI 信任模型

公钥基础设施能否正常工作,基于 CA 处理的能力。最简单的信任模型就是所有的用户都信赖一个 CA。但是,至少从理论上说,世界上任何一台计算机都能够拥有至少一张证书,因此简单的信任模型实际上是不可行的。现实世界中,每个 CA 只可能覆盖一定的作用范围,不同行业往往有各自不同的 CA。它们颁发的证书都只在行业范围内有效,终端用户只信任本行业的 CA。目前,国内已建和在建的 CA 认证中心有近 30 家,它们的 PKI 体系结构各不相同,有的是单 CA 信任模型,有的是其他信任模型,而这些不同的 PKI 体系在实际中需要相互联系。

基于这个原因,CA 与用户和 CA 与 CA 之间(各个独立 PKI 体系间)必须建立一套完整的体系,以保证"信任"能够传递和扩散。信任模型产生的目的就是对不同的 CA 和不同的环境之间的相互关系进行描述。目前主要有以下 4 种信任模型:

- 层次模型(Hierarchical)。
- 交叉模型(Bridge)。
- 网状模型(Mesh)。
- 混合模型(Bybrid)。

（1）层次模型

如图5-36所示,层次模型是一个以主从CA关系建立的分级PKI结构。它可以描绘为一棵倒置的树。在这棵树中,根代表一个对于整个PKI系统的所有实体都有特别意义的CA——根CA,它是整个信任域中的信任锚(Trust Anchor),所有实体都信任它。根CA的下面是零层或多层子CA,上级CA可以而且必须认证下级CA,而下级CA不能认证上级CA。与非CA的PKI实体相对应的树叶通常被称为终端用户,每个终端实体都必须拥有根CA的公钥。两个不同的终端用户进行交互时,双方都提供自己的证书和数字签名,通过根CA来对证书进行有效性和真实性的认证。

层次模型有如下优点:

1）证书策略简单,证书短小,数量不会很多,证书管理较容易。

2）它建立在严格的层次机制之上,因此建立的信任关系可信度高。

3）同一机构中信任域扩展容易,当需要增加新的认证域时,该信任域可以直接加到根CA下面,也可以加到某个子CA下,这两种情况都很方便,容易实现。

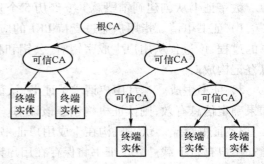

图5-36　层次模型

层次模型的缺点有:

1）由于整个模型中没有人能够向根CA发放信任证书,因此根CA必须产生一个自签名的证书,并需要将该证书连同CA公钥一起发放给整个模型中的所有实体。这里,根CA密钥的安全是最重要的。如果它的私钥泄露,整个信任体系就会瓦解。

2）它是一种严格的层次模型,要求参与的各方都信任根CA,因此,在一个国家或全世界建造一个统一的根CA是不现实的。这实际上表明,在不同的PKI信任域间难以进行信任域的统一与扩展。

3）根CA的策略制定也要考虑各个参与方,这会使策略比较混乱。

对于一个结构比较简单、规模较小的企业来说,采用层次模型一般足够了。但是,由于层次模型对于根CA要求较高,所有的认证请求实际上最终会交由根CA进行处理。因此,在大型网络或实体较多的情况下,层次模型不适合使用。

（2）交叉模型

交叉模型,又称对等信任模型,如图5-37所示。它是在层次模型的基础之上发展而来的一种模型。其特点就是两个不同的根CA相互验证对方的公钥,并建立一个双向信任通道。假如存在两个根CA分别为A和B,已经建立起交叉信任关系,则A的下级用户对B的一个下级用户发认证请求时,就可以直接在"本地的"根CA上获取对方根CA的证书和公钥,并可以进一步对认证目标进行验证。这种交叉信任的方式对于

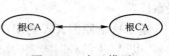

图5-37　交叉模型

企业来说特别有帮助。如两个具有合作关系的企业可以将其根 CA 设定为与对方建立交叉信任。同一企业如果存在两个跨国或跨地区分公司,分公司之间也可以利用交叉信任模型建立信任关系。

交叉模型的缺点有:

1)由于两个根 CA 已经建立了相互的信任关系,那么每个信任域都应该保护自己的根 CA 安全。一旦攻击者攻破了其中一个信任域的根 CA,则整个模型内的所有用户的安全都将受到威胁。

2)由于根 CA 之间需要建立相互的信任关系,因此这个模型的扩展性较差。

3)CA 之间的交叉信任关系的建立需要更高的安全要求。而且应用范围仅限于建立交叉信任关系的两个信任域内。

(3)网状模型

网状模型如图 5-38 所示,是在交叉模型的基础上发展而来的。在网状模型中,信任锚的选取不是唯一的,终端实体通常选取给自己发证的 CA 为信任锚。CA 间通过交叉认证形成网状结构。网状模型把信任分散到两个或更多个 CA 上。

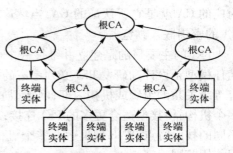

图 5-38　网状模型

如果有多个组织或企业需要协同工作,或者一个大型企业需要协调跨地区的多个部门,那么可以采用网状模型。

(4)混合模型

混合模型如图 5-39 所示,有多个根 CA 存在,所有的非根 CA(子 CA)都采用从上到下的层次模型被认证,根 CA 之间采用网状模型进行交叉认证。不同信任域的非根 CA 之间也可以进行交叉认证,这样可以缩短证书链的长度。

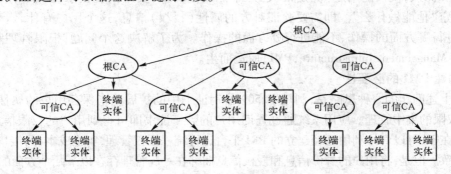

图 5-39　混合模型

混合模型有如下优点:

1)每个终端实体都把各自信任域的根 CA 作为信任锚。同一信任域内的认证优点完全与层次模型相同,不同信任域间终端实体认证时,只需将另一信任域的根证书作为信任锚即可。

2)尽管可能存在多条证书路径,但信任路径的构造简单,信任路径的长度只比层次模型多 1,当非 CA 间相互认证时还会更短。

混合模型的缺点与交叉模型相似。

（5）其他模型

桥式模型,被设计成用来克服层次模型和网状模型的缺点和连接不同的 PKI 体系。与网状结构 CA 不同的是,桥式 CA 不直接发布证书给用户;与层次结构中的根 CA 不同的是,桥式 CA 也不是当做一个信任点来使用的。所有的 PKI 用户把桥式 CA 当做一个"中间人"。桥式 CA 为不同的 PKI 建立对等关系(P2P)。这些关系可以组合成连接不同 PKI 用户的信任桥。

Web 模型,多应用于浏览器产品中,许多根 CA 被预装在标准的浏览器上,每个根 CA 都是一个信任锚,每个根 CA 是平行的,不需要进行交叉认证,浏览器用户信任这多个根 CA,并把这多个根 CA 作为自己的信任锚集合,因此,每个终端实体有多个信任锚可以选择。Web 模型更类似于认证机构的层次模型,因为浏览器厂商起到了根 CA 的作用,而与被嵌入的密钥相对应的 CA 就是它所认证的 CA,当然这种认证并不是通过颁发证书实现的,而只是物理地把 CA 的密钥嵌入浏览器。

PKI 的主要目的是建立并维护一个可信的计算机网络环境和安全的网络应用,选择何种信任模型是设计和研发 PKI 必须考虑的一个重要问题。综合上面的分析:严格层次型适合具有等级关系的组织或机构内部;网状型适合一个机构内部或规模不大、数量不多、地位平等的多个机构;桥接型适合更多的 PKI 连接;对等型、混合型适合数量不多的多个机构,但各自又有不同的技术特点;Web 型虽适合多个机构,但需要浏览器厂家的支持;用户型的安全性很强,但使用范围很窄。

5.6.2 权限管理基础设施

PKI 通过方便灵活的密钥和证书管理方式,提供了在线身份认证——"他是谁"的有效手段,并为访问控制、抗抵赖、保密性等安全机制在系统中的实施奠定了基础。然而,随着网络应用的扩展和深入,仅仅能确定"他是谁"已经不能满足需要,安全系统要求提供一种手段能够进一步确定"他能做什么"。即需要验证对方的属性(授权)信息,这个用户有什么权限、什么属性、能进行哪方面的操作、不能进行哪方面的操作。为了解决这个问题,根限管理基础设施(Privilege Management Infrastructure, PMI)应运而生。

1. 构建 PMI 的必要性

解决上述问题的一种思路是,利用 X.509 公钥证书中的扩展项来保存用户的属性信息,由 CA 完成权限的集中管理。应用系统通过查询用户的数字证书即可得到用户的权限信息。该方案的优点在于,可以直接利用已经建立的 PKI 平台进行统一授权管理,实施成本低,接口简单,服务方式一致。但是,将用户的身份信息和授权信息捆绑在一起管理存在以下几个方面的问题。

首先,身份和属性的有效时间有很大差异。身份往往相对稳定,变化较少,而属性如职务、职位、部门等则变化较快。因此,属性证书的生命周期往往远低于用于标识身份的公钥证书。举例来说,公钥证书类似于日常生活中的护照,而属性证书类似于签证。护照代表了一个人的身份,有效期往往很长;而签证的有效期则几个月、几年不等。

其次,公钥证书和属性证书的管理颁发机构有可能不同。仍以护照和签证为例,颁发护照的是一个国家,而颁发签证又是另一个国家;护照往往只有一个(多国籍的除外),而签证数量却决定于要访问的国家的多少。与此相似,公钥证书由身份管理系统进行控制,而属性证书的管理则与应用紧密相关:什么样的人享有什么样的权力,随应用的不同而不同。一个系统中,每个用户只有一张合法的公钥证书,而属性证书则灵活得多。多个应用可使用同一属性证书,但也可为同一应用的不同操作颁发不同的属性证书。

由此可见,身份和授权管理之间的差异决定了对认证和授权服务应该区别对待。认证和授权的分离不仅有利于系统的开发和重用,同时也有利于对安全方面实施更有效的管理。只有身份和属性生命周期相同,而且 CA 同时兼任属性管理功能的情况下,才可以使用公钥证书来承载属性。大部分情况下,应使用"公钥证书 + 属性证书"的方式实现属性的管理。在这种背景下,国际电信联盟(ITU)和因特网网络工程技术小组(IETF)进行了 PKI 的扩展,提出了权限管理基础设施(Privilege Management Infrastructure,PMI)。

2. PMI 基本概念

PMI 指能够支持全面授权服务、进行权限管理的基础设施,即如何利用 PKI 进行对用户访问的授权管理,它与公钥基础设施有着密切的联系。PMI 授权技术的核心思想是以资源管理为核心,将对资源的访问控制权统一交由授权机构进行管理,即由资源的所有者来进行访问控制管理。

与 PKI 信任技术相比,两者的区别主要在于 PKI 证明用户是谁;而 PMI 证明这个用户有什么权限、什么属性,并将用户的属性信息保存在属性证书中。相比之下,后者更适合于基于角色的访问控制领域。

就像现实生活中一样,网络世界中的每个用户也有各种属性,属性决定了用户的权力。PMI 的最终目标就是提供一种有效的体系结构来管理用户的属性。这包括两个方面的含义:首先,PMI 保证用户获取他们有权获取的信息、做他们有权限进行的操作;其次,PMI 应能提供跨应用、跨系统、跨企业、跨安全域的用户属性的管理和交互手段。

PMI 建立在 PKI 提供的可信的身份认证服务的基础上,以属性证书的形式实现授权的管理。PMI 体系和模型的核心内容是实现属性证书的有效管理,包括属性证书的产生、使用、作废、失效等。下面介绍属性证书及 PMI 体系结构和模型等知识。

3. 属性证书

属性证书(Attribute Certificates,AC),就是由 PMI 的属性认证机构(Attribute Authority,AA)签发的、将实体与其享有的权力属性捆绑在一起的数据结构,权威机构的数字签名保证了绑定的有效性和合法性。属性证书主要用于授权管理。

PMI 使用的属性证书的格式见表 5-3。这是一种轻量级的数字证书,不包含公钥信息,只包含证书所有人 ID、发行证书 ID、签名算法、有效期、属性等信息。一般的属性证书的有效期都比较短,这样可以避免公钥证书在处理 CRL 时的问题。

属性证书的引入,将用户的信息合理地分成了两类:一类是存放在 X.509 公钥证书中的基本身份信息;另一类是存放容易改变的属性信息的属性证书。两个证书的发放权限也可以由不同的部门来管理和执行。而且一般而言,属性证书通过短有效期在一定程度上解决证书作废的问题,极大地简化了证书发放的流程。

表 5-3 属性证书格式

字 段	含 义
版本号(Version)	v1(1997)用"0"表示,v2(2000)用"1"表示
证书持有者(Holder)	用于标识证书持有者身份

字　段	含　义
证书颁发者（Issuer）	用于标识颁发证书的授权机构
签名算法标识符（Signature）	说明颁发机构签发证书所使用的数字签名算法及相关参数
序列号（Serial Number）	证书签发者分配给属性证书的唯一整数值标识符
有效期（Validity Period）	定义证书有效期的起始时间和终止时间
属性值（Attributes）	给出证书持有者的一些属性或权限信息
证书颁发者唯一标识符 （Issuer Unique Identifier）（可选）	在颁发者域信息不足时可用来帮助标识证书颁发者
扩展域（Extensions）（可选）	这是属性证书非常重要的字段，它由多个扩展域选项组成，不同的选项适用于不同性质的属性证书，从而使其用途更广、功能更丰富

　　属性证书在语法结构上与公钥证书相似，主要区别在于它不包含公钥。属性证书是将身份与属性捆绑在一起。公钥证书可以看成是一本护照，用来标识用户身份，可适用于较长时间，很难伪造，因为申请往往需要一个完备的程序过程。而属性证书则可以看做是一个签证，它申请简单，不需要像护照那样烦琐复杂的申请程序。使用签证（即属性证书）的同时需要出示护照（即公钥证书）来验证身份。与护照相关的签证可以表明护照持有者在指定的一段时间内被允许进入的某一国家。

　　4. 基于 PMI 的授权与访问控制模型

　　PMI 主要围绕权限的分配使用和验证来进行。X. 509—2000 年版（v4）定义了 4 个模型来描述敏感资源上的权限是如何分配、流转、管理和验证的。通过这 4 个模型，可以明确 PMI 中的主要相关实体、主要操作进程，以及交互的内容。

　　（1）基本模型

　　PMI 基本模型如图 5-40 所示。模型中包含 3 类实体：授权机构（属性管理中心 SOA 或属性认证机构 AA）、权限持有者和权限验证者。基本模型描述了在授权服务体系中主要的三方之间的逻辑联系，以及两个主要过程：权限分配和验证。这是 PMI 框架的核心。授权机构向权限持有者授权，权限持有者向资源提出访问请求并声称具有权限，由权限验证者进行验证。权限验证者总是信任授权机构，从而建立信任关系。

　　PMI 基本模型的体系结构类似于单级 CA 的体系结构，SOA 的作用可以看做是 CA。对权限的分配是由 SOA 直接进行的。由于 SOA 同时要完成很多宏观控制功能，如制定访问策略、维护撤销列表、进行日志和审计工作等，特别是当用户数目增大时，就会在 SOA 处形成性能瓶颈。SOA 也会显得庞大而臃肿。这时就需要对基本模型进行改进，以实现真正可行的 PMI 体系。一个明确的思路就是对授权管理功能进行分流，减少 SOA 的直接权限管理任务，使得 SOA 可以实现自身的宏观管理功能。

　　（2）控制模型

　　PMI 控制模型如图 5-41 所示。

　　1）对象（Object）是指：被保护的资源，包括设备、文件、进程等。每个对象都具有一定的操作方法，如防火墙对象，具有"允许进入"、"拒绝访问"等方法；或者是文件系统中的文件，则具有"读"、"写"、"执行"等权限。PMI 中对象的定义与标准访问控制框架（ISO 10181 – 3）中的对象定义一致。

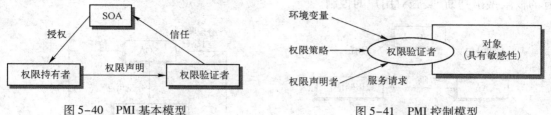

图 5-40　PMI 基本模型　　　　　　　图 5-41　PMI 控制模型

2）权限声明者（Privilege Asserter）：是指具有某些权限的实体，即携带属性证书的访问者。PMI 中的用户相当于标准访问控制框架中的发起者（Initiator）。

3）权限验证者（Privilege Verifier）：根据权限声明者所具备的权限来判断是否允许其访问某一对象的机构。PMI 中的验证者相当于标准访问控制框架中的访问决策功能（Access Decision Function，ADF）。

验证者获得用户的属性证书后，依据以下 4 点判断是否允许该用户访问某一对象。

- 用户的权限：即属性证书中的属性，它体现了授权机构对该用户的信任程度。
- 权限策略：指采用特定方法访问特定对象所需权限的最小集合或门限。
- 当前相关的环境变量参数：验证者进行权限判断时所使用的一些参量，如时间等。
- 对象及其操作方法的敏感程度：反映了要处理的资源的属性，如文档密级等。这种敏感程度既可以外在的标签方式与对象共存，也可是对象固有数据结构封装的一部分。

在这个模型中，用户向验证者提交属性证书的方式有两种。

- "推"模式：当用户请求访问对象时，首先从使用自己公钥证书的 AA 处获得属性证书，将公钥证书和属性证书均提交给验证者。
- "拉"模式：当用户请求访问对象时，只将公钥证书提交给验证者，由验证者到 AA 去查询用户的属性证书。

这两种模式在实现中对用户均应是透明的。它们各有优缺点，适应于不同场合的应用。"推"模式下，验证者不需要进行证书查找，验证效率较高，可提高系统的性能；"拉"模式下，基本不需要对客户端及现有协议进行大的改动。具体应用系统中采用哪种方式，应根据环境及要求决定。

（3）委托模型

在某些情况下需要委托模型，如图 5-42 所示。在没有使用委托的情况下，SOA 是用户属性证书的签发者。在允许委托的情况下，SOA 可以将某些权限赋予一个实体 AA，同时让它可以作为属性证书认证机构为其他实体签发属性证书。它签发的证书所具有的权限能等同或小于它所得到的委托。SOA 还可以对所授的权限进行限制。这些中间的属性证书认证机构可以进一步委托其他实体作为属性证书认证机构。一个统一的要求是任何一个属性证书认证机构的委托都不能超过它自己所拥有的权限。

（4）角色模型

PMI 角色模型如图 5-43 所示。角色是给用户分配权限的一种间接手段。系统定义角色，每个角色对应一定的权限。通过颁发角色分配证书（Role Assignments Certificate），使用户具有一个或多个角色；通过验证机构的本地设置或颁发角色说明证书（Role Specification Certificate)给验证机构,使验证者获知角色和权限的对应关系,从而对用户的访问可依其角色所具有的权限做出判断,实施对用户的控制。

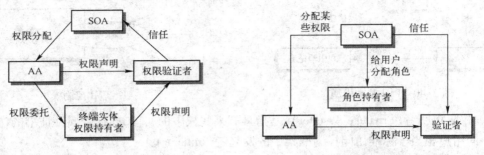

图 5-42　PMI 的委托模型　　　　　图 5-43　PMI 的角色模型

基于角色授权的 PMI 模型通过引入角色这个中间层次能有效地简化授权管理,进一步降低系统的复杂度和管理成本,提高系统的可理解性和易修改性,提高授权管理的灵活性和可靠性。将用户按角色进行分类授权后,系统管理者只需要对角色的权限进行修改,就可以控制具有该身份的所有用户的权限。另一方面,基于角色的管理更加贴近实际应用,更加人性化,易于理解。一个角色权限的更新并不影响终端实体,实现了对授权管理较大的灵活性。但是,这种方式需要颁发和处理两种不同的证书,这给证书的管理增加了很大的负担,和委托授权的方式一样,由于验证时需要角色规范证书,所以也增加了权限验证者工作的复杂性。采用这种方式时,可以考虑和 RBAC 机制进行结合,从而降低授权管理的复杂性,减少管理开销。

5.7　网络安全协议

互联网通信主要是在 TCP/IP 通信协议的基础上建立起来的。数据从应用层开始,每经过一层都被封装进一个新的数据包。这就好比将信件先装入一个小信封,再逐层装入一个更大的新信封、邮包、邮车内,信封、邮包、邮车上都附有具体的传送信息。在 TCP/IP 体系中,应用层数据经过 TCP 层、IP 层和网络接口层后,分别装入 TCP 包、IP 包和网帧。每个数据包都有首部和载荷,而网帧除了首部和载荷外,还可能有尾部。数据包的首部提供传送和处理信息。TCP 包的载荷是应用层的数据,IP 包的载荷是 TCP 包,而网帧的载荷是 IP 包,网帧最后经网络媒体传输出去。所以,在网络的不同层次中置放密码算法所得到的效果是不一样的。本节着重分析在应用层、传输层和网络层进行加密的协议。

5.7.1　应用层安全协议

应用层有各种各样的安全协议,常用的应用层安全协议包括 Kerberos 身份认证协议(Kerberos)、安全外壳协议(SSH)、多用途互联网邮件扩充安全协议(S/MIME)、电子交易安全协议(SET)和电子现钞协议(eCash)。

1. Kerberos 协议

(1) Kerberos 的产生

目前影响因特网安全的一个问题在于用户口令在网络中以明文形式传输。入侵者通过截获和分析用户发送的数据报可以捕获口令;通过伪装 IP 地址等方法可以远程访问系统。另一个问题是用户使用某种系统服务之前的身份认证问题。由于系统完全处于用户的控制之下,用户可以替换操作系统,甚至可以替换机器本身,因而一个安全的网络服务不能依赖于主机执行可靠的认证。

一个局域网通常设有若干不同的服务器,如 E-mail 服务器、Web 服务器等。用户每次使用一种服务都必须证明自己是合法用户。同时服务器也应该向用户证明自己是合法的服务器。用户可以通过登录名和登录密码向服务器证明自己的身份,但这样做要求用户每次访问服务器时都必须输入登录密码,很不方便。同时,每台服务器还需要存储和维护用户登录密码,增加了系统管理的负担。

公钥证书是跨网络认证数据和认证用户身份的有效方法。不过,使用公钥证书不能没有证书机构,且证书机构通常是要收费的。此外,执行公钥密码算法比执行常规加密算法耗时。对于局域网而言,因为每个用户都必须登记注册和设立登录密码,所以在局域网内无须使用公钥证书。Kerberos 协议就是一个不使用公钥证书而用常规加密算法进行身份认证的协议。

Kerberos 协议是美国麻省理工学院 Athena 计划的一部分,它是为 TCP/IP 网络设计的可信的第三方认证协议,用户将自己的登录名和口令交给本地计算机上可信任的代理者,由它帮助局域网用户有效地向服务器证明自己的身份从而获取服务。Kerberos 是开放源代码的软件,它的源代码和相关文档可从 http://web. mit. edu/kerberos/下载。

Kerberos 具有 3 个主要功能:认证、授权及记账(Accounting)。

1)认证。在基本的认证中,要求用户提供一个口令。在改进的认证中,要求用户使用赋予 ID 合法拥有者的一块硬件(令牌),或者要求用户提供生物特征(指纹、声音或视网膜扫描)来认证对 ID 的声明。Kerberos 的目标是将认证从不安全的工作站集中到认证服务器。服务器在物理上是安全的,并且其可靠性是可控制的,这就保证了一个 Kerberos 辖域中所有用户被相同标准或策略认证。

2)授权。在用户被认证后,应用服务或网络服务可以管理授权。它查看被请求的资源,应用资源或应用函数,检验 ID 拥有者是否具有使用资源或执行应用函数的许可。Kerberos 的目标是在基于其授权的系统上提供 ID 的委托认证。

3)记账与审计。记账的目标是为客户支付的限额和消费的费用提供证据。另外,记账审计用户的获得,以确保动作的责任可以追溯到动作的发起者。例如,审计可以追溯发票的源点来自某个将其输入系统的人。

在 Kerberos 协议中,用户首先获取使用服务器的通行证,然后凭此通行证向服务器获取服务。为了便于管理,Kerberos 协议使用两个特殊的服务器,分别称为身份认证服务器(Authentication Server,AS)和通行证授予服务器(Ticket Granting Server,TGS)。AS 用于管理用户,而 TGS 用于管理服务器。Kerberos 假设只有 AS 知道用户登录密码。除此之外,TGS 和其他服务器分别拥有共享密钥。

用户 C 登录时首先向 AS 证明自己的身份,AS 验证用户的登录名和登录密码后给用户签发一个 TGS 通行证,用户持此通行证可随时向 TGS 证明自己的身份,以便领取访问服务器 V 的通行证,这个通行证称为服务器通行证。服务器通行证用于向该服务器索取服务。

Kerberos 协议有两种模式:单域模式和多域模式。一个 Kerberos 域是指用户和服务器的集合,它们都被同一个 AS 服务器所认证。下面分别介绍。

（2）Kerberos 单域认证处理过程

在下面的描述中用到一些符号,说明如下:

C,客户。

V,服务器。

AS,身份认证服务器。

TGS,通行证授予服务器。

ID_C,客户 C 的 Kerberos 系统登录名。

ID_V,服务器 V 的 ID。

ID_{TGS},TGS 的标识符。

t_i,时间戳。

E_k,使用密钥 k 的常规加密算法。

K_C,由客户登录密码产生的密钥。

$K_{C,TGS}$,由 AS 产生的用于 C 和 TGS 之间通信使用的会话密钥。

K_{TGS},AS 和 TGS 的共享主密钥。

K_V,TGS 和 V 的共享主密钥。

$K_{C,V}$,由 TGS 产生的用于 C 和 V 之间通信的会话密钥。

LT_i,有效期。

$Ticket_{TGS}$,AS 给用户签发的使用 TGS 的通行证。

$Ticket_V$,TGS 给用户签发的使用 V 的通行证。

AD_C,C 的 MAC 地址。

$Auth_{C,TGS}$,用 $K_{C,TGS}$ 加密的 C 的认证码。

$Auth_{C,V}$,用 $K_{C,V}$ 加密的 C 的认证码。

∥,连接符。

单域认证处理过程分 3 个阶段,如图 5-44 所示。

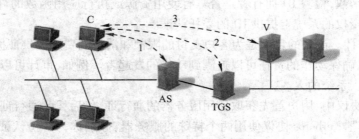

图 5-44　Kerberos 单域认证处理过程

阶段 1:用户 C 向 AS 提出使用 TGS 的请求,AS 给用户签发使用 TGS 的通行证。

$C \rightarrow AS: ID_C \parallel ID_{TGS} \parallel t_1$

$AS \rightarrow C: EK_C(K_{C,TGS} \parallel ID_{TGS} \parallel t_2 \parallel LT_2 \parallel Ticket_{TGS})$

$\qquad Ticket_{TGS} = EK_{TGS}(K_{C,TGS} \parallel ID_C \parallel AD_C \parallel ID_{TGS} \parallel t_2 \parallel LT_2)$

在第 1 阶段中,用户向 AS 发出的请求不加密,时间戳用于防御重放攻击。因为 Kerberos

主要用于局域网,而在局域网内不难统一所有计算机的时钟,所以只用时间戳便可有效地防御重放攻击。

AS 根据用户的 ID 计算出一个密钥 K_C,然后 AS 产生一个用于 C 和 TGS 之间通信的会话密钥 $K_{C,TGS}$,并用 AS 和 TGS 共享的主密钥 K_{TGS} 将 $K_{C,TGS}$ 以及 ID_C、AD_C、t_2 等加密产生一个 TGS 通行证。这里 ID_C 用于向 TGS 表明用户 C 的 ID,AD_C 用于表明该 TGS 通行证只对用户 C 在地址为 AD_C 的计算机上使用才有效,时间戳 t_2 和 LT_2 用于抵御重放攻击。

用户 C 收到 AS 的回信后,用与 AS 使用的相同的算法计算出密钥 K_C,并用 K_C 将收到的信息解密,得到会话密钥 $K_{C,TGS}$ 和 TGS 通行证 $Ticket_{TGS}$。用户 C 在有效期范围内便可以多次重用这个通行证向不同的服务器验证自己的身份,而不需要输入登录密码。

阶段 2:用户 C 用 TGS 通行证向 TGS 提出访问某服务器 V 的请求,TGS 给用户签发使用该服务器 V 的通行证。

$$C \rightarrow TGS: ID_V \parallel Ticket_{TGS} \parallel Auth_{C,TGS}$$
$$Auth_{C,TGS} = EK_{C,TGS}(ID_C \parallel AD_C \parallel t_3)$$
$$TGS \rightarrow C: EK_{C,TGS}(K_{C,V} \parallel ID_V \parallel t_4 \parallel Ticket_V)$$
$$Ticket_V = EK_V(K_{C,V} \parallel ID_C \parallel AD_C \parallel ID_V \parallel t_4 \parallel LT_4)$$

用户 C 通过第 1 阶段获得 TGS 通行证后,可在有效期内凭此通行证向任何服务器 V 索取服务。例如,用户可能一会儿需要收发电子邮件,因此需要访问 E – mail 服务器,一会儿可能要上网浏览,因此需要访问 Web 服务器。在第 2 阶段中,C 首先将 V 的名称、TGS 通行证和用密钥 $K_{C,TGS}$ 加密的认证资料送给 TGS。认证资料包含 C 的登录名、C 的机器地址和时间戳。时间戳用于防御旧信重放,C 的登录名和机器地址必须与 TGS 通行证内的相同,否则认证失败。

认证成功后,与 AS 类似,TGS 为用户 C 产生一个用于 C 与 V 之间的通信密钥 $K_{C,V}$ 和服务器 V 的通行证 $Ticket_V$,该通行证用 TGS 和 V 共享的密钥 K_V 加密,以便 V 认证其出处。

阶段 3:用户 C 用服务器通行证向服务器 V 索取服务。

$$C \rightarrow V: Ticket_V \parallel Auth_{C,V}$$
$$Auth_{C,V} = EK_{C,V}(ID_C \parallel AD_C \parallel t_5)$$
$$V \rightarrow C: EK_{C,V}(t_5 + 1)$$

在第 3 阶段中,用户 C 将从 TGS 处获得的通行证 $Ticket_V$ 连同用密钥 $K_{C,V}$ 加密的用户信息和时间戳输送给服务器 V,认证通过后 V 将时间戳加 1,并用密钥 $K_{C,V}$ 将其加密后送给 C,表明认证完毕且 C 将得到所请求的服务。

(3) Kerberos 的多域认证处理过程

当一个系统跨越多个组织时,就不可能用单个认证服务器实现所有的用户注册,相反,需要多个认证服务器,各自负责系统中部分用户和服务器的认证。

多域 Kerberos 协议只需在单域 Kerberos 协议上做一些修改即可。假设某个单域 Kerberos 系统用户 C 需要使用邻近的另一个单域 Kerberos 系统提供的服务。多域 Kerberos 协议分 4 个阶段,如图 5-45 所示。

阶段 1:用户向本域 AS 发出使用本域 TGS 的请求,本域 AS 给用户签发本域 TGS 的通行证。

阶段 2:用户用本域 TGS 通行证向本域 TGS 提出使用邻域 TGS 的请求,本域 TGS 给用户签发邻域 TGS 的通行证。

阶段 3：用户用邻域 TGS 通行证向邻域 TGS 发出使用邻域某服务器的请求，邻域 TGS 给用户签发使用该服务器的通行证。

阶段 4：用户用邻域服务器通行证向邻域服务器获取服务。

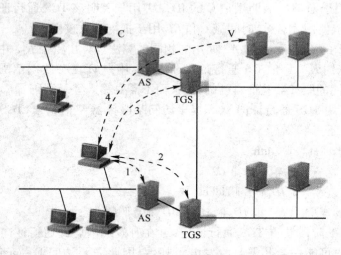

图 5-45　多域 Kerberos 系统示意图

（4）Kerberos 的不足

尽管 Kerberos 解决了连接窃听以及用户身份的认证问题，但也存在不少问题和缺陷，下面列举了一部分。

1）它增加了网络环境管理的复杂性，系统管理必须维护 Kerberos 认证服务器以支持网络。对 Kerberos 配置文件的维护比较复杂而且很耗时。如果 Kerberos 认证服务器停止访问或不可访问，用户就不能使用网络。如果 Kerberos 认证服务器遭到入侵，整个网络的安全性就被破坏了。

2）Kerberos 中旧的认证码很有可能被存储和重用。尽管时间标记可用于防止这种攻击，但在票据的有效时间内仍可发生重用。虽然服务器存储所有的有效票据就可以阻止重放攻击，但实际上这很难做到。票据的有效期可能很长，典型的为 8 小时。认证码基于这样一个事实：即网络中的所有时钟基本上都是同步的。如果能够欺骗主机，使它的正确时间发生错误，那么旧的认证码毫无疑问就能被重放。大多数的网络时间协议是不安全的，因此这就可能导致严重的问题。

3）Kerberos 对猜测口令攻击也很脆弱。攻击者可以收集票据并试图破译它们。一般的客户通常很难选择最佳口令。如果一个黑客收集了足够多的票据，那么他就有很大的机会找到口令。

4）Kerberos 协议依赖于 Kerberos 软件都是可信的。黑客完全能够用完成 Kerberos 协议和记录口令的软件来代替所有客户的 Kerberos 软件。任何一种安装在不安全计算机中的密码软件都会面临这种威胁。Kerberos 在不安全环境中的广泛使用，使它特别容易成为被攻击的目标。

2. 其他应用层安全协议

（1）安全外壳协议

安全外壳协议（Secure Shell，SSH）是由芬兰学者 Tatu Ylonen 于 1995 年设计实现的，其目的是用密码算法提供安全可靠的远程登录、文件传输和远程复制等网络应用程序。这些应用程序，即远程登录协议（Telnet Rlogin）、文件传输协议（FTP）和远程复制协议（RCP），在 UNIX 和 Linux 操作系统（包括 X11 视窗）中广泛使用，但它们却将数据以明文形式传输，故窃听者用网络嗅探软件（如 TCPdump 和 Ethreal）便可轻而易举地获知其传输的通信内容。SSH 用密码算法保护这些协议传输的数据，它由 SSH、SFTP 和 SCP 三个基本协议所组成，其中 SSH 代替 Telnet Rlogin，SFTP 代替 FTP，而 SCP 则代替 RCP。SSH 在 1996 年经过修改后称为 SSH - 2。OpenSSH 向用户免费提供这些程序。SSH 开放程序提供如下功能：

- 可用常规加密算法 3DES、AES、Blowfish 或 RC4，将 X11 视窗数据和传统网络协议传输的数据加密，分别称为 X11 运送和端口运送。
- 可用公钥或 Kerberos 协议提供身份认证。
- 可对数据进行压缩。

SSH 是远程登录和文件传输中普遍使用的应用层安全协议，它有若干免费程序可供用户下载使用。

（2）安全超文本传输协议（S - HTTP）

安全超文本传输协议（Secure Hyper Text Transfer Protocol，S - HTTP）是 Web 上使用的超文本传输协议（HTTP）的安全增强版本，由企业集成技术公司设计。S - HTTP 提供了文件级的安全机制，用于加密及签名的算法可以由参与通信的收发双方协商。S - HTTP 提供了对多种单向散列函数以及非对称密钥的支持。

S - HTTP 是保护因特网上所传输敏感信息的安全检查协议，随着因特网和 Web 对身份验证需求的日益增长，用户在彼此收发加密文件之前需要身份验证，S - HTTP 协议也考虑了这种需求。

（3）电子邮件安全协议 S/MIME

目前广泛使用的电子邮件安全协议称为多用途互联网邮件扩充安全协议（Secure Multipurpose Internet Mail Extensions，S/MIME）。许多主要软件开发公司，包括微软、苹果和网景，都在其开发的电子邮件系统中加入了 S/MIME 协议。

简单邮件传递协议（SMTP）和邮局协议（POP）是最基本的电子邮件协议。POP3 是 POP 的第 3 版，是目前普遍使用的版本。SMTP 传递邮件，POP 接收邮件。但 SMTP 和 POP3 有 3 个缺陷。

1）它们只传递 7 位 ASCII 码表示的邮件，而不能传递二进制文件和用 8 位 ASCII 码表示的文件。

2）POP 将邮件保存在邮件服务器中，用户使用 POP 阅读邮件时首先将邮件下载到自己的计算机中，而保存在邮件服务器中的邮件均被删除，这就给使用多台计算机阅读和管理邮件带来不少麻烦。

3）它们不能给邮件加密或认证邮件的出处。

互联网邮件读取协议（Internet Message Access Protocol，IMAP），解决了第 2 个问题。IMAP 将邮件保存在服务器的目录中，使得用户可从多台计算机读取邮件和管理邮件。IMAP 还可将邮件下载到用户的计算机中而不删除保存在服务器中的已下载的邮件。

为解决第 1 个问题而设计的电子邮件协议称为 MIME(多用途互联网邮件扩充协议),它支持多种形式的邮件传递和接收,包括排版文件、图像、声音和录像,而且这些不同格式的文件还可以混合出现在同一邮件中。

S/MIME 协议是为解决第 3 个问题而设计的协议,它在 MIME 的基础上加上了加密和认证功能。S/MIME 是由 RSA 安全公司于 1990 年设计的,S/MIME 第 3 版于 1999 年由互联网工程任务小组(IETF)指定为电子邮件安全的标准协议,它具有数字签名和数据加密的功能。它可以自动将所有送出的邮件加密、签名或同时加密和签名,也可以有选择地给特定的邮件加密、签名或同时加密和签名。S/MIME 要求签名者必须持有公钥证书。

(4)电子交易安全协议(SET)

电子交易安全(Secure Electronic Transaction,SET)协议的主要目的是保障信用卡持有者在互联网上进行在线交易时的安全,它是由美国 Visa 和 Master 两个信用卡公司于 1996 年研制的。

在互联网上用信用卡付账涉及信用卡持有者(买方)、商品和服务提供者(卖方)和信用卡签发者(银行)三方,其安全性要求如下。

- 真实性:任何一方的身份必须能够认证。
- 完整性:所有传输的数据不能被任何一方更改或伪造,包括窃听者、买方、卖方和银行。比如,买方的购买单和付款指令不能被卖方和银行伪造。
- 隐私性:卖方不能获得买方的信用卡号码和有关信息,而银行不能获得买方的购买项目。
- 保密性:所有重要信息(如信用卡号码和购买单)在传输过程中不能泄漏。

除满足上述要求外,SET 还要求 SET 协议能直接在 TCP 上实现,同时也允许在 SSL/TLS 及 IPSec 上实现。

(5)电子现金协议 eCash

使用信用卡付款会暴露付款人的身份,这是与用现金付款的主要差别。古时候的现金是黄金、白银或其他比较贵重的金属(如黄铜)。现代的现金是纸币和硬币,用于商品交换。无论现金以何种方式出现,匿名性是现金的一个最大属性:现金可被任何人拥有,且不会暴露现金持有人的身份。此外现金可以流通,当现金从一个人手里转到另一个人手里时,从现金本身不能查出它曾被谁拥有过。现金还可以分割(找)成面额更小的现金。

电子现金是由银行发行的具有一定面额的电子字据,用于在互联网上流通,模拟现金在实际生活中的使用。电子现金的任何持有人都可以从发行电子现金的银行中将其兑现成与其面额等价的现金。电子现金协议的具体要求如下。

- 匿名性:电子现金的流通不留下持有者的痕迹,电子现金的当前持有人和银行均不知道它曾被谁拥有过。
- 安全性:电子现金可在互联网上安全流通,不能被伪造。
- 方便性:电子现金交易无须通过银行。
- 单一性:电子现金不能复制;电子现金落到他人之手后,其原拥有者便不能使用该电子现金。
- 转让性:电子现金可以转让给他人使用。

- 分割性:电子现金可以分割成若干数额较小的电子现金。

5.7.2 传输层安全协议 SSL

1. SSL 基本概念

传统的安全体系一般都建立在应用层上。这些安全体系虽然具有一定的可行性,但也存在着巨大的安全隐患。因为 IP 包本身不具备任何安全特性,很容易被修改、伪造、查看和重播。在 TCP 传输层之上实现数据的安全传输是另一种安全解决方案。

传输层安全协议通常是指安全套接层协议(Security Socket Layer,SSL)和传输层安全协议(Transport Layer Security,TLS)两个协议。SSL 是美国网景(Netscape)公司于 1994 年设计开发的传输层安全协议,用于保护 Web 通信和电子交易的安全。Web 的基本结构是客户/服务器应用程序,所以在传输层设置密码算法来保护 Web 通信安全是很实用的选择。目前 SSL v3.0 得到了业界广泛认可,已成为事实上的标准。TLS 协议是 IETF 的 TLS 工作组在 SSL v3.0 基础上提出的,目前版本是 1.0。TLS v1.0 可看做是 SSL v3.1,和 SSL v3.0 的差别不大。

SSL 协议是介于应用层和可靠的传输层协议(TCP)之间的安全通信协议。其主要功能是当两个应用层相互通信时,为传送的信息提供保密性和可靠性。SSL 协议的优势在于它是与应用层协议独立无关的,因而高层的应用层协议(如 HTTP、FTP、TELNET)能透明地建立于 SSL 协议之上。SSL 提供一个安全的"握手"来初始化 TCP/IP 连接,完成客户机和服务器之间关于安全等级、密码算法、通信密钥的协商,以及执行对连接端身份的认证工作。在此之后 SSL 连接上所传送的应用层协议数据都会被加密,从而保证通信的机密性。

SSL 可以用于任何面向连接的安全通信,但通常用于安全 Web 应用的 HTTP 协议。目前,SSL 已经成为安全 Web 应用的工业标准。当前流行的客户端软件(如 Microsoft Internet Explorer)、绝大多数的服务器应用(如 Netscape,Microsoft,Apache,Oracle,NSCA 等)以及证书授权(CA)如 VeriSign 等都支持 SSL。

2. SSL 使用的安全机制以及提供的安全服务

SSL 使用公钥密码系统和技术进行客户机和服务器通信实体身份的认证和会话密钥的协商,使用对称密码算法对 SSL 连接上传输的敏感数据进行加密。

SSL 提供的面向连接的安全性具有以下 3 个基本性质:

1)连接是秘密的。在初始握手定义会话密钥后,用对称密码(例如用 DES)加密数据。加密 SSL 连接要求所有在客户机和服务器之间发送的信息都被发送方软件加密,并且由接收方软件解密,以提供高度的机密性。

2)连接是可认证的。实体的身份能够用公钥密码(例如 RSA、DSS 等)进行认证。SSL 服务器认证允许用户确认服务器的身份,支持 SSL 的客户端软件使用标准的公钥密码技术检查服务器的证书和公共 ID 是否有效,并且由属于客户端的可信证书授权(CA)列表中的 CA 颁发证书。SSL 客户端认证允许服务器确认用户的身份。采用与服务器认证同样的技术,支持 SSL 的服务器端软件检查客户证书和公共 ID 是否有效,并且由属于服务器端的可信证书授权(CA)列表中的 CA 颁发证书。

3)连接是可靠的。消息传输包括利用安全散列函数产生的带密钥的消息认证码 MAC(Message Authentication Code)。

SSL 中使用的安全机制有加密机制、数据签名机制、数据完整性机制、鉴别交换机制和公证机制,下面分别进行介绍。

1)加密机制。SSL 协议使用了多种不同种类、不同强度的加密算法对应用层以及握手层的数据进行加密传输。而加密算法所用的密钥由消息散列函数产生。

2)数据签名机制。SSL 协议中多处使用了数据签名技术:SSL 协议在握手过程中要相互交换自己的证书以确定对方身份;证书的内容由 CA 签名,通信双方收到对方发来的证书时,可使用 CA 的证书来进行验证。若服务器没有证书或拥有的证书只能用于签名,则服务器就会产生一对临时密钥来进行密钥交换,并通过 ServerKeyExchange 消息把公钥发送给客户。为了防止在传输过程中的伪造、篡改、冒充等主动攻击,在此消息中,服务器对公钥进行了签名。另外,当客户发出自己的证书后,也可以接着发出签名 CertificateVerify 消息,以使服务器能对客户证书确认。

3)数据完整性机制。数据完整性机制包括两种形式:一种是数据单元的完整性,另一种是数据单元序列的完整性。SSL 协议使用报文鉴别码 MAC 技术来保证数据完整性。具体来说,在 SSL 的记录协议中,密文与 MAC 一起被发送到收方,收方收到数据后校验。其中包含消息的序列号,序列号可以保证能检测出消息的篡改或失序,有效地防止重放攻击。

4)鉴别交换机制。SSL 协议使用了基于密码的鉴别交换机制,这种技术一般与数字签名和公证机制一起使用。

5)公证机制。SSL 协议的双方在真正传输数据之前,先要互相交换证书以确认身份。证书就是一种公证机制,双方的证书都是由 CA 产生且用 CA 证书验证。

3. SSL 协议内容

下面基于 SSL 第 3 版介绍 SSL 协议的主要结构,如图 5-46 所示。SSL 协议主要包括:SSL 记录协议(SSL Record Protocol),SSL 握手协议(SSL Handshake Protocol),密码规格给出算法名称和参数,SSL 修改密码规格协议允许通信双方在通信过程中更换密码算法或参数,SSL 报警协议是管理协议,通知对方可能出现的问题。

图 5-46　SSL 协议的主要结构

(1)SSL 握手协议

SSL 握手协议是 SSL 各子协议中最复杂的协议,它提供客户和服务器认证并允许双方商定使用哪一组密码算法。以在线购物为例,通信一方是上网购物的客户 Client,另一方为提供商品的服务器程序 Server。双方分 4 阶段交换信息完成 SSL 握手协议,如图 5-47 所示。

第 1 阶段:商定双方将使用的密码算法。

1)客户端首先向服务器端发送客户问候。客户问候包括如下数据。

- 版本号 v_c：它是客户端主机安装的 SSL 最高版本号，比如 $v_c = 3$。
- 随机数 r_c：它是由客户程序的伪随机数发生器秘密产生的二元字符串，共 32 字节，包括一个 4 字节长的时戳和一个 28 字节长的现时数，用于防御旧信重放攻击。
- 会话标识 S_c：$S_c = 0$ 表示客户希望在新的传输会话阶段上建立新的 SSL 连接，其他数值表示客户希望在目前的传输会话阶段上建立新的 SSL 连接，或只是更新已建立的 SSL 连接。SSL 连接由双方商定的密码算法、参数和压缩算法所决定。
- 密码组：它是客户端主机支持的所有公钥密码算法、常规加密算法和散列函数算法的 3 个优先序列，按优先顺序排列，排在第一位的密码算法是客户主机最希望使用的算法。比如，客户的这 3 种密码算法的优先序列分别为 RSA、ECC、Diffie - Hellman、AES - 128、3DES/3、RC5，SHA - 512、SHA - 1、MD5。此外，密码组的每个成员还附有使用说明。
- 压缩算法：它是客户端主机支持的所有压缩算法按优先次序的排列，比如 ZIP、PKZIP 等压缩算法。

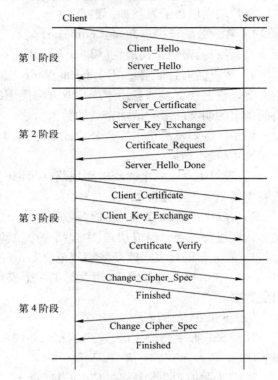

图 5-47　SSL 握手协议过程

2）服务器端向客户端回送问候，服务器问候包括如下数据。
- 版本号 v_s：$v_s = \min\{v_c, v\}$，v 是服务器主机安装的 SSL 最高版本号。
- 随机数 r_s：它是由服务器程序的伪随机数发生器秘密产生的二元字符串，共 32 字节，包括一个 4 字节长的时戳和一个 28 字节长的现时数。
- 会话标识 S_s：如果 $S_c = 0$，则 S_s 等于新阶段号，否则，$S_s = S_c$。
- 密码组：它是服务器主机从客户密码组中选取的一个公钥密码算法、一个常规加密算法和一个散列函数算法，比如 RSA、AES、SHA - 1。
- 压缩算法：它是客户端主机从客户压缩算法中选取的压缩算法。

第 2 阶段：服务器认证和密钥交换。

服务器向客户端发送如下消息：

1）服务器公钥证书（Server_Certificate）。

2）服务器端密钥交换消息（Server_Key_Exchang）。

3）请求客户端公钥证书（Certificate_Request）。

4）完成服务器问候（Server_Hello_Done）。

如果需要认证，则服务器首先发送其证书。如果服务器在第 1 阶段选取了 RSA 作为密钥交换手段，则第 2）步也可免去。

因为客户可能没有公钥证书,加上客户的身份可以随后从其信用卡号码和用于认证信用卡的方法来验证,所以第3)步通常也免去。

第3阶段:客户认证和密钥交换。

客户端向服务器发送如下消息:

1)客户公钥证书(Client_Certificate)。

2)客户端密钥交换消息(Client_Key_Exchange)。

3)客户证书验证消息(Certificate_Verify)。

客户端密钥交换消息用于产生双方将使用的主密钥;客户证书验证消息是客户用私钥将前面送出的明文的散列值加密后的数值。

如果服务器没有请求客户公钥证书,则第1)步和第3)步可不做。

第4阶段:结束。

1)客户机发送一个改变密钥规范(Change_Cipher_Spec)消息,并且把协商得到的密码算法列表复制到当前连接的状态之中。

2)客户机用新的算法、密钥参数发送一个完成(Finished)消息,这条消息可以检查密钥交换和认证过程是否已经成功,其中包括一个校验值,对所有的消息进行校验。

3)服务器同样发送改变密钥规范(Change_Cipher_Spec)消息和完成(Finished)消息。

至此,SSL握手过程完成,建立起了一个安全的连接,客户端和服务器可以安全地交换应用层数据。

(2)SSL记录协议

执行SSL握手协议之后,客户端和服务端双方就统一了密码算法、算法参数和密钥以及压缩算法。

SSL记录协议的作用是在Client和Server之间传输应用数据和SSL控制信息,可能情况下在使用底层可靠的传输协议传输之前,还进行数据的分段或重组、数据压缩、附以数字签名和加密处理。

在SSL协议中,所有的传输数据都被封装在记录中。SSL记录是由记录头和长度不为0的记录数据组成的。所有的SSL通信包括握手消息、安全空白记录和应用数据,都使用SSL记录层。SSL记录协议包括了记录头和记录数据格式的规定。

图5-48描述了SSL记录协议的操作步骤。

令M为客户希望输送给服务器的数据。客户端SSL记录协议按如下步骤先将M压缩、认证和加密,然后发送给服务器。

1)分段:将M分成若干长度不超过2^{14}字节的段$M_1,M_2,\cdots,M_k$。

2)压缩:将每段M_i用双方在SSL握手协议第1阶段中商定的压缩函数压缩成M_i'。

3)加消息认证码:用密钥$K_{C,HMAC}$和双方在SSL握手协议第1阶段中商定的散列函数算出压缩段M_i'的消息验证码$\mathrm{HMAC}(M_i')$,并加在M_i'的后面。

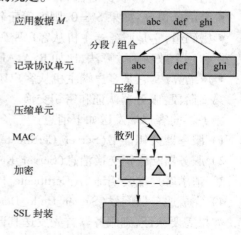

图5-48 SSL记录协议

4）加密：用密钥 $K_{C,E}$ 和双方在 SSL 握手协议第 1 阶段中商定的常规加密算法将 $M_i' \parallel$。HMAC(M_i') 加密得 C_i。

5）SSL 封装：将 C_i 用 SSL 记录协议包封装起来，即在 C_i 的前面加上一个 SSL 记录协议首部。

服务器收到客户送来的 SSL 记录协议包后，首先将 C_i 解密得 $M_i' \parallel$ HMAC(M_i')，验证 HMAC，然后将 M_i' 解压还原成 M_i。同理，从服务器送给客户的数据也按如上方式处理。双方之间通信的保密性和完整性由此得到保护。

4. SSL 协议的安全性

SSL v2 和 v3 版支持的加密算法包括 RC4、RC2、DES 和 IDEA 等，而加密算法所用的密钥由消息散列函数 MD5、SHA 等产生。RC4 和 RC2 由 RSA 定义，其中 RC2 适用于块加密，RC4 适用于流加密。认证算法采用 X. 509 格式的证书标准，通过 RSA 算法进行数字签名来实现。

SSL 协议所采用的加密算法和认证算法使它具有较高的安全性。下面是 SSL 协议对几种常用攻击的应对能力。

1）监听和中间人攻击：SSL 使用一个经过通信双方协商确定的加密算法和密钥，对不同的安全级别应用都可以找到不同的加密算法。它在每次连接时通过产生一个散列函数生成一个临时使用的会话密钥。除了不同连接使用不同密钥外，在一次连接的两个传输方向上也使用各自的密钥。尽管 SSL 协议为监听者提供了很多明文，但由于 RSA 交换密钥有较好的密钥保护性能，以及频繁更换密钥的特点，因此对监听和中间人式的攻击具有较高的防范性。

2）流量分析攻击：流量分析攻击的核心是通过检查数据包的未加密字段或未保护的数据包属性，试图进行攻击。一般情况下，该攻击是无害的，SSL 无法阻止这种攻击。

3）重放攻击：通过在 MAC 数据中设置时间戳可以防止这种攻击。

SSL 协议本身也存在诸多缺陷，如认证和加解密的速度较慢；对用户不透明；尤其是 SSL 不提供网络运行可靠性的功能，不能增强网络的健壮性，对拒绝服务攻击就无能为力；依赖于第三方认证等。

5. 7. 3 网络层安全协议（IPSec）

1. IPSec 基本概念

虽然可以通过 PGP 协议保护电子邮件的私密性，通过 SSL 协议实现 WWW、FTP 等服务的安全保护，但是针对不同网络服务应用不同的安全保护方案不仅费时费力，而且随着网络应用的复杂化已经变得不现实。而 IPSec 工作在网络层，对应用层协议完全透明，其相对完备的安全体系，确立了其成为下一代网络安全标准协议的地位。

从 1995 年开始，IETF 着手制定 IP 安全协议。IPSec 是 IPv6 的一个组成部分，也是 IPv4 的一个可选扩展协议。IPSec 弥补了 IPv4 在协议设计时缺乏安全性考虑的不足。IPSec 已在一系列的 IETF RFC 中定义，特别是 RFC 2401、2402 和 2406。

IPSec 定义了一种标准、健壮以及包容广泛的机制，可用它为 IP 及其上层协议（如 TCP 和 UDP）提供安全保证。IPSec 的目标是为 IPv4 和 IPv6 提供具有较强的互操作能力、高质量和基于密码的安全功能，在 IP 层实现多种安全服务，包括访问控制、数据完整性、数据源验证、抗重播、机密性等。IPSec 通过支持一系列加密算法如 DES、三重 DES、IDEA、AES 等,确保通信双方的机密性。

IPSec 的一个典型应用是,IPSec 协议在网络设备如路由器或防火墙中运行,它们将一个组织分布在各地的 LAN 相连。IPSec 网络设备将对所有进入 WAN 的流量加密、压缩,并解密和解压来自 WAN 的流量,这些操作对 LAN 上的工作站和服务器是透明的。

2. IPSec 的两种应用模式

IPSec 有两种工作模式:传输模式和隧道模式,如图 5-49 所示。

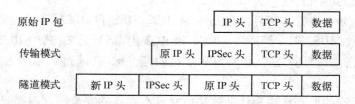

图 5-49　在传输模式和隧道模式下受 IPSec 保护的 IP 包

1)传输模式用于在两台主机之间进行端到端通信。发送端 IPSec 将 IP 包载荷用 ESP 或 AH 进行加密或认证,但不包括 IP 头,数据包传输到目标 IP 后,由接收端 IPSec 认证和解密。

2)隧道模式用于点到点通信,对整个 IP 包提供保护。为了达到这个目的,当 IP 包加 AH 或 ESP 域之后,整个数据包加安全域被当做一个新 IP 包的载荷,并拥有一个新的 IP 包头(外部 IP 头)。原来的整个包利用隧道在网络之间传输,沿途路由器不能检查原来的 IP 包头(内部 IP 头)。由于原来的包被封装,新的、更大的包可以拥有完全不同的源地址与目的地址,以增强安全性。

IPSec 如何操作隧道模式的例子如下。网络中的主机 A 生成以另一个网络中主机 B 作为目的地址的 IP 包,该包选择的路由是从源主机到 A 网络边界的防火墙或安全路由器;再由防火墙过滤所有的外部包。根据对 IPSec 处理的请求,如果从 A 到 B 的包需要 IPSec 处理,则防火墙执行 IPSec 处理并在新 IP 头中封装包,其中的源 IP 地址为此防火墙的 IP 地址,目的地址可能为 B 本地网络边界的防火墙的地址。这样,包被传送到 B 的防火墙,而其间经过的中间路由器仅检查新 IP 头;在 B 的防火墙处,除去新 IP 头,内部的包被送往主机 B。

在传输模式中,IP 头与上层协议头之间嵌入一个新的 IPSec 头,用来保护上层数据。

隧道模式用来保护整个 IP 数据报。在隧道模式中,要保护的整个 IP 数据报都封装到另一个 IP 数据报里,同时在外部与内部 IP 头之间嵌入一个新的 IPSec 头。IPSec 的隧道模式为构建一个 VPN 创造了条件。

3. IPSec 协议内容

IPSec 协议不是一个单独的协议,它给出了应用于 IP 层上网络数据安全的一整套体系结构,主要包括:

1)认证头(Authentication Head,AH)协议。

2)载荷安全封装(Encapsulating Security Payload,ESP)协议。

3)因特网密钥交换(Internet Key Exchange,IKE)协议。

虽然 AH 和 ESP 都可以提供身份认证,但它们有如下区别:

- ESP 要求使用高强度加密算法,会受到许多限制。
- 多数情况下,使用 AH 的认证服务已能满足要求,相对来说,ESP 开销较大。

设置 AH 和 ESP 两套安全协议意味着可以对 IPSec 网络进行更细粒度的控制,选择安全方案可以有更大的灵活度。

(1) 安全关联(Security Association,SA)

SA 是 IPSec 的基础。在使用 AH 或 ESP 之前,先要从源主机到目的主机建立一条网络层的逻辑连接,此逻辑连接叫做安全关联 SA。这样,IPSec 就将传统的因特网无连接的网络层转换为具有逻辑连接的层。SA 是通信对等方之间对某些要素的一种协定,例如 IPSec 协议、协议的操作模式(传输模式和隧道模式)、密码算法、密钥,用于保护它们之间数据流的密钥的生存期。安全关联是单向的,因此输出和输入的数据流需要独立的 SA。IPSec 规定一个 SA 不能同时用于 AH 协议和 ESP 协议。如果希望同时用 AH 和 ESP 来保护两个对等方之间的数据流,则需要两个 SA:一个用于 AH,另一个用于 ESP。

IKE 协议的一个主要功能就是 SA 的管理和维护。SA 是通过像 IKE 这样的密钥管理协议在通信对等方之间协商的。当一个 SA 的协商完成时,两个对等方都在它们的安全关联数据库(SAD)中存储该 SA 参数。SA 的参数之一是它的生存期,它以一个时间间隔或者是 IPSec 协议利用该 SA 来处理一定数量的字节数的形式存在。当一个 SA 的生存期过期,要么用一个新的 SA 来替换该 SA,要么终止该 SA。当一个 SA 终止时,它的条目将从 SAD 中删除。

一个 SA 由一个三元组唯一地确定,它包括:

1) 安全参数索引(Security Parameter Index,SPI)。对于一个给定的 SA,每一个 IPSec 数据报都有一个存放 SPI 的字段。SPI 是一个 32 位二元字符串,用于给算法和参数集合编号,使得根据编号便可得知应该使用哪个算法和哪个参数。SPI 放在 AH 包和 ESP 包中传给对方。通过某 SA 的所有数据报都使用同样的 SPI 值。因此,IPSec 数据报的接收方易于识别 SPI 并利用它连同源或者目的 IP 地址和协议来搜索 SAD,以确定与该数据报相关联的 SA。

2) 目标 IP 地址。它用于标明该 SA 是给哪个终端主机设立的。可以是用户终端系统、防火墙或路由器。

3) 安全协议标识符。它用于标明该 SA 是为 AH 还是为 ESP 而设立的。

顺便指出,SA 是为通信两端的某个会话阶段而设立的。所以,即便使用相同的算法和参数,但因为两端地址不同,其 SA 也不同。而且即便两端地址相同,使用的算法和参数也相同,IPSec 仍可以定义不同的 SA 来表示不同的会话阶段。为便于查找,当通信两端设立了 SA 后,IPSec 将 SA 编成索引存入安全关联数据库(SAD)中。因此,发送端 IPSec 只需在发送的数据包外加上 SA 的索引,就能通知接收端的 IPSec 按索引从自己的 SAD 中找到相应的 SA 来处理收到的数据包。

IPSec 设在网络层,因此它将处理来自不同用户的各种 TCP 包,这些 TCP 包有些需要加密、有些不需要加密,有些需要认证有些不需要认证。为使 IPSec 知道哪些 TCP 包需要加密和认证而哪些不需要,终端主机 IPSec 管理员必须制定一组规则,称为安全策略,简记为 SP。SP 存储在安全策略数据库(SPD)中以便查找。IPSec 根据 IP 包首部的信息从 SPD 中找到相应的安全策略,并根据其安全策略执行相应的加密和认证步骤,或者不执行任何加密或认证就让其通过。

IPSec 还允许每个 SA 定义一组规则用于决定该 SA 将给什么样的数据包使用。这样的规则称为选择规则。比如,可以给某个 SA 定义这样的选择规则:如果 IPSec 收到的 TCP 包的起始地址落在区间 A,目标地址落在区间 B,则这个数据包必须由该 SA 处理。某些 SA 只能处理发送出去的数据包,某些 SA 只能处理接收到的数据包,而某些 SA 可以同时处理发送出去的数据包和接收到的数据包。安全关联关系可以由终端主机的 IPSec 管理员手工输入而设立,或通过网络通信协议(如 IKE)自动设立。

(2) 认证头(AH)

AH 用于支持数据完整性和 IP 包的认证。认证头的格式如图 5-50 所示,它包含如下字段。

1) 下一个头(8bit):标识紧接在 AH 后的报头类型(如 TCP 或 UDP)。

2) 载荷长度(8bit):即认证数据字段的长度,以 32bit 字为单位,再加 1。比如,如果完整性效验值为 96bit 散列信息认证码(HMAC),则载荷长度等于 $\lceil 96/32 \rceil + 1 = 4$,这里 $\lceil x \rceil$ 表示大于或等于 x 的最小整数。

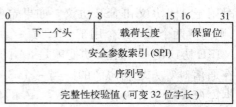

图 5-50　IPSec 认证头 AH 格式

3) 保留位(16bit):为今后可能用到的数据保留,目前全置为 0。

4) 安全参数索引 SPI(32bit)。标识一个安全关联。

5) 序列号(32bit):是单调递增计数器,用于防御重放攻击。

这里解释一下序列号域的作用。发送端在开始使用某个 SA 之前先将对应于该 SA 的序列号初值置 0,该 SA 每使用一次序列号就加 1,直到序列号等于 $2^{32} - 1$ 为止。然后发送者必须终止这个 SA 并重新设立一个新的 SA。

6) 完整性校验值(ICV):是被认证数据的完整性校验值。

将 AH 放在 IP 包头和 TCP 包之间得到传输模式认证,将 AH 放在 IP 包头之前便得到隧道模式认证。图 5-51 给出了两种工作模式下 AH 在 IP 报文中的位置。

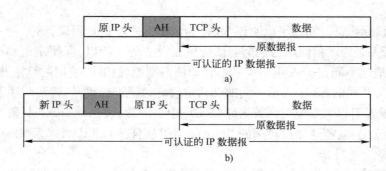

图 5-51　AH 在安全 IP 报文中的位置
a) 传输模式　b) 隧道模式

如果使用传输模式,则被认证的数据只是 IP 包载荷,即 TCP 包或 ESP 包,不含 IP 包头。如果使用隧道模式,则被认证的数据除了 IP 包载荷外,还包含 IP 包头中在传输过程中不变的数据,如起始 IP 地址和目标 IP 地址。在传输过程中会改变的数据包括校验和及 TTL 值。ICV 是指被认证数据经过数据认证算法的运算后得到的输出或输出的子序列。比如,将被认证的数据用 HMAC - SHA - 1 认证算法求出 HMAC,然后取其 96 位前缀作为 ICV。

当发送端在发送 IP 数据报之前,用户首先选择一个 SPI 和目的 IP 地址,然后产生一个 SA,用这个 SA 的算法和密钥计算整个 IP 数据报的散列填入 AH 报头的认证数据部分,然后送出。当接收端收到该数据报时,首先提取认证报头的信息,然后产生一个类同发送端的 SA,按同样方式计算 IP 数据报的散列,然后比较这个散列是否与认证头中的散列一致。若一致,则验证了 IP 数据报的完整性。另外,若采用的是非对称密钥,还可以验证发送者的身份,也就是说每个 IP 数据报被签名了。

AH 既可用于主机到主机通信,也可用于网关到网关的方式(网关在这里是一个模糊的概念,它既可指路由器,又可指防火墙和堡垒主机等)。用于网关方式中,也可以是网关到主机。在网关模式中,网关参与整个会话的认证过程,内部主机可以透明得到这一功能。可以看出,AH 提供了一种强大的验证功能,使 TCP/IP 的安全迈上了一个新的台阶。然而,AH 并不能确保数据的保密性,于是又产生了 ESP。

(3)载荷安全封装 ESP

ESP 能确保 IP 数据报的完整性和机密性,也可以提供验证(或签名)功能(视算法而定)。图 5-52 是 ESP 包的格式,它包含如下字段。

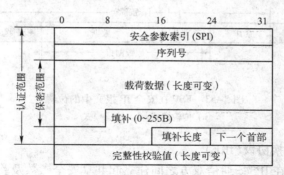

图 5-52   ESP 包的格式

1)安全参数索引 SPI(32bit):标识一个安全关联。

2)序列号(32bit):定义和用法与 AH 相同。

3)载荷数据:被加密的数据。如果使用传输模式,则被加密的数据只是 IP 包载荷,不含 IP 头。如果使用隧道模式,则加密数据是整个 IP 包,包括首部和载荷。

4)填补区域:用于将加密数据根据加密算法的要求填补到规定的长度。

5)填补长度区域:长 8bit,用于表示填补数量。

6)下一个首部。作用和 AH 的一样,给出载荷中出现的第一个报头的数据类型,比如 TCP。由"载荷数据|填充|填充长度|下一个头"构成的二元字符串的长度必须是 32 的倍数。

7)完整性校验值:是如下二元字符串 ICV:SPI|序列号|载荷数据|填补|填补长度|下一个首部。它是 32 的倍数,用于检测数据的完整性。如果 ESP 和 AH 同时使用,则 AH 应在 ESP 执行后才执行。这样做使接收端能首先验证数据,如果认证失败,则接收端就不用将数据

解密了。

SPI 和序列号组成 ESP 包的头,载荷数据、填补、填补长度和下一个首部组成 ESP 包的载荷,被认证数据组成 ESP 包的尾。

ESP 尾和原来数据报的数据部分一起进行加密,因此攻击者无法得知所使用的传输层协议。ESP 的认证数据和 AH 中的认证数据是一样的。因此,用 ESP 封装的数据报既有认证源站和检查数据报完整性的功能,又能提供保密。

发送端在发送 IP 数据之前,首先选择一个 SPI,产生一个 SA,而后用 SA 中的加密算法加密上层(TCP,UDP)或 IP 整个数据,并在 ESP 头前面再加上一个明文 IP 头(用于路由)。当接收端收到该数据报时,提取 ESP 中的 SPI 值,产生一个类同于发送端的 SA,然后用 SA 的算法为数据解密。

图 5-53 给出了两种工作模式下 ESP 在 IP 报文中的位置。

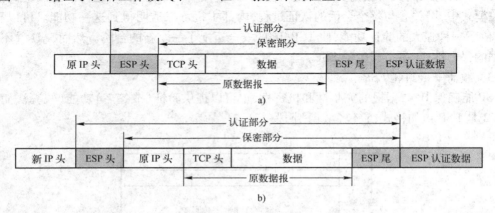

图 5-53　ESP 在安全 IP 报文中的位置
a)传输模式　b)隧道模式

(4)因特网密钥交换协议(IKE)

IKE 的主要用途是在 IPSec 通信双方之间建立起共享安全参数及验证的密钥。

IPSec 使用共享密钥执行认证以及(或者)机密性保障任务,为数据传输提供安全服务。对 IP 包使用 IPSec 进行保护之前,必须建立一个安全关联(SA)。SA 可手工创建或动态建立。采用手工增加密钥的方式会大大降低扩展能力,利用因特网密钥交换 IKE 可以动态地验证 IP-Sec 参与各方的身份、协商安全服务以及生成共享密钥等。

整个 IKE 协议规范主要由 3 个文档定义:RFC 2407、RFC 2408 和 RFC 2409。RFC 2407 定义了因特网 IP 安全解释域(IPSec DOI)。RFC 2408 描述了因特网安全关联和密钥管理协议(Intemet Security Association and Key Management Protocol,ISAKMP)。RFC 2409 则描述了 IKE 协议如何利用 Oakley,SKEME 和 ISAKMP 进行安全关联的协商。

Oakley 由亚利桑那大学的 Hilarie Orman 提出,是一种基于 Diffie-Hellman 算法的密钥交换协议,并提供附加的安全性。SKEME 则是由密码专家 Hugo grawczyk 提出的另外一种密钥交换协议,该协议定义了验证密钥交换的一种类型,其中通信各方利用公钥加密实现相互间的验证。ISAKMP 由美国国家安全局(NSA)的研究人员提出。ISAKMP 为认证和密钥交换提供了一个框架,可实现多种密钥交换。

IKE 基于 ISAKMP、Oakley 和 SKEME,是一种"混合型"协议,它建立在由 ISAKMP 定义的一个框架上,同时实现了 Oakley 和 SKEME 协议的一部分。它沿用了 ISAKMP 的基础、Oakley 的模式以及 SKEME 的共享和密钥更新技术。

3. IPSec VPN 与 SSL VPN

在实际应用中,IPSec VPN 主要应用在点到点的 VPN 接入中,在端到点的远程访问 VPN 接入中,存在较多安全隐患。现在普遍认为,SSL VPN 是 IPSec VPN 的互补性技术,SSL VPN 其实就是采用 SSL 协议,实现远程接入的一种新型 VPN 技术。在实现移动办公和远程接入时,SSL VPN 更可以作为 IPSec VPN 的取代性方案。同时,它对现有 SSL 应用是一个补充,它增加了网络执行访问控制和安全的级别和能力。

因为 SSL 本来就是 B/S 结构,它主要就是针对 Web 安全应用而开发的,所以 Web 应用远程访问控制是 SSL VPN 的主要功能。

SSL VPN 一般的实现方式是在防火墙后面放置一个 SSL 代理服务器(也称为 SSL VPN 网关)。如果用户希望安全地连接到内部网络上,那么当用户在浏览器上输入一个 URL 后,连接将被 SSL 代理服务器取得,并验证该用户身份,然后 SSL 代理服务器将为远程用户提供其与各种不同应用服务器之间的安全连接。

SSL VPN 网关的作用就是代理 Web 页面。它将来自远端浏览器的页面请求(采用 HTTPS 协议)转发给 Web 服务器,然后将服务器的响应回传给终端用户。对于非 Web 页面的文件访问,往往要借助于应用转换。SSL VPN 网关与企业网内部的微软文件服务器或 FTP 服务器通信,将这些服务器对客户端的响应转化为 HTTPS 协议和 HTML 格式发往客户端,终端用户感觉这些服务器就是一些基于 Web 的应用。有的产品所能支持的应用转换器和代理的数量非常少,有的则很好地支持了 FTP、网络文件系统和微软文件服务器的应用转换。而有一些应用(如微软 Outlook 或 MSN),它们的外观会在转化为基于 Web 界面的过程中丢失,此时就要用到端口转发技术。端口转发用于端口定义明确的应用,它需要在终端系统上运行一个非常小的 Java 或 ActiveX 程序作为端口转发器,监听某个端口上的连接。当数据包进入这个端口时,它们通过 SSL 连接中的隧道被传送到 SSL VPN 网关,SSL VPN 网关解开封装的数据包,将它们转发给目的应用服务器。使用端口转发器,终端用户只需指向他希望运行的本地应用程序,而不必指向真正的应用服务器。

一些 SSL VPN 网关还可以帮助实现网络扩展。它将终端用户系统连接到内部网上,并根据网络层信息(如目的 IP 地址和端口号)进行接入控制。虽然牺牲了高级别的安全性,但却使复杂拓扑结构下的网络管理变得简单。

虽然借助于 IPSec 实现 VPN,能大幅度提高 TCP/IP 的安全性,然而 IPSec 却是一个十分复杂的系统,与 SSL 实现的 VPN 相比,在以下 5 个方面存在着明显的区别:

1)部署。部署 IPSec VPN 需要对基础设施进行重大改造,不仅在服务器端,在客户端也需要安装和配置相关软件。而且,IPSec VPN 对客户端采用的操作系统版本具有很高的要求,不同的终端操作系统需要不同的客户端软件。另外,IPSec 安全协议在运行和维护两个方面成本很高。

SSL VPN 则正好相反,客户端不需要安装任何软件或硬件,使用标准的浏览器,就可以通过简单的 SSL 安全加密协议,安全地访问网络中的信息。目前,几乎所有的操作系统都带有浏览器软件,其内置的 SSL 协议软件能提供足够的支持。虽然 SSL VPN 在某些应用(比如安全通道等服务）中，也必须下载客户端软件，但由于 SSL VPN 会自动下载、自动安装、自动配置，且在用户退出时会自动删除，因此还是可以说 SSL VPN 是零客户端配置的。SSL VPN 降低了部署成本，同时也减少了对日常性支持和管理的需求。

2）安全性。IPSec 安全协议是在网络边缘处建立通道，仅保护从网络边缘到另一个网络边缘连接的安全。因此，所有运行在内部网络的数据是透明的，包括任何密码和在线传输中的敏感数据。SSL VPN 相对更安全。SSL 安全通道是在客户到所访问的资源之间建立的，确保端到端的真正安全。无论在内部网络还是在因特网上，数据都是不透明的。客户对资源的每次操作都需要经过安全的身份验证和加密。

另外，SSL VPN 是直接与具体的应用系统关联的，并没有在网络层上连接，黑客不易侦测出应用系统内部网络设置，同时黑客攻击的也只是 VPN 服务器，无法攻击到后台的应用服务器，攻击机会相对就减少了。另外，在 SSL VPN 中，远程主机与 SSL VPN 网关之间是直接通过 SSL 通信端口作为传输通道的，只要在防火墙上开放所配置的 SSL 端口，就不需要因为不同应用系统的需求而修改防火墙上的设定。如果所有后台系统都通过 SSL VPN 的保护，那么在日常办公中防火墙只开启一个 SSL 端口就可以了，因此大大降低了内部网络受外部黑客攻击的可能性。

3）可扩展性。IPSec VPN 在部署时一般放置在网络网关处，因而要考虑网络的拓扑结构，如果增添新的设备，往往要改变网络结构，那么 IPSec VPN 就要重新部署，因此造成 IPSec VPN 的可扩展性比较差。而 SSL VPN 就有所不同，它一般部署在内网中任一节点处，可以随时根据需要，添加 VPN 保护的服务器，因此无需影响原有网络结构。目前国内外的一些知名 VPN 厂商都提供透明模式下的 VPN 网关，所以无需对用户原有的网络进行任何改变，包括主机路由、接入方式等。

4）访问控制能力。由于 IPSec VPN 部署在网络层，因此，内部网络对于通过 VPN 的使用者来说是透明的。所以，IPSec VPN 的目标是建立起一个虚拟的 IP 网，而无法保护内部数据的安全。SSL VPN 重点在于保护具体的敏感数据，比如 SSL VPN 可以根据用户的不同身份，给予不同的访问权限。也就是说，虽然都可以进入内部网络，但是不同人员可以访问的数据是不同的。而且在配合一定的身份认证方式的基础上，不仅可以控制访问人员的权限，还可以对访问人员的每个访问，做的每笔交易、每个操作进行数字签名，保证每笔数据的不可抵赖性和不可否认性，为事后追踪提供了依据。

5）经济性。对于 IPSec VPN 来说，每增加一个需要访问的分支，就需要添加一个硬件设备。SSL VPN 有更好的经济性，因为只需要在总部放置一台硬件设备，就可以实现所有用户的远程安全访问接入。另外，就使用成本而言，SSL VPN 具有更大的优势，由于这是一个即插即用设备，在部署实施以后，一个具有一定 IT 知识的普通工作人员就可以完成日常的管理工作。

由于因特网的迅速发展，针对远程安全接入的需求也日益提升。用户可选择的远程访问解决方案很多，因此必须依据远程访问不同的特定需求与目标进行选购。对于使用者而言，方便安全的解决方案才能真正符合需求。今天，大多数信息管理人员都发现，以 IPSec VPN 作为点对点连接方案，再以 SSL VPN 作为远程访问方案，能满足员工、商业伙伴与客户的安全连接需求，是最合适也最具成本效益的组合。

5.8 IPv6 新一代网络的安全机制

IP 协议是因特网的核心协议,现在使用的 IPv4 是在 20 世纪 70 年代末期设计的。事实证明,IPv4 具有相当强的生命力,易于实现且互操作性良好,经受住了从早期小规模互联网络扩展到如今全球范围因特网应用的考验。所有这一切都应归功于 IPv4 最初的优良设计。但是,由于 IPv4 在设计之初在资源限制上较为保守,随着因特网的爆炸性增长,以及因特网用户对加密和认证需求的飞速增长,IPv4 逐渐显示出了它的不足之处:

- 网络地址需求的增长。因特网呈指数级的飞速发展,导致 IPv4 地址空间几近耗竭。
- IP 安全需求的增长。由于 IPSec 对 IPv4 只是一个可选的补充标准,企业使用各自私有安全解决方案的情况还是相当普遍的,导致信息交流困难。
- 更好的实时 QoS 支持的需求。IPv4 的 QoS 在实时传输上依赖于服务类型(TOS),并使用 UDP 或 TCP 端口进行身份认证。但数据包若被加密,则无法使用 TCP/UDP 端口进行身份认证。

为了解决这些问题,IETF 从 1992 年起就开始了相关的研究,并于 1994 年提出了 IPNG(IP Next Generation)建议草案。1995 年底 IEFT 提出了正式的协议规范,经过进一步的修改,成为今天的 IPv6。lPv6 综合了多个对 IPv4 进行升级的提案。在设计上,IPv6 力图避免增加太多的新特性,从而尽可能地减少了对现有的高层和底层协议的冲击。

国际互联网协会宣布,全球主要互联网服务提供商、家庭网络设备制造商以及互联网公司于 2012 年 6 月 6 日正式启用 IPv6 服务及产品。

5.8.1 IPv6 的新特性

IPv6 为了解决不足之处,在协议中增加了一些新的特性:

1)新包头格式。IPv6 包头的设计原则是力图将包头开销降到最低,具体做法是将一些非关键性字段和可选字段移出包头,置于 IPv6 包头之后的扩展包头中。因此,尽管 IPv6 地址长度是 IPv4 的 4 倍,但包头仅为 IPv4 的 2 倍。改进后的 IPv6 包头在中转路由器中处理效率更高。IPv6 的数据包格式如图 5-54 所示。

图 5-54 IPv6 的一般格式

IPv6 与 IPv4 两者的包头没有互操作性,且 IPv6 也不兼容 IPv4,因此在主机和路由器中必须分别实现 IPv4 和 IPv6。

2)更大的地址空间。IPv6 采用了 128 位的地址空间,即共有 $2^{128} - 1(3.4 \times 10^{38})$ 个地址,这一地址空间是 IPv4 地址空间的 1025 倍,彻底解决了 IPv4 地址不足的问题。IPv6 采用分级地址模式,支持从因特网核心主干网到企业内部子网等多级子网地址分配方式。在 IPv6 的庞大地址空间中,目前全球联网设备已分配掉的地址仅占其中极小一部分,有足够的余量可供未来发展之用。

3）高效的层次寻址及路由结构。IPv6 采用聚类机制,定义非常灵活的层次寻址及路由结构,同一层次上的多个网络在上层路由器中表示为一个统一的网络前缀,这样可以显著减少路由器必须维护的路由表项。在理想情况下,一个核心主干网路由器只需维护不超过 8192 个表项。这大大降低了路由器的寻址和存储开销。

4）全状态和无状态地址配置。为了简化主机配置,IPv6 支持全状态和无状态(Stateful And Stateless)两种地址配置方式。在 IPv4 中,动态宿主机配置协议(DHCP)实现了主机 IP 地址及其相关配置的自动设置,IPv6 继承 IPv4 的这种自动配置服务,并将其称为全状态自动配置(Stateful Auto Configuration)。除了全状态自动配置,IPv6 还采用了一种被称为无状态自动配置(Stateless Auto Configuration)的自动配置服务。在无状态自动配置过程中,在线主机自动获得本地路由器的地址前缀以及链路局部地址以及相关配置。

5）内置安全设施。IPv6 全面支持 IPSec,以便满足和提高不同的 IPv6 实现之间的协同工作能力。IPv6 在扩展报头中定义了认证报头 AH 和封装安全有效载荷(ESP),从而使在 IPv4 中仅仅作为选项使用的 IPSec 协议成为 IPv6 的有机组成部分。

认证报头 AH 是 IPv6 所定义的扩展报头中的一种,由有效载荷类型 51 来标征。例如,一个被认证的 TCP 数据报会包括一个 IPv6 报头、一个认证报头和 TCP 数据报本身。不过,还有其他几种变体,例如在 AH 前插有路由选择报头,或者在 AH 和有效载荷之间插入端到端选项等,如图 5-55 所示。

ESP 报头在 IPv6 报头链中总是在最后的位置,并处于加密部分的最外层,如图 5-56 所示。

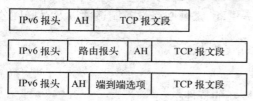

图 5-55　认证过的 TCP 数据报举例　　　　图 5-56　使用 ESP 报头的加密数据报

6）更好的 QoS 支持。IPv6 包头的新字段定义了数据流如何识别和处理。IPv6 包头中的流标志(Flow Label)字段用于识别数据流身份,利用该字段,IPv6 允许终端用户对通信质量提出要求。路由器可以根据该字段标志出同属于某一特定数据流的所有包,并按需对这些包进行特定处理。由于数据流身份信息包含在 IPv6 包头中,因此即使是经过 IPSec 加密的数据包也可以获得 QoS 支持。

7）用于邻节点交互的新协议。IPv6 的邻居发现协议(Neighbor Discovery Protocol)使用一系列 IPv6 控制信息报文(ICMP v6)来实现相邻节点(同一链路上的节点)的交互管理。邻居发现协议以及高效的组播和单播邻居发现报文替代了以往基于广播的地址解析协议 ARP、IC-MP v4 路由器发现和 ICMP v4 重定向报文。

8）可扩展性。IPv6 特性具有很强的可扩展性,新特性可以添加在 IPv6 包头之后的扩展包头中。不像 IPv4 包头最多只能支持 40B 的可选项,IPv6 扩展包头的大小仅受到整个 IPv6 包最大字节数的限制。

5.8.2　IPv6 安全机制对现行网络安全体系的新挑战

在前面的分析中,可以了解 IPv6 的优点及其在安全中的应用,但是这并不能说 IPv6 就可以确保系统的安全了。因为安全包含着各个层次、各个方面的问题,不是仅仅由一个安全的网络层就可以解决的。如果黑客从网络层以上的应用层发动进攻,比如利用系统缓冲区溢出或木马进行攻击,纵使再安全的网络层也于事无补。

而且仅仅从网络层来看,IPv6 也不是尽善尽美的。它毕竟同 IPv4 有着极深的渊源。并且,在 IPv6 中还保留着很多原来 IPv4 中的选项,如分片、TTL。而这些选项曾经被黑客用来攻击 IPv4 或者逃避检测,很难说 IPv6 能够逃避类似的攻击。同时,由于 IPv6 引进了加密和认证,还可能产生新的攻击方式。比如,加密是需要很大的计算量的,而当今网络发展的趋势是带宽的增长速度远远大于 CPU 主频的增长,如果黑客向目标发送大量貌似正确但实际上却是随意填充的加密数据报,受害机就有可能由于消耗大量的 CPU 时间用于检验错误的数据报,而不能响应其他用户的请求,从而造成拒绝服务。

另外,当前的网络安全体系是基于现行的 IPv4 协议的,防范黑客的主要工具有防火墙、网络扫描、系统扫描、Web 安全保护、入侵检测系统等。IPv6 的安全机制对它们的冲击可能是巨大的,甚至是致命的。例如,对于包过滤型防火墙,使用了 IPv6 加密选项后数据是加密传输的,由于 IPSec 的加密功能提供的是端到端的保护,并且可以任选加密算法,密钥是不公开的,防火墙根本就不能解密;在对待被加密的 IPv6 数据方面,基于主机的入侵检测系统有着和包过滤防火墙同样的尴尬。

为了适应新的网络协议,寻找新的解决安全问题的途径变得非常急迫。而安全研究人员也需要面对新的情况,进一步研究和积累经验,尽快找出适应的安全解决方法。

5.9 思考与练习

1. 当前有哪几种网络攻击技术?黑客攻击的一般步骤有哪些?各个步骤的主要工作是什么?

2. 什么是 DoS 攻击、DDoS 攻击?举例说明这两种攻击的原理、相应的工具及防范技术。什么是 0 day 攻击?什么是 APT 攻击?搜集一些 0 day 攻击和 APT 攻击的案例。

3. TCP/IP 协议存在哪些安全缺陷?简述当前流行的网络服务存在的安全问题。

4. 在如图 5-57 所示的局域网环境中会发生什么样的 ARP 欺骗攻击?

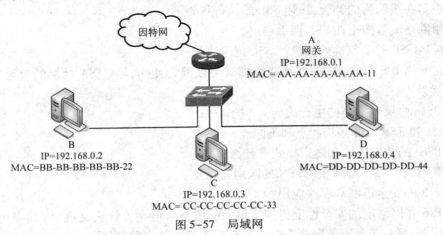

图 5-57 局域网

5. 简述 OSI 安全体系结构提出的安全服务及其内容。可以采用哪些安全机制来实现安全服务？

6. 什么是防火墙，防火墙采用的主要技术有哪些？什么是包过滤，包过滤有几种工作方式？防火墙有哪些主要体系结构？请选择一个画图表示。

7. 什么是 NAT、VPN？它们分别有什么作用？

8. 什么是 IDS？简述异常检测技术的基本原理。

9. 比较异常检测和误用检测技术的优缺点。

10. 什么是 IPS？其与防火墙、IDS、UTM 等安全技术有何关联？

11. 网络隔离是指两个主机之间物理上完全隔开吗？网络隔离技术和防火墙技术以及NAT 等技术有何异同点？

12. 网闸的特征是什么？网闸阻断了所有的连接，怎么交换信息？应用代理阻断了直接连接，是网闸吗？

13. 将密码算法置放在传输层、网络层、应用层以及数据链路层分别有什么区别？

14. 什么是 PKI？PKI 的基本结构是什么？PKI 提供哪些安全服务？

15. 什么是"数字证书"？数字证书中存放了哪些信息？它们有什么作用？

16. PMI 和 PKI 相比有哪些改进？PMI 系统可以脱离 PKI 系统单独运行吗？

17. 简述 Kerberos 会话密钥交换过程。

18. 分析在 Kerberos 协议中将 AS 和 TGS 分成两个不同实体的好处。

19. 用图描述单域 Kerberos 协议的流程，将每一个阶段的对话表示出来。

20. 用图描述多域 Kerberos 协议的流程，将每一个阶段的对话表示出来。

21. 下面的认证过程存在什么缺陷？

1）$C \rightarrow AS: ID_C \parallel P_C \parallel ID_V$

2）$AS \rightarrow C: Ticket$

3）$C \rightarrow V: ID_C \parallel Ticket$

$Ticket = EKv[ID_C \parallel P_C \parallel ID_V]$

Terms:
C = Client
AS = Authentication Server
V = serVer
ID_C = Identifier of user on C
ID_V = Identifier of V
P_C = Password of user on C
K_V = secret encryption key shared by AS an V
$\parallel$ = concatenation

22. SSL 使用了哪些安全机制？试简述 SSL 的工作过程。

23. 根据在线购物的经验，描述 SSL 的执行步骤。

24. 用网络流程图描述 SSL 握手协议。

25. 描述 SSL 的接收端如何执行 SSL 记录协议。

26. 在使用 IPSec 时传输模式和隧道模式可以混合使用，描述 SA 捆绑的组合方式，并指出它们的优缺点。

27. IPSec 协议包括哪些主要内容？

28. AH 和 ESP 有哪些相同点和不同点？

29. IPSec 的传输模式和隧道模式有什么区别？

30. 简述 SSL VPN 与 IPSec VPN 的区别与联系。

31. IPv6 的安全机制有哪些应用？

32. IPv6 在网络层的安全性上得到了很大的增强。但是为什么又说"它的应用也带来了一些新的问题，且对于现行的网络安全体系提出了新的要求和挑战"？

33. 知识拓展：目前我国与网络隔离产品相关的国家标准有两个：《信息安全技术 网络和终端设备隔离部件测试评价方法》（GB/T 20277—2006），《信息安全技术 网络和终端设备隔离部件安全技术要求》（GB/T 20279—2006）。了解相关技术要求和测试评价方法，重点了解隔离部件中的信息交换技术方法。

34. 知识拓展：了解 PKI/PMI 的产品及应用。访问吉大正元信息技术有限公司网站 http://www.jit.com.cn，了解权限管理系统相关产品与技术。PERMIS PMI（Privilege and Role Management Infrastructure Standards Validation）是在欧盟资助下的项目，目的是验证 PMI 的适应性和可用性。了解 PERMIS PMI 的相关进展和内容。

35. 读书笔记：目前具有代表性的认证系统主要有 3 种，分别是公钥基础设施（Public Key Infrastructure, PKI）、基于身份的加密（Identity Based Encryption, IBE）和组合公钥（Combined Public Key, CPK）。查找相关资料，对这 3 种认证技术进行比较分析。

36. 操作实验：阅读《Google 知道你多少秘密》、《Google Hacking 技术手册》等参考书籍，完成以下两个实验：

1）学习利用 Google Hacking 信息搜索技术搜索自己在互联网上的踪迹，以确认是否存在隐私和敏感信息泄露问题，如果有，试提出解决方案。

2）尝试获取 BBS、论坛、QQ、MSN 中某一好友的 IP 地址，并查询获取该好友所在具体地理位置。完成实验报告。

37. 操作实验：使用 Nmap、Nessus、Cheops - ng（http://cheops - ng.sourceforge.net）等扫描工具扫描特定机器，给出该机的配置情况、网络服务以及安全漏洞等信息。完成实验报告。

38. 操作实验：使用 Tcpdump 开源软件对在本机上访问 www.tianya.cn 网站过程进行嗅探，回答问题：在访问 www.tianya.cn 网站首页时，浏览器将访问多少个 Web 服务器？它们的 IP 地址都是什么？找出其地理位置。完成实验报告。

39. 操作实验：攻击方用 Nmap 扫描（达到特定目的），防守方用 Tcpdump 嗅探，用 Wireshark 分析，并分析出攻击方的扫描目的以及每次扫描使用的 Nmap 命令。完成实验报告。

40. 操作实验：使用针对 Web 服务器的漏洞扫描工具可以帮助系统管理员、安全顾问和 IT 专家检查并确认网络系统中存在的 Web 漏洞。这类工具如 N - Stalker Web Application Security Scanner（http://www.nstalker.com/stealth.php）。完成实验报告。

41. 操作实验：利用 Pangonlin 工具进行 Web 脚本漏洞的扫描及渗透测试。完成实验报告。

42. 操作实验：ARP 攻击原理及防范实验。一台装有 Windows XP SP2 系统的计算机，"网络监控机"软件（可从长角牛软件工作室主页 http://www.netrobocop.com 下载），"Wireshark 网络协议分析器"软件（可从 http://www.wireshark.org/下载）。实验内容如下：1）安装"网络监控机"，使用"网络监控机"软件进行 ARP 攻击，限制局域网内主机上网。2）利用 Wireshark 软件分析"网络监控机"限制局域网内主机上网的工作原理。3）使用"360ARP 防火墙"等软件进行 ARP 攻击的防范。完成实验报告。

43. 操作实验：Netwox 是一个功能强大且易用的开源工具包，可以创建任意的 TCP/IP/UDP 数据报文。利用 Netwox 工具完成以下实验内容：1）利用 Netwox 进行 IP 源地址欺骗，并利用 Wireshark 软件嗅探和分析欺骗包。2）利用 Netwox 进行 TCP SYN Flood 攻击，并利用 Wireshark 软件嗅探和分析欺骗包。完成实验报告。

44. 编程实验:网络扫描工具的编程实现。1)编程实现 ping 扫描。2)编程实现 TCP Connect 端口扫描。完成实验报告。

45. 编程实验:网络嗅探工具的编程实现。利用 Winpcap 实现网络嗅探器的主要流程如下:1)获取并列出当前网卡列表。2)根据用户设置打开指定网卡。3)根据用户指定的过滤规则设置过滤器。4)捕获数据包并进行解析,解析内容:IP 数据包头的信息、ICMP 数据包头的信息、TCP、UDP 数据包头的信息。完成实验报告。

46. 编程实验:使用 OpenSSL 编程实现一个 C/S 安全通信程序。OpenSSL 是一个非常优秀的实现 SSL/TLS 的著名开源软件包,它实现了 SSL v2.0、SSL v3.0 和 TLS v1.0。

47. 操作实验:网络防火墙的使用和攻防测试。实验内容:学习使用网络防火墙软件 Zone Alarm Pro,理解和掌握防火墙原理和主要技术。完成实验报告。

48. 操作实验:Windows 下安装配置开放源码的入侵检测系统 Snort(http://www.snort.org)。Snort 是一个轻量级的网络入侵检测系统,能完成协议分析,内容的查找/匹配,可用来探测多种攻击的入侵探测器(如缓冲区溢出、秘密端口扫描、CGI 攻击、SMB 嗅探、指纹采集尝试等)。完成实验报告。

49. 操作实验:使用 Windows XP 的读者可用如下步骤查看系统中的公钥证书和证书吊销名单:依次单击"开始"和"运行"按钮,然后输入 mmc 并单击"确定"按钮。在标题为"控制台1"的窗口中依次单击"文件"→"添加/删除管理单元"→"添加"→"证书"→"添加"→"我的用户账户"→"完成"→"关闭"→"确定"。回到"控制台 1"的窗口中单击"证书 – 当前用户"左边的"＋"号,回答如下问题:1)每一项的含义是什么? 2)证书吊销名单出现在哪一项中?哪个证书被吊销了? 完成实验报告。

50. 操作实验:在 Adobe Acrobat 中建立和使用公钥证书。实验内容:如果计算机中装有 Adobe Acrobat 9 Pro 中文版,打开一个 PDF 文件,然后依次单击"高级"→"签名和验证",在其中完成数字身份证的添加,并分析产生的公钥证书的内容。接着,单击"文件"→"另存为已验证的文档",完成对该 PDF 文档的签名。完成实验报告。

51. 操作实验:用 Ethereal 网络嗅探软件分析 SSL 握手信息。如果读者有银行在线户头,用 Ethereal 截获自己的登录信息,并检查这些信息是否都是以密文形式传输的。完成实验报告。

52. 操作实验:在 Windows 2003 Server 上为 Web 应用程序(站点)配置 SSL。完成实验报告

53. 操作实验:WinSCP 是一个 Windows 环境下使用 SSH 的开源图形化 SFTP 客户端,同时支持 SCP 协议。它的主要功能是在本地与远程计算机间安全地复制文件。从 http://winscp.net/eng/index.php 网址免费下载 WinSCP 客户和服务器程序(SShClient 和 SecureWindows-FTP Server),安装并使用。完成实验报告。

54. 操作实验:使用 PGP 进行安全邮件通信。PGP 是一种兼容于各种平台的安全软件,除了安全邮件通信外,还提供 ICQ 安全消息传递、信息安全存储和防火墙等功能。实验内容:PGP 在邮件安全方面的应用,在发送邮件时加密和签名,接收邮件时验证签名和解密。完成实验报告。

55. 应用设计:考虑这样一个实例,一个 A 类子网络 116.111.4.0,认为站点 202.208.5.6 上有非法 BBS,所以希望阻止网络中的用户访问该 BBS;再假设这个站点的 BBS 服务是通过

Telnet 方式提供的,那么需要阻止到那个站点的出站 Telnet 服务,对于 Internet 的其他站点,允许内部网用户通过 Telnet 方式访问,但不允许其他站点以 Telnet 方式访问网络;为了收发电子邮件,允许 SMTP 出站/入站服务,邮件服务器 IP 地址为 116.111.4.1;对于 WWW 服务,允许内部网用户访问 Internet 上任何网络和站点,但只允许一个公司(因为是合作伙伴关系,公司的网络为 98.120.7.0)的网络访问内部 WWW 服务器,内部 WWW 服务器的 IP 地址为 116.111.4.5。请设定合理的防火墙过滤规则表。

56. 材料分析:2009 年 5 月 19、20 日两天,国内大面积出现网络故障。工信部随后发布公告称,由于暴风影音网站的域名解析系统受到网络攻击出现故障,导致电信运营企业的递归域名解析服务器在 5 月 19 日 22 时左右收到大量异常请求,进而引发拥塞,造成用户不能正常上网。

针对上述说法,暴风影音 CEO 冯鑫首度对此次网络瘫痪事件进行了解释和回应。冯鑫表示,19 日发生的网络故障与暴风无关,系域名解析服务商的问题。

DNSPod 是目前国内主要 DNS 域名解析提供商之一,暴风公司是其一个主要客户。根据 DNSPod 的解释,事发当晚,由于大量的暴风影音用户打开暴风影音的网页或者使用其提供的在线视频服务,这些用户提交的访问申请无法找到正确的服务器,大量积累的访问申请导致各地电信网络负担成倍增加,网络出现堵塞,从而出现这一现象。

对于软件故障引起这样全国范围的互联网瘫痪,相当多的网友对事故涉及各方的解释感到不满,纷纷通过论坛等方式质疑为何一家企业的网络故障会拖累这么多省市网络垮掉,当中是否存在宽带网络保护机制的不健全和架构设计上有重大缺陷。【材料来源:《扬子晚报》,2009 - 5 - 22】

请根据上述材料回答:

1) 什么是 DNS 服务?

2) DNS 服务存在的安全问题及解决途径有哪些?

第6章 数据库安全

以数据库为基础的信息管理系统正在成为政府机关、军事部门和企事业单位的信息基础设施。可以说随着人们越来越依赖信息技术,数据库中存储的信息的价值也将越来越高,因而数据库的安全显得越发重要。

传统的数据库类型包括关系型数据库、层次数据库和网状数据库。近年来,随着计算机网络技术的高速发展,数据库技术也得到了很大的发展,先后出现了面向对象数据库和非结构数据库等新型数据库类型,但是从应用角度来看,关系型数据库仍然是主流数据库品种。为讲解方便,本书涉及的数据库专指关系型数据库。

本章6.1节研究数据库的安全问题,包括数据库受到的安全威胁和数据库的安全需求等,6.2节介绍数据库的安全控制机制,包括安全存取控制、完整性控制、备份与恢复、推理控制与隐通道分析、可生存性控制及数据库隐私保护等内容,6.3节对目前数据库安全研究的进展进行了分析。

6.1 数据库安全问题

本书讨论的数据库安全既包括数据库管理系统(DBMS)的安全,也包括数据库应用系统的安全。本节首先介绍数据库安全的重要性,接着分析数据库面临的安全威胁。

1. 数据库安全的重要性

由于数据库的重要地位,其安全性也备受关注,其重要性体现在以下两方面:

1)包含敏感信息和数据资产。数据库系统是当今大多数信息系统中数据存储和处理的核心。数据库中常常含有各类重要或敏感数据,如商业机密数据、个人隐私数据,甚至是涉及国家或军事秘密的重要数据等,且存储相对集中。由于各种原因,例如行业竞争、好奇心或利益驱使,总有人试图进入数据库中获取或破坏信息,联网的数据库受到的威胁就更大。数据库安全将极大地影响政府、企业、组织,甚至个人的形象和利益。

2)计算机信息系统安全的关键环节。数据库的安全还涉及应用软件、系统软件的安全,甚至整个网络系统的安全。针对数据库系统的成功攻击往往导致黑客获得所在操作系统的管理权限,从而给整个信息系统带来更大程度的破坏,如服务器瘫痪、数据无法恢复等。

2. 数据库面临的安全问题

图6-1给出了数据库面临的主要安全问题。

数据库面临的安全问题主要包括以下几类。

1)硬件故障与灾害破坏。支持数据库系统的硬件环境发生故障,如无断电保护措施因而在断电时造成信息丢失;硬盘故障致使库中数据读不出来;环境灾害也是对数据库系统的威胁。

2)数据库系统/应用软件的漏洞和黑客攻击。网络黑客或内部恶意用户针对数据库系统

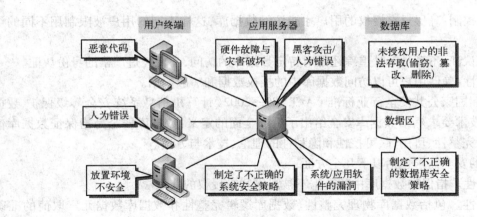

图 6-1　数据库面临的主要安全问题

或应用系统的漏洞进行攻击。例如,典型的 SQL 注入漏洞直接威胁网络数据库的安全。

3）人为错误。操作人员或系统用户的错误输入,应用程序的不正确使用,都可能导致系统内部的安全机制失效,导致非法访问数据的可能,也可能造成系统拒绝提供数据服务。

4）管理漏洞。数据库管理员专业知识不够,不能很好地利用数据库的保护机制和安全策略。例如,不能合理地分配用户的权限;不能按时维护数据库(备份、恢复、日志整理等);不能坚持审核审计日志,从而不能及时发现并阻止黑客或恶意用户对数据库的攻击。

5）不掌握数据库核心技术。目前我国正在使用的 DBMS 大多来自国外,由于国外能够卖给我国的 DBMS 都是安全级别 B 级以下的,缺乏强制访问控制机制。

6）隐私数据的泄漏问题。数据库中的隐私数据是指公开范围应该受到限制的那些数据。网络在扩展信息交流空间,带给人们极大便利的同时,也使人们置身于一个自由、开放、无国界、几乎透明的"玻璃"社会,时刻面临着网络隐私权被侵犯的严峻挑战。

6.2　数据库安全控制

本节先讲解数据库的安全需求和安全策略,接着讲解数据库的安全控制措施。

6.2.1　数据库的安全需求和安全策略

1. 数据库的安全需求

随着数据库技术、计算机网络通信技术的迅猛发展,数据库安全的内容也在不断发展变化。

C. P. Pfleeger 在 *Security in Computing* 一书中从以下方面对数据库安全进行了描述。

1）数据库的物理完整性:数据库中的数据不被各种自然的或物理的问题而破坏,如电力问题或设备故障等。

2）数据库的逻辑完整性:对数据库结构的保护,例如对其中一个字段的修改不应该破坏其他字段。

3）元素正确性:存储在数据库中的每个元素都是正确的。

4）可审计性:可以追踪存取和修改数据库元素的用户。

5）访问控制：确保只有授权的用户才能访问数据库，这样不同的用户被限制用不同的访问方式。

6）身份认证：不管是审计追踪还是对特定数据库的访问，都要经过严格的身份认证。

7）可用性：确保用户可以访问数据库中的授权数据和一般数据。

本书参照国家公共安全行业标准 GA/T 389—2002《计算机信息系统安全等级保护 数据库管理系统技术要求》，对数据库安全给出了更加全面的定义：数据库安全是指保证数据库信息的保密性、完整性、可用性、可控性和隐私性的理论、技术与方法。

数据库的安全需求包括以下几个方面：

1）保密性。指保护数据库中的数据不被泄露和未授权的获取。

2）完整性。包括数据库物理完整性、数据库逻辑完整性和数据库数据元素取值的准确性和正确性。例如，数据库中的数据不被无意或恶意地插入、破坏和删除；保证数据的正确性、一致性和相容性；保证合法用户得到与现实世界信息语义和信息产生过程相一致的数据。

3）可用性。指确保数据库中的数据不因人为的和自然的原因对授权用户不可用。某些运行关键业务的数据库系统应保证全天候（24×7，即每天 24 小时，每周 7 天）的可用性。

4）可控性。指对数据操作和数据库系统事件的监控属性，也指对违背保密性、完整性、可用性的事件具有监控、记录和事后追查的属性。

5）可存活性。指基于数据库的信息系统在遭受攻击或发生错误的情况下，能够继续提供核心服务并及时恢复全部服务。

6）隐私性。指在使用基于数据库的信息系统时，保护使用主体的个人隐私（如个人属性、偏好、使用时间等）不被泄露和滥用。隐私性是与保密性和完整性密切相关的，但它涉及与使用数据相关的用户偏好、职责履行、法律遵从证明等其他保护需求，如个人不希望其消费习惯、消费偏好等被泄露，企业希望营造一个用户放心的信息环境、维护企业信誉、避免卷入法律纠纷等。

数据库的安全主要由数据库管理系统来维护，但是操作系统、网络和应用程序与数据库安全也是十分紧密的，因为用户要通过它们来访问数据库，况且和数据库安全密切相关的用户认证等其他技术也是通过它们来实现的。

2. 数据库的安全策略

数据库的安全策略是指导信息安全的高级准则，即组织、管理、保护和处理敏感信息的法律、规章及方法的集合。它包括安全管理策略和访问控制策略。安全机制是用来实现和执行各种安全策略的功能的集合，这些功能可以由硬件、软件或固件来实现。

安全管理策略的目的是定义用户共享数据和控制它的使用，这种功能可由拥有者完成，也可由数据库管理员实现。这两种管理的区别是，拥有者可以访问所有可能的数据类型，而管理员只有控制数据的权利。

访问控制策略主要考虑如何控制一个程序去访问数据。数据库的控制方式可分为集中式控制和分布式控制两类：集中式控制系统只有一个授权者，他控制着整个数据库的安全；分布式控制是指一个数据库有多个数据库安全管理员，每个人控制着数据库的不同部分。对不同的数据库形式，有不同的安全策略。一般可以分为：

1）按实际要求决定粒度大小策略。在数据库中，可按要求将数据库中的项分成大小不同的粒度,粒度越小,安全级别越高。通常,要根据实际要求决定粒度大小尺寸。

2）宽策略或严策略。类似于访问控制列表中的宽策略和严策略。宽策略是指除了明确禁止的项目外,数据库中的其他数据项均允许用户存取;严策略是指数据库只允许用户对明确授权的项目进行存取。从安全保密角度看,严策略是首选。

3）最小特权策略。最小特权策略的一个明确操作要求是客体有数据库管理系统允许的最小粒度。

4）与内容有关的访问控制策略。最小特权策略可扩展为与数据项内容有关的控制,"内容"主要是指存储在数据库中的数值,存取控制是根据此时刻的数据值来进行的。这种控制产生较小的控制粒度。

5）上下文相关的访问控制策略。该策略根据上下文的内容,严格控制用户的存取区域。一方面限制用户,不允许在同一请求里或者在特定的一组相邻请求里对某些不同属性进行存取;另一方面规定用户对某些不同属性的数据必须在一组存取。这种策略主要是限制用户同时对多个域进行访问。

6）与历史有关的访问控制。利用推理来获取机密信息的方法对数据库的安全保密是一种极大的威胁,一般要防止这种类型的泄密。但是要防止用户做某种推理,仅仅控制当时请求的上下文一般是无效的。防止这类推理就要求实施与历史有关的访问控制。它不仅考虑当时请求的上下文,而且也考虑过去请求的上下文关系。根据过去已经执行过的存取来控制他现在提出的请求。

7）按存取类型控制策略。这种策略或者允许用户对数据做出任何类型的存取,或者干脆不允许用户存取。如果规定用户可以对数据存取的类型,如读、写、修改、插入、删除等,则可对其存取实行更严格的控制。

6.2.2 数据库的安全存取控制

数据库的首要安全问题是保护数据库不被非授权的访问,造成数据泄露、更改或破坏。安全存取控制是实现这一目标的重要途径。

数据库的安全存取控制可分为两层:系统级和数据级,如图6-2所示。在数据库系统这一级中一般提供两种控制:用户认证和数据存取控制。在数据存储这一级可采用密码技术,当物理存储设备失窃后,它起到保密作用。

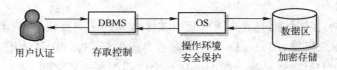

图6-2　数据库安全控制模型

1. 用户认证

本书在第4章已经介绍了用户认证的概念,包括用户的标识与鉴别。用户认证通过核对用户的 ID 和口令等认证信息,决定该用户对系统的使用权。通过认证来阻止未经授权的用户对数据库进行操作。

DBMS 是作为操作系统的一个应用程序运行的,数据库中的数据不受操作系统的用户认证机制的保护,也没有通往操作系统的可信路径。DBMS 必须建立自己的用户认证机制。

DBMS 的认证是在操作系统认证之后进行的。这就是说,一个用户进入数据库,需要进行操作系统和 DBMS 两次认证,这种机制提高了数据库的安全性。

2. 访问控制

访问控制是通过某种途径显式地准许或限制访问能力及范围,以防止非授权用户的侵入或合法用户的不慎操作所造成的破坏。

和操作系统相比,数据库的访问控制难度要大得多。

在操作系统中,文件之间没有关联关系;但在数据库中,不仅库表文件之间有关联,在库表内部的记录、字段都是相互关联的。对目标访问控制的粒度和规模也不一样,操作系统中控制的粒度是文件,数据库中则需要控制到记录和字段一级。操作系统中几百个文件的访问控制表的复杂性远比具有几百个库表文件,且每个库表文件又有几十个字段和数十万条记录的数据库的访问控制表的复杂性要小得多。访问控制机制规模大而复杂,对系统的处理效率也有较大影响。

由于访问数据库的用户的安全等级是不同的,分配给他们的权限也不一样,为了保护数据的安全,数据库被逻辑地划分为不同安全级别数据的集合。有的数据允许所有用户访问,有的则要求用户具备一定的权限。在 DBMS 中,用户有对数据库的创建、删除,对库表结构的创建、删除与修改,对记录的查询、增加、修改、删除,对字段值的录入、修改、删除等权限,DBMS 必须提供安全策略管理用户的这些权限。

由于数据库中的访问目标(数据库、库表、记录与字段)是相互关联的,字段与字段值之间、记录与记录之间也具有某种逻辑关系,因此存在通过推理从已知的记录或字段值间接获取其他记录或字段值的可能。而在操作系统中一般不存在这种推理泄漏问题,它管理的目标(文件)之间并没有逻辑关系。这就使数据库的访问控制机制不仅要防止直接的泄漏,还要防止推理泄漏的问题,因而使数据库访问控制机制比操作系统的复杂得多。限制推理访问需要为防止推理而限制一些可能的推理路径。通过这种方法限制可能的推理,也可能限制了合法用户的正常查询访问,会使他们感到系统访问效率不高,甚至一些正常访问被拒绝。

本书在第 4 章已经介绍了传统的两种访问控制机制:自主访问控制(DAC)和强制访问控制(MAC),以及得到广泛应用的基于角色的访问控制(RBAC)。在数据库的安全存取控制中,这些访问控制仍然可以应用,但是这些基于资源请求者的身份做出授权决定的访问控制模型不再适用于开放的网络环境下数据库安全问题的解决,人们提出了信任管理、数字版权管理等新一代的访问控制技术,下面对此进行介绍。

(1) DAC 和 MAC

在 DAC 机制中,客体的拥有者全权管理有关该客体的访问授权,有权泄露、修改该客体的有关信息。利用 DAC 机制,用户可以有效地保护自己的资源,防止其他用户的非法读取。为了提高效率,在实现 DAC 时,系统一般不保存整个访问控制矩阵,而是通过基于矩阵的行或列来实现访问控制策略。通常采用能力表和访问控制列表等机制来实现访问控制策略。DAC 被用在大部分商业 DBMS 产品中,一般都以数据库视图的概念为基础。

MAC 机制是一种基于安全级标记的访问控制方法,特别适用于多层次安全级别的军事应用。利用 MAC 机制可提供更强有力的安全保护,使用户不能通过意外事件和有意识的误操作而逃避安全控制。

(2) RBAC

RBAC 的核心思想就是将访问权限与角色相联系,通过给用户分配合适的角色,让用户与访问权限相关联。角色是根据组织内为完成各种不同的任务需要而设置的,根据用户在组织中的职权和责任来设定他们的角色。系统可以添加、删除角色,还可以对角色的权限进行添加、删除。通过应用 RBAC,可以将安全性放在一个接近组织结构的自然层面上进行管理。

RBAC 属于策略中立型的存取控制模型,既可以实现自主存取控制策略,又可以实现强制存取控制策略。由于 RBAC 引入了角色的概念,能够有效地缓解传统安全管理权限的问题,适用于大型组织的访问控制机制。但是在大型开放式分布式网络环境下,通常无法确知网络实体的身份真实性和授权信息,而 RBAC 无法实现对未知用户的访问控制和委托授权机制,从而限制了 RBAC 在网络环境下的应用。

(3)视图机制

可以在设计数据库应用系统时,对不同的用户定义不同的视图,使机密数据不出现在不应看到这些数据的用户视图上。即通过定义不同的视图及有选择地授予视图上的权限,可以将用户、组或角色限制在不同的数据子集内。

(4)基于证书的访问控制

PKI 基于非对称密码体制,利用证书将用户的公钥与其他信息绑定在一起,并且由签发证书的机构作为可信第三方来对证书中信息的真实性提供保证。PKI 提供了身份认证的功能,构筑于 PKI 之上的 PMI 系统则提供了权限管理的功能。PMI 是一种基于角色的访问控制系统,利用属性证书记录用户所属的角色,通过角色分配用户所具备的权限。

PKI、PMI 技术提出以后得到了深入的研究和广泛的应用,现在已经成为了很多网络系统中必不可少的安全基础设施。但是,在开放的网络环境中,由于实体数目庞大,活动实体往往属于不同的管理机构,而各机构一般都有独立的证书中心和属性权威,且 PKI、PMI 系统也不相同,因而在网络中形成了多个安全域,处于不同安全域的实体交流起来十分困难。虽然目前有桥接 CA 等方式来进行跨域认证,但由于网络环境的异构性、活动目标的动态性以及自主性,使得传统的认证和授权机制在跨越多个安全域进行认证和授权时显得力不从心。因此,传统的基于资源请求者的身份做出授权决定的访问控制机制不再适用于开放网络环境的安全问题。

(5)信任管理

1996 年,M. Blaze 等人首次提出了"信任管理"(Trust Management)的概念,并将其定义为"用统一的方法说明和解释安全策略、证书以及对安全行为直接授权的关系"。信任管理是一种以密钥为中心的授权机制,它把公钥作为主体,可以直接对公钥进行授权。信任管理使用表达性更强的证书,此类证书可以实现基于第三方信任形式和直接的信任管理模式。它将公钥绑定到授予的权限、密钥持有者的各种属性或者完全可编程的"能力"上。而授权可以转化为回答一个一致性校验问题,一致性校验问题是信任管理的核心问题,其输入是三元组 $<C, R, P>$,C 为请求者所提交的集合,R 为请求者的访问请求,P 为访问请求 R 所对应的访问控制策略集,输出为一个布尔值,即"凭证集 C 是否证明了请求 R 符合本地安全策略 P"。

信任管理为解决 Web 环境中新的应用形式的安全问题提供了新的思路。信任管理系统尽管没有解决分布式系统授权的所有问题,但它提供了一种新的方法和思路,弥补了传统授权机制应用于开放式分布式系统的不足。

(6)数字版权管理

数字版权管理(Digital Rights Management,DRM)通过对数字内容进行加密和附加使用规则等技术手段在数字产品的分发、传输和使用等各个环节进行保护控制。其中,使用规则是判断用户是否符合数字内容播放条件的依据,使用规则包括:被授权使用的用户和终端设备、授权使用的方式(如读、复制等)和授权使用期限等规则信息。规则信息一般以加密文件形式伴随着数字资源的下载而自动地、冗余下载到用户终端设备的受保护存储区内,当数字内容使用时,由操作系统和多媒体中间件(DRM 客户端代理软件)负责解密并强制执行使用规则监测工作,防止数字内容被任意使用。防止内容被任意分发的主要方法是:对数字内容进行加密,只有授权用户才能得到解密的密钥,而且密钥是与用户的硬件信息绑定的。加密技术加上硬件绑定技术进一步实现了版权保护的目的。

DRM 是一个相当庞大的领域,涉及密码学技术、数字签名、数字水印和权限描述语言等技术,同时其发展也要受到各种法律和商业规范等因素的制约。因此,DRM 还不够完善,成为制约电子出版业和网络信息服务业发展的瓶颈,此外 DRM 主要针对客户端的数据内容进行权限管理,只是解决访问控制领域中的一部分问题。

(7) 访问控制新技术 UCON

由上述介绍可知,传统访问控制技术是基于已知用户标识和属性,通过引用监控程序和授权规则以达到保护封闭系统环境中的数字资源的目的。信任管理则基于用户能力和属性,研究开放系统中未知用户的授权问题。传统访问控制和信任管理都是对服务器端存储的数字资源进行控制,而数字版权管理讨论的则是数字对象在分发以后(在客户端)的使用和访问控制。由于传统的访问控制、信任管理和数字版权管理均分别针对各自的问题域提出相应的解决方案,缺乏综合性,因而需要引入一种统一的、综合的访问控制机制以适应信息化、网络化的需求。

2002 年,George Mason 大学著名的信息安全专家 Ravi Sandhu 教授和 Jaehong Park 博士首次提出使用控制(Usage Control,UCON)的概念。UCON 对传统的存取控制进行了扩展,定义了授权(Authorization)、义务(Obligation)和条件(Condition)三个决定性因素,同时提出了存取控制的连续性(Continuity)和可变性(MutaMlity)两个重要属性。UCON 集合了传统的访问控制、信任管理以及数字版权管理,用系统的方式提供了一个保护数字资源的统一标准的框架,为现代访问控制机制提供了新的思路。

在传统的访问控制中,计算机系统资源和信息资源被看成保护的对象资源,仅仅限于封闭的系统环境中,很难处理对于网络资源应用的控制。在 UCON 中,把信息资源同其他两个对象资源分离出来,仅仅保护数据资源,而不考虑它的系统信息,例如访问方式或访问位置等因素。对计算机系统资源和网络资源可针对具体的应用需求配合其他相关技术达到资源保护的目的。这种分离可实现对数字资源进行连续的保护,忽略信息资源是否在主系统或分布式网络系统。因此,UCON 不仅可以保护服务器端的数据资源,对于已发布的客户端的数字资源也可以起到保护作用,如控制其使用期限、使用次数和防复制等。

3. 加密存储

一方面,由于数据库在操作系统下都是以文件形式进行管理的,入侵者可以直接利用操作系统的漏洞窃取数据库文件,或者篡改数据库文件的内容。另一方面,数据库管理员可以随意访问所有数据,往往超出了其职责范围,同样造成安全隐患。因此,数据库的保密问题不仅包括在传输过程中采用加密保护和控制非法访问,还包括对存储的敏感数据进行加密保护,使得即使数据泄露或者丢失,也难以造成泄密。同时,数据库加密可以由用户用自己的密钥加密自己的敏感信息,而不需要了解数据内容的数据库管理员无法进行正常解密,从而可以实现个性化的用户隐私保护。

（1）数据库加密方式

按照加密部件与数据库管理系统的不同关系,数据库加密可以分为两种实现方式:库内加密与库外加密。

1）库内加密在 DBMS 内核层实现加密,加密/解密过程对用户与应用透明。即数据进入DBMS 之前是明文,DBMS 在数据物理存取之前完成加密/解密工作。

库内加密的优点:

- 加密功能强,并且加密功能几乎不会影响 DBMS 原有的功能。
- 对于数据库应用来说,库内加密方式是完全透明的。

其缺点主要有:

- 对系统性能影响较大,DBMS 除了完成正常的功能外,还需要进行加密/解密运算。加重了数据库服务器的负担。
- 密钥管理安全风险大,加密密钥通常与数据库一同保存,加密密钥的安全保护依赖于DBMS 中的访问控制机制。

2）库外加密是指在 DBMS 之外实现加密/解密,DBMS 所管理的是密文。加密/解密过程可以在客户端实现,或由专门的加密服务器完成。

与库内加密相比,库外加密有明显的优点:

- 由于加密/解密过程在专门的加密服务器或客户端实现,减少了数据库服务器与 DBMS的运行负担。
- 可以将加密密钥与所加密的数据分开保存,提高了安全性。
- 由于客户端与服务器的配合,可以实现端到端的网上密文传输。

库外加密的主要缺点是加密后的数据库功能受到一些限制。

（2）影响数据库加密的关键因素

1）加密粒度。一般来说,数据库加密的粒度有 4 种:表、属性、记录和数据项。各种加密粒度的特点不同。总体来说,加密粒度越小则灵活度越好,且安全性越高,但实现技术也更为复杂。

2）加密算法。目前还没有公认的针对数据库加密的加密算法,因此一般根据数据库特点选择现有的加密算法来进行数据库加密。由于加密/解密速度是一个重要因素,因此数据库加密中通常使用对称加密体制中的分组加密算法。

3）密钥管理。对数据库密钥的管理一般有集中密钥管理和多级密钥管理两种体制。其中,集中密钥管理方式中的密钥一般由数据库管理人员控制,权限过于集中。目前研究和应用比较多的是多级密钥管理体制。

6.2.3　数据库的完整性控制

数据库的完整性包括数据库物理完整性、数据库逻辑完整性和数据库数据元素取值的准确性与正确性。数据库的完整性控制一方面是防止错误信息的输入和输出,防止数据库中存在不符合语义的数据。例如,学生的学号必须唯一;性别只能是男或女;本科学生年龄的取值范围为 14~30 的整数;学生所在的系必须是学校已开设的系等。另一方面,完整性控制也包括保护数据库中的数据不被非授权地插入、破坏和删除。数据库是否具备完整性关系到数据库系统能否真实地反映现实世界,因此维护数据库的完整性是非常重要的。

在物理完整性方面,要求从硬件或环境方面保护数据库的安全,防止数据被破坏或不可读。例如,应该有措施解决掉电时数据不丢失、不被破坏的问题,存储介质损坏时数据的可利用性问题,还应该有防止各种灾害(如火灾、地震等)对数据库造成不可弥补的损失,以及灾后数据库快速恢复能力。数据库的物理完整性和数据库留驻的计算机系统硬件的可靠性与安全性有关,也与环境的安全保障措施有关。

在逻辑完整性方面,要求保持数据库逻辑结构的完整性,需要严格控制数据库的创立与删除、库表的建立、删除和更改的操作,这些操作只能允许具有数据库拥有者或系统管理员权限的人进行。逻辑完整性还包括数据库结构和库表结构设计的合理性,尽量减少字段与字段之间、库表与库表之间不必要的关联,减少不必要的冗余字段,防止发生修改一个字段的值影响其他字段的情况。例如,一个关于学生成绩分类统计的库表中包括总数、优秀数、优秀率、良好数、良好率、及格数、及格率和不及格数、不及格率等字段,其中任何一个字段的修改都会影响其他字段的值。其中有的影响是合理的,例如良好数增加了,其他级别的人数就应相应减少(保持总量不变);有的影响则是因为库表中包括了冗余字段所致,如各个关于"率"的字段都是冗余的。另外,因为有了优秀数、良好数和及格数,不及格数或总数这两个字段中的一个也是冗余的。数据库的逻辑完整性主要是设计者的责任,由系统管理员与数据库拥有者负责保证数据库结构不被随意修改。

在元素完整性方面,元素完整性主要是指保持数据字段内容的正确性与准确性。元素完整性需要由 DBMS、应用软件的开发者和用户共同完成。

目前商用的 DBMS 产品都拥有完整性控制机制,DBMS 实现完整性定义和检查控制。通常具有的功能包括:

1)提供定义完整性约束条件的机制。完整性约束条件也称为完整性规则,是数据库中的数据必须满足的语义约束条件。SQL 标准使用了一系列概念来描述完整性,包括关系模型的实体完整性、参照完整性和用户定义完整性。这些完整性一般由 SQL 的 DDL 语句来实现。它们作为数据库模式的一部分存入数据字典中。

2)提供完整性检查的方法。DBMS 中检查数据是否满足完整性约束条件的机制称为完整性检查。一般在 INSERT、UPDATE、DELETE 语句执行后开始检查,也可以在事务提交时检查。检查这些操作执行后数据库中的数据是否违反了完整性约束条件。

3)违约处理。DBMA 若发现用户的操作违反了完整性约束条件,就要采取一定的措施,如拒绝(NOACTION)执行该操作,或级连(CASCADE)执行其他操作,进行违约处理以保证数据的完整性。

下面介绍一些具体方法。

1. 设置触发器

触发器(Triger)是用户定义在关系表上的一类由事件驱动的特殊过程。一旦定义,任何用户对表的增、删、改操作均有服务器自动激活相应的触发器,在 DBMS 核心层进行集中的完整性控制。触发器并不是 SQL 92 或 SQL 99 核心 SQL 规范的内容,但是很多 DBMS 很早就支持触发器。

触发器可以完成的一些功能介绍如下。

1)检查取值类型与范围。触发器检查每个字段输入数据的类型与该字段的类型是否一致,例如,是否向字符类型的字段输入数值型的值,若不一致则拒绝写入;范围比较则是检查输入数据是否在该字段允许的范围内,例如,成绩的分类是"优秀"、"良好"、"及格"、"不及格",如果当前输入的是"中等",则拒绝写入。又如,成绩字段的取值范围为 0~100,若输入的成绩为 101,则拒绝写入。

字段的取值范围有多种形式:

- 离散值,例如学生的成绩值。
- 连续值,例如学员的学号。
- 函数值,字段的值可以通过对某个函数的计算获得。

范围比较还可以通过比较字段之间的取值确保数据库内部的一致性,例如,如果规定教授级别的人必须具有本科以上学历,那么触发器也可以监视记录中级别与学历两个字段的取值的一致性。

2)依据状态限制。状态限制是指为保证整个数据库的完整性而设置的一些限制,数据库的值在任何时候都不应该违反这些限制。如果某时刻数据库的状态不满足限制条件,就意味着数据库的某些值存在错误。

例如,在每个班的学员记录中,只应该有一个人是班长,而且每个学员的学号不应该有重复。检查数据库状态时,有可能发现多个班长或有重复学号的状态,若发现这种状态,DBMS便可以知道数据库处于不完整状态中。

3)依据业务限制。业务限制是指为了使数据库的修改满足数据库存储内容的业务要求,而做出相应的限制。例如,对于有名额限制的录取数据库,当向数据库增加新的录取人员时,必须满足名额还有空缺这一限制条件。

业务限制和字段之间取值关联的问题与具体业务内容情况相关,其中包括许多常识性知识,彻底检查这一类的不一致性,需要在程序中增加一些常识性推理功能,即检查程序需要有一些"智能"处理能力。简单的范围检查可以在多数 DBMS 中实现,而更为复杂的状态和业务限制则需要用户编写专门的检测程序,供 DBMS 在每次检查活动中调用。

2. 两阶段提交

为了保证数据更新结果的正确性,必须防止在数据更新过程中发生处理程序中断或出现错误。假定需要修改的数据是一个长字段,里面存放着几十个字节的字符串。如果仅更新了其中部分字节,更新程序或硬件发生了中断,结果该字段的内容只被修改了一部分,另一部分仍然为旧值,这种错误不容易被发现。对于同时更新多个字段的情况发生的问题更加微妙,可能看不出一个字段有明显错误。解决这个问题的办法是在 DBMS 中采用两阶段提交(更新)技术。

第一阶段称为准备阶段。在这一阶段中,DBMS 收集更新所需要的信息和其他资源,其中可能包括收集数据、建立哑记录、打开文件、封锁其他用户、计算最终结果等,总之为最后的更新做好准备,但不对数据库做实际的改变。这个阶段即使发生问题,也不影响数据库的正确性。如果需要的话,这一阶段可以重复执行若干次。如果一切准备完善,第一阶段的最后一件事是"提交",需要向数据库写一个提交标志。DBMS 根据这个标志对数据库做永久性的改变。

第二阶段的工作是对需要更新的字段进行真正的修改,这种修改是永久性的。在第二阶段中,在真正进行提交之前对数据库不采取任何行动。因此,如果第二阶段出问题,数据库中可能是不完整的数据,因此一旦第二阶段的更新活动出现任何问题,DBMS 会自动将本次提交对数据库执行的所有操作都撤销,并恢复到本次修改之前的状态,这样数据库又是完整的了。在 DBMS 中,上述操作称为"回滚"(Rollback)。

上述第一阶段和第二阶段在数据库中合称为一个"事务"(Transaction)。所谓事务,是指一组逻辑操作单元,使数据从一种状态变换到另一种状态。为确保数据库中数据的一致性,数据的操作应当是离散的、成组的逻辑单元:当它全部完成时,数据的一致性可以保持,而当这个单元中的一部分操作失败时,整个事务应全部视为错误,所有从起始点以后的操作应全部回退到开始状态。

3. 纠错与恢复

许多 DBMS 提供数据库数据的纠错功能,主要方法是采用冗余的办法,通过增加一些附加信息来检测数据中的不一致性。附加信息可以是几个校验位、一个备份或影像字段。这些附加信息所需要的空间大小不一,与数据的重要性有关。下面介绍几种冗余纠错的技术。

1)附加校验纠错码。在单个字段、记录甚至整个数据库的后面附加一段冗余信息,用做奇偶校验位、海明校验码或循环冗余校验码(CRC)。每次将数据写入数据库时,便同时计算相应的校验码,并将其同时写入数据库中;每次从数据库中读取数据时,也计算同样的校验码,并与所存的校验码比较,若不相等则表明数据库数据有错,其中某些附加信息用于指示错误位置,另一部分信息则准确说明正确值是什么。奇偶校验码只需一位,只能发现错误而不能纠错,所需要的存储空间最小。其他校验技术需要的附加信息位数多,需要的存储空间就多。如果针对每个字段都设置附加校验信息,需要附加的存储空间更大。

2)使用镜像(Mirror)技术。在数据库中可以对整个字段或整个记录做备份,当访问数据库发现数据有错时,可以用第二套复制直接代替它。也可以对整个数据库建立镜像,但需要双倍的存储空间。

3)恢复。DBMS 维护数据完整性的另一个有力措施是数据库日志功能,该日志能够记录用户每次登录和访问数据库的情况以及数据库记录每次发生的改变,记录内容包括访问用户ID、修改日期、数据项修改前后的值。利用该日志,系统管理员可以撤销对数据库的错误修改,可以把数据库恢复到指定日期以前的状态。

4. 数据库的并发控制

数据库系统通常支持多用户同时访问数据库,为了有效地利用数据库资源,可能多个程序或一个程序的多个进程并行地运行,这就是数据库的并发操作。在多用户数据库环境中,多个用户程序可并行地存取数据,但当多个用户同时读写同一个字段时,会存取不正确的数据,或破坏数据库数据的一致性。

并发操作带来的数据不一致性包括 3 类:丢失修改、不可重复读和读"脏"数据。

1)丢失修改(Lost Update)。两个事务 T_1 和 T_2 读入同一数据并修改,T_2 提交的结果破坏了 T_1 提交的结果,导致 T_1 的修改被丢失。

2)不可重复读(Non - Repeable Read)。不可重复读是指事务 T_1 读取数据后,事务 T_2 执行删除、更新等操作,使 T_1 无法再现前一次读取结果。

3)读"脏"数据(Dirty Read)。读"脏"数据是指事务 T_1 修改某一数据,并将其写回磁盘,事务 T_2 读取同一数据后,T_1 由于某种原因被撤销,这时 T_1 已修改过的数据恢复原值,T_2

读到的数据就与数据库中的数据不一致,则 T_2 读到的数据就为"脏"数据,即不正确的数据。

产生上述 3 类数据不一致性的主要原因是并发操作破坏了事务的隔离性。因此为了保持数据库的一致性,必须对并发操作进行控制。并发控制就是要用正确的方式调度并发操作,使一个用户事务的执行不受其他事务的干扰,从而避免造成数据的不一致。

并发控制的主要技术是封锁(Locking),即为读、写用户分别定义"读锁"和"写锁"。当某一记录或数据元素被加了"读锁",其他用户只能对目标进行读操作,同时也分别给目标加上各自的"读锁",而目标一旦被加了"读锁",要对其进行写操作的用户只能等待。若目标既没有"写锁",也没有"读锁",写操作用户在进行写操作之前,首先对目标加"写锁",有了"写锁"的目标,任何用户不得进行读、写操作。这样,在第一个用户开始更新时将该字段(或一条记录)加"写锁",在更新操作结束之后再解锁。在封锁期间,其他用户禁止一切读、写操作。

5. 审计

数据库审计是指监视和记录用户对数据库所施加的各种操作的机制。通过审计,把用户对数据库的所有操作自动记录下来放入审计日志中。

审计跟踪的信息,可以重现导致数据库现有状况的一系列事件,找出非法存取数据的人、时间和内容等,以便于追查有关责任。审计日志对于事后的检查十分有效,它有效地增强了数据的物理完整性。同时,审计也有助于发现系统安全方面的弱点和漏洞。按照美国国防部 TCSEC/TDI 标准中安全策略的要求,审计功能也是数据库系统达到 C2 以上安全级别必不可少的一项指标。

对于审计粒度与审计对象的选择,需要考虑存储空间的消耗问题。审计粒度是指在审计日志中记录到哪一个层次上的操作(事件),例如用户登录失败与成功、通行字正确与错误、对数据库、库表、记录、字段等的访问成功与错误。对于粒度过细(如每个记录值的改变)的审计,是很费时间和空间的,特别是在大型分布和数据复制环境下的大批量、短事务处理的应用系统中,实际上是很难实现的。因此,数据库系统往往将其作为可选特征,允许数据库系统根据应用对安全性的要求,灵活地打开或关闭审计功能。审计功能主要用于安全性要求较高的部门。

不过,审计日志也不一定能完全反映实际的访问情况,例如在选取操作中,可以访问一个记录但并不把结果传递给用户,但在另外的情况下,用户可能已经得到了某些敏感数据,而在审计日志中却没被反映出来。因此,审计日志可能夸大也可能低于用户实际知道的值。所以在确定审计日志中到底记录哪些事件时需要仔细斟酌,需要考虑敏感数据可能被攻破的各种路径。

6. 可信记录保持

可信记录保持是指在记录的生命周期内保证记录无法被删除、隐藏或篡改,并且无法恢复或推测已被删除的记录。这里,记录主要是指文件中的非结构化的数据逻辑单位,随着研究的深入,可信记录保持技术的研究对象逐步扩展到结构化的记录,如 XML 数据记录和数据库记录等。

可信记录保持的重点是防止内部人员恶意地篡改和销毁记录,即防止内部攻击。可信记录保持所采用的技术主要有一次写入多次读取(Write Once Read Many,WORW)存储技术、可信索引技术、可信迁移技术和可信删除技术等。

可信记录保持针对的是海量记录的可信存储,为了能在大量数据中快速查找记录,需要对记录建立索引。然而攻击者可以通过对索引项的篡改或隐藏,达到攻击记录的目的。因此,必须采用可信索引技术保证索引也是可信的。

因为存储服务器有使用寿命,组织也可能被兼并、转型或重组,一条记录在其生命周期中可能会在多台存储服务器中存储过,因此记录需要迁移。可信迁移技术就是要保证,即使迁移的执行者就是拥有最高用户权限的攻击者,迁移后的记录也是可信的。

6.2.4 数据库的备份与恢复

尽管数据库系统中采取了各种保护措施来防止数据库的安全性和完整性被破坏,保证并发事务的正确执行,但是计算机系统中硬件的故障、软件的错误、操作员的失误以及恶意的破坏仍是不可避免的。这些故障轻则造成运行事务非正常中断,影响数据库中数据的正确性,重则破坏数据库,使数据库中全部或部分数据丢失,影响数据库的可用性。因此,数据库管理系统必须具有把数据库从错误状态恢复到某一已知的正确状态(亦称为一致状态或完整状态)的能力,这就是数据库的恢复。数据库系统所采用的恢复技术是否行之有效,不仅对系统的可靠程度起着决定性作用,而且对系统的运行效率也有很大影响,是衡量系统性能优劣的重要指标。

1. 故障的种类

数据库系统中可能发生各种各样的故障,大致可以分为以下3类。

(1)事务内部的故障

例如,银行转账事务,将一笔资金从一个账户 A 转到另一个账户 B,两个更新操作应当全部完成或者全部不完成,否则就会使数据库处于不一致状态,例如只把账户 A 的余额减少了而没有把账户 B 的余额增加。若产生账户 A 余额不足的情况,应用程序可以发现并让事务回滚,撤销当前的操作。

事务内部更多的故障是非预期的,是不能由应用程序处理的。如运算溢出、并发事务发生死锁而被迫撤销该事务、违反了某些完整性限制等。一般来说,事务故障仅指这类非预期的故障。

事务故障意味着事务没有达到预期的终点,因此,数据库可能处于不正确状态。恢复程序要在不影响其他事务运行的情况下,强行回滚该事务,即撤销该事务已经做出的任何对数据库的修改,使得该事务好像根本没有启动一样。这类恢复操作称为事务撤销(UNDO)。

(2)系统故障

系统故障是指造成系统停止运转的任何事件,使得系统需要重新启动。例如,特定类型的硬件错误(CPU 故障)、操作系统故障、DBMS 代码错误、突然停电等。这类故障影响正在运行的所有事务,但不破坏数据库。这时内存内容,尤其是数据库缓冲区(在内存中)的内容都被丢失,所有运行事务都非正常终止。发生系统故障时,一些尚未完成的事务的结果可能已送入物理数据库,从而造成数据库可能处于不正确的状态。为保证数据一致性,需要清除这些事务对数据库的所有修改。

恢复子系统必须在系统重新启动时让所有非正常终止的事务回滚,强行撤销(UNDO)所有未完成事务。

另一方面,发生系统故障时,有些已完成的事务可能有一部分甚至全部留在缓冲区,尚未写回到磁盘上的物理数据库中,系统故障使得这些事务对数据库的修改部分或全部丢失,这也会使数据库处于不一致状态,因此应将这些事务已提交的结果重新写入数据库。所以系统重新启动后,恢复子系统除需要撤销所有未完成事务外,还需要重做(REDO)所有已提交的事务,以将数据库真正恢复到一致状态。

（3）介质故障

系统故障常称为软故障(Soft Crash),介质故障称为硬故障(Hard Crash)。硬故障指外存故障,如磁盘损坏、磁头碰撞、瞬时强磁场干扰等。这类故障将破坏数据库或部分数据库,并影响正在存取这部分数据的所有事务。这类故障比前两类故障发生的可能性小得多,但破坏性最大。

此外,数据库中的数据还可能遭到计算机病毒等恶意程序的破坏,可能被黑客篡改、删除。计算机病毒和黑客攻击已成为计算机系统的主要威胁,自然也是数据库系统的主要威胁。因此,数据库一旦被破坏,需要用恢复技术把数据库加以恢复。

总结各类故障,对数据库的影响有两种可能:一是数据库本身被破坏;二是数据库中的数据不正确。

恢复的基本原理十分简单,可以用一个词来概括:冗余。这就是说,数据库中任何一部分被破坏的或不正确的数据可以根据存储在系统别处的冗余数据来重建。尽管恢复的基本原理很简单,但实现技术的细节却相当复杂。下面简单介绍数据库恢复的实现技术。

2. 恢复的实现技术

恢复机制涉及的两个关键问题是:

- 如何建立冗余数据?
- 如何利用这些冗余数据实施数据库恢复?

建立冗余数据最常用的技术是数据转储和登记日志文件。通常在一个数据库系统中,这两种方法是一起使用的。

（1）数据转储

所谓转储,即数据库管理员(Database Administrator, DBA)定期地将整个数据库复制到磁带或另一个磁盘上保存起来的过程,这些备用的数据文本称为后备副本或后援副本。当数据库遭到破坏后可以将后备副本重新装入,但重装后备副本只能将数据库恢复到转储时的状态,要想恢复到故障发生时的状态,必须重新运行自转储以后的所有更新事务。转储是十分耗费时间和资源的,不能频繁进行。DBA应该根据数据库使用情况确定一个适当的转储周期。

转储可在两种状态下进行,分别称为静态转储和动态转储。

1）静态转储是在系统中无运行事务时进行的转储操作,即转储操作开始的时刻,数据库处于一致性状态,转储期间不允许(或不存在)对数据库进行任何存取、修改活动。显然,静态转储得到的是一个数据一致的副本。静态转储简单,但转储必须等待正在运行的用户事务结束才能进行,同样,新的事务必须等待转储结束才能执行。显然,这会降低数据库的可用性。

2）动态转储是指转储期间允许对数据库进行存取或修改,即转储和用户事务可以并发执行。动态转储可克服静态转储的缺点,它不用等待正在运行的用户事务结束,也不会影响新事务的运行。但是,转储结束时后援副本上的数据并不能保证正确有效。例如,在转储期间的某个时刻 T_c,系统把数据 $A = 100$ 转储到磁带上,而在下一时刻 T_d,某一事务已将 A 改为 200,可是转储结束后,后备副本上的 A 已是过时的数据了。为此,必须把转储期间各事务对数据库的修改活动登记下来,建立日志文件(Log File),这样后援副本加上日志文件就能把数据库恢复到某一时刻的正确状态了。

转储还可以分为海量转储和增量转储两种方式。

1)海量转储是指每次转储全部数据库。

2)增量转储则指每次只转储上一次转储后更新过的数据。

从恢复角度看,使用海量转储得到的后备副本进行恢复会更方便。但如果数据库很大,事务处理又十分频繁,则增量转储方式更实用、更有效。

数据转储有两种方式,又分别可以在两种状态下进行,因此数据转储方法可以分为4类:动态海量转储、动态增量转储、静态海量转储和静态增量转储。

（2）登记日志文件

日志文件是用来记录事务对数据库的更新操作的文件,不同数据库系统采用的日志文件格式并不完全一样。概括起来日志文件主要有两种格式:以记录为单位的日志文件和以数据块为单位的日志文件。

对于以记录为单位的日志文件,日志文件中需要登记的内容包括:

- 各个事务的开始(BEGIN TRANSACTION)标记。
- 各个事务的结束(COMMIT 或 ROLLBACK)标记。
- 各个事务的所有更新操作。

这里每个事务的开始标记、结束标记和每个更新操作均作为日志文件中的一个日志记录(Log Record)。每个日志记录的内容主要包括:

- 事务标识(标明是哪个事务)。
- 操作的类型(插入、删除或修改)。
- 操作对象(记录内部标识)。
- 更新前数据的旧值(对插入操作而言,此项为空值)。
- 更新后数据的新值(对删除操作而言,此项为空值)。

日志文件在数据库恢复中起着非常重要的作用,可以用来记录事务故障恢复和系统故障恢复,并协助后备副本进行介质故障恢复。具体地讲,事务故障恢复和系统故障必须用日志文件;在动态转储方式中必须建立日志文件;后备副本和日志文件综合起来才能有效地恢复数据库;在静态转储方式中,也可以建立日志文件;当数据库毁坏后可重新装入后备副本把数据库恢复到转储结束时刻的正确状态,然后利用日志文件,把已完成的事务进行重做处理,对故障发生时尚未完成的事务进行撤销处理。

为保证数据库是可恢复的,登记日志文件时必须遵循以下两条原则:

- 严格按并发事务执行的时间次序。
- 必须先写日志文件,后写数据库。

把对数据的修改写到数据库中和把表示这个修改的日志记录写到日志文件中,是两个不同的操作。有可能在这两个操作之间发生故障,即这两个写操作只完成了一个。如果先写了数据库修改,而在日志记录中没有登记下这个修改,则以后就无法恢复这个修改了。如果先写日志,但没有修改数据库,按日志文件恢复时只不过是多执行一次不必要的 UNDO 操作,并不会影响数据库的正确性。所以为了安全,一定要先写日志文件,即首先把日志记录写到日志文件中,然后写数据库的修改,这就是"先写日志文件"的原则。

（3）数据库镜像（Mirror）

系统出现介质故障后,用户的应用全部中断,恢复起来比较费时。而且 DBA 必须周期性地转储数据库,这也增加了 DBA 的负担。如果不及时而正确地转储数据库,一旦发生介质故障,就会造成较大的损失。为避免磁盘介质出现故障而影响数据库的可用性,许多数据库管理系统提供了数据库镜像功能用于数据库恢复。即根据 DBA 的要求,自动把整个数据库或其中的关键数据复制到另一个磁盘上。每当主数据库更新时,DBMS 自动把更新后的数据复制过去,即 DBMS 自动保证镜像数据与主数据的一致性。这样,一旦出现介质故障,可由镜像磁盘继续提供使用,同时 DBMS 自动利用镜像磁盘数据进行数据库的恢复,不需要关闭系统和重装数据库副本。在没有出现故障时,数据库镜像还可以用于并发操作,即当一个用户对数据加"写锁"修改数据时,其他用户可以读镜像数据库上的数据,而不必等待该用户释放锁。

由于数据库镜像是通过复制数据实现的,频繁地复制数据自然会降低系统运行效率,因此在实际应用中用户往往只选择对关键数据和日志文件进行镜像,而不是对整个数据库进行镜像。

6.2.5 推理控制与隐通道分析

尽管基于强制安全策略的系统可以防止低安全级的用户读到高安全级的数据,但不能防止恶意用户根据非敏感数据的语义和应用推理出敏感信息。推理是数据库中的数据和数据库结构的固有特性。

另外,由于系统设计缺陷和资源共享等原因导致系统中存在隐通道,即安全系统中具有较高安全级别的主体或进程根据事先约定好的编码方式,通过更改共享资源的属性并使低安全级别的主体或进程观察到这种变化,以传送违反系统安全策略的信息。1983 年,美国国防部在其发布的可信计算机系统评估标准（TCSEC）中,最早明确地提出隐通道的问题,并规定在B2 级及以上的高等级可信系统设计和开发过程中,必须进行隐通道分析。

推理通道与隐通道本质上是不同的。推理通道只要有低安全级用户参与即可,因此推理通道是单方面的,而隐通道需要两个不同安全级的主体共同协作完成信息的传送,并且一般要有特洛伊木马的参与。

1. 推理泄露与推理控制

（1）推理泄漏问题

数据库安全中的推理问题是恶意用户利用数据之间的相互联系推理出其不能直接访问的数据,从而造成敏感数据泄露的一种安全问题,这种推理过程称为推理通道。

敏感数据的确定与具体的数据库和数据的具体内容有关,也与数据库拥有者的意愿有关。有的数据库内容是可以完全公开的,如图书资料数据库或企业的广告信息库;有的数据库则是完全保密的,如军用数据库。这些要么可以全部公开,要么全部要求保密的数据库的访问控制相对而言比较简单。困难的情况是,如果一个数据库内数据的敏感程度不一样,这就需要对不同权限的用户实施不同级别的访问控制。不仅需要控制每个人对目标的直接访问,还要防止用户对数据库可能的间接访问,即防止所谓的推理泄漏问题。

一般地,统计数据库允许用户查询聚集类型的信息（例如合计、平均值等）,但是不允许查询单个记录信息。例如,查询"员工的平均工资是多少?"是合法的,但是查询"某个员工的工资是多少?"就不允许。

下面来看看推理泄露的情况。对于教师情况数据库,下面两个查询都是合法的:

共有多少女性教授?女教授的工资总额是多少?

如果第1个查询的结果是"1",那么第2个查询的结果显然就是这个女教授的工资数。这样统计数据库的安全性机制就失效了。

为了解决这个问题,可以规定任何查询至少要涉及 N 个以上的记录(N 足够大)。但是即使这样,还是存在另外的泄密途径,看下面的例子:

某员工 A 想知道另一员工 B 的工资数额,他可以通过下列两个合法查询获取:

员工 A 和其他 N 个员工的工资总额是多少?员工 B 和其他 N 个员工的工资总额是多少?

假设第1个查询的结果是 X,第2个查询的结果是 Y,由于员工 A 知道自己的工资是 Z,那么他可以计算出员工 B 的工资 $= Y - (X - Z)$。

这个例子的关键之处在于两个查询之间有很多重复的数据项,即其他 N 个员工的工资。因此,可以再规定任意两个查询的相交数据项不能超过 M 个。这样就使得获取他人的数据更加困难了。可以证明,在上述两条规定下,如果想获知员工 B 的工资额,员工 A 至少需要进行 $1 + (N-2)/M$ 次查询。

当然可以继续规定任一用户的查询次数不能超过 $1 + (N-2)/M$,但是如果两个员工合作查询就可以使这一规定仍然失效。

另外还有其他一些方法用于解决统计数据库的安全性问题,例如数据污染。但是无论采用什么安全性机制,都仍然会存在绕过这些机制的途径。好的安全性措施应该使得那些试图破坏安全的人所花费的代价远远超过他们能得到的利益,这也是整个数据库安全机制设计的目标。

归结起来,敏感数据泄露还有以下几种类型:

1)数据本身泄漏。这是最严重的泄漏,用户可能只是向数据库系统请求访问一般性的数据,但有缺陷的系统管理程序却把敏感数据也无意地传送给用户,即使用户不知道这些数据是敏感数据,也使敏感数据的安全性受到了破坏。

2)范围泄漏。范围泄漏是指暴露了敏感数据的边界取值。假定用户知道了一个敏感数据的值在 LOW 与 HIGH 之间,用户可以依次用 $LOW \leqslant X \leqslant HIGH$,$LOW \leqslant X \leqslant HIGH/2$ 等步骤去逐步逼近敏感数据的真值,最终可能获得接近实际数据的结果。在某些情况下,即使仅仅泄漏某个敏感数据的值超过了某个数量,也是对安全造成了威胁。

3)从反面泄漏。对于敏感数据即使让别人知道其反面结果也是一种泄漏。例如,如果让别人知道某个地方的防空导弹数量为零,其危害性并不比知道该地方的具体导弹数量小。从反面泄漏可以证明敏感事物的存在性。在许多情况下,事物的存在与否是非常敏感的。

4)可能的值。通过判断某个字段具有某个值的概率来判断该字段的可能值。

由上面的分析可以看出,保护敏感数据的安全不仅需要防止泄漏真实取值,而且需要保护敏感数据的特征不被泄漏,泄漏了敏感数据的特征也可能造成安全问题。成功的安全策略必须包括防止敏感数据的直接和间接两种泄漏。

由于敏感数据有可能通过其特征或通过非敏感数据间接地泄漏出去,使得非敏感数据的共享问题变得非常复杂。

(2)推理控制技术

推理控制是指推理通道的检测与消除,防止敏感数据的推理泄露。推理控制功能是实现高安全等级的数据库管理系统的必备要素,也是提高数据库系统安全保护能力的重要补充。

目前常用的推理控制方法可以分为 4 种:语义数据模型方法、形式化方法、多实例方法和查询限制方法。至今,推理控制问题仍处于理论探索阶段,这是由推理通道问题本身的多样性与不确定性所决定的。

2. 隐通道分析

(1)隐通道问题

隐通道是指系统的一个用户通过违反系统安全策略的方式传送信息给另一个用户的机制。它通过系统原本不用于数据传送的系统资源来传送信息,并且这种通信方式往往不被系统的存取控制机制所检测和控制。

(2)隐通道分析技术

隐通道是因缺乏对信息流的必要保护而引起的,隐通道的分析本质上就是对系统中的非法信息流的分析。原则上,隐通道分析可以在系统的任何一个层次上进行。分析的抽象层次越高,越容易在早期发现系统开发时引入的安全漏洞。隐通道的分析主要包括隐通道标识、隐通道审计和隐通道消除 3 部分。

隐通道的分析及消除是一个比较艰深的问题,本书不再展开。

6.2.6 数据库可生存性控制

作为信息系统安全的重要组成部分,数据库的可生存能力成为研究的热点之一。提高数据库可生存性的重点之一是提高数据库的入侵容忍能力。

1. 入侵容忍及系统可生存性概念

(1)入侵容忍

入侵容忍(也称为容忍入侵或容侵)概念最早由 Fraga 和 Powell 在 1985 年提出,主要研究当文件系统部分受到破坏时的可生存能力。

入侵容忍是指,当一个网络系统遭受入侵,即使系统的某些组件遭受攻击者的破坏,但是整个系统仍能提供全部或者降级的服务,同时保持系统数据的机密性与完整性等安全属性。

与传统的网络安全技术相比,入侵容忍技术为系统提供了更大的安全性和可生存性,入侵容忍可以作为系统的最后一道防线。

对于一个入侵容忍系统,如何判断它是否符合安全需求?主要是检验该系统是否达到以下标准:

● 能够阻止或预防部分攻击的发生。

● 能够检测攻击和评估攻击造成的破坏。

● 在遭受攻击后,能够维护和恢复关键数据、关键服务或完全服务。

(2)可生存性

可生存性,是用来表明系统在面对蓄意攻击、故障失效或偶发事故时仍能完成其任务并及时恢复整个服务的能力。可生存性的目的是保证系统即使在发生故障的情况下也能够正确运转,当系统由于故障原因不能运作时,应以一种无害的、非灾难性的方式停止。

可生存性的概念与入侵容忍的概念基本一致,但其内涵更大,不仅包括了入侵容忍,还包括了系统故障、外力损害等发生以后系统的可用性。

可生存性有别于可靠性及安全性,但与其存在一定的关联。可靠性是指在给定时间内,系统不间断提供服务的能力。它更适合用来评估系统对灾难的防御能力。安全性研究重点在于抵御入侵，即入侵尚未成功侵入系统之前系统自身的防护能力。可生存性的研究是基于这些相关性质的研究，但同时又引入了新的概念和原理。可生存性强调的是入侵成功或者灾难发生之后，系统能够继续提供服务，以及条件状况改善时系统能够自动恢复的能力。

2. 入侵容忍技术

入侵容忍技术是一项综合性的技术，涉及的问题很多。实现入侵容忍的技术很大一部分是建立在传统的容错技术之上，诸如冗余、复制、多样性、门限方案、代理、中间件技术、群组通信等。

1）冗余组件技术。当一个冗余组件失效时，其他的冗余组件可以执行该组件的功能直到该组件被修复。冗余的目的是使用多个部件共同承担同一项任务，当主要模块发生故障时，用后援的备份模块替换故障模块，也可以用缓慢降级切换故障模块，让剩余的正常模块继续工作。

2）复制技术。复制技术是在系统里引入冗余的一种常用方法。服务器的每个复制都称为一个备份。一个复制服务器由几个备份组成，如果一个备份失败了，其他的备份仍可以提供服务。

3）多样性。多样性实质上是组件的一个属性，即冗余组件必须在一个或者多个方面有所不同。用不同的设计和实现方法来提供功能相同的计算行为，防止攻击者找到冗余组件中共同的安全漏洞。

多样性的种类主要有：

- 硬件多样性。系统硬件采用不同的类型。
- 操作系统的多样性。采用不同的操作系统，实现操作平台的多样性。
- 软件实现的多样性。其根本思想是不同的设计人员（组）对同一需求会采取不完全一致的实现方法，而不同的设计者对同一需求说明的理解不大容易出现相同的误解，所以利用设计的多样性原则可以有效地防止设计中的错误。多版本程序设计技术是一个经典的错误容忍技术，可以提供有效的多样性实现去防止同一漏洞，使用该技术可以对同一需求（技术要求）生成不同版本的程序。这些程序同时投入处理，会得到不同的处理结果，最终按多数决断逻辑决定输出结果。
- 时间和空间的多样性。空间多样性要求服务必须协同定位多个地点的冗余组件去阻止局部的灾难，而时间多样性则要求用户在不同的时间段向服务器提出服务请求。

使用冗余，可以消除系统中的单一安全漏洞，同时由于使用了多样性方法，系统之间以异构的方式组织，减少了相关的错误风险，加大了攻击者完全攻克系统的难度。但是，需要注意的是，多样性增加了系统的复杂性，多样性的代价也是昂贵的。

4）门限方案。门限方案实质上是一种秘密共享机制。目前使用门限密码技术构建的入侵容忍系统大都是基于 Shamir 的秘密共享方案，采用的数学原理是拉格朗日插值方程。主要思想是：将系统中任何敏感的数据或系统部件利用秘密共享技术以冗余分割的方法进行保护。该方法的一个基本假设就是在给定时间段内被攻击者成功攻破的主机数目不超过门限值。

其实现过程一般是将门限密码学方法和冗余技术相结合，在一些系统部件中引入一定的冗余度，基于门限密码技术将秘密信息分布于多个系统部件，而且有关的私钥从来都不在一个地方重构，从而达到容忍攻击的目的。

5）代理。通过代理服务器接收所有的请求,使用自身的处理模块去执行多项任务,如负载平衡、有效性测试、基于签名的测试、错误屏蔽等。代理是客户的访问点,所有从客户端发来的请求首先由代理接收,因此在一定程度上确保了被代理系统的安全性,但是代理的效率是影响性能瓶颈的一个重要因素。

6）中间件技术。中间件是构件化软件的一种表现形式。中间件抽象了典型的应用模式,应用软件制造者可以基于标准的中间件进行再开发,这种操作方式其实就是软件构件化的具体实现。容忍中间件也是构造系统入侵容忍的重要技术途径。

7）群组通信系统。在有些入侵容忍系统中,群组通信系统是建立入侵容忍系统非常关键的一个构件。群组通信系统框架一般由以下 3 个基本的群组管理协议组成。

- 群组成员协议。其目的是保持各对象组和复制品间状态信息的一致,对各对象组成员进行管理。
- 可靠的多播传送协议。用于保证各对象之间安全、可靠的消息传递。使用该协议,即使在入侵存在的情况下,消息仍能正确地传递给各组并保证了消息完整性。
- 全序协议。用于保证消息按一定的顺序发送。

群组成员协议确保了所有正确进程即便在入侵存在的情况下,仍能保持各群组成员的一致信息;可靠的多播传送协议保证了向各组成员间一致、可靠的多点消息传送,同时保证了消息的完整性和一致性;全序协议使得多播传送的消息在配置变化时仍能得到一致的传输。

3. 数据库入侵容忍技术

数据库系统的入侵检测借鉴了现有入侵检测的思想,如异常检测和误用检测在数据库入侵检测中就有着广泛的应用。但由于数据库有其特殊性,所以在具体实现上还是有所区别的。这些区别主要体现在:

- 数据库入侵检测系统的检测对象是数据库。
- 需要感知应用语义,如一个普通的银行员工月薪由 2000 元直接提升至 20000 元。
- 主要工作在事务层。

数据库入侵容忍技术借鉴了现有的操作系统和网络的入侵容忍技术,并根据数据库的自身特点形成了一套自己独特的安全方案,现有的方法主要有两类。

1）对用户可疑入侵行为进行隔离。隔离属于提前预防入侵可能带来的影响。对可疑入侵行为进行隔离的核心思想是在一个可疑入侵行为被确认之前,先将其隔离到一个单独的虚拟环境中去,这样就限制了该行为可能对真实系统造成的破坏,同时,如果判定该行为不是恶意的攻击时又保留了其操作结果,节省了资源,提高了系统性能。

具体来说,该方法把数据库分成真实数据库和虚拟数据库两类。当发现某个用户的行为比较可疑时,系统就透明地把该用户和真实数据库分开以防止其对真实数据库可能造成的破坏扩散,然后将其访问重定向到虚拟数据库中,将其对真实数据库的操作转变为对虚拟数据库的操作。当发现该可疑用户的行为不是恶意事务时,再将该用户的可疑数据库版本与真实数据库版本进行合并,从而减轻恶意攻击可能造成的危害。但该方法的一个问题是真实数据库版本和可疑虚拟数据库版本可能存在不一致,在合并时要消除这些不一致。此外,由于入侵隔离是基于对用户行为是否可疑的判断,它在一定程度上弥补了访问控制和入侵检测的不足。

2）对受到攻击破坏后的数据库系统进行破坏范围评估和恢复。这属于事后补救。其难点是如何解决那些入侵没有被检测出来,或是因较长的检测从而导致恶意攻击影响数据库系统的破坏范围评估和恢复问题。该方法可以分为两类：

基于事务的数据库恢复的方法。它的思想是，消除一个恶意攻击事务影响的最简单方法就是撤销掉历史中自恶意攻击事务开始时间点之后的所有事务，然后重新执行这段事务历史中所有被撤销的合法事务。这种方法的缺点是许多合法事务可能被不必要地撤销而不得不重新执行，影响了系统的可用性与效率。

基于数据依赖的数据库恢复方法。它的核心思想是，一个恶意事务或受到影响的事务中，并非所有的操作都对数据库产生破坏。所以，在系统恢复时并不要将所有的操作都撤销重做，而只需要撤销重做对数据库产生影响的那部分操作。这种方法的优点是能够及时判定未受恶意事务影响的数据项的最大集合，从而使它们能够尽快地为其他合法事务所使用，从而提高系统的可用性。这种方法的缺点是判断事务中的操作是否独立很困难。

6.2.7 数据库隐私保护

由于计算机处理能力、存储技术以及互联网络的发展，使得电子化数据急剧增长，这样传统对隐私权的保障，就必须转向以"数据保护"为重心的思路上，于是就出现了"信息隐私权"的概念，以应对信息时代隐私权所受到的冲击。

近年来，大量数据库信息泄露事件层出不穷。这其中相当大的一部分是个人、企业的敏感信息。这种敏感信息泄露，可能造成身份被盗用、个人财产丢失或者其他严重损害个人的欺诈活动，并造成恶劣的社会影响。除此以外，许多与日常生活密切相关的信息系统存在着安全隐患，例如，医院的信息管理系统中保存的病人个人档案及详细病历记录均为高等级个人隐私。

在日益追求尊重知识产权的时代，如何构建一个集宏观、中观、微观于一体的网络个人数据隐私权保护体系，以有效地保护网络个人数据隐私权，已成为当前急需解决的课题。

1. 隐私的概念及面临的问题

（1）隐私的概念

"隐私"在字典中的解释是"不愿告人的或不愿公开的个人的事"，这个字面上的解释给出了隐私的保密性以及个人相关这两个基本属性。此外，哥伦比亚大学的 Alan Westin 教授指出：隐私是个人能够决定何时、以何种方式和在何等程度上将个人信息公开给他人的权利。这一说明又给出了隐私能够被所有者处分的属性。

结合以上 3 个属性，隐私概念可以定义为：隐私是与个人相关的具有不被他人搜集、保留和处分的权利的信息资料集合，并且它能够按照所有者的意愿在特定时间、以特定方式、在特定程度上被公开。

根据这一定义，与互联网用户个人相关的各种信息，包括性别、年龄、收入、婚姻状况、住址、电子信箱地址、浏览网页记录等，在未经信息所有者许可的情况下，都不应当被各类搜索引擎、门户网站、购物网站、博客等在线服务商获得。而在有必要获取部分用户信息以提供更好的用户体验的情形中，在线服务商必须告知用户以及获得用户的许可，并且严格按照用户许可的使用时间、用途来利用这些信息，同时也有义务确保这些信息的安全。

隐私保护是对个人隐私采取一系列的安全手段防止其泄露和被滥用的行为。隐私保护的对象主体是个人隐私，其包含的内容是使用一系列的安全措施来保障个人隐私安全的这一行为，而其用途则是防止个人隐私遭到泄露以及被滥用。

信息隐私权保护的客体可分为以下 4 个方面。

1）个人属性的隐私权。如一个人的姓名、身份、肖像、声音等,由于其直接涉及个人领域的第一层次,可谓是"直接"的个人属性,为隐私权保护的首要对象。

2）个人资料的隐私权。当个人属性被抽象成文字的描述或记录,如个人的消费习惯、病历、宗教信仰、财务资料、工作、犯罪前科等记录,若其涉及的客体为一个人,则这种资料含有高度的个人特性而常能辨识该个人的本体,可以说"间接"的个人属性也应以隐私权加以保护。

3）通信内容的隐私权。个人的思想与感情,原本存于内心之中,别人不可能知道,当与外界通过电子通信媒介如网络、电子邮件沟通时,即充分暴露于他人的窥探之下,所以通信内容应加以保护,以保护个人人格的完整发展。

4）匿名的隐私权。匿名发表在历史上一直都扮演着重要的角色,这种方式可以保障人们愿意对于社会制度提出一些批评。这种匿名权利的适度许可,可以鼓励个人的参与感,并保护其自由创造力空间;而就群体而言,也常能由此获利,真知直谏的结果是推动社会的整体进步。

（2）隐私泄露的主要渠道

1）数据搜集。互联网上存储了大量的数据资料,政府、法律执行机关、国家安全机关、各种商业组织甚至包括个人用户都可以通过各种各样的方法或途径对在线用户的资料,其中包括大量的用户个人隐私材料,进行搜集、下载、加工整理甚至用于商业或其他方面的用途。

2）数据挖掘。数据挖掘就是从大量的、不完全的、有噪声的、模糊的、随机的实际应用数据中,提取隐含在其中的、人们事先不知道的、但又潜在有用的信息和知识的过程。通过网络数据挖掘,根据网络服务器访问记录、代理服务器日志记录、浏览器日志记录、用户简介、注册信息、用户对话或交易信息、用户提问方式等能够了解用户的网络行为数据所具有的意义。数据挖掘在提高系统的决策支持能力的同时,也带来网络隐私的忧患。

3）信息服务。越来越多的网络信息服务致力于用户定制和智能化、个性化需求的开发,而这些个性化服务的前提,需要用户提供自己更多的个人信息,这势必会造成隐私的问题。

4）搜索引擎。各种各样的搜索引擎以其巨大的覆盖范围,强劲的搜索功能得到人们的青睐。个人姓名、出生年月、电话号码和住址等个人信息都会在搜索引擎覆盖范围内,这些信息很可能被别人用来盗用信用卡、银行账户等。

2. 隐私保护技术

目前,隐私保护技术研究涉及的范围很广,如网络个人隐私信息的保护、隐私保护相关的法律法规,本节仅讲解与数据库相关的隐私保护技术。

数据库系统使用的隐私保护技术主要包括:用户认证、访问控制、数据库加密、推理控制、数据变换、隐匿和泛化等。其中的推理控制技术已经在6.2.5节中介绍。

1）访问控制。隐私数据库的访问控制决策根据所发布隐私数据的内容做出,而要发布的隐私数据的内容则与隐私数据的用途相关。因此,实现隐私数据库的访问控制机制有两种途径:一种是使用已有的基于视图的访问控制机制,它是数据库中实现基于内容的访问控制最常用的方法;另一种是根据隐私数据库中所特有的用途,构造新的访问控制机制。

基于视图的访问控制。隐私数据模型基本都是通过使用多个视图来表现同一隐私数据的多个不同的侧面。因此,一些隐私数据库原型系统的访问控制模块直接通过限定用户/角色能访问的视图范围来实现对隐私数据的保护。

基于用途的访问控制。在基于用途的访问控制机制中,所有用途被组织为一个层次结构,称为用途树。对隐私数据的访问用途必须被限定在数据提供者所定义的预期用途之中。因此,基于用途的访问控制要解决的关键问题是如何判断访问用途是否与预期用途相匹配。

隐私数据库中的访问控制解决了什么样的查询能访问隐私数据的问题,而没有解决隐私数据的推理问题。因此,在隐私数据库中,仅有访问控制机制是不够的。

2）数据变换技术。数据变换技术的主要思想是将用户的真实隐私数据进行伪装或轻微改变,而不影响原始数据的使用。常见的数据变换技术有随机扰动方法、数据几何变换方法等。

3）密码和密码协议。常见的有安全多方计算和盲签名等。

安全多方计算是一种为了完成某种计算任务而采用的分布式计算协议。在协议运行前,参与计算的各方各自拥有一个保密的输入。协议中,各方保持隐私输入不为他方(包括任何第三方)所知,协议运行后各自获得其输出。除此之外,各方均不知道他方输入的任何信息。安全多方计算是解决分布式计算安全性的重要技术。

盲签名技术是为解决电子商务中电子现金的匿名性,保护用户隐私而提出的。匿名性是指不提供可以用于追踪以前持币人的信息,即电子货币应当可以从一个人转到另一个人,而且不会留下任何有关谁在过去曾拥有这些电子货币的痕迹。盲签名与通常的数字签名的不同之处在于,签名者并不知道所要签发文件的具体内容,并且签名者事后不能追踪其签名。

4）匿名化技术。共享和发布自己的数据是一个机构生存和发展的需要。例如,医疗机构可以发布医疗记录,用于流行病发展趋势方面的研究等。然而发布数据时会涉及个人隐私,为了保护隐私信息,目前通常会采用将发布数据中的姓名、身份证号等敏感信息删除,防止隐私泄露,但是这种方法并不能完全实现隐私保护。假设被发布共享的数据集中每条数据记录均与某一个体相对应,且存在涉及个人隐私的敏感属性值(如医疗记录数据中的疾病诊断信息);同时,数据集中存在一些称为准标识符的非敏感属性的组合,通过准标识符可以在数据集中确定与个体相对应的数据记录。这样,当直接共享原始数据集时,攻击者如果已知数据集中某个体的准标识符值,就可能推知该个体的敏感属性值,从而造成个人隐私泄露。

匿名化是目前数据发布环境下实现隐私保护的主要技术之一。该技术通过对需要保密的数据进行泛化和隐匿处理,防止攻击者通过准标识符将某一个体与其敏感属性值关联起来,从而实现对共享数据集中敏感属性值的匿名保护。

3. 数据库隐私保护的原则

Agrawal 等在 *Privacy-Preserving Data Mining*：*Models and Algorithms* 一书中提出了数据库隐私保护的 10 条原则。

1）用途定义(Purpose Specification)：对收集和存储在数据库中的每一条个人信息都应该给出相应的用途描述。

2）提供者同意(Consent)：每一条个人信息的相应用途都应该获得提供者的同意。

3）收集限制(Limited Collection)：对个人信息的收集应该限制在满足相应用途最小需求内。

4）使用限制(Limited Use)：数据库仅运行与收集信息的用途一致的查询。

5）泄露限制(Limited Disclosure)：存储在数据库中的数据不允许与外界进行与信息提供者同意的用途不符的交流。

6）保留限制(Limited Retention)：个人信息只有为完成必要用途的时候才加以保留。

7）准确（Accuracy）：存储在数据库中的个人信息必须是准确的，并且是最新的。

8）安全（Safety）：个人信息有安全措施保护，以防被盗或挪作他用。

9）开放（Openness）：信息拥有者应该能够访问自己存储在数据库中的所有信息。

10）执行（Compliance）：信息拥有者能够验证以上规则的执行情况，相应地，数据库也应该重视对规则的执行。

Hippocratic 数据库（HDB）是一类通过防止非法用户的访问和信息的外泄来实现信息隐私和安全的数据库系统。HDB 是 IBM Almaden 研究中心针对现代技术条件，在 10 条数据保护原则的基础之上建立起来的。HDB 确保只有授权用户才拥有对敏感数据的访问权限，任何对该信息的公开都要满足恰当的用途。HDB 数据库允许用户指定自己信息的使用和公开权限。HDB 中也采用了一些安全防护技术来保证用户数据的信息安全。而且，HDB 数据库通过采用高级的信息共享和分析方法，使得在不损耗原来的安全和个人隐私特性的情况下达到最大的数据访问权限。当然，具有隐私保护功能的数据库系统要在保证系统安全性的前提下，有效提高系统的可用性。

6.3 数据库安全研究的发展

数据库安全是涉及信息安全技术领域与数据库技术领域的一个典型交叉学科，其发展历程与同时代的数据库技术、信息安全技术的发展趋势息息相关。在计算机单机时代、互联网时代以及当前的云计算时代，数据库安全需求发生了极大的变化，其内涵也更加丰富。

（1）计算机时代的数据库安全：安全数据库管理系统

早在 20 世纪 70 年代，国际上数据库技术与计算机安全研究刚刚起步之时，数据库安全问题就引起了研究者的关注，相关研究几乎同步启动。当时的研究重点集中于设计安全的数据库管理系统，又称为多级安全数据库管理系统（Multi-Level Secure DBMS）。众所周知，数据库管理系统是负责数据存储、访问与管理的核心平台软件，因而它也理所当然成为维护数据库系统的安全核心。早期的数据库安全研究的核心目标在于，通过设计符合特定安全策略模型的安全数据库管理系统，严格实施访问控制策略、控制数据库内容的操作与访问，从而实现整个数据库系统的安全。

（2）互联网时代的数据库安全：安全的数据库服务

在互联网时代，软件服务化逐渐发展成为一种为 IT 业界所广泛接受的工作模式。随着软件即服务（Software as a Service，SaaS）理念的推广，越来越多的 IT 厂商选择将其非核心业务外包，从而将更多的资源与精力投入到核心业务，达到降低成本、提高服务质量的目的。此外，近年来还出现了一批直接面对普通用户的数据库服务（或称"数据库即服务"，简称 DAS），如亚马逊公司提供的 SimpleDB 与 Relational Database Service 服务；谷歌公司推出的 Datastore 服务；以及微软公司的 SQL Azure 服务等。这些数据库服务平台虽然采用不同的数据模型与实现技术，但都为用户提供快速、便捷的数据库服务，避免用户花费时间或精力用于软硬件采购与数据库日常维护管理。

一个典型的数据库服务场景由数据库内容提供者（简称所有者）、数据库服务运营服务商（简称服务者）与数据库使用者（用户）三方构成，如图 6-3 所示。

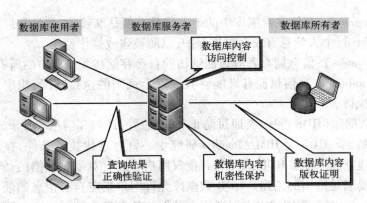

图 6-3 典型外包数据库场景及其安全需求

这种数据库服务模式带来了特殊的安全问题:数据库用户无法信赖数据库系统实施数据安全保护。因为在数据库服务模式下,由服务者负责维护 DBMS 软件并提供数据库查询服务,但服务者并非完全可信,所以不仅外包数据库面临安全风险,DBMS 软件也因其运行的环境不可信、不可控而自身面临安全风险,无法起到对数据的安全保护作用。这从根本上打破了以往的数据库安全威胁模型,带来了一系列安全问题。具体来说,"不可信的数据库服务者"这一安全假定引发了如下新问题:

- 数据库所有者的查询结果正确性验证需求。
- 数据库内容机密性保护需求。
- 来自所有者的数据库内容访问控制需求。
- 来自所有者的数据库内容版权证明需求。

目前,数据库服务模式下的数据库安全研究内容包括:

- 外包数据库安全检索技术研究。
- 外包数据库查询验证技术研究。
- 外包数据库密文访问控制技术研究。
- 数据库水印研究等。

(3)云计算时代的数据库安全:海量信息安全处理

当前,在 Web 2.0 的背景下,互联网用户已由单纯的信息消费者变成了信息生产者,因而互联网上的信息呈爆炸式的速度增长。在此背景下,支持海量数据高效存储与处理的云计算技术受到人们的广泛关注与青睐,在世界范围内得到迅猛发展,被誉为"信息技术领域正在发生的工业化革命"。

在云计算时代,信息的海量规模及快速增长为传统的数据库技术带来了巨大的冲击,主要挑战在于新的数据库应具备如下特性:

- 支持快速读写、快速响应以提升用户的满意度。
- 支撑 PB(10^{15})级数据与百万级流量的海量信息处理能力。
- 具有高扩展性,易于大规模部署与管理。
- 成本低廉。

在上述目标的驱使下,各类非关系型数据库(简称 NoSQL 数据库)应运而生,如 BigTable、HBase、Cassandra、SimpleDB、CouchDB、MongoDB 和 Redis 等。顾名思义,NoSQL 数据库为获得速度、可伸缩性及成本上的优势,放弃了关系数据库强大的 SQL 查询语言和事务机制。因此,在云计算时代,数据库安全研究面临如下新问题:

1)海量信息安全检索需求。一方面,现有的信息安全技术无法支持海量信息处理,例如数据经加密后丧失了许多原有特性,除非经过特殊设计,否则难以支持用户的各种检索;另一方面,当前的海量信息检索方法缺乏安全保护能力,例如当前的搜索引擎不支持不同用户具有不同的检索权限。因此,如何在保证数据私密性的前提下,支持用户快速查询与搜索,是当前亟待解决的问题。

2)海量信息存储验证需求。经典的签名算法与哈希算法等均可用于验证某数据片段的完整性,但是当所需要验证的内容是海量信息时,上述验证方法需耗费大量的时间与带宽资源,以至于用户难以承受。因而在云计算环境下,数据库系统安全的需求之一是数据存在性与正确性的可信、高效的验证方法,能够以较少的带宽消耗和计算代价,通过某种知识证明协议或概率分析手段,以高置信概率判断远端数据是否存在并且未被破坏。

3)海量数据隐私保护需求。与敏感信息不同,任何个体内容独立来看并不敏感,但是大量信息所代表的规律也属于用户隐私。例如,各大网站通过网络追踪技术记录用户的上网行为,分析用户偏好,并将上述信息高价出售给广告商,后者据此推送更精确的广告。因而在云计算环境下,研究如何抵抗从海量数据挖掘出隐私信息的方法,例如,将数据泛化、匿名化或加入适量噪声等,对防止用户隐私信息泄露具有重要意义。

综上所述,在当前云计算模式下,数据库安全研究内容多集中在如下方面:

- 海量信息安全检索关键技术研究。
- 海量数据完整性验证研究。
- 海量数据隐私保护技术研究。

6.4　思考与练习

1. 数据库安全面临哪些威胁?数据库有哪些安全需求?
2. 常用数据库安全技术有哪些?重点结合第 4 章以及本章中关于访问控制机制的介绍,对多种访问控制机制进行比较。
3. 数据库中敏感信息泄露有哪些类型?试解释这些泄露类型。
4. 什么是数据库的完整性?数据库完整性的概念与数据库安全性的概念有何联系与区别?
5. DBMS 的完整性控制机制有哪些功能?
6. 什么是触发器?它有何作用?
7. 数据库中为什么要有"并发控制"机制?如何用封锁机制保持数据的一致性?
8. 数据库中为什么要有恢复子系统?它的功能是什么?
9. 数据库运行中可能产生哪几类故障?有哪些基本的恢复措施?
10. 什么是数据库推理泄露和隐通道?
11. 为什么说数据库的可生存性是数据库安全的重要研究内容之一?常用的技术有哪些?
12. 知识拓展:访问微软网站 http://support.microsoft.com/kb/813944/zh-cn,了解 SQL

Server 2000 安全工具 SQL Critical Update Kit 的功能与使用。

13. 读书笔记:查阅文献,了解使用控制 UCON 的技术细节。完成读书报告。

14. 读书笔记:查阅文献,了解隐私保护,尤其是数据挖掘中的隐私保护技术。完成读书报告。

15. 操作实验:SQL Server 的安全管理。实验内容:数据库认证模式的设置;数据库登录账户的管理;数据库用户的管理;数据库角色的管理;数据库的备份与恢复。完成实验报告。

16. 操作实验:SQL 注入攻击的原理与防范。实验内容:搭建一个网站服务器,并构造一个存在漏洞的页面,使用 SQL 注入攻击工具进行测试;给出 SQL 注入漏洞防御的措施。完成实验报告。

17. 材料分析:目前我国高考所普遍采用的计算机网上阅卷系统分为高速扫描仪(或者专用阅卷机)、数据库服务器、阅卷计算机和统分程序 4 大部分。阅卷时,首先通过高速扫描仪将每道题目扫描成图片,存入服务器数据库,然后基于 B/S 形式由阅卷教师在阅卷点的浏览器上阅卷,服务器向阅卷端提供图片,所有分数最后进入统分程序,计算机程序根据事先的加密号码自动计算每位考生的分数,完成网上阅卷工作。【材料来源:电脑报,2007-7-2 第 26 期】

请分析高考网上阅卷系统的安全关键点及应该采取的安全控制措施。

第7章 应用系统安全

应用系统安全包含两方面的含义,一是防止应用程序对支持其运行的计算机系统的安全产生破坏,如恶意代码的防范;二是防止对应用程序本身的非法访问或使用,如代码安全漏洞的防范,对软件版权的技术保护等。

本章7.1节介绍应用系统的安全问题,包括恶意代码、代码安全漏洞和软件侵权,7.2~7.4节分别讲解这3类安全问题的解决方法:软件可信验证、安全编程和软件保护技术,7.5节讲解安全软件工程,从系统化、工程化的角度探讨通过软件开发的各个步骤确保软件安全性的方法,7.6节以 Web 应用系统为例,运用安全软件开发理论,介绍 Web 安全防护的关键技术。

7.1 应用系统安全问题

本节讲解的应用系统的安全问题,主要包括:恶意代码对计算机系统的破坏,应用系统自身的安全漏洞和软件的破解及侵权。

由于安全性与易用性需要适当平衡,为了提供良好的服务与共享,操作系统往往只注意消除主要的违反安全的行为,但并不能堵塞系统所有的安全漏洞,总存在让恶意程序钻"空档"的问题。

此外,由于程序通常不是由十分专业的程序员开发的,有的甚至是单个程序员开发的,他们完成的程序中会出现无意的缺陷,或故意留下的安全漏洞。因此,如何在程序设计中避免漏洞、如何在应用程序中发现漏洞,保障应用系统及其运行平台的安全,成为一个重要的问题。下面分别讲解应用程序可能对所留驻的系统造成的几种危害。

7.1.1 恶意代码

在维基百科中,这样描述恶意代码(Malware,也就是 Malicious Software 的缩写):恶意代码是在未被授权的情况下,以破坏软硬件设备、窃取用户信息、干扰用户正常使用、扰乱用户心理为目的而编制的软件或代码片段。

定义指出,恶意代码是软件或代码片段,其实现方式可以有多种,如二进制执行文件、脚本语言代码、宏代码,或是寄生在其他代码或启动扇区中的一段指令。

依据这个定义,恶意代码包括计算机病毒(Computer Virus)、蠕虫(Worm)、特洛伊木马(Trojan Horse)、后门(Back Door)、内核套件(Rootkit)、间谍软件(Spyware)、恶意广告(Dishonest Adware)、流氓软件(Crimeware)、逻辑炸弹(Logic Bomb)、僵尸网络(Botnet)、网络钓鱼(Phishing)、恶意脚本(Malice Script)、垃圾信息(Spam)、智能移动终端恶意代码(Malware Intelligent Terminal Device)等恶意的或讨厌的软件及代码片段。国际上目前新出现了一种以"扰乱用户心理"为目的的软件,也应该属于恶意代码范畴。

恶意代码已经成为攻击计算机信息网络系统的主要载体。攻击的威力越来越大、攻击的范围也越来越广。

1988年11月2日晚,美国Cornell(康奈尔)大学研究生Robert Morris将计算机蠕虫投放到计算机网络中。这个只有99行代码的病毒程序在美国军方网(MILNET)和ARPA网上迅速传播。至第二天凌晨,病毒从美国东海岸肆虐到西海岸,波及美国国家航空和航天局、军事基地、主要大学以及欧洲联网的计算机,造成6200多个用户系统瘫痪,直接经济损失9200多万美元。Morris蠕虫实际上的活动是在它遇到的每台计算机的后台都运行一个小进程。到了21世纪,计算机病毒不断变换新的花样,给人类造成的影响也越来越大。

2010年的Stuxnet蠕虫(又称"震网"、"超级工厂"病毒)是首次针对工业系统的恶意代码。它直接破坏物理世界中的工业基础设施。

2011年9月,一种新型的BMW病毒大量发作,数万台计算机被攻击。该病毒能够感染计算机主板的BIOS芯片和硬盘MBR(主引导区),再控制Windows系统文件加载恶意代码,使受害用户无论重装系统、格式化硬盘,甚至换掉硬盘都无法彻底清除病毒。与十几年前全球闻名的CIH病毒相比,BMW病毒同样会感染BIOS芯片,但它的危害更为严重。CIH发作的后果是破坏硬盘数据、破坏BIOS芯片,而BMW病毒能够联网下载任意程序,不仅可以窃取或破坏硬盘数据,还可按照黑客指令实施盗号、远程控制"肉鸡"、篡改浏览器等多重危害。

2012年,Flame(火焰)爆发。Flame是历史上已发现的最为复杂的恶意代码。Flame的代码程序有20MB,20多个模块,内含多种加密方法、各种不同类型的压缩算法。Flame能够录音、蓝牙通信、捕获屏幕图像和记录互联网消息通话。Flame创建者使用网络,通过分布在亚洲、欧洲、北美的80多台服务器远程控制受害计算机。Flame通过钓鱼邮件、受害网站等进行传播,感染的对象主要是局域网计算机、U盘、蓝牙设备等。

根据McAFee安全公司在2012年2月发布的2011年第四季度威胁报告表明,2011年已有超过7500万恶意软件样本。

随着移动互联网生机勃勃的发展,黑客也将其视为攫取经济利益的重要目标。国家互联网应急中心(CNCERT)在2012年发布的《2011年我国互联网网络安全态势综述》指出,针对移动设备的恶意程序目前呈现多发态势,2011年CNCERT捕获移动互联网恶意代码6249个,较2010年增加超过两倍,约有712万个上网的智能手机曾感染手机恶意代码,严重威胁和损害手机用户的利益。

下面对恶意代码中的几种主要类型进行介绍。

1. 计算机病毒

计算机病毒的概念的产生要早于恶意代码概念。早在1949年,计算机先驱John von Neumann在《复杂自动装置的理论及组织》论文中,首先注意到程序可以被编写成能自我复制并增加自身大小的形式。在1977年出版的科幻小说 *The Adolescence of P-1* 中,作者Thomas J. Ryan描述了病毒从一台计算机感染另一台计算机,最终扩散到7000多台计算机,酿成一场灾难的故事。这一科幻故事很快变成了现实。

第一个被检测到的病毒出现于1986年,称为Brain(巴基斯坦智囊病毒)。这是一个驻留内存的根扇区病毒,本无恶意的破坏和扩散意图,但病毒代码中的小错误使磁盘文件或文件分配表中的数据被搅乱,从而造成数据丢失。

(1)计算机病毒的概念

在1994年2月28日颁布的《中华人民共和国计算机信息系统安全保护条例》中是这样定

义计算机病毒的:"指编制或者在计算机程序中插入的破坏计算机功能或者毁坏数据,影响计算机使用,且能自我复制的一组计算机指令或者程序代码。"

计算机病毒是一种计算机程序。此处的计算机为广义的、可编程的电子设备,包括数字电子计算机、模拟电子计算机、嵌入式电子系统等。既然计算机病毒是程序,就能在计算机的中央处理器(CPU)的控制下执行。这种执行,可以是直接执行,也可解释执行。此外,它也能像正常程序一样,存储在磁盘、内存储器中,也可固化成固件。

计算机病毒不是用户希望执行的程序,因此病毒程序为了隐藏自己,一般不独立存在(计算机病毒本原除外),而是寄生在别的有用的程序或文档之上。计算机病毒最特殊的地方在于它能自我复制,或者称为传染性。它的另一特殊之处是,在条件满足时能被激活,可称为潜伏性或可触发性。当然,破坏性是其主要特征。

我国刑法第 286 条第一、二款规定:"违反国家规定,对计算机信息系统功能进行删除、修改、增加、干扰,造成计算机信息系统不能正常运行,后果严重的,处五年以下有期徒刑或者拘役;后果特别严重的,处五年以上有期徒刑。违反国家规定,对计算机信息系统中存储、处理或者传输的数据和应用程序进行删除、修改、增加的操作,后果严重的,依照前款的规定处罚。"依照这两款规定,行为人利用计算机病毒对他人计算机系统进行破坏,造成他人计算机信息系统不能正常运行的,或者对他人数据和程序进行破坏的,后果严重的,构成破坏计算机信息系统罪。这两款规定并不直接针对计算机病毒,而是对利用计算机病毒对他人计算机信息系统造成破坏的予以打击,因而是一种间接规定。

刑法第 286 条第三款规定:"故意制作、传播计算机病毒等破坏性程序,影响计算机系统正常运行,后果严重的,依照第一款的规定处罚。"根据该款规定,故意制作、传播计算机病毒的,也构成破坏计算机信息系统罪。

但这样的刑法规定在面临新型的计算机病毒时出现了难题,越来越多的计算机病毒,如前述的木马程序,不再是破坏性的,而是以侵入、控制他人计算机为手段,意图获取他人计算机信息数据以谋取经济利益。原有的刑法规定的对象均是破坏性程序,对此类程序则无能为力。

为适应计算机病毒的新发展,维护信息社会网络安全,《刑法修正案(七)》增加了新的网络犯罪条款,新增了为非法侵入、控制计算机信息系统非法提供程序、工具罪和非法获取计算机数据罪、非法控制计算机信息系统罪,并修订了非法侵入计算机信息系统罪,适应了打击恶意代码相关犯罪的需要。有关我国刑法及刑法修正案中关于计算机犯罪的规定,本书在 10.3 节中还有介绍。

(2)病毒剖析

计算机病毒在结构上有着共同性,一般由潜伏、传染和表现 3 部分组成。

1)潜伏模块。潜伏模块的功能是初始化,随染毒文件的执行或处理而进入内存,且使病毒相对独立于宿主;为传染部分做准备;利用潜伏机理,对付各种检测、欺骗系统,隐蔽下来。在某些病毒中尤其是传染引导区的计算机病毒,潜伏部分还担负着将分别存储的病毒程序连接为一体的任务。

2)传染模块。传染模块能使病毒代码连接于宿主程序之中。病毒的传染有其针对性,或针对不同的系统,或针对同种系统的不同环境。一般而言,病毒是否传染系统由传染的判断条件来实现。传染部分包括传染的判断条件和完成病毒与宿主程序连接的病毒传染主体部分。病毒的判断条件中,判断病毒自身是否传染了被传染对象的方法,一般是通过病毒标识来实现的。病毒标识是病毒自身判定条件的一种约定,它可以是病毒传染过程中写入宿主程序的,也可以是系统及程序本身固有的。感染标识是计算机系统可识别的特定字符或字符串。病毒约定,它用于判定系统及程序是否被传染。传染部分是病毒程序的一个重要组成部分,它负责病毒的感染工作:寻找目标,如 exe 文件或 com 文件;检查该文件中是否有感染标记,如果没有感染标记,则进行感染,将病毒程序和感染标记放入宿主程序中。

3)表现模块。表现部分是病毒程序的主体,它在一定程度上反映病毒设计者的意图。表现部分包括:触发条件判断,判定是否表现或破坏,什么时候表现、破坏,以及怎样表现、破坏(如果有多种表现行为的话)等;表现或破坏,如在系统的显示器上显示特定的信息或画面、蜂鸣器发声等。表现部分是病毒间差异最大的部分,潜伏部分和传染部分是为这部分服务的。

2. 蠕虫

(1)蠕虫的概念

早期恶意代码的主要形式是计算机病毒,1988 年 Morris 蠕虫爆发后,人们为了区分蠕虫和病毒,这样定义蠕虫:网络蠕虫是一种智能化、自动化,综合网络攻击、密码学和计算机病毒技术,不需要计算机使用者干预即可运行的攻击程序或代码,它会扫描和攻击网络上存在系统漏洞的节点主机,通过局域网或者因特网从一个节点传播到另外一个节点。

该定义体现了网络蠕虫智能化、自动化和高技术化的特征,也体现了蠕虫与计算机病毒的区别。传统计算机病毒主要感染计算机内的文件系统,而蠕虫传染的目标则是计算机。计算机网络条件下的共享文件夹、电子邮件、网络中的恶意网页、大量存在漏洞的服务器等都是蠕虫传播的途径。因特网的发展使得蠕虫可以在几个小时内蔓延全球,而且蠕虫的主动攻击性和破坏性常常使人手足无措。

(2)蠕虫剖析

网络蠕虫的功能模块如图 7-1 所示。网络蠕虫的功能模块可以分为主体功能模块和辅助功能模块。实现了主体功能模块的蠕虫能够完成复制传播流程,而包含辅助功能模块的蠕虫程序则具有更强的生存能力和破坏能力。

主体功能模块由 4 个子模块构成:

1)信息搜集模块。该模块决定采用何种搜索算法对本地或者目标网络进行信息搜集,内容包括本机系统信息、用户信息、邮件列表、对本机的信任或授权主机、本机所处网络的拓扑结构、边界路由信息等,这些信息可以单独使用或被其他个体共享。

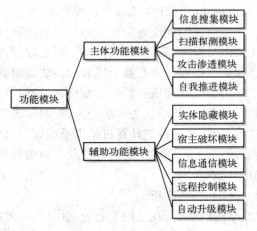

图 7-1 网络蠕虫功能模块

2)扫描探测模块。完成对特定主机的脆弱性检测,决定采用何种攻击渗透方式。

3)攻击渗透模块。该模块利用获得的安全漏洞,建立传播途径,该模块在攻击方法上是开放的、可扩充的。

4)自我推进模块。该模块可以采用各种形式生成各种形态的蠕虫副本,在不同主机间完成蠕虫副本传递。

辅助功能模块是对除主体功能模块以外的其他模块的归纳或预测,主要由 5 个功能子模块构成。

　　1）实体隐藏模块。包括对蠕虫各个实体组成部分的隐藏、变形、加密以及进程的隐藏,主要提高蠕虫的生存能力。

　　2）宿主破坏模块。该模块用于摧毁或破坏被感染主机,破坏网络正常运行,在被感染主机上留下后门等。

　　3）信息通信模块。该模块能使蠕虫间、蠕虫同黑客之间进行交流,这是未来蠕虫发展的重点;利用通信模块,蠕虫间可以共享某些信息,使蠕虫的编写者更好地控制蠕虫行为。

　　4）远程控制模块。控制模块的功能是调整蠕虫行为,控制被感染主机,执行蠕虫编写者下达的指令。

　　5）自动升级模块。该模块可以使蠕虫编写者随时更新其他模块的功能,从而实现不同的攻击目的。

　　网络蠕虫的工作机制如图7-2所示。从网络蠕虫主体功能模块实现可以看出,网络蠕虫的攻击行为可分为4个阶段:信息搜集、扫描探测、攻击渗透和自我推进。信息搜集主要完成对本地和目标节点主机的信息汇集;扫描探测主要完成对具体目标主机服务漏洞的检测;攻击渗透利用已发现的服务漏洞实施攻击;自我推进完成对目标节点的感染。

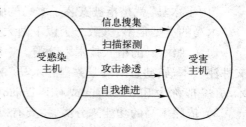

图7-2　网络蠕虫的工作机制

　　网络蠕虫已经成为网络系统的极大威胁,由于网络蠕虫具有相当的复杂性和行为不确定性,网络蠕虫的防范需要综合应用多种技术,包括网络蠕虫监测与预警、网络蠕虫传播抑制、网络蠕虫漏洞自动修复、网络蠕虫阻断等。目前比较流行的抑制网络蠕虫传播的方法就是在路由节点屏蔽和过滤含有某个网络蠕虫特征的报文,此外还可以通过对一定地址空间的流量监控来预测网络蠕虫的传播,从而采取更有效的措施以对抗网络蠕虫的大规模攻击。

3. 特洛伊木马

（1）木马的概念

　　特洛伊木马,简称木马,此名称取自希腊神话的特洛伊木马记。传说希腊人围攻特洛伊城,久久不能得手。后来想出了一个木马计,让士兵藏匿于巨大的木马中。大部队假装撤退而将木马弃置于特洛伊城下,敌人将这些木马作为战利品拖入城内。到了夜晚,木马内的士兵则乘特洛伊城人庆祝胜利、放松警惕的时候从木马中爬出来,与城外的部队里应外合而攻下了特洛伊城。

　　这里讨论的木马,就是这样一个有用的、或者表面上有用的程序或者命令过程,但是实际上包含了一段隐藏的、激活时会运行某种有害功能的代码,它使得非法用户达到进入系统、控制系统和破坏系统的目的。它是一种基于客户机/服务器方式的远程控制程序,具有隐蔽性和非授权性等特点。

　　所谓隐蔽性,是指木马的设计者为了防止木马被发现,会采用多种手段隐藏木马,这样服务端即使发现感染了木马,也不能确定其具体位置;所谓非授权性,是指一旦控制端与服务端连接,控制端将享有服务端的大部分操作权限,包括修改文件、修改注册表、控制鼠标、键盘等,而这些权力并不是服务端赋予的,而是通过木马程序窃取的。木马对系统具有强大的控制功能。一个功能强大的木马一旦被植入某台机器，操纵木马的人就能通过网络像使用自己的机器一样远程控制这台机器，甚至能远程监控受控机器上的所有操作。

著名的一些木马工具有 Back Orifice 2000（BO2K）、SubSeven，以及国产的灰鸽子、冰河等。

蠕虫和木马之间的联系也非常有趣。一般而言，这两者的共性是自我传播，都不感染其他文件。在传播特性上，它们的微小区别是：木马需要诱骗用户上当后进行传播，而蠕虫不是。蠕虫包含自我复制程序，它利用所在的系统进行传播。一般认为，蠕虫的破坏性更多地体现在耗费系统资源的拒绝服务攻击上，而木马更多地体现在秘密窃取用户信息上。

（2）木马剖析

木马程序一般由两部分组成：

- 控制端程序，用以远程控制服务端的程序。
- 服务端程序，被控制端远程控制的一方的程序。

"中了木马"就是指被安装了木马的服务端程序。

木马的类型很多，大致分为以下两大类：

1）依照木马的植入技术来分类。一般常见的有可执行文件的捆绑木马、透过动态链接库文件注入木马、动态网页服务程序木马（ASP Trojan、PHP Trojan）、透过浏览器漏洞入侵的网页木马（一般称为 BMP Trojan 或 GIF Trojan），以及透过电子邮件入侵的邮件附件木马等。

2）依照木马的功能来分类，主要有以下类型。

- 远程控制型木马：对于这种类型的木马，只要有人运行服务端程序，就会在服务端打开一个端口以保持连接，以实现远程控制。其具有的一般功能是：键盘记录，上传和下载功能，注册表操作，限制系统功能等。著名的木马冰河就是一个远程控制型木马。
- 破坏型木马：这类木马唯一的功能就是破坏并且删除文件，可以自动地删除计算机上的系统所用的核心程序，如 dll、ini、exe 文件。
- 键盘记录型木马：这种木马记录服务端的键盘敲击并且在 LOG 文件里查找密码或者其他有用的数据，然后把记录到的信息发送到种植"木马"者的电子邮箱中。
- DoS 攻击型木马：当攻击者入侵了一台计算机，给被攻击者种上 DoS 攻击木马，那么日后这台计算机就成为攻击者进行 DoS 攻击所谓的"肉鸡"。

虽然有多种形式的木马程序，但在通常情况下，一种木马程序可能同时具有以上所介绍的多种形式，以增强破坏力。

用木马这种黑客工具进行网络入侵，从过程上看大致可分为 6 步。下面按这 6 步来介绍木马的攻击原理。

1）配置木马。一般一个设计成熟的木马都有木马配置程序，从具体的配置内容看，主要是为了实现伪装和信息反馈。木马配置程序会采用多种伪装手段隐藏自己，例如修改图标、捆绑文件、定制端口、自我销毁等。木马配置程序将对信息反馈的方式或地址进行设置，如设置信息反馈的 E-mail 地址、MSN 号、QICQ 号等。

2）传播木马。传统的木马传播方式是通过软件下载，一些网站以提供软件下载为名义，将木马捆绑在软件安装程序上，下载后只要一运行这些程序，木马就会自动安装。此外，木马还有以下传播方式：利用共享和 Autorun 文件、把木马文件转换成 bmp 文件、利用错误的 MIME 头漏洞、在 Word 文档中加入木马程序、通过脚本文件传播等。

3）运行木马。服务端用户运行木马或捆绑了木马的程序后，木马会自动进行安装运行。

4）信息反馈。是指木马成功安装后会搜集一些服务端的软硬件信息，并通过 E-mail、IRC 或 ICQ 的方式告知控制端用户。从中可以知道服务端的一些软硬件信息，包括使用的操作系统、系统目录、硬盘分区情况，系统口令等。在这些信息中，最重要的是服务端 IP，因为只有得到这个参数，控制端才能与服务端建立连接。

5）建立连接。木马建立连接必须满足两个条件：一是服务端已安装了木马程序；二是控制端、服务端都要在线。在此基础上控制端可以通过木马端口与服务端建立连接。

6）远程控制。木马连接建立后，控制端口和木马端口之间将会出现一条通道，控制端上的控制端程序可借这条通道与服务端上的木马程序取得联系，并通过木马程序对服务端进行远程控制。

4. 后门

（1）后门的概念

后门是一个模块的秘密的、未记入文档的入口。在程序开发与调试期间，程序员常常为了测试一个模块，或者为了今后的修改与扩充，或者为了在程序正式运行后，当程序发生故障时能够访问系统内部信息等目的而有意识预留的。这种后门可以被程序员用于上述正常目的，也可以被用于非正当目的。

（2）后门剖析

下面是程序模块测试的一个例子。

一个程序系统的功能往往是非常复杂的，根据软件开发的要求，程序员一般采用模块化技术开发与测试软件系统。测试时首先测试单个模块，然后再把分立的模块按照处理逻辑组装到一起。图 7-3 所示是一个典型的模块结构图。在该图中，模块之间的带箭头的连线表示模块之间的调用关系，箭头指向子模块。为了测试某个非底层模块，需要编制一些辅助调试模块，其中由被测模块调用的辅助模块称为桩模块，调用被测模块的模块称为驱动模块。桩模块的功能可以用很简单的语句实现，如果桩模块是模拟打印模块，则桩模块内可以仅包含一两条打印语句，能够输出一串字符串即可，不需要按最后严格的格式化输出要求编程。如果调试顺序是从上而下，则驱动模块可以使用已经调试好的模块。驱动模块也可以临时编写，其中包含调用被测模块的实参数形成语句和模块调用语句。图 7-4 给出了驱动模块、被测模块和桩模块之间的调用关系。

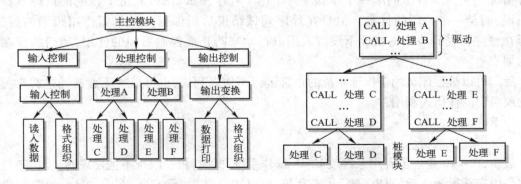

图 7-3　典型的模块结构图　　　　图 7-4　驱动模块、桩模块与被测模块

在程序的测试过程中，当测试有复杂调用关系的模块时，有时为了判断错误的原因，需要

在被测模块内插入调试代码。这些代码通常用于显示模块的中间计算结果或用于判断上一级模块传递到被测模块的参数是否正确,有的也用于跟踪程序的运行轨迹。例如,可以利用 PRINT 语句显示模块内的某个参数值或某个内部变量的值。又如,可以用一组简单赋值语句"var = value"作为调试代码,允许程序员在程序运行期间更改程序的参数值,或用于调试该模块的正确性,或者用于向被测模块传递参数值。这种插入指令的方法是一种广泛使用的调试技术。在调试完成后,这些调试指令如果未被及时清除,则可能留下所谓的"后门"。

产生后门的另一个原因是设计或编程漏洞。在某些设计粗劣的程序系统中,只检查正常输入情况,忽略对非正常输入的检查,使得用户即使输入错误值仍然可以进入程序系统。例如,某程序的输入模块期望读入一个人的年龄值,由于程序中没有检查输入值的合理性的功能,可能会将用户输入的 250 或 -30 作为合理的年龄值而接受,从而允许该用户进一步执行程序的其他功能。又如,程序某模块期望处理成绩优秀、良好和及格 3 种人员的情况,并有相应的 CASE 语句进行过滤。如果在 CASE 语句中只有处理这 3 种情况的分支语句,则当遇到不及格情况时就可以跳过该 CASE 语句,执行程序的后续功能,这也是常见的程序缺陷。

在硬件处理器设计中也存在一些缺陷。例如,许多处理器中并非所有的操作码值都对应相应的机器指令。那些无定义的操作码常被用作特殊指令,或被用于测试处理器的设计,或者由于处理器逻辑设计上的漏洞,并未阻塞这些未定义的操作码的逻辑通路,使得程序中出现未定义操作码时,处理器仍能继续执行。

程序中的后门也可以用来发现安全方面的缺陷。审计程序有时需要借助成品程序的后门,向系统中插入虚设的但可识别的业务,以便跟踪这些业务在系统中的流向,进而研究系统中是否存在安全方面的漏洞。

程序员在程序调试结束时应该去掉后门(即各种调试用的语句),但程序中仍可能存在后门的原因有以下几种:

- 忘了去掉某些调试语句,留下了后门。
- 故意保留下来以便用于别的测试。
- 故意留在程序中以便有助于维护已完成的程序。
- 故意留在程序中以便它成为可接受的成品程序后,有一种访问此程序的隐蔽手段。

以上情况中,第一种是无意识的安全疏忽,中间两种是对系统安全的严重暴露,而最后一种情况则是全面攻击的第一个步骤。对于用于程序测试、修改和维护目的的后门本身并无错误,而是一种常用的技术。但是在程序调试结束后仍保留一些暴露作用很强的后门,甚至在程序易受到攻击的情况下没有人采取行动来防止或控制后门的使用,后门的存在才成为弱点。

后门可以被程序员用于保证系统的正常运行而加以利用,也可以被无意或通过穷举搜索而发现后门的任何人利用。

5. Rootkit

(1) Rootkit 的概念

最初,Rootkit 是攻击者用来修改 UNIX 操作系统和保持根权限且不被发现的工具,正是由于它是用来获得 root 后门访问的 kit 工具包,所以被命名为"root" + "kit"。目前通常所说的 Rootkit 是指:一类特洛伊木马后门工具,通过修改现有的操作系统软件,使攻击者获得访问权限并隐藏在计算机中。

Rootkit 与特洛伊木马、后门等既有联系又有区别。首先,Rootkit 属于特洛伊木马的范畴,它用恶意的版本来替换运行在目标计算机上的常规程序来伪装自己,从而达到掩盖其真实恶意的目的,而这种伪装和隐藏机制正是特洛伊木马的定义特性。此外,Rootkit 还作为后门行使其职能,各种 Rootkit 通过后门口令、远程 Shell 或其他可能的后门途径,为攻击者提供绕过检查机制的后门访问通道,而这正是后门工具的定义特性。作为一类特殊形态的木马后门工具,一个恶意代码之所以能够被称为 Rootkit,就必须具备替换或修改现有操作系统软件进行隐藏的特性,而这才是 Rootkit 的定义特性。Rootkit 使得攻击者能够以自己的方式去访问系统,从而也是一种后门,与采用了一种伪装机制的普通木马后门相比,Rootkit 具有更好的隐蔽性,它能够融入操作系统的软件中,即使用户和管理员具有较高的安全意识和技术水平,也很难发现 Rootkit 的踪迹。为了获得所有这些技术特性和能力,Rootkit 需要由众多的功能组件组成,包括替换操作系统软件用于隐藏自身的恶意软件,实现隐蔽性后门访问的后门程序,还有各种辅助工具,这些工具允许攻击者调整那些被替换程序的特征,包括程序的大小和上次修改日期等信息,从而可以使得这些程序看上去和原来正常的程序没有任何差异。Rootkit 强调的是强大的隐藏功能、伪造和欺骗的功能,而木马后门强调的是窃取功能、远程侵入功能。两者的侧重点不一样,两者结合起来则可以使得攻击者的攻击手段更加隐蔽、强大。

应当说 Rootkit 技术自身并不具备恶意特性,一些具有高级特性的软件(比如反病毒软件)也会使用一些 Rootkit 技术来使自己处在攻击的最底层,进而可以发现更多的恶意攻击。然而 Rootkit 技术一旦被木马病毒等恶意程序利用之后,它便具有了恶意特性。一般的防护软件很难检测到此类恶意软件的存在。这类恶意软件就像幕后的黑手一样在操纵着用户的计算机,而用户却一无所知。它可以拦截加密密钥、获得密码甚至攻破操作系统的驱动程序签名机制来直接攻击硬件和固件,获得网卡、硬盘甚至 BIOS 的完全访问权限。

Rootkit 有多种分类方式,按照操作系统来分可以分为 Windows Rootkit、Linux Rootkit 和移动操作系统 Rootkit 等。

(2) Rootkit 剖析

在 Windows 系统中,根据操作系统的分层,Rootkit 可以运行在两个不同的层次上,即用户模式和内核模式。用户模式 Rootkit 修改的是操作系统用户态中用户和管理员所使用的系统程序和库文件,而内核模式 Rootkit 则直接攻击操作系统最底层的内核。应用程序级木马后门是在操作系统之上由攻击者直接添加至受害计算机的恶意应用程序。用户模式 Rootkit 则是在操作系统中正常的内核之上,由攻击者恶意替换和木马化的操作系统程序及库文件。内核模式 Rootkit 存在于操作系统的内核中,通过对内核组件的恶意修改和木马化,在操作系统上层程序和其他用户应用程序没有任何修改的情况下,攻击者仍可以利用它在受害计算机中隐藏并提供后门访问。

目前 Windows 用户层的 Rootkit 由于处在 API 调用的上层,需要调用底层的 API 甚至发送 IRP 请求才能完成实际的功能。因而只要其他的程序处在 API 调用的底层,那么用户层的 Rootkit 本身可能已经不是期望的执行路径,从而失去了存在的意义,所以内核底层是所有 Rootkit 的必争之地。

操作系统内核作为操作系统最重要的部分,完成文件系统、进程调度、系统调用、存储管理等功能。内核模式 Rootkit 会修改操作系统的内核,例如中断调用表、系统调用表、文件系统等内容。Rootkit 常使用内核模式钩子,这是一种用于拦截系统调用和中断的技术,从而将控制权转交给 Rootkit 代码。这些 Rootkit 主动监控和修改输出结果,在它们每次通过钩子获得控制权后有效隐藏自己。Rootkit 通过隐藏操作系统内核结构来隐藏线程、进程与服务。这些 Rootkit 只需要执行一次,即可修改内核结构。由于系统内核在操作系统最底层,一旦内核受到 Rootkit 攻击,应用层的程序从内核获取的信息将不可靠,包括第三方的应用层检测工具都无法发现 Rootkit。

7.1.2 代码安全漏洞

软件的缺陷,包括实现中的错误(如缓冲区溢出),以及设计上的错误(如不周全的错误处理),成为影响计算机安全的重要因素。随着软件系统数量的不断增加和功能的复杂,其潜在的安全隐患也不断增多,软件中安全漏洞的报告逐年增长。事实上,目前恶意代码的攻击大多是利用了应用软件,尤其是基于网络的应用软件的安全漏洞。

下面介绍缓冲区溢出及格式化字符串漏洞这两种基本的代码安全问题。

1. 缓冲区溢出

目前,缓冲区溢出普遍存在于各种操作系统(Windows、Linux、Solaris、Free BSD、HP-UX 和 IBM AIX),以及运行在操作系统上的各类应用程序中。著名的 Morris 蠕虫病毒,就是利用了 VAX 机上 BSD UNIX 的 finger 程序的缓冲区溢出错误。

(1)缓冲区溢出的概念

简单地说,缓冲区溢出(Buffer Overflow)就是通过在程序的缓冲区写入超出其长度的内容,从而破坏程序的堆栈,使程序转而执行其他指令,以达到攻击的目的。为了了解缓冲区溢出的机理,先介绍处理器处理机器代码的情况。

处理器中有特殊的存储器,通常称为寄存器,其中有一些特殊的寄存器用来存储程序执行时的信息,主要注意以下 3 个:

- EIP,扩展指令寄存器,下一条要执行的指令的地址。
- EBP,扩展基址寄存器,存储当前正在执行的指令的地址。
- ESP,扩展堆栈寄存器,存储栈顶指针。

下面是一个程序执行状态下在内存中的存储,如图 7-5 所示。

图 7-5　程序在内存中的存储

- 代码段:存放程序汇编后的机器代码和只读数据,这个段在内存中一般被标记为只读,任何企图修改这个段中数据的指令将引发一个 Segmentation Violation 错误。
- 数据段:数据段中存放的是各种数据(经过初始化的和未经初始化的)和静态变量。
- 堆栈段:在函数调用时存储函数的入口参数(即形参)、返回地址和局部变量等信息。

由于一个函数调用所导致的需要在堆栈中存放的数据和返回地址称为一个栈帧(Stack

Frame）。栈帧的一般结构如图 7-6 所示。

··· [local1] [local2] ···[local*n*] [EBP][RET地址][参数1][参数2]···[参数*n*]

ESP（栈顶）　　　　EBP　　　　　　　　　　栈底

图 7-6　栈帧的一般结构

下面通过一个简单的程序来分析栈帧中的内容。

【例 7-1】

```
#include < iostream. h >
void foo( int m, int n)
{
    int local;
    local = m + n;
}
void main( )
{
    int t1 = 0x1111;
    int t2 = 0x2222;
    foo( t1 ,t2);
}
```

在 Visual C ++ 6.0 中输入程序，并设置断点（见图 7-7 中深色的圆点）。选择 Debug 工具栏中的 Step Over 单步执行程序，利用 Debug 工具栏按钮中的 Memery（内存）和 Registers（寄存器），可看到内存中栈帧的内容变化情况，如图 7-8 所示。

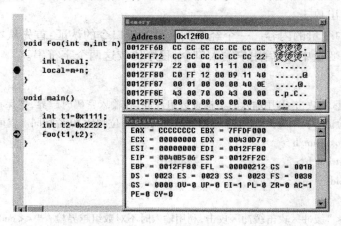

图 7-7　执行到第一个断点

可以看出，当程序中发生函数调用时，计算机依次完成如下操作：首先把入口参数压入堆栈（t2 的值 00002222，t1 的值 00001111）；然后保存指令寄存器 EIP 中的内容作为返回地址（0040B513）；再把基址寄存器 EBP 压入堆栈（0012FF80）；最后为本地变量留出一定空间，调用结束后恢复 EBP 的值，调用返回。

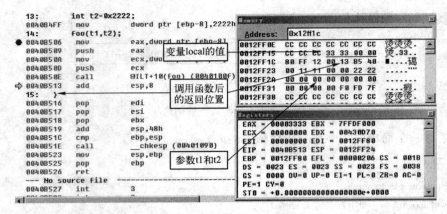

图 7-8 执行到第二个断点

注意,程序是从内存低端向高端按顺序存放的,输入的形参按照自右至左的顺序入栈,而堆栈的生长方向与内存的生长方向相反,因此在堆栈中压入的数据超过预先给堆栈分配的容量时,就会出现堆栈溢出。

简单地说,缓冲区溢出的原因是由于字符串处理等函数没有对数组的越界加以监视和限制,结果覆盖了堆栈数据。缓冲区的溢出有多种不同的类型,一般而言,有以下几种缓冲区溢出攻击的方式:

1) 攻击者可用任意数据覆盖堆栈中变量的内容。

2) 覆盖堆栈中保存的寄存器内容,导致程序崩溃。

3) 把堆栈中的返回地址覆盖,替换成一个自己指定的地方,而在那个地方可以植入一些精心设计的代码以达到攻击目的。

下面选择其中比较简单的两种,进行具体的分析。

(2) 缓冲区溢出攻击

1) 覆盖堆栈中变量的内容。一个经典例子是基于口令的认证:首先从本地数据库中读取口令并存储在本地变量中,然后用户输入口令,程序比较这两个字符串。

【例 7-2】

```
/* 对缓冲区的攻击,利用输入时不检查数组越界,在输入密码时越界,把保存密码的字符串冲掉
就能通过验证了。请输入 22 个字符到 input 中,前 10 位和后 10 位相同。就可以 pass! */
#include < iostream. h >
#include < string. h >
int main( void)
{
    cout << "缓冲区攻击缓冲区攻击,利用输入时不对数组越界检查" << endl;
    cout << "在输入密码时越界,把保存密码的字符串冲掉就能通过验证了!" << endl;
    cout << "请输入 22 个字符到 input 中,前 10 位和后 10 位相同。就可以 pass!" << endl;
    char pass[10], input[10];
    strcpy( pass, "1234567890");
    cout << "initial pwd: " << pass << endl;
    cout << "Please input your password:";
```

```
    cin >> input;
    input[10] = '\0';

    cout << "pass = " << pass << endl;
    cout << "input = " << input << endl;

    int i;
    i = strcmp(pass, input);

    if (i == 0)
        cout << "Correct password!" << endl;
    else
    {
        cout << "i = " << i << endl;
        cout << "Failed!" << endl;
    }
    return 0;
}
```

如图 7-9 和 7-10 所示,通过内存和寄存器中值的变化,可以清晰地看到,当输入 22 个字符时,数组 pass[ ] 中的内容被覆盖。因此,如果用户输入的是 8888888888008888888888,那么 pass[ ] 和 input[ ] 的内容就是同一个字符串 8888888888,从而比较结果为二者相等。

图 7-9 pass 数组中赋初值   图 7-10 pass 数组中的值被覆盖

2) 覆盖堆栈中寄存器的内容。在栈上声明的各种变量的位置就紧靠着调用函数的返回地址。如果用户输入的数据越过边界,就会将调用函数的返回地址覆盖,造成程序崩溃。

下面通过一个小程序的执行过程。看一看其中堆栈的操作和溢出的产生过程。

【例 7-3】

```
#include < stdio. h >
#include < string. h >
void foo(const char  * input)
{
    char buf[10];
    strcpy(buf, input);
```

```
    printf("% s \n",buf);
}
void main( )
{
    foo ("AAAAAAAAAAAA");
    return 0;
}
```

因为给函数赋的值超出了 10 个字节的长度,只好向堆栈底部方向继续写入,EBP 和 RET 的值都可能被"A"覆盖,这时就会出现溢出问题,出错信息如图 7-11 所示。

图 7-11　产生溢出后的出错信息

由上面的分析可知,通过改变用户的输入内容,可以控制在哪个地址运行下一条指令。在实际应用中,攻击者会事先构造好可以攻击的 shellcode 代码,当返回地址覆盖成 shellcode 的起始地址时,缓冲区发生溢出,程序就会跳到精心设计好的 shellcode 处去执行,达到了攻击的目的。

2. 格式化字符串漏洞

(1) 格式化字符串漏洞的概念

格式化字符串的漏洞产生于数据输出函数中对输出格式解析的缺陷,其根源也是 C 程序中不对数组边界进行检查的缓冲区错误。

以 printf 函数为例:

int printf(const char * format, agr1, agr2, ……);

format 的内容可能为(% s, % d, % p, % x, % n, ……),将数据格式化后输出。这种函数的问题在于 printf 函数不能确定数据参数 arg1, arg2, …… 究竟在什么地方结束,也就是说,它不知道参数的个数。printf 函数只会根据 format 中的打印格式的数目,依次打印堆栈中参数 format 后面地址的内容。

(2) 格式化字符串漏洞剖析

1) printf 中的缺陷。分析下面的程序:

【例 7-4】

```
#include  < stdio. h >
void main( )
{
```

```
        int a = 44,b = 77;
        printf("a = %d,b = %d\n",a,b);
        printf("a = %d,b = %d \n");
    }
```

对于上述代码,第一个 printf 函数调用是正确的,第二个调用中则缺少了输出数据的变量列表。那么第二个调用将引起编译错误还是照常输出数据? 如果输出数据又将是什么类型的数据呢?

上述代码在 Windows XP SP2 操作系统下,运行 Visual C ++6.0 编译器,生成 release 版本的可执行文件,其运行结果如图 7-12 所示。

第二次调用没有引起编译错误,程序正常执行,只是输出的数据有点出乎预料。下面对结果进行分析。

```
"C:\Documents and Settings\cb\桌
a=44,b=77
a=4218928,b=44
Press any key to continue
```

图 7-12   printf 函数的缺陷例子的输出

第一次调用 printf 函数时,3 个参数按照从右到左的顺序,即 b、a、"a = %d,b = %d\n" 的顺序入栈,栈中状态如图 7-13 所示。

当第二次调用时,由于参数中少了输出数据列表部分,故只压入格式控制符参数,这时栈中状态如图 7-14 所示。

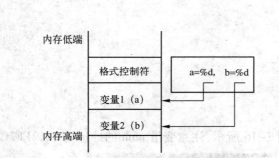

图 7-13   printf 函数调用时的内存布局

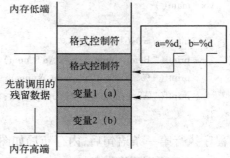

图 7-14   格式化漏洞原理

虽然函数调用时没有给出“输出数据列表”,但系统仍然按照“格式控制符”所指明的方式输出了栈中紧随其后的两个 DWORD 类型值。现在可以明白输出“a = 4218928,b = 44”的原因了:4218928 的十六进制形式为 0x00406030,是指向格式控制符“a = %d,b = %d\n”的指针;44 是残留下来的变量 a 的值。

到此为止,这个问题还只是一个 bug,算不上漏洞。但如果 printf 函数参数中的“格式控制符”可以被外界输入影响,那就是所谓的格式化串漏洞了。下面介绍用 printf 函数读取内存数据。

2) 用 printf 函数读取内存数据。分析如下代码:

【例 7-5】

```
#include < stdio. h >
int main( int argc,char * * argv)
{
    printf( argv[1]);
}
```

233

在 Windows XP SP2 操作系统下,运行 Visual C++6.0 编译器,生成 release 版本的可执行文件。当向程序传入普通字符串(如"Buffer Overflow")时,将得到简单的反馈。但如果传入的字符串中带有格式控制符,则 printf 函数就会打印出栈中的数据。例如,输入"%p,%p,%p……",可以读出栈中的数据,如图 7-15 所示。

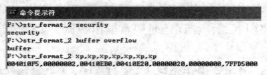

图 7-15　利用格式化串漏洞读内存

3)用 printf 函数向内存写数据。

只是允许读数据还不算很糟糕,但是如果配合上修改内存数据,就有可能引起进程劫持和shellcode 植入了。

在格式化控制符中,有一种鲜为人知的控制符"%n"。这个控制符用于把当前输出的所有数据的长度写回一个变量中去,下面这段代码展示了这种方法。

【例 7-6】

```
#include < stdio. h >
void main( )
{
    int num = 0x61616161;
    printf( "Before:num = % #x \n", num);
    printf( "%. 20d% n\n", num, &num);
    printf( "After:num = % #x \n", num);
}
```

当程序执行第一条语句后,内存布局如图 7-16 所示,注意变量 num 的地址为 0012FF7C。

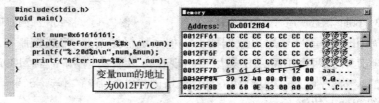

图 7-16　执行第一条语句后的内存布局

程序执行第二条语句(第一条 printf 语句)后,内存布局如图 7-17 所示。注意,参数从右向左依次压入堆栈。

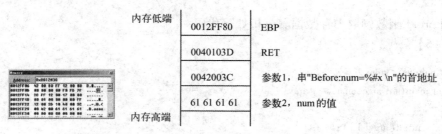

内存低端		
	0012FF80	EBP
	0040103D	RET
	0042003C	参数1,串"Before:num=%#x \n"的首地址
内存高端	61 61 61 61	参数2,num的值

图 7-17　执行第一条 printf 语句后的内存布局示意图

执行第三条语句(第二条 printf 语句),参数压入堆栈之后,内存布局如图 7-18 所示。

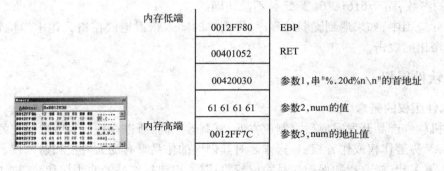

内存低端	0012FF80	EBP
	00401052	RET
	00420030	参数1,串"%.20d%n\n"的首地址
	61 61 61 61	参数2,num 的值
内存高端	0012FF7C	参数3,num 的地址值

图 7-18　执行第二条 printf 语句后的内存布局示意图

当执行第三条 printf 语句后,变量 num 的值已经变成了 0x14(20),如图 7-19 所示。这是因为程序中将变量 num 的地址压入堆栈,作为第二条 printf 语句的第二个参数,"%n"会将打印总长度保存到对应参数的地址中去。打印结果如图 7-20 所示,0x61616161 的十进制值为 1633771873,按照 DWORD 类型,其值长度为 20。

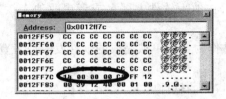

图 7-19　执行第三条 printf 语句后的内存布局

```
Before:num=0x61616161
00000000001633771873
After:num=0x14
```

图 7-20　输出结果

如果不将 num 的地址压入堆栈,如下面的程序所示:

```
#include < stdio. h >
voidmain( )
{
    int num = 0x61616161
    printf( "Before:num = % #x \n",num);
    printf( "%.20d% n\n",num);        //这里没有将 num 的地址压入堆栈中
    printf( "After:num = % #x \n",num);
}
```

运行结果如图 7-21 所示。

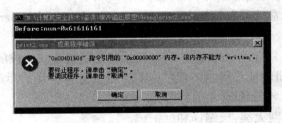

图 7-21　运行结果

程序在执行第二条 printf 语句时发生错误,printf 将堆栈中 main 函数的变量 num 当成了%n 所对应的参数,而 0x61616161 肯定是不能访问的。

在实际应用中,如果遇到脆弱的程序,将用户的输入错误地放在格式化串的位置,就会造成缓冲区溢出的攻击。

7.1.3 软件侵权

1. 软件版权的概念

计算机软件产品开发完成后复制成本低、复制效率高,所以往往成为版权侵犯的对象。

版权,又称著作权或作者权,是指作者对其创作的作品享有的人身权和财产权。人身权包括发表权、署名权、修改权和保护作品完成权等;财产权包括作品的使用权和获得报酬权。

在法律手段上,软件版权主要是以著作权法来保护的。本书第 10 章将介绍我国有关软件版权保护的法律法规。本小节介绍软件版权所面临的侵权行为。

2. 软件侵权行为

常见的软件侵权行为包括:

- 未经软件著作权人许可,发表、登记、修改、翻译其软件。
- 将他人软件作为自己的软件发表或者登记,在他人软件上署名或者更改他人软件上的署名。
- 未经合作者许可,将与他人合作开发的软件作为自己单独完成的软件发表或者登记。
- 复制或者部分复制著作权人的软件。
- 向公众发行、出租,通过信息网络传播著作权人的软件。
- 故意避开或者破坏著作权人为保护其软件著作权而采取的技术措施。
- 故意删除或者改变软件权利管理电子信息。
- 转让或者许可他人行使著作权人的软件著作权。

在软件侵权行为中,对于一些侵权主体比较明确的,一般通过法律手段予以解决,但是对于一些侵权主体比较隐蔽或分散的,政府管理部门受到时间、人力和财力诸多因素的制约,还不能进行全面管制,因此有必要通过技术手段来保护软件。

在软件侵权行为中,对软件的破解是侵权的基础。软件的版权保护技术实际上主要是针对防范软件的破解。

要分析和掌握软件版权保护技术,首先必须理解软件破解的流程。软件破解一般是通过特定的工具,对软件载体或软件体自身的结构和数据进行分析,查看、推测软件运行过程中程序的逻辑跳转和内存数据的变化,采取修改软件保护体、被保护体绕过授权校验,或模拟软件正常运行条件的手段,达到正常使用未经授权软件的目的。

对程序进行分析最常见和有效的方法是逆向工程(Reverse Engineering)和程序跟踪调试。

(1)逆向工程

可以通过逆向工程分析程序的流程,利用提示信息了解模块完成的功能,摸索出软件的运行机制,从而破解其注册验证等机制。程序中的提示信息有注册提示信息、验证提示信息等,或者一些有意义的函数名、变量名等。

逆向工程主要分为两大类:反编译和反汇编。

1)反编译是从汇编语言或二进制代码恢复程序高级语义的过程。由于编译器在编译源代码时进行了一些代码优化和调整,要通过反编译得到与原始代码完全相同的源代码几乎是不可能的,但是可以得到与原始代码结构功能相近或基本相同的代码。

2)反汇编是将机器码转换成汇编语言代码的过程。反汇编分为静态反汇编(Static Disassembly)和动态反汇编(Dynamic Disassembly)。静态反汇编指在反汇编过程中代码被分析但不执行。动态反汇编是指分析过程中,程序有输入并被执行,执行的过程被外部工具(如调试器)监控,以发现当前正在执行的指令。

静态反汇编的优势之一是能一次性处理整个文件,而动态反汇编通常只能处理一个程序片断。另外一个优势是静态反汇编消耗的时间与程序代码的大小成正比,动态反汇编则与运行时的指令多少成正比。这使得静态分析更加高效。

常用的逆向工程工具主要有如下类型。

- 文件分析工具:FileInfo、PeiD、Gtw 等。
- Win32 程序资源查看工具:Resource Hacker、eXeScope 等。
- 反汇编工具:W32Dasm、IDA Pro 等。
- 文件编辑工具:Hiew、Hex Workshop、WinHex 等。
- 反编译工具:Reflector(C#)、DJ Java Decompiler(Java)、JAD(Java)、ILDASM(. Net 字节码)、DeDe(Delphi)等。

(2)程序动态跟踪调试

所谓动态跟踪,就是利用动态分析工具单步执行软件进行动态跟踪,实时分析、了解模块运行的细节,最终实现软件的破解。常用的动态分析工具主要有 SoftIce、TRW2000、OllyDbg 等。

对于采用注册验证的版权控制,如果对软件分析获取了软件注册验证的逻辑算法和加密算法,则有可能写出相应的程序来生成正确的注册信息,使用该注册信息注册的软件具有和正版软件同样的功能。这类用于生成注册信息的程序称为注册机。

总结起来软件破解一般的手段有:

- 分析反汇编代码获取注册信息或破解注册验证算法编写注册机。
- 分析修改反汇编代码以绕过授权校验。
- 对软件跟踪调试,分析注册验证过程获取注册信息或破解验证算法编写注册机。
- 对软件跟踪调试,提取并分析注册验证代码,修改代码逻辑。
- 通过对反汇编代码的分析或对软件跟踪调试,直接修改程序文件。

7.2 软件可信验证

本节以及后续的7.3节和7.4节将分别针对应用系统的安全问题:恶意代码、代码安全漏洞、软件侵权,介绍防范和解决的措施。

恶意代码的防范问题本质上是软件的可信验证问题。对于软件可信问题的讨论由来已久。Anderson 于 1972 年首次提出了可信系统的概念,自此,应用软件的可信性问题就一直受到广泛关注。多年来,人们对于可信的概念提出了很多不同的表述,ISO/IEC 15408 标准和可信计算组织(Trusted Computing Group)将可信定义为:一个可信的组件、操作或过程的行为在任意操作条件下是可预测的,并能很好地抵抗应用软件、病毒以及一定的物理干扰造成的破坏。本节将从可信软件这样一个更宏观的角度探讨恶意代码的防范问题。

7.2.1 软件可信验证模型

本节探讨的软件的定义是:一切可运行在用户 PC 或由软件、硬件辅助等模拟出的虚拟执行环境上的应用程序和文档。

概括而言,如果一个软件系统的行为总是与预期相一致,则可称为可信。可信验证可从以下 4 个方面进行:

1) 软件特征(Feature)可信。软件的可信性要求其独有的特征指令序列总是处于恶意软件特征码库之外,或其散列值总是保持不变,其技术核心是特征码的获取和 Hash 值的比对。

2) 软件身份(Identity)可信。软件的可信性要求其对于计算机资源的操作和访问总是处于规则允许的范围之内,其技术核心是基于身份认证的访问授权与控制,如代码签名技术。

3) 软件能力(Capability)可信。软件的可信性要求软件系统的行为和功能是可预期的,其技术核心是软件系统的可靠性和可用性,如源代码静态分析法、系统状态建模法等,本书将其统称为能力(行为)可信问题。

4) 软件运行环境(Environment)可信。软件的可信性要求其运行的环境必须是可知、可控和开放的,其技术核心是运行环境的检测、控制和交互。

建立的软件可信验证模型(FICE)如图 7-22 所示。通过对软件特征、身份(来源)、能力(行为)和运行环境的直接采集和间接评估,对软件的可信性做出全面、准确的判断,以保证软件的安全、可靠、可用。软件可信验证技术的核心主要在于数据的收集和智能、实时的分析。

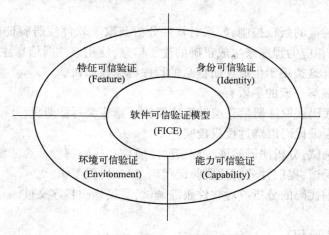

图 7-22　软件可信验证模型

7.2.2 软件可信验证关键技术

1. 特征可信验证

基于特征可信验证的特征码扫描技术,首先提取新恶意软件的独有特征指令序列,并将其更新至病毒特征码库,在检测时将当前文件与特征库进行对比,判断是否存在某一文件片段与已知样本相吻合,从而验证文件的可信性。

该验证技术的核心是提取出恶意软件的特征码,其基本流程:计算机出现异常→杀毒失败→将可疑文件发送至反病毒公司→反病毒公司的病毒分析师对病毒进行人工分析→若是病毒，则提取其特征码，并通过病毒库升级程序将该特征码放到互联网上→最后，用户升级反病毒软件，实现对这个病毒的查杀。

基于特征可信验证的另一种技术是动态污点分析法，该方法的技术路线是：将来自于网络等不可信渠道的数据都标记为"被污染"的，且经过一系列算术和逻辑操作之后产生的新数据也会继承源数据的"是否被污染"的属性，这样一旦检测到以被污染的数据作为跳转（jmp）和调用（call，ret）等操作，以及其他使 EIP 寄存器被填充为"被污染数据"的操作，都会被视为非法操作，此后系统便会报警，并生成当前相关内存、寄存器和一段时间内网络数据流的快照，然后传递给特征码生成服务器，以作为生成相应特征码的原始资料。

上述步骤中提取的特征码原始资料，由于是在攻击发生时的快照，而且只提取被污染的数据，而不是攻击成功后执行的恶意代码，因而具有较大的稳定性和准确性，非常有利于特征码生成服务器从中提取出比较通用、准确的特征码，以降低误报率。

2. 身份（来源）可信验证

通常，用户获得的软件程序不是购自供应商，就是来自网络的共享软件，用户对这些软件往往非常信赖，殊不知正是由于这种盲目的信任，将可能招致重大的损失。

传统的基于身份的信任机制主要提供面向同一组织或管理域的授权认证。如 PKI 和 PMI 等技术依赖于全局命名体系和集中可信权威，对于解决单域环境的安全可信问题具有良好效果。然而，随着软件应用向开放和跨组织的方向发展，如何在不可确知系统边界的前提下实现有效的身份认证，如何对跨组织和管理域的协同提供身份可信保障已成为新的问题。因此，代码签名技术应运而生。

如图 7-23 所示，代码签名的过程是：代码签名者首先到 CA 中心申请一个数字证书，然后使用散列函数提取出原软件的 Hash 值，并用申请到的私钥对该 Hash 值进行签名，最后将该签名后的 Hash 与原软件合成，并封装公钥证书，生成包含数字签名的新软件。

如图 7-23 所示，签名的验证过程是：使用已置于签名软件中的公钥证书，解密私钥签名，获得软件的原 Hash 值，同时重新计算下载软件的 Hash 值，若两值一致，可证明该软件是未经篡改的。之后，还要将该软件的数字证书在线传送至 CA 发布证书的目录服务器上，查询该证书的有效期以及是否进入黑名单（CRL），如果 CRL 中无名，也在有效期范围之

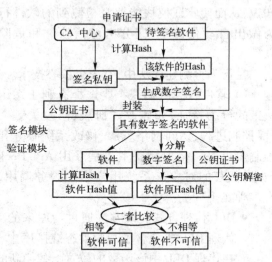

图 7-23　代码签名与验证过程

内，则可确保软件的开发商可信，对签名软件的验证才能通过。

以上整个签名与验证过程能够保证以下 4 个实质性问题：

1) 一个软件的发布者向 CA 注册并付费，CA 会负责对软件的发布者做一系列的验证，从而确保其身份的合法性。

2) 用签名私钥进行数字签名，符合国家《电子签名法》中第十三条的要求"签署时电子签

名制作数据(即私钥)仅由电子签名人控制"以及符合 ISO 7498-2 标准中说明的"签署时电子签名数据是签名人用自己的私钥对数据电文进行了数字签名"的要求。

3)数字签名的作用主要是保证电子文件确实是由签名者所发出的。这符合数字签名在 ISO 7498-2 标准中所定义的"附加在数据单元上的一些数据,或是对数据单元所做的密码变换,这种数据和变换允许数据单元的接收者用以确认数据单元来源"。

4)签名验证成功说明,这种签名允许数据单元的接收者用以确认数据单元来源和数据单元的完整性,并保护数据,防止被人(如接收者)伪造。满足了《电子签名法》中"签署后对电子签名的任何改动能够被发现"及"签署后对数据电文的内容和形式的任何改动能够被发现"。

以上几点就是对《电子签名法》中所规定的"安全的电子签名具有与手写签名或者盖章同等的效力"的具体体现。

代码签名技术的应用使得用户可以进行代码来源(身份)可信性的判断,即通过软件附带的数字证书进行合法性、完整性的验证,以免受病毒、木马和间谍软件等恶意软件的侵害,同时,该技术也保护了软件开发者的权益,使软件开发者可以安全快速地通过网络发布软件产品。

3. 能力(行为)可信验证

下面介绍一种行为检测建模法,其工作流程如图 7-24 所示。

该方法借助于虚拟环境,捕获软件在安装、启动和运行 3 个阶段的多种行为特征,然后结合规则挖掘工具,利用程序行为样本库中的样本行为对训练模块进行训练,提取出规则、知识,从而使验证模块能够对检测到的软件行为做出自动化评定,区分出可信软件和危险软件。

在行为检测建模法中,有 3 个核心技术。

1)软件行为的捕获。要选择有利于系统决策的行为特征,如修改注册表、修改关键文件、控制进程、访问网络资源、修改系统服务和控制窗口等。行为捕获主要是采用 API Hook 技术,截获的对象是系统用户态的服务调用,有多种实现方法:

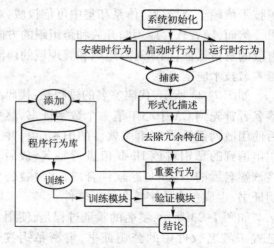

图 7-24 行为检测建模法的工作过程

- DLL 代理方式。该方法通过为原来的 DLL 创建一个代理来实现对 API 调用的截获。代理 DLL 中包含了与原动态链接库中相同的输出函数表,对于需要截获的函数,需要在代理 DLL 中该函数的位置上替换新的函数,以完成附加的功能。
- DLL 注入方式。Windows 提供了这种机制,因为 DLL 是和使用它的 .exe 文件在同一个地址空间,为了实现一个 DLL 能被目标 .exe 文件载入,就需要 DLL 注入技术,有 SetWindowsHookEx 和 CreateRemoteThread 两种方法。
- 在系统调用中加入补丁。在目标应用程序中欲截获的 API 函数处添加定位代码(补丁),将调用转到新的位置。此方法需要反汇编技术的支持。
- 修改输入地址表(Import Address Table,IAT)。IAT 中保存可执行代码所调用的输入函数相对于文件的偏移地址。该方法借助于 Windows IAT 的重定位机制来实现 API 函数的调用截获。

- 修改 API 函数。实现这种机制有两种方法:一是利用断点中断指令(INT 3)对目标 API 函数设置断点,同时将截获代码作为调式代码;另一种是利用 CPU 的转移控制指令替换目标 API 函数的第一个字节,如 CALL 或 JMP 等。
- 利用 Detours。微软开发的 Detours 库的主要功能是拦截 x86 机器上的任意 Win32 二进制函数(API Hook)、编辑二进制文件的输入表、向二进制文件添加任意数据段。借助于 Detours 可以轻易地实现 API Hook 的功能。

2)判别规则的建立。对软件行为的判别实际上是一个二分类问题。分类学习的方法有很多种,如基于决策树的方法、基于神经网络的方法、基于数据聚类的方法等,这些方法各有其优缺点。

3)软件验证环境的搭建。验证环境的搭建原则是:与宿主操作系统隔离、应用程序透明、可配置的计算环境再现、软件执行结果的提交、较强的容错和恢复能力。鉴于此,虚拟机技术通常成为选用的环境。不过,现在有的恶意软件已具有检测其自身是否运行于虚拟机环境中的功能,其行为模式在不同的环境中会发生变化,或者干脆不运行。

行为检测建模法具有诸多优点:

1)与传统的特征码扫描法相比,它无需进行新病毒特征码的提取等复杂操作,恶意代码特征码与其行为之间没有必然的联系,不管其特征码是否已知,只要其行为包含于"行为特征库"中,就能被检测到,弥补了传统验证法无法检测正在运行的、已加密的和能够多态变形的恶意程序的不足。

2)由于恶意程序自启动设置,以及进程、线程和通信隐藏的实现途径有限,它们在安装、启动、运行和通信阶段的行为特征具有很大的相似性,所以只需维护比特征码库小得多的行为库即可。

3)对某些隐藏通信端口、无连接的不可信软件,使用网络监控很难发现,而根据行为特征则可以检测出它们。

4)能第一时间收集到新病毒样本,对于新恶意代码的尽早发现和控制具有特殊意义。

4. 运行环境可信验证

借助于虚拟机技术的飞速发展,模仿软件虚拟机形式的恶意软件也悄然出现。例如,一种名为虚拟机 Rootkit(Virtual-Machine Based Rootkit,VMBR)的实验室恶意软件,利用虚拟机技术突破了当前恶意程序的局限。VMBR 对系统具有更高的控制程度,能够提供多方面的功能,并且其状态和活动对运行在目标系统中的安全检测程序来说是不可见的。VMBR 在正在运行的操作系统下安装一个虚拟机监视器(Virtual Machine Monitor,VMM),并将这个原有操作系统迁移到虚拟机里,而目标系统中的软件无法访问到它们的状态,因此 VMBR 很难被检测和移除。

应当说,虚拟机恶意软件还是个新课题,它的出现提醒了大家,软件的运行环境也可能有问题,需要进行验证。

7.3 安全编程

现在通用的编程语言:C 语言和 C++ 语言因宽松的语法限制而备受欢迎,它们营造了轻松、灵活、高效的编程环境。但是在方便的同时,也潜伏了极大的危险。例如在 C/C++ 中,不对数组边界进行检测,缺乏安全可靠、简单易行的字符串处理操作。

程序的正确性和安全性都应当是由程序的编写者来保证的。在编写程序的一开始就必须将安全因素考虑在内,然而事实是很多程序员在设计时都忘记了这一点。

忽略了编码的安全性大致来说有两种。第一种是直接进行设计、编写、测试,然后发布,忘记了程序的安全性。或者设计者自认为已经考虑到了,而做出了错误的设计。第二种错误是在程序完成以后才考虑添加安全因素,在已经完成了的功能外包裹上安全功能。这样做不仅要付出非常昂贵的代价,更重要的是添加的安全功能有可能会影响已经实现的功能,甚至会造成某些功能的不可实现。

作为一个程序员,必须考虑每一个应用软件的安全问题,即使只是一个小的漏洞,也有可能会被黑客发现并被攻击,造成巨大的损失。

编写正确的代码虽然可以在一定的程度上减少程序的安全问题。但是这是一项耗时的工作,因此在注意编码的同时,也需要用代码审核等安全软件工程的手段来保证系统的安全,7.5节还将进一步深入讨论。

7.3.1 CERT 安全编码建议

程序员在实现软件系统时,需要了解如何编写安全的代码。计算机安全应急响应组织(CERT)给出了安全编码实践最重要的 10 点建议。

1)验证输入(Validate Input)。对于从不可信任的数据源中进行的输入进行验证。正确的输入验证能减少大量软件漏洞。必须对大部分外部数据源持怀疑态度,包括命令行参数、网络接口、环境变量,以及用户文件。

2)留意编译器警告(Heed Compiler Warnings)。编译代码时使用编译器的最高警告级别,通过修改代码来减少警告。使用代码静态或动态分析工具来检测和消除安全漏洞。

3)针对安全策略的架构和设计(Architect and Design for Security Policies)。构建软件架构和设计软件时采用安全策略。例如,如果系统在不同的时间需要不同的权限,则考虑将系统分成不同的互相通信的子系统,每个系统拥有合适的权限。

4)保持简单性(Keep It Simple)。设计越简单越好,复杂的设计会增加实现时出错的可能性。

5)默认拒绝(Default Deny)。默认的访问权限是拒绝,除非表明是允许的。

6)坚持最小权限原则(Adhere to the Principle of Least Privilege)。每个进程拥有完成工作所需的最小权限,任何权限的拥有时间都要尽可能短,这样能够阻止攻击者利用权限提升执行任意代码的机会。

7)清洁发送给其他系统的数据(Sanitize Data Sent to Other Systems)。清洁所有发送给复杂子系统的数据,例如命令外壳(Shells)、关系数据库,商用组件(Commercial Off-The-Shelf,COTS)。攻击者可能通过 SQL 命令或者注入进行攻击。这不是能靠子系统通过输入验证来避免的问题,因为子系统不清楚调用的上下文,而调用过程知道上下文,所以有责任在调用子系统时清洁数据。

8)纵深防御(Practice Defense in Depth)。这是一个通用的安全原则,在本书第 1 章已经提及,这里从编码角度再次重申。通过多个防御策略规避风险,如果一层防御失效,则另一层防御还在发挥作用。例如,同时使用安全编码技术和安全运行环境技术,能够减少部署时就存在的漏洞在操作环境中被利用的可能。

9) 使用有效的质量保证技术(Use Effective Quality Assurance Techniques)。好的质量保证技术能有效地发现和消除漏洞。渗透测试、模糊(Fuzz)测试,以及源代码审计可以作为有效的质量保证措施。独立的安全审查能够促成更安全的系统。外部审查人员能带来独立的观点,例如,发现和修改不正确的假定。

10) 采用安全编码标准(Adopt a Secure Coding Standard)。为开发语言和平台指定安全编码标准,并应用这些标准。CERT 在其安全编码标准网站上提供了 C、C++、Java 及 Perl 语言的安全编码标准,读者可访问其官方网站(https://www.securecoding.cert.org)详细了解。其中,《C 安全编码标准》中译本已在 2010 年出版。

7.3.2 C 语言的安全编程

C 语言安全编程要注意以下几点。

1) 对内存访问错误的检测和修改。访问内存出错主要是由 C 程序中数组、指针及内存管理造成的,其根源是缺乏边界检查。这类错误包括:在内存的分配、使用和释放过程中,使用了未分配成功的内存;引用了未初始化的内存;操作越过了分配的内存边界;未释放内存而使内存耗尽;访问具有不确定值的自由内存。

检测和发现这类错误比较困难,主要是因为:C 编译器不能自动发现其源代码中的此类错误;内存访问错误不易捕捉;发现内存错误的异常条件不易再现和把握;难于判定某错误一定是内存错误。因此,内存错误的检查判定在很大程度上取决于程序员的编程经验和熟练程度。

2) 对于缓冲区溢出的覆盖错误,可由程序员预设缓冲区的大小。C 库中字符函数都有相应的安全函数,如 strcpy(dst , src)的对应函数是 strcpy(dst, src, N),安全函数可以明确字符内容不超过 N,指定实际缓冲区的大小为 N,但是有许多系统不支持这类函数,而且 N 的实际大小仍然要由程序员跟踪确定。

要想做到真正安全地使用这些字符串操作函数并不是一件简单的事情。Visual Studio 2005 以后版本提供了一套新的安全字符串操作函数,如 strcpy_s( )、strncpy_s( )、strncat_s( )等。Visual Studio 2005 在编译时会自动警告对 strcpy、strcat 等不安全函数的调用,并将默认使用带"s"后缀的安全函数。在编码时,我们大力推荐用这些安全的函数替换以前的字符串处理函数。

从 Visual C++. NET 开始,微软在其开发平台中增加了安全编译选项 GS。Visual C++ 7.0 以后的版本中都默认启动这个编译选项。GS 安全编译选项为每个函数调用增加了一些额外的数据和操作,用于检测栈中的溢出。

3) 指针引用是 C 中最灵活、最核心、最复杂,也是最易出错的部分。如 C 中关于空指针的引用,如果定义指针时未初始化让其指向合法的静态局部空间或动态分配空间,则程序运行就会出现错误。

对指针的引用,必须抓住两个基本要点:规范标准地定义指针;已定义的指针必须指向合法的存储空间。

4) 随机数的选取和使用问题。出于保密的需要,在程序设计时要涉及创建密钥或密码等问题,具体到 C 程序设计中,C 的随机数是由 Rand 函数产生的,并且是伪随机数。伪随机数的内部实现机制是依据给定的种子产生重复的输出值,一旦种子不安全就会产生系统漏洞,潜伏下安全隐患。

对于随机数的重复性,关键是精心选择生成随机数的种子。选择种子时要全面考虑相关项目的安全配置,否则选取的随机数如同确定数一样易被人识破。

5) C 语言没有提供异常处理机制,其异常检测处理要由程序员预设完成。C 语言中的异常处理采取"预先设计,主动防错"措施,要求程序员预先设计异常检测处理代码,主动进行防错设计。

7.3.3 Java 语言的安全编程

Java 是 Sun 公司开发的面向对象的程序设计语言。从 1995 年诞生以来,Java 就以其面向对象、分布、健壮、安全、与平台无关等特性,越来越受到人们的欢迎。随着因特网的迅速崛起,Java 语言已被广泛接受,成为主流程序设计语言之一。

因特网是 Java 得以诞生和发展的一个重要原因,而在网络中安全性非常关键,因此安全性自然而然就在 Java 的体系结构中占据了重要的地位。Java 采用了一个内置安全模型——沙箱(Sand Box),着重保护终端用户免受从网络下载来源不可靠的恶意程序的攻击。"沙箱"模型的核心思想是:本地环境中的代码能够访问系统中的关键资源(如文件系统等),而从远程下载的程序则只能访问"沙箱"内的有限资源。该模型的目的是在可靠环境中运行可疑程序。为了实现"沙箱"模型,Java 提供了若干安全机制,本书根据 Java 程序的编译、执行过程将安全机制分成语言层、字节码层以及应用层 3 个层次,如图 7-25 所示。

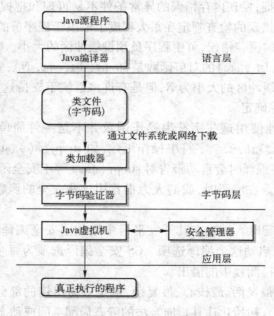

图 7-25 Java 已有的安全机制

(1) 语言层安全

语言层安全通过编译器的编译来实现,即编译成功则说明达到了语言层安全性。Java 在语言层提供如下安全机制:

通过某些关键字(如 private, protected)定义代码的可见性范围(即权限)。在 Java 语言

244

中,可见性最高层次以包为单位来划分,除了声明为 public 的类以外,其他类在包外是不可见的。权限的实现通过对象来表示,获取了对象就等于获取了它所代表的权限,也就获取了对应资源的操作能力。Java 限制了 cast 操作并取消了指针,使得用户不能通过直接对内存访问和类型转换来非法获取对象引用。创建并使用对象的唯一途径是通过 new 操作符,使得资源保护可以通过对象的构造函数来实现。

通过类型规则确保程序运行时变量的值始终与声明的类型一致,在函数或方法调用时形参与实参的类型匹配。Java 类型规则构建自较为成熟的类型安全理论,包括编译时的静态类型检查和动态装入时的类文件校验以及 Java 虚拟机的强制类型转换系统。稍做简化的 Java 语言模型已被证明是类型安全的。

同时,Java 还采用自动内存管理、垃圾收集站、字符串和数组的范围检查等方法,确保 Java 语言的安全性。

（2）字节码层安全

Java 源代码经过编译后产生字节码类文件 *.class,字节码就是 Java 虚拟机(JVM)的机器码指令。在字节码层次,Java 提供了两种保障安全的机制:类加载器和字节码验证器。

1）类加载器。这是 Java 程序执行时的第一道安全防线。由于在 JVM 中执行的所有代码均由加载器从 JVM 外部的类文件中加载进来,因此它可以起到排除恶意代码对正常代码的干扰、保证可信类库不会被替代、把每个类加载到相应的保护域中等作用。

类加载器主要分为 4 类:启动类加载器、标准扩展类加载器、路径类加载器和网络类加载器。启动类加载器负责加载本地系统中原始的 Java API 类,比如用于启动 Java 的虚拟机;标准扩展类加载器用于加载不同虚拟机提供商扩展的标准类;路径类加载器用于加载由环境变量 classpath 指定的类;网络类加载器用于加载通过网络下载得到的类(例如 Applet 的类载入程序)。这 4 类加载器被连接在一个双亲—孩子的关系链中,构成一种双亲委派模式,该模式可以防止不可靠的代码用自己的版本来替代可信任的类。

在 Java 中,同一源代码生成的字节码被类加载器加载到同一个命名空间中,同一个命名空间的类可以直接进行交互,而不同的命名空间的类除非提供了显式的交互机制,否则是不能直接交互的。这样,类加载器就阻止了破坏性的代码干扰正常的代码,在不同的命名空间之间设置了"保护屏",有效地保障了 Java 运行时的安全。

在加载具有不同可信度的类时,JVM 使用不同的类加载器。类加载器还会把它加载的每个类分配到保护域中。保护域描述了当这个类在执行时能够获得什么样的许可权。

2）字节码验证器。Java 程序被编译成类文件后,可以在不同平台的 JVM 上运行。一个类文件就是一个字节序列,这就造成了 JVM 无法辨别特定的类文件是由正常的编译器产生还是由黑客特制,为此需要一个文件类检验器——字节码验证器,以保证加载的类文件内容有正确的内部结构,并且这些类文件相互间协调一致,以确保只有合法的 Java 代码才能被执行且执行时不会带来明显破坏性的操作:如修改运行栈的数值或更新系统对象的专用数据区等。

验证分成静态和动态两个阶段。所谓静态验证,是指由字节码验证器在 JVM 运行字节码前做检查,一旦不能通过静态检查,根本就不会启动 JVM。所谓动态验证,是指利用 JVM 在字节码运行期间所做的验证。这两个阶段的验证通过 4 次独立的扫描来完成:

- 类文件的结构检查。在类文件加载时,检查类文件的格式是否正确。包括方法的定义
  是否正确、属性的长度是否合适、字节码的长度是否在合适的范围、常量池（Constant

245

Pool)是否能够被分析。

- 类型数据的语义检查。在链接时,检查那些不用分析字节码就可以验证对错的地方,主要是一些语法级的检查。它包括:final 类不能被继承或重载;每个类必须要有一个超类;常量池必须满足更严格的限制条件;常量池中关于属性和方法的引用必须要有合法的类名、属性名、方法名或者合适的签名。
- 字节码验证。在链接时,用字节流分析法验证字节码的正确性。对指定字节码程序中任何给定点,不管这一点如何到达,必须做到:栈的大小一致;寄存器的存取要进行合适的类型检查;属性域被修改成合适的类型:所有的操作码要有合适的参数,或者在栈上,或者在寄存器中。
- 符号引用的验证。在动态链接过程中,加载将要用到但是还没有用到的类的定义,并验证当前类是否允许引用新加载的类。这将导致对相应操作码的重写并加上快速标记,以便于以后加载该类时可以快速加载,从而提高运行速度。

(3)应用层安全

一旦类加载器加载了一个类并由字节码验证器验证了它,Java 平台的第三种安全机制,即安全管理器就开始运行。安全管理器是一个由 Java API 提供的类,即 java. lang. SecurityManager 类,它的作用是说明一个安全策略以及实施这个安全策略。安全策略描述了哪些代码允许做哪些操作。由安全管理器对象定义的安全检查方法构成了当前系统的安全策略。当这些检查方法被调用时,安全策略就得以实施。

上述 Java 的安全机制为 Java 程序的执行提供了一套相对完整的安全架构:

1)Java 语言层的安全机制是 Java 安全最基本的要素,它使建立安全系统成为可能,这些机制保证了"沙箱"的健壮性。

2)Java 字节码层的安全机制保证了 JVM 的实例和它运行着的应用程序不被下载的具有恶意或漏洞的代码攻击,保证了"沙箱"内代码的完整性。

3)Java 应用层的安全管理器提供了应用程序层策略,它定义了"沙箱"的外部边界,允许为程序建立自定义的安全策略,它保证了"沙箱"的可定制性。

编写高质量的代码不是一天能够练成的本领。微软的 Michael Howard 与 David LeBlanc 所合著的 *Writing Secure Code*(2005 年机械工业出版社出版中译本《编写安全的代码》)、尹浩等编著的《程序设计缺陷分析与实践》(电子工业出版社)等书中集中讨论了编写安全代码的方方面面,读者可进一步阅读。还有《0day 安全:软件漏洞分析技术(第 2 版)》(2011 年电子工业出版社出版),系统介绍了软件漏洞的分析、检测与防护技术。

7.4 软件保护

本节讲解的软件保护主要是指,对软件供应商经由网络传输或磁盘分发的软件进行版权保护和完整性保护。

7.4.1 软件保护的原理及基本原则

1. 软件保护的原理

通过技术手段进行软件保护主要是防止对软件产品的非法复制和使用,以及对软件产品

进行的非法修改。因此,软件保护主要包括以下几个方面:

1）对象安全。对象指要保护的软件体本身。其安全问题建立在授权对象的唯一性和授权标志的不可伪造性的基础上,对象安全一般依赖于现代密码学中的有牢固理论基础的加密算法。

2）入口安全。软件本身可以分为保护体和被保护的软件主体,入口即它们之间的结合点。保证入口安全就能防止绕过保护体而直接进入被保护的软件主体。入口安全往往成为软件保护最薄弱的环节和破解者最常攻击的环节,入口安全是实施软件保护必须高度重视的问题。

3）安全源安全。安全源是指系统安全所依赖的数据或介质自身,如加密算法的密钥、加密硬件等。安全源安全也是软件保护中一道重要的防线。

2. 软件保护的基本原则

计算机软件的保护技术应符合以下原则:

1）实用性。用户购买的软件,当然会频繁地使用,对合法用户来说,如果在使用或安装过程中加入太多的障碍,甚至需要改变计算机的硬件结构,会影响用户购买的积极性。除非是功能上的需要,或是特定用户群的强制性要求,任何纯为加密而对用户提出的一些硬件上的要求,都是不可接受的。况且,目前大多数计算机用户都不会自行改变计算机的硬件。

2）局部可共享特性。相当多的计算机用户,都需要一定范围内非商业目的的软件交流,或学术性,或社交性,必须满足他们这方面的要求。不能交流的软件是没有活力的,也是难以推广的。当然,这种交流不应该是大范围的、无限制性的。

3）可重复使用性。计算机软件被装在计算机上,难免被损坏而需要重新安装,如果因为加密而使买来的计算机软件不能重新安装,可能给用户带来不必要的损失。

根据以上的主要保护原则,下面介绍目前主要的一些软件保护技术。

7.4.2 软件保护常用技术

1. 基于介质的保护技术

光盘是商业软件最常用的传播载体之一,绝大多数商业软件最终都以光盘的形式发放到用户手中。目前计算机软件市场上光盘盗版的现象非常严重,光盘保护是软件版权保护非常重要的一个方面。光盘保护主要是防止光盘拷贝和硬盘拷贝。

（1）防止光盘拷贝

防止对光盘中数据进行复制,可以修改光盘的 ISO 结构,使文件目录隐藏,或者文件大小异常,或者将目录以文件方式显示,阻碍光盘拷贝的行为。如果需要更为可靠的保护,可以在修改光盘 ISO 结构的同时为光盘添加开锁程序和不可复制的开锁信息,开锁程序中包含一串密文,开锁程序对开锁信息进行加密运算后与内部密文进行比较,两者相符才跳转至正确的入口启动软件。

要实现开锁信息的不可复制性,可以采用的手段有:利用指纹或数字签名作为开锁信息,将一串代码刻录至光盘上的特殊位置,这些位置上的数据无法直接读出,只有开锁程序能检测到此指纹的存在并验证其是否有效,如采用激光加密技术将特殊刻录的激光孔硬标志作为"指纹信息";利用光盘的固有物理属性作为开锁信息,如采用不同类型的 CD-R 对原盘进行刻录时,由于不同 CD 的扇区长度、密度等均存在差异,相同长度的数据写入不同光盘后,各扇区的角度将不同,可以通过识别该信息作为开锁信息。

（2）防止硬盘拷贝

指将光盘程序复制到硬盘中运行。可以在软件运行过程中,判断光驱中是否存在特定文件,或者运行中加载光盘中的部分代码/数据执行,这样即使用户将光盘数据复制到硬盘,没有相应的光盘,软件也不能正常运行。

2. 基于硬件的保护技术

基于硬件的软件版权保护是在软件授权加密的过程中引入硬件,利用硬件技术的安全性为软件产品的安全性提供保障。

早期的基于硬件的保护是将软件的注册信息进行简单的加密变换后,写入实施保护的硬件。软件执行过程中读取注册信息进行验证,如果验证失败则阻止软件的进一步运行。这种保护方式可以通过修改程序验证逻辑而破解,安全系数较低,但是因为价格低,现在仍然有不少人采用。

目前比较可靠的硬件保护方式中,实施保护的硬件包含内置 CPU,例如加密狗（也叫软件狗）,如图 7-26 所示。程序中的注册验证模块和部分关键模块
采用高强度加密算法加密存储在该硬件中,程序运行中执行存
储在该硬件中的模块,模块解码和执行结果的加密由内置 CPU
完成。可以在硬件驱动中添加反跟踪代码以防止对硬件数据进
行截取。因为硬件中包含了程序运行必需的关键模块,要对软
件实施破解必须对程序函数调用进行分析,硬件内置 CPU 实现
的加密功能和硬件驱动程序的反跟踪,可以很大程度上保护功
能模块不被仿真及破解。

图 7-26　软件狗产品外形

最新的基于硬件的版权保护技术中引入了智能卡技术,智能卡芯片具有强大的运算和数据处理能力,具有较大的存储空间,可以提供对高级程序开发语言的支持,以更有效地将程序关键模块移植到硬件中,实现软件和加密硬件间真正的无缝连接。智能卡芯片只有通过国际安全机构检测和认证的专业安全芯片制造商才能提供,为加密保护的强度提供了保障。

3. 基于软件的保护技术

基于软件的版权保护方式因为其丰富的技术手段和优良的性价比,是目前市场上主流的软件版权保护方式。典型的技术包含以下几类。

（1）基于注册验证的版权控制

基于注册验证的版权控制是目前使用比较广泛的版权保护方式。注册信息一般基于软件使用者的用户信息生成,可以是一串序列号或注册码,也可以是一个授权文件或其他存在形式。

在验证比较严格的情况下,用户信息应该包含标志用户唯一性且不可复制的信息,可以采用的此类信息包括计算机的 CPU、硬盘等关键部件的硬件序列号,计算机的 IP 地址（对于采用固定 IP 地址的软件使用者）等。软件提供商对用户信息进行加密,将加密结果作为注册信息返回给用户。根据用户信息生成注册信息的基本数学模型如下:

注册信息 = Function（用户信息）

其中 Function 为加密函数,可以综合采用多种加密算法。

非对称加密算法是基于注册验证的版权控制技术常用的加密算法。可以将用户信息用私

钥加密,获得的数据作为注册信息。在注册验证过程中,用公钥对注册信息进行解密,将获得的结果与当前用户信息进行比较以判断用户身份是否合法,这样即使破解者通过跟踪调试得到了公钥,但是因为无法通过公钥计算得到私钥,也无法写出相应的注册机。

以上基于注册验证的版权控制解决的是对象安全问题,对入口安全的问题并没有妥善解决,破解者仍然可以采取修改程序绕过注册验证逻辑的方式实现入口破解,因此基于注册验证的版权控制还应该与以下防止对程序进行分析和篡改的技术相结合。

（2）反逆向工程分析

反逆向工程分析的目的,就是要尽量隐藏提示信息和注册验证的代码。可以采用的手段包括代码混淆、设置代码陷阱、程序加壳等。

1）代码混淆。将程序中的变量名、函数名用一些无规则字符替代,将对单个函数的调用拆解成对多个函数的复杂调用,达到混淆原始代码的目的,这样破解者对验证逻辑的定位变得困难,即使破解者反编译了源程序,也不能从中轻易理解源程序运行的逻辑。

2）代码陷阱。在程序文件中人为设置一些无用代码或可能引起反编译程序错误理解的代码,使反编译程序进入误区。对于纯粹的工具分析,代码陷阱能起到很好的保护作用。一般采取的有下列方法:设置大循环、废指令法、程序自生成技术。

3）程序加壳。加壳后源程序被加密或压缩保存在壳程序中,在程序运行时才被还原,可以有效防范静态分析。

常用的反静态分析工具主要有:

- 混淆器。yGuard(Java 语言)、JODE(Java 语言)、Dotfuscator(. NET)等。
- 加壳工具。ASPack、UPX、PECompact、ASProtect、DBPE 等。

（3）反动态跟踪分析

反动态跟踪分析主要的技术是反调试,即在程序运行中自动检测调试器的存在并采取相应措施,如抛系统异常、停止调试进程、重启、死机等,以阻止调试器的运行,使得对程序的分析和修改无从入手。

（4）数据校验

反静态分析和反动态分析的技术给通过修改可执行程序来实施入口破解的行为带来很大的障碍,但是仍然不能完全防范对程序的修改,因此有必要在软件运行过程中进行文件数据完整性校验。

（5）软件加壳

壳是计算机软件中一段专门负责保护软件不被非法修改或反编译的程序,它先于软件源程序运行并拿到控制权,进行一定处理后再将控制权转交给源程序,实现保护软件的任务。加壳后的程序能够有效防范静态分析和增加动态分析的难度。

根据对源程序实施保护方式的不同,壳大致可以分为以下两类:

1）压缩保护型壳。即对源程序进行压缩存储的壳。这种壳以减小源程序的体积为目的,在对源程序的加密保护上并没有做过多的处理,所以安全性不高,很容易脱壳。

2）加密保护型壳。根据用户输入的密码以相应的算法对源程序进行加密。当程序执行时会提示用户输入口令或注册码。如果破解者强行更改密码检测指令,会导致程序不正确地执行,因为被加密的代码并没有用相应的口令进行解密,程序还没有被还原。

在基于注册验证的版权控制中结合采用加密保护型壳,将注册信息作为源程序解密的密码,从而使对注册验证逻辑的修改导致源程序解密过程的失败,这样可以大大提高基于软件注册的版权控制策略的入口安全性。

采用加壳进行软件保护要注意防止被脱壳,即把添加在源程序中的壳程序去除或使其失效。为防范脱壳,可以在壳中添加反调试代码以防止调试程序对壳程序进行分析。加壳时先对源程序中的关键代码进行替换与加密,替换的过程中会生成相应的解密代码插入到程序中。源程序运行过程中分段解码,解码的过程在堆中完成,代码在堆中执行后会跳转到被解码的程序处再执行,内存中没有源程序的完整代码,这样做增加了代码还原的难度。

7.4.3 软件保护技术的发展

软件的破解与软件版权保护技术是矛与盾的关系,两者之间的强弱此消彼长。近些年,软件保护技术有了新的发展,下面介绍其中的一些新技术。其中的代码签名/验证技术已经在7.2.2 节中介绍了,用于对软件的身份可信验证,此处不再赘述。下面介绍软件水印和云计算模式下软件即服务等技术。

1. 软件水印

所谓软件水印,就是把程序的版权信息和用户身份信息嵌入到程序中。它是近年来出现的软件产品版权保护技术,可以用来标识作者、发行者、所有者、使用者等,并携带有版权保护信息和身份认证信息,可以鉴别出非法复制和盗用的软件产品。

根据水印的嵌入位置,软件水印可以分为代码水印和数据水印。代码水印隐藏在程序的指令部分,而数据水印隐藏在包括头文件、字符串和调试信息等数据中。

根据水印被加载的时刻,软件水印可分为静态水印和动态水印。静态水印存储在可执行程序代码中,比较典型的是把水印信息放在安装模块部分,或者是指令代码中,或者是调试信息的符号部分。区别于静态水印,动态水印则保存在程序的执行状态中,而不是程序源代码本身。这种水印可用于证明程序是否经过了迷乱变换处理。

水印算法的好坏取决于抵御攻击的能力。一般来说,没有一种隐藏系统可以抵抗所有类型的攻击。对于软件水印来说,只要有足够的时间,一个熟练的软件工程师总能够对任何应用软件进行逆向工程。逆向工程师通过反汇编器或反编译器可以反编译应用程序,然后可以分析它的数据结构和控制流图。这个问题其实很早就出现了,只是一直没有得到软件开发商的重视,因为多数程序都非常大,而且被统一封装起来,要想对它进行逆向工程非常困难,几乎是不可能的,但是现在软件正在以一种越来越容易被反编译和逆向工程的方式发行,例如,Java应用程序是以一种独立于硬件的类文件形式发行的,这种类文件含有 Java 源代码的全部信息,而且很容易被反编译。由于大部分运算是通过标准库进行的,类文件相对比较小,容易逆向工程。只要应用程序被反编译过来,程序就一览无遗,这样嵌入到程序中的水印信息就会很容易地被分析出来,或者对程序进行一些语义保持变换,即使水印信息仍然存在也无法被检测出来。

可以采用语义保持变换,该技术主要分为两大类:控制流程变换和数据变换。前者主要影响代码水印的检测,后者主要影响数据水印的检测。控制流程变换可以改变程序的控制流程,它包括插入支路、增加冗余操作数、模块并行化、简单流程图复杂化、循环语句变换、内嵌技术。数据变换包括数据编码、改变变量的存储方式和生存周期、拆分变量等。

2. 软件即服务(SaaS)模式

随着互联网的迅猛发展,特别是 Web 2.0 的兴起,将软件作为一种服务形式提供给客户的需求逐渐增加,软件产业正在发生越来越大的变化,其中最突出的就是形成软件即服务(Software as a Service,SaaS)模式。这种新模式的出现正是顺应了用软件服务代替传统的软件产品销售,不仅可以使软件免于盗版的困扰,而且可以降低软件消费企业购买、构建和维护基础设施以及应用程序的成本和困难。

SaaS 模式已经开始在中小企业中流行起来。例如,软件服务商将自己的财务软件放在服务器上,利用网络向其用户单位有偿提供在线的财务管理系统应用服务,并负责对租用者承担维护和管理软件、提供技术支援等责任。用户单位只需登录到 SaaS 服务商的站点,访问其被授权使用的软件应用系统,就可以在该系统中进行一系列功能操作,很受中小企业用户的欢迎。然而,在 SaaS 模式下,租用者的数据需要保存在软件供应商指定的存储系统中,不管在感觉上还是在具体操作过程中,都存在一定的安全风险。云计算环境下的安全问题又是一个大的课题,本书不再展开讨论。

读者可以阅读 *Surreptitious Software* 一书了解更多软件技术保护的理论和技术,作者 Christian Collberg,2012 年人民邮电出版社出版了该书中译本《软件加密与解密》,该书更准确的译名应为《隐蔽软件》。读者还可以阅读《微软 . Net 程序的加密与解密》(单海波,2008 年电子工业出版社出版)了解 . NET 代码的保护技术。

软件版权保护不仅是一个技术问题,也是一个法律问题,其最终的解决还要依靠人们版权意识的不断加强和法律的不断完善来实现。本书将在 10.3.2 节中阐述软件版权的法律保护。

7.5 安全软件工程

软件中各种可能危害安全的缺陷,有的是程序员无意识遗留的,有的则是有意的。无意遗留的仅会在系统中留下安全隐患,一般不会主动造成对系统的危害,但会给系统攻击者留下进入系统的缺口,例如后门就属于这种情况。凡是软件中包含故意攻击系统的功能,都是程序员故意安插在程序中的,例如 7.1.1 节中介绍的恶意代码攻击。

为防止软件安全问题的发生,7.2 节、7.3 节介绍了软件可信验证技术和安全编码等内容。这两类技术分别属于事前防范和事后验证。一个更重要的概念应当被提及——安全软件开发生命周期,人们应当从系统化、工程化的角度来探讨通过软件开发的各个步骤确保软件安全性的方法。

1995 年,国际标准化组织公布了软件开发的国际标准《ISO/IEC 12207 信息技术 软件生存期过程》,该标准将软件开发需要完成的活动概括为主要过程、支持过程和组织工程 3 大活动,每个大的活动又包括具体过程,共 17 个过程。我国也发布了相应的标准《GB/T 8566-2007 信息技术 软件生存周期过程》。

CMU(卡内基梅隆大学)软件工程学院的 Noopur Davis 提出了安全软件开发生命周期过程的思想(Secure Software Development Life Cycle Process,SDLC),它包括一系列标准和框架,如:

- 能力成熟度模型集成框架(Capability Maturity Model Integration framework,CMMI)。
- 团队软件过程(Team Software Process,TSP)。
- 系统安全工程能力成熟度模型(System Security Engineering CMM,SSE-CMM)。

与安全较为紧密的还有：

- Microsoft 的可信计算软件开发生命周期（Trustworthy Computing Software Development Lifecycle）。
- 安全软件的团队软件开发（TSP-Secure）。
- 迅捷方法（Agile Mehods）。
- 软件可信成熟度模型（Software Assurance Maturity Model，SAMM）。
- 软件安全框架（Software Security Framwork，SSF）。
- 在成熟模型中构建安全（Building Security In Maturity Model，BSIMM）。
- 最佳代码保护论坛（Software Assurance Forum for Excellence in Code，SAFECode，www. safecode. org）。

本节基于以上内容，讨论安全软件工程方法。主要目的是防止程序中包含具有攻击功能的程序开发控制问题，程序的类型以应用程序（其中包括数据库应用程序）为主。

安全程序的开发，尤其是大型安全程序的开发应该遵照软件工程的方法开发，应该把程序的安全控制分散到各个开发阶段中去，这就是所谓的安全软件工程。本节讨论的内容根据软件开发的几个阶段叙述，包括需求分析阶段、设计与验证阶段、编程阶段、测试阶段应采取的控制措施。图 7-27 说明软件开发各阶段中的安全保障措施。此外，本节还要介绍行政管理方面的控制措施。

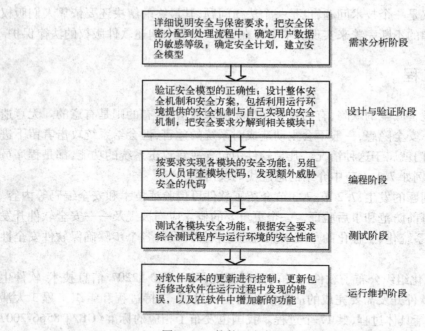

图 7-27　软件开发各阶段中的安全保障措施

7.5.1　需求分析

待开发的新的软件系统的需求分析应由开发者与用户共同合作完成。开发者应该根据需求分析阶段软件规范要求，认真组织实施软件需求分析计划，完成需求分析阶段的任务；软件的用户既是需求分析工作的组织领导者，又是开发者需求分析的积极配合者，用户应该对待开发的软件提出明确的功能要求、数据要求以及它们的安全要求。开发者应该制定满足用户要求的安全与保密方案,并把它们体现到相应处理功能中。

详细描述需要实现的系统功能,采用适当的分析技术(如结构化分析或面向对象分析技术)分析新系统的功能,并给出系统的功能模型和系统的处理流程,可以采用数据流图或输入—处理—输出等方法描述用户的需求和处理流程。

确定新系统的数据要求,确定每个数据元素的属性。把数据按逻辑相关性组织到一起,形成表格或其他组织形式。按不同的敏感度把数据划分为不同安全等级。

详细描述用户提出的系统安全与保密要求,确定系统的总体安全策略。并对用户的安全需求进行分类,区别哪些要求可以由购买的系统提供支持,哪些要求由开发者自己加以实现。然后根据这些要求与安全策略确定相应的安全机制,这些机制应该是可以利用现有安全技术实现的或可购买得到的。

把需要由开发者自己实现的安全与保密要求分配到相应的处理功能中,而功能又与相应的处理对象挂钩;根据需要由运行环境提供的安全保密要求,选择达到某种安全级别(如 C2、B2 级)的操作系统、数据库系统软件平台和硬件平台。开发者还应该解决自己开发的安全功能与现成系统提供的安全机制之间的有效结合问题。

建立新系统安全模型和安全计划。安全模型应该符合总体安全策略的要求,并且应该是简洁的和便于验证的;安全计划应该是具体的和可实施的。

7.5.2 设计与验证

设计阶段的任务包含三部分:第一部分是分解软件功能,设计软件的模块结构,确定每个模块的功能,给出每个模块的编程说明。第二部分是数据集设计,除了设计数据结构外,还需要划分数据的敏感等级,数据集可能是数据库或数据文件。第三部分是验证待实现的安全模型的正确性,制定新系统的安全方案,把由程序系统自己实现的安全功能分配到相应的模块中。下面对这些内容进行具体介绍。

1. 系统功能分解原则

根据软件工程的原则,需要把待开发的程序功能模块化。模块化设计的方法很多,其中结构化设计方法和面向对象设计方法应用得最广泛。把大的系统模块化有很多优点,不仅有利于编程,也有利于安全。根据模块划分的原则,要求模块功能的独立性要好,模块之间的相关性要小。模块之间的交互是通过参数传递实现的,良好的模块化设计还要求模块之间传递的参数的数量要少。因此,模块在一定程度上是自治的,即模块的代码及其处理的对象(数据)被封装在一起。一个模块不能访问另一个模块内部的数据,这种特性称为信息隐蔽。模块的所有这些特点都提高了系统的安全性。满足以上要求的模块化设计有以下优点:

1)降低了编程的复杂性。由于每个模块功能的单一性和规模相对较小,每个模块的代码数量不大,在结构化设计中,要求每个模块的代码的行数不超过一页打印纸的容量。这样规模的小程序是比较容易编写的。在面向对象的概念中,以对象为单位进行分解,对象中封装了与其有关的处理算法、数据结构和对象间通信机制,其规模较模块而言可能不同。

2)提高了系统的可维护性。由于要求模块功能相对独立,系统结构是模块化的,在系统中增加新模块或修改已有模块,都不会对旧系统进行大的改变,对其他模块的影响相对较小。且模块的代码较短,容易阅读、理解,这对程序员的维护工作都是有益的。

3）提高了软件的可重用性。一个模块的功能独立使得这个模块有可能在其他软件中重用，可重用性是提高软件开发效率的有效方法，可以提高系统的可靠性和安全性。一个正确的模块用于其他软件，还可以减少测试的工作量。

4）提高了系统的可测试性。由于模块功能的单一性和代码的简短性，使得比较彻底地测试一个模块成为可能。这样每个模块都有可能获得详细的测试，把这些测试过的模块集成到一起比较容易。

5）提高了系统的安全性。由于模块把其代码和处理的数据封装在一起，使模块内部变成一个黑盒子，实现了信息隐蔽与模块间的隔离作用，便于对数据的访问控制。模块之间的信息交换，以及它们对共享数据的访问都可以受到控制，从而提高了系统的安全性。

2. 数据集的设计原则

位于模块之外，供若干模块共享的数据需要以数据库或数据文件的形式存放，为了一般化起见，把这两种组织形式的数据称为数据集。这里不讲解如何设计数据库或数据文件的结构，而主要讲解一些设计原则。设计数据集的原则主要有 4 个：

1）减少冗余性。冗余性会威胁数据的完整性与一致性。如果是设计数据库，首先要遵照关系三范式理论和数据元素的相关性建立数据库的库表；如果是数据文件设计，也应该把紧密相关的数据放在一个文件中，尽量减少冗余性。

2）划分数据的敏感级。尽量按敏感级分割数据，这样便于对敏感级高的数据加强访问控制管理。数据的敏感级与数据的用途、重要性等因素有关。需要根据数据的敏感级对用户进行分类，以便确定用户对各个数据（库）文件的访问权限。

3）注意防止敏感数据的间接泄漏。不能因为允许访问非敏感数据而造成敏感数据的开放或间接开放。

4）注意数据文件与功能模块之间的对应关系。处理敏感数据的模块越少越好，最好仅由一个模块负责对敏感数据的处理，便于集中精力实现与验证这个模块的安全性问题。由于这种模块的敏感级别高，对这种模块的调用需要进行严格控制，最好通过统一的访问控制模块调用。

3. 关于安全设计与验证问题

在设计阶段需要做的安全性工作主要有两部分：一是验证新系统安全模型的可行性和可信赖性；二是根据安全模型确定可行的安全实现方案。安全模型的验证与安全模型本身的形式化程度有关，如果形式化程度高，可以采用形式化验证技术。但大多数情况下，模型是非形式化的，只能进行非形式化验证，验证的方法主要是"推敲"。不仅设计者自己需要反复推敲，而且需要请专家推敲和进行各种纸上攻击，寻找漏洞。对于安全性要求很高的信息系统（如军事信息系统、银行信息系统），用户应该要求开发者按照安全计算机系统评价标准中相应的安全级别要求建立形式化安全模型，要求设计者对模型进行严格验证。

当确认安全模型提供的安全功能是可信赖时，设计者应该设计整个应用系统安全的实现方案，并把这些安全功能分配到相关的模块中。整个应用系统应该有一个安全核心模块，这个模块实现对使用应用程序的用户的登录、身份核查和访问控制等功能。关于安全方案及功能的分配问题应该注意以下几点。

1）确定安全总体方案时，应合理划分哪些安全功能是由操作系统或数据库系统完成的，哪些安全功能由应用程序自己完成。由应用程序实现的安全功能应包括使用本程序的用户的身份核查、用户进入了哪个功能模块、操作起止时间、输出何种报表、对敏感模块的访问控制等。对数据库或操作系统的访问由这些系统的安全机制负责。

2）根据总体安全要求，选择相应安全级别的操作系统和数据库系统，而且两者的安全级别应该匹配，如果需要 C2 级安全，两者都应该是 C2 级的。

3）在分配应用程序实现的安全功能时不能太分散，应该相对集中地分配到上面提到的那些敏感模块和访问控制模块中。

4）对那些担负安全功能任务的模块的设计需要提出特别要求，模块的封装性要好（信息隐蔽性好），任何对安全模块调用必须通过参数传递的形式进行。在安全模块的入口处或在安全模块入口的外部设置安全过滤层，对所有对安全模块的访问加以监控。图 7-28 给出了对安全模块的访问控制示意图。

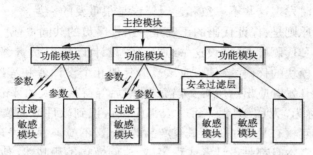

图 7-28　安全模块的访问控制

7.5.3　编程控制

前面几节中所描述的各种程序中的安全漏洞，大多数是由于程序员在编程阶段有意或无意引入的。加强在编程阶段的安全控制是减少程序中各种安全漏洞的关键环节。主要措施是加强编程的组织、管理与控制，加强对程序员的职业道德教育，加强对源代码的安全检查。

1. 编程阶段的组织与管理

在很长的一段时间里，人们认为程序编制是程序员个人的事情。程序员接受编程任务后，独自完成，最后把目标程序运行给用户看，如果用户认为程序已经达到了原先的功能要求，程序员只要再把源代码交给用户就可以了。这个过程可能存在以下问题。

- 程序员是否对目标程序进行了较彻底的测试？程序中是否还存在较严重的问题？
- 目标程序中是否还有其他多余的用户不需要的功能？
- 目标程序中是否包含恶意的功能代码？
- 程序员提交的源代码与目标程序的版本是否一致？
- 软件文档是否齐全？是否合乎要求？

这些问题有的是属于组织、管理与控制方面的，有的是属于程序员的职业道德问题，有的是属于安全检查方面的问题。解决这些问题的关键措施是贯彻软件工程原则，遵照安全系统的开发规则去开发软件。

软件工程适用于大规模程序设计，其基本原则是人员划分、代码重用、使用标准的软件开发工具以及有组织的行动。这几项原则在编程阶段都需要运用。例如，编程人员根据任务与工作量情况划分为不同的程序员组，每个组由 5~7 个人组成，有一个主程序员负责按设计文档要求完成模块的编程任务,并监督这个组的编程质量;程序开发环境中应该提供软件重用库,软件重用可以是程序结构级、模块级和代码片段级。重用时可以是全部、部分或修改利用。当编写一个模块的程序时,应该根据该模块的功能与结构查找软件重用库,如果有就选用,否则就编写。编写时也要根据总体要求的编程方法(如结构化编程、面向对象编程)去编写模块程序,根据软件工程要求,程序员不得擅自更改模块的设计要求,包括模块的功能与接口。

2. 代码审查

程序中各种错误与漏洞,有的是程序员无意造成的,有的则是故意制造的。除了对程序员加强责任心和职业道德教育外,防止这些问题出现的最好办法是进行代码审查。假定设计阶段提供的概要设计文档和模块详细设计文档是正确的,程序员需要理解自己编程的那些模块的说明和接口要求,有可能出现程序的实现与设计文档不一致的地方。另外,也有程序员自己产生的逻辑错误。及时发现这些不一致和逻辑错误是很重要的。

软件工程的一个原则是:保证代码的正确是一组程序员的共同责任。因此,组的各个成员要互相进行设计检查和代码检查(假设这一组既负责设计工作,又负责编程实现)。当一个程序员完成某一部分的模块的代码编写后,应该邀请其他几个设计者和程序员对设计文档和代码进行检查。模块的开发者应出示所有文档资料,然后等待其他人的评论、提问和建议。

这种编程方式,称为"无私"编程。每个人都应该认识到软件产品属于整个集体,而不是属于某个程序员。相互检查是为了保证最终产品的质量,不应该根据发现了错误而去责怪程序员。因为所有检查者本身都是设计者或程序员,他们懂得编程技术,他们有能力理解程序,发现其中的错误。他们知道什么代码在程序中应该怀疑,什么代码与程序不相容,什么代码有副作用。

对于安全性要求高的系统,在整个程序开发期间,管理机构应该强调代码审查制度。严格的设计和代码审查制度能够找出 7.1 节中所描述的缺陷与恶意代码。虽然精明的程序员可以隐藏其中某些缺陷,但有能力的程序员检查代码时,发现这些缺陷的可能性就增大了。如果代码的规模在 30~60 行,那么发现各种问题的可能性就更大了。

7.5.4 测试控制

程序测试是使程序成为可用产品的至关重要的措施,也是发现和排除程序不安全因素最有用的手段之一。测试的目的有两个:一个是确定程序的正确性,另一个是排除程序中的安全隐患。

当前被业界广泛接受并通用的测试方法是黑盒(Black – Box)测试和白盒(White – Box)测试。

黑盒测试也称外部测试(External Testing),负责进行黑盒测试的人员也被称为黑帽子(Black – Hat)。进行黑盒测试时,测试人员将在不了解任何被测试组织的内部结构和技术的情况下,从远程对其系统进行测试。

白盒测试也称为内部测试(Internal Testing)。负责进行白盒测试的人员也称为白帽子(White – Hat)。在进行白盒测试时,测试人员必须清楚地知道被测试环境的内部结构和技术细节。因此,这种测试方式向测试人员敞开了一扇大门,使他们能够以最小的代价来查看和评估测试目标中的安全漏洞。白盒测试为消除所有存在于目标内部环境设施中的安全隐患提供了可能,从而使其能够更加牢固地抵挡来自外部的恶意入侵者。从这个意义上讲,比起黑盒测试,白盒测试能够给组织带来更大的价值。进行白盒测试所需要的步骤和黑盒测试大体相同,不过白盒测试可以省去目标范围定义、信息收集和定位这些阶段。此外,可以很方便地将白盒测试集成到常规开发生命周期中,从而尽早地发现和消除安全漏洞,以避免这些漏洞被入侵者发现和攻击。白盒测试查找和解决安全漏洞的时间和代价都比黑盒测试少。

如果将白盒测试和黑盒测试组合使用,就能够同时从内部和外部两个视角来深入评估目标系统的安全性,这种组合称为灰盒测试(Grey – Box)。相应的,实施灰盒测试的人员也叫做灰帽子(Grey – Hat)。灰盒测试方法同时具有黑盒测试和白盒测试的优点。但是,灰盒测试要求测试人员只能有限地了解一些系统内部结构,从而可以不用拘泥于内部细节,从系统整体着眼,找出评估其安全性的最佳方法。另一方面,在进行外部测试时,灰盒测试所使用的流程和黑盒测试流程十分相近,但是由于实施灰盒测试的审计人员对系统内部技术有一定程度的了解,因此能够更好地做出决策。

测试是为了发现更多的程序错误,而不是为了证明程序是正确的,这也是设计测试实例的出发点。如果能发现更多的错误,说明测试是严格的;如果没有发现错误,也不能说程序是正确的,只能说明测试实例无效。根据测试理论,程序测试是有限的,不可能穷尽程序的所有运行状态。但测试实例应该覆盖程序中为实现其处理功能必须运行的状态和可能进入的各种状态。

可能由于思维"惯性"的原因或因程序员和自己编的程序的关系太密切的缘故,程序员很难有效地测试自己的程序,不太容易发现自己程序中的错误。有实力的公司可以建立独立的测试小组。当编程任务结束后,程序员提供相应的模块的文档资料(包括模块设计资料和代码),测试小组开始设计测试数据。测试过程中,测试小组需要和程序员交流,对测试结果取得一致的解释。测试小组应该根据需求文档和设计文档的功能要求去测试系统,而不是根据程序员个人的说明和要求去测试。如果没有专门的测试小组,只能由程序员互相测试,无论如何都不能由程序员自己测试自己编写的代码。

从安全的角度来讲,由测试小组独立进行测试是值得推荐的,程序员隐藏在程序中的某些东西有可能被独立测试所发现。

这里,简单介绍一下程序漏洞的检测方法。一般来说,将检测的方法分为静态检测和动态检测。

1)静态检测。不在计算机上实际执行所检测的程序,而是采用人工模拟或类似动态分析的方法,借助相关的静态分析工具完成程序源代码的分析与检测。

研究安全问题的学者偏向于对源代码进行静态分析技术的研究,期望直接在程序的逻辑上寻找漏洞。这方面的方法和理论有很多,比如数据流分析、类型验证系统、边界检验系统、状态机系统等,所有的这些方法都可以追溯到 1976 年一篇发表于 ACM Computing Surveys 上的著名论文 *Data flow analysis in software reliability*。

静态分析工具主要由预处理器、数据库、错误分析器和报告生成器形成。工作原理是从前向后逐行读入源程序代码,定位可能的嫌疑,逐步深入分析,报告分析结果。工作过程是读入源程序代码,预处理器结合词法和语法分析识别各种类型语句,将各类信息存放到数据库中,错误分析器在用户指导下利用命令语言或查询语言与系统进行通信与查错,报告生成器输出分析检查结果。依此逐层分析深入,发现可能的错误及安全隐患。

如检测"程序中由'字符串操作'引入的缓冲区溢出"问题,读入源代码,预处理器识别

strcpy、sprintf、scanf、gets、strcat 等函数,分析这些函数的参数;对于 strcpy(dst,src)等函数的源为固定串则不会溢出,源是一个变量 src,则需要进一步分析,如果 src 是程序内部计算结果则一般也不会发生缓冲区溢出,若 src 是从外部输入的数据(如与用户或网络输入直接相关的数据)则定位为潜在的缓冲区溢出点,会构成潜在的安全隐患,然后将这些过程分析放入数据库,并把分析结果通过报告生成器输出,以进行后续更深层次的分析和修改。

目前,已经出现了一些通过检测源代码来查找漏洞的产品,比如:

- Fortify 在编译阶段扫描若干种安全风险。
- R. A. T. S (Rough Auditing Tool for Security)用于分析 C/C + +语言的语法树,寻找存在潜在安全问题的函数调用。
- BEAM(Bugs Errors And Mistakes)是 IBM 研究院研发出的静态代码分析工具,其使用数据流分析的方法,分析源代码的所有可执行路径,以检测代码中潜在的 bug。
- SLAM 使用先进的算法,用于检测驱动中的 bug。值得一提的是,SLAM 被微软所使用,并且已经成功地检测出一些 Windows 驱动程序中的漏洞。
- Flaw Finder 是用 Python 语言开发的代码分析工具,作者是 David Wheeler,可免费使用。
- Prexis 可以审计多种语言的源代码,审计的漏洞类型超过 30 种。
- Coverity 能够在编译源代码的过程中检查很多类型的错误。

2)动态检测。这是实际运行时检测程序的方案,通过程序自身的编译程序或选择适当的检测用例,以发现程序中语法、词法、功能或结构的错误。该技术依靠系统编译程序和动态检查工具实现检测,但完成后可能仍会存在与安全相关的在编译阶段发现不了、运行阶段又很难定位的错误。

工业界目前普遍采用的是进行渗透测试和模糊(Fuzzy)测试。

渗透测试也称为黑盒测试或正派黑客测试(正派黑客的定义与系统渗透测试人员非常相似,它以比较安全的方法来尝试侵入系统从而测试系统安全),它是一种专业的信息安全服务,是在经过用户授权批准后,由信息安全专业人员采用攻击者的视角,使用同攻击者相同的技术和工具来尝试入侵信息系统的一种评测服务,它用攻击来发现目标网络、系统、主机和应用系统所存在的漏洞,从而帮助用户了解、改善和提高其系统信息的安全性。

Fuzzy 测试,也是一种特殊的黑盒测试。与基于功能性的测试有所不同,Fuzzy 的主要目的是"crash"、"break"、"destroy"。Fuzzy 的测试用例往往是带有攻击性的畸形数据,用以触发各种类型的漏洞。可以把 Fuzzy 理解为一种能自动进行"rough attack"尝试的工具。之所以说它是"rough attack",是因为 Fuzzy 往往可以触发一个缓冲区溢出漏洞,但却不能实现有效的漏洞利用(Exploit),测试人员需要实时地捕捉目标程序抛出的异常、发生的崩溃和寄存器等信息,综合判断这些错误是不是真正的可利用漏洞。

Fuzzy 的优点是很少出现误报,能够迅速地找到真正的漏洞;缺点是 Fuzzy 永远不能保证系统里已经没有漏洞了。

攻击者非常热衷于使用 Fuzzy 工具,因为软件系统的安全性并不是他们关心的事情,他们只要找到一个漏洞就可以开始庆祝了。

7.5.5 运行维护管理

在软件开发完成并提交运行后,便进入运行维护阶段。软件维护有两重含义,一是修改软件在运行过程中发现的错误,二是在软件中增加新的功能。这样就产生了软件版本更新的问题。软件版本更新不是一个简单的问题,不是仅把程序错误修改就行了的问题。尤其是软件规模较大、使用面广泛的情况下,软件修改更不是一件随便的事情。软件维护是很复杂的工作,需要专门的组织机构来管理。这种工作又称为软件系统的配置管理。实行配置管理时,由一个人或系统来控制并记录对一个程序或文件的所有更改。由更改控制部门的一组专家评审提出修改的合理性与正确性,未经许可任何人不得随意修改。

1. 配置管理的必要性与目标

软件配置管理的目标是保证对所有的系统组成部分,包括软件、设计文件、说明文件、控制文件等的正确版本的使用和可获取性。简单地说,配置管理就是强化组织、控制修改和簿记工作。

由于许多原因,一个软件的并行版本会不止一个。例如,一个在市面上流行的软件,可能会有一个已发布的版本,程序员刚修改过但还未发布的版本和正在开发的增强型版本。又如,一个软件可能有运行在三种操作系统上的版本,每次当一个模块修改后,必须对所有其他操作系统上的版本进行修改,然后进行测试。对一种版本的修改还要求修改这个版本的其他部分,因此对每个版本,都有一个正在修改的版本和一个发行的版本。这些不同的版本以及对它们所做的修改必须加以记录与控制。

如果程序是由多个程序员共同编制的,当一个程序员修改了一个模块后,必须通知其他程序员,因为这个模块可能影响其他模块。编写程序的人不能任意修改程序,即使修改是为了更改已经发现的错误也不行。通常程序员应该保留更正后的那个程序副本,等待统一的更新周期的到来,在此期间,程序员将完成他们对程序的所有修改,并重新测试整个系统。每个程序员都有静态版本和工作版本。随着系统开发的进展,就有在不同阶段测试或者与其他模块结合的不同静态版本。

根据上述情况,配置管理应达到以下目的:

- 避免无意丢失(删除)某个程序的某个版本。
- 管理一个程序或几个类似版本的并行开发。
- 提供用于控制相互结合构成一个系统的模块的共享设施。

这些目标可通过管理源程序、目标代码和文件的系统方法来达到。配置管理也需要相应的软件工具支持,该工具应该提供详细的记录,使每个人可以知道每个版本的副本存放在哪里,这个版本与其他版本有什么不同的特征。在正规的软件公司中,通常指定一个或多个管理专家来完成这项任务。通常一个程序员在某个时间停止对一个模块的修改,将控制权交给配置管理系统后,程序员将不再有权力和能力来修改这个版本。从这时起,对软件的所有修改都由配置管理部门监督进行,配置管理部门要审查所有修改请求的必要性、正确性以及对其他模块产生的潜在影响。

2. 配置管理的安全作用

在运行维护阶段利用配置管理机构,既可以防止无意的威胁,又可以防止恶意威胁。采用配置管理机构可以有效地保护程序和文件的完整性,因为所有的修改都必须在获取配置管理机构同意后才能进行,管理机构对所有修改的副作用都做了认真的评估。配置管理系统保留了程序的所有版本,可以追踪到任何错误的修改。

由于配置管理的严格控制,一旦一个检查过的程序被接受且被用于系统后,程序员就不能再进行小而微妙的更改,不可能再在程序中做手脚。程序员只能通过配置管理部门来访问正式运行的产品程序。这样就能在软件运行维护阶段堵住恶意代码的侵入。

为了防止源代码的版本与目标代码文件的版本的不一致,配置管理部门只在源程序级别上接受对程序的修改。尽管程序员已经编译并测试了这个程序且可以提供目标代码,配置管理部门只允许在源程序中插入语句、删除和代换。配置管理部门保存原始的源程序及产生各个版本的单个修改指令。当需要产生一个新版本时,配置管理部门建立一个暂时用于编译的源程序副本。对每次修改都精确记录修改时间和修改者的姓名。

7.5.6　行政管理控制

行政管理控制应在软件工程的各个阶段实施,行政管理控制是为了保证软件开发按严格的规范完成。其主要内容包括标准制定、标准实施、人员的管理与使用。

1. 制定程序开发标准

程序开发不能由程序员随心所欲,必须遵照严格的软件开发规范。程序开发不仅要考虑正确性,还需要考虑与其他程序的兼容性和可维护性等方面的需要。作为一个正规的软件开发单位,应该制定一些标准,规范每个程序员的行为,下面是一些需要制定的标准:

1) 设计标准,包括专用设计工具、语言和方法的使用。

2) 文件、语言和编码格式标准,例如规定一页中代码的格式、变量的命名规则,使用可识别的程序结构等。

3) 编程标准,包括规定强制性的程序员间对等检查,进行周期性的代码审核,以便确保程序的正确性和与标准的一致性。

4) 测试标准,规定使用何种测试方法和程序验证技术,独立测试以及对测试结果存档以备今后查询。

5) 配置管理标准,规定配置管理的内容与要求,控制对成形或已完成的程序单元的访问和更改。

这套标准除了可以规范程序员的开发过程外,还可以建立一个公用框架使得任何一个程序员可以随时帮助或接替另一个程序员的工作。这些标准有助于软件的维护,因为程序员可以得到清晰可读的源程序和其他维护信息。

2. 控制标准的实施

制定标准容易,执行标准难。这里可能有很多原因。一是标准往往和程序员的习惯不一致,执行标准增加了工作的负担。例如,有的程序员喜欢随意命名变量名,不愿意给变量命以有实际意义的长名字。二是往往因为时间紧、任务急,放松了对开发标准的要求,强调项目的完成而不是遵循已经建立的标准。

承诺遵循软件开发标准的公司通常要进行安全审计。在安全审计中,一个独立的安全评价小组以不声张的方式来检查每一个项目。这个小组检查设计、文件和代码,判断这些结果是否已遵守了有关标准。只要坚持进行这种常规检查,恶意程序员就不敢在程序中放入可疑代码。

3. 人员的管理与使用

一个软件开发部门要想在开发安全程序方面有很高的声誉,它的人员素质是非常重要的。首先一个计算机公司在招聘人才时应该对招聘对象的背景进行必要的调查,对有劣迹的人要慎重对待。对一个新职员的信任需要较长时间的使用才能建立,随着对职员信任的增加,公司才可以逐步放宽对其访问权限的限制。其次,对公司的职员要经常进行职业道德和遵纪守法方面的教育,使他们了解有关计算机安全法律和违法造成的后果。

在安排项目开发任务时,应该分别设置设计组、编程组和测试组,每个组完成不同的任务。在需要别人合作才能完成任务的情况下,组员很少进行非法操作。在程序设计中,可以把一个程序的不同模块分配给不同的程序员编程,程序员之间必须合谋才能在程序中加入非法代码。设置不包含编程人员的独立测试小组,对模块进行严格的测试,使程序中包含非法代码的可能性更小。这一举措可以保证程序具有更高的安全性。

读者可以阅读 *The Security Development Lifecycle SDL: A Process for Developing Demonstrably More Secure Software* 一书了解更多知识,该书作者 Michael Howard,2008 年电子工业出版社出版中译本《软件安全开发生命周期》。读者还可以阅读 *Software Security: Building Security In*,该书作者 Gary McGraw,2008 年电子工业出版社出版中译本《软件安全:使安全成为软件开发必需的部分》。

7.6 Web 安全防护

本节以 Web 应用系统为例,运用安全软件开发理论,讲解 Web 安全防护的关键技术。

7.6.1 Web 安全问题

1. Web 基本架构

随着 Internet/Intranet 的飞速发展和 Web 技术的普及,Web 服务已广泛应用于公司、企业的各个部门中,Web 应用已成为互联网上的第一大应用。其中 Web 服务是指基于 B/S 架构、通过 HTTP 等协议所提供服务的统称,Web 应用是使用各种 Web 技术来实现的具体功能,两者之间是抽象与具体的关系。Web 服务和 Web 应用程序共同构成了 Web 架构,并随着 Web 2.0 的发展出现了服务与数据分布式、数据与服务处理相分离等变化,其功能性、交互性以及易用性也大大增强。

因特网的飞速发展离不开 Web 标准上的统一化和 Web 架构的简洁化。从最早使用 HTML 语言的静态网页,发展到现在使用如 ASP.NET、JSP、PHP 等动态服务器端语言的动态网页,统一标准的流行和开发上的简便,使得 Web 站点的数量呈直线上升,并使得 Web 架构快速流行起来。Web 架构的发展经历了两个阶段:

1) 一般性 Web 架构。一般性的 Web 架构是指基于传统的 C/S 和简单的 B/S 结构上的两层 Web 架构。一般性的 Web 架构虽简单易用,但却与 Web 的安全性是相互矛盾的。由于早期 Web 站点功能简单,界面简洁并没有涉及太多的重要数据交换,浏览器可以直接查看页面的 HTML 源代码,因此技术人员在早期的 Web 服务设计中并没有过多地考虑安全因素,而且所使用的安全机制和安全产品也相对较少。

2) 三层 Web 架构。如今的 Web 服务是集各种丰富功能于一身的综合性服务并涉及很多经济利益的交换,如电子政务、网上银行转账、在线支付、个人微博、网上购物等,因此需要考虑在一般性 Web 架构中增加一层安全机制来保障 Web 服务的安全性。目前,互联网和企业内网中普遍使用 Web 服务的三层通用结构(见图 7-29):用户视图层、业务逻辑层和数据访问层。

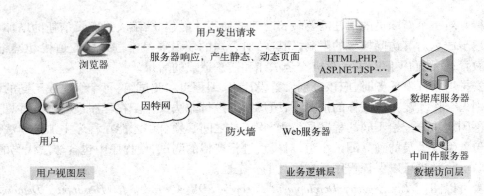

图 7-29　Web 服务的三层通用结构

从图 7-29 可以看出,用户使用 Web 浏览器,通过接入网络或因特网连接到 Web 服务器上。用户通过 HTTP 协议发出请求,服务器根据请求的 URL 的地址链接,找到对应的页面发送给用户。用户通过页面上的"超链接"可以在网站页面之间跳跃浏览,这就是静态的网页。后来由于这种页面只能单向地发布信息或向用户展示信息,无法实现和用户之间的交互性,产生了动态页面的概念。除此之外,还增加了 Cookie 和 Session 来存储用户的一些参数、状态和属性信息等,方便了用户的登录和服务器的管理。动态网页技术的使用让 Web 服务模式具有了交互能力,Web 架构的适用面和 Web 服务器的处理能力得到了很大扩展。

由于动态网站中很多内容需要经常更新,如新闻、博客文章、图片等,而这些变动的数据并不适合放在静态的程序中,因此 Web 开发者在 Web 服务器后边增加了一个数据库服务器,采用数据与程序分离方式,将这些经常变化的数据存入数据库中并可随时进行更新。当用户请求页面时,后端服务器程序根据用户要求生成相应的动态页面,其中涉及动态数据的地方,利用 SQL 语言,从数据中读取最新的数据并生成动态更新的页面传送给用户。

2. Web 安全威胁

随着因特网业务在各国政治、经济、文化以及社会生活中发挥着越来越重要的作用,由于无法抵御因特网上信息价值的诱惑,网络中出现了很多动机不纯的用户和恶意的攻击者,他们使用非正当的手段或技术来获取网络站点中有价值的信息,由此所造成的 Web 安全问题日益突出。

虽然目前绝大部分网络已安装有防火墙、入侵检测系统且只有 Web 服务器的 80 端口对外开放,但并没有从根本上解决 Web 安全问题。针对因特网上 Web 应用的安全威胁包括:人为的和非人为的、恶意的和非恶意的、内部攻击和外部攻击等。常见的攻击类型有:服务器病毒、DDoS 攻击、信息的泄密及篡改等。安全威胁主要产生于如下情况:系统存在的漏洞;系统安全体系的缺陷;使用人员的安全意识薄弱;管理制度的薄弱。网络威胁日益严重,网络面临的威胁五花八门,据国家互联网应急中心(CNCERT)监测,我国网络信息系统和公共网络环境的安全状况中存在以下几点威胁:

1)非授权访问和篡改。包括:合法用户以未授权的方式进行操作,非法用户如黑客进入网络或系统进行违法操作。

2)冒充和诱骗合法用户。恶意攻击者使用各种不正当的技术手段来冒充主机或合法用户,欺骗系统及用户并在其机器中植入网络控制程序,以此来套取或修改主机或合法用户的使用权限、口令、密钥等信息,越权使用网络设备和资源,接管合法用户,占用合法用户的资源。

3)干扰网络系统正常运行。恶意攻击者通过让有严格时间要求的服务不能及时得到响应、使合法用户不能正常访问网络资源、破坏系统完整性等方法来干扰网络系统的正常运行。例如木马、僵尸网络和 DDoS 攻击。

4)线路窃听和内部人员威胁。恶意攻击者通过搭线或在电磁波辐射的范围内安装截收装置等方式,截获合法用户发送的机密信息,或通过对信息流和流向、通信频度和长度等参数的分析,推出有用信息。内部人员威胁是指内部非授权人员或机密人员偷窃、泄漏机密信息,更改网络配置,更改或记录机密信息,破坏网络系统等。

5)Web 浏览器安全问题。由于 Web 浏览器可以对本地的进程、硬盘进行一些操作,因而也可以把病毒和木马引入到用户的计算机中去。虽然可以使用 Web 架构中的"沙漏"限制技术,限制网页中一些"小程序"的本地读写权限来提供一定的安全保护,但是这种限制并不能智能地禁止这些"小程序"运行,因此大多数情况下在这些"小程序"进行写入时,浏览器会给用户相应的提示,让用户自己选择。由于某些用户的安全知识有限,无法判断这些"小程序"是否为恶意攻击程序、是否可以运行,从而造成一定的安全隐患。

6)密码暴力破解。很多 Web 服务是靠"账号 + 密码"的方式管理用户账户,一旦密码被破解,尤其是远程管理员的密码,其破坏程度是难以想象的,而且其攻击难度也比通过 Web 站点漏洞的攻击方式简单得多,且不易被发觉。

7)Web 应用程序漏洞。由于 Web 应用程序开发简单,开发团队人员水平参差不齐、编程不规范、Web 安全意识不强、开发时间紧张而简化测试等原因,造成数量众多的 Web 应用程序漏洞,而这些漏洞可能会让恶意攻击者来去自如。例如,最为常见的 SQL 注入漏洞,就是因为大多 Web 应用程序编程过程不严密而产生的。

8)Web 服务器系统漏洞。Web 服务器是一个通用的服务器,无论是 Windows,还是 Linux/UNIX,操作系统本身都会存在一些与生俱来的漏洞。恶意攻击者利用这些漏洞,可以获得服务器的高级权限,并可随意控制服务器上运行的 Web 服务。除了操作系统的漏洞,还有 Web 服务器软件如 IIS、Tomcat 所存在的漏洞,这些漏洞如果被恶意攻击者利用,同样可以对 Web 站点构成安全威胁。

9)互联网应用层服务的市场监管和用户隐私保护工作亟待加强。2010 年,发生了以"3Q 大战"为代表的多起终端安全软件与互联网应用服务之间的商业争端,以及终端安全软件之间的商业争端,反映出互联网应用层服务的市场竞争失序,用户隐私保护立法工作亟待加强,社会各界要求加强管理的呼声强烈。

10)其他威胁。对 Web 安全的威胁还包括计算机网络病毒、电磁泄漏、各种自然灾害、操作失误等。

从上述网络安全状况中可以看出,针对 Web 应用程序和 Web 服务的各种网络攻击层出不穷。黑客入侵、恶意代码、木马、僵尸网络和 DDoS 攻击等类型的网络攻击已成为 Web 安全面临的主要问题。从 1998 年 CERT/CC(美国计算机紧急事件反应小组协调中心)的建立和 CVE、NVD 等各种漏洞库的相继出现至今,已接收到数目惊人的 Web 安全事件报告,且其数量继续呈直线上升趋势。Web 服务器被破坏而瘫痪,关键信息泄漏而导致巨额经济损失,Web

服务器的维护和故障恢复费用变得愈发昂贵,从中都可以看出对 Web 应用的攻击造成的损失十分惨重。因此,如何加强 Web 应用的安全性,已成为业界广泛关注的焦点。

3. 现有 Web 安全防护技术

围绕 Web 应用的安全性,产生了很多 Web 安全防范产品。这些产品可以单独使用,也可以共同部署来增强 Web 站点的综合安全性,它们的部署结构如图 7-30 所示。

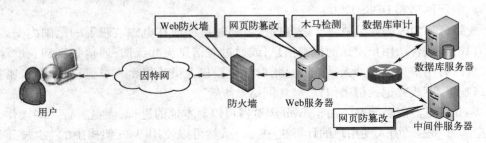

图 7-30   Web 安全产品部署结构示意图

1)Web 防火墙。Web 防火墙主要是指能主动阻断专门针对 Web 的入侵行为的硬件安全产品。一般部署在 Web 服务器和接入网之间,且为串行接入,能够加强对 Web 特有入侵方式的防护,如 DDoS 攻击、SQL 注入、XML 注入、跨站脚本攻击等。

Web 防火墙对硬件要求很高,而且不能影响 Web 服务的正常运作。它一般具有网络流量负载均衡和包过滤功能,并且支持双机冗余并行运行和旁路(Bypass)功能。目前市面上有很多知名厂商生产的防火墙产品,如国内的天融信防火墙、绿盟科技的 Web 防火墙,国外的 CheckPoint 防火墙、McAfee 防火墙等。

2)网页防篡改产品。网页防篡改系统可以用于 Web 服务器,也可以用于中间件服务器,其目的都是保障网页文件的完整性。其部署方式为,建立一台单独的管理服务器(Web 服务器数量少可以省略),然后在每台 Web 服务器上安装一个 Agent 程序,负责该服务器中站点文件的看护。其中,管理服务器主要是管理这些 Agent 程序的看护策略。目前,很多网页防篡改产品中都提供了一个入侵防御(IPS)软件模块,用来阻止针对 Web 服务的攻击,如国内的 InforGuard、WebGuard 等产品。

网页防篡改技术的基本原理是对 Web 服务器上的页面文件(目录下文件)进行监控,发现有恶意更改及时恢复原状。因而该产品仅是一个修复工具,不能阻止攻击者的篡改,只能守株待兔、派专人看守,属于典型的被动防护技术。本书将在 8.3 节介绍一个网页防篡改系统实例。

3)Web 数据库审计产品。有效恢复是安全保障产品的一个很重要的理念。由于动态网页是用户与数据库交互生成的,因此对数据库的修改就变得很关键,Web 数据库审计产品的目的就是对数据的所有操作进行记录,当出现问题时,可以对这些操作进行回溯。审计是一种监视措施,跟踪记录有关数据的访问活动。审计追踪是把用户对数据库的所有操作自动记录下来,存放在审计日志中。记录的内容一般包括:操作类型(如修改、查询、删除),操作终端标识与操作者标识,操作日期和时间,操作所涉及的相关数据(如基本表、视图、记录、属性)等。利用这些信息,可以进一步找出非法存取数据库的人、时间和内容等。这种技术与数据库的实时同步备份技术类似。

4）Web 木马检测工具。Web 木马检测工具一般作为安全服务检查使用,也可以单独部署一台服务器,定期对网站检查,发现问题及时报警。

Web 木马检测主要是基于"爬虫"技术,就是使用一些进程,按照一定的规则(广度优先搜索、深度优先搜索),将网站上所有的页面打开一遍并将其保存下来,再对网页进行安全检测。不同于搜索爬虫,Web 木马检测工具在对网页进行检测时,重点查看网页是否被挂木马,或被跨站脚本漏洞 XSS 利用。由于网站内的 URL 链接去向是可追溯的,所以对 XSS 的检查是十分有效的。

目前,市场上这种工具的产品很少,主要是在一些反病毒软件中有此功能模块。

4. 现有研究的不足

前述的一些 Web 安全产品主要是关注于解决边界或是后台数据库安全这样一些点上的安全问题。例如,防火墙在一定程度上能够保护网站的安全,但是防火墙对于检测发送到 Web 应用程序的恶意输入可能无能为力,也不能处理恶意管理员直接访问应用程序的情况。随着因特网和 Web 应用的飞速发展所呈现出的多样性、复杂性和不可预见性,更加需要适合保护 Web 站点安全的整体性解决方案。

对一个庞大而复杂的信息系统,其面临的安全威胁是多方面的,而攻击信息系统安全的途径更是复杂和多变的,对其实施信息安全保护达到的安全级别取决于通过各种途径对信息系统构成各种威胁的保护能力中最弱的一种保护措施,该保护措施和能力决定了整个信息系统的安全保护水平,这便是常用在安全领域中的"木桶理论"。但木桶的有效容水量,除了需要加高最低的挡板外,还取决于木板之间的"缝隙",以及木桶的"底",这是大多数人不易看见的。在本书第 1 章中已经对此做了阐述。

1998 年,Yogesh Deshpande 和 Steve Hansen 提出了 Web 工程的概念,提倡使用工程和系统的方法来开发高质量的基于 Web 的系统。下面就来探讨设计 Web 安全的"底",即运用整体性的思想,通过采用安全开发生命周期 SDL 的相关理论,研究 Web 安全设计、开发和运行测试这 3 个关键环节的相关技术,以保障 Web 应用程序开发及应用过程的安全性。

7.6.2 Web 安全威胁建模

要保障 Web 应用开发过程的安全性,可以通过在 Web 应用程序开发过程中的各个阶段增加一系列针对安全的关注和改进,以便在开发过程中尽可能早地检测并消除安全隐患,因此 Microsoft 公司提出了威胁建模的技术理念。威胁建模是 Web 应用程序安全开发生命周期中最重要的环节之一,其主要任务是帮助分析和设计人员对威胁进行建模和评估。

1. Web 安全威胁漏洞分类

对于日益严重的 Web 安全问题,国内外研究人员已进行了大量深入的研究工作,开放 Web 软件安全计划组织(Open Web Application Security Project,OWASP)主要对 Web 应用的安全漏洞进行定期的统计分析,并提出当前对 Web 影响最大的前十大威胁,用以改进 Web 应用的安全性。Web 应用安全联盟(Web Application Security Consortium,WASC)通过对 Web 应用安全问题进行针对性的统计和分析,提出各种安全标准并对 Web 上的威胁进行分类。White-Hat 网站(http://www.whitehatsec.com)也提供了一些对于网站安全状态和一些组织避免攻击必须解决的问题的安全统计报告,根据当前漏洞的严重等级对流行漏洞进行分类,并且每个季度都会对其安全统计报告和漏洞分类进行更新。

可以将 Web 安全威胁分为 10 大类：

1）注入漏洞。当不信任的数据作为命令或查询的一部分被传送执行时就会发生注入漏洞，例如，常见的 SQL、OS 和 LDAP 注入漏洞。其中，攻击者的恶意数据可以欺骗解析程序执行非法的命令或访问未经授权的数据。

2）跨站脚本漏洞（XSS）。当应用程序使用不可信的数据，不经过适当的验证和转义而将其直接传送到浏览器中，就会发生跨站脚本漏洞。攻击者通过利用跨站脚本漏洞在受害用户的浏览器中执行脚本程序来劫持用户会话、攻击网站，或将用户重定向到恶意网站上，从而获取用户的敏感信息，如网上银行账号、密码等。

3）不健全的认证和会话管理。与应用功能相关的认证和会话管理不能正确执行时，便会发生这种漏洞。黑客利用该漏洞可以攻击密码、密钥、会话令牌，或者利用执行漏洞伪装成其他用户的身份来入侵系统。

4）Web 应用程序越权访问。在开发者暴露了一个内部实现对象引用时，就可能出现 Web 应用程序越权访问漏洞，如暴露一个文件、目录或数据库关键字等。如果没有一个访问控制检查或其他保护机制，攻击者便可以操纵这些引用来访问未经授权的数据，从而造成损失。

5）伪造跨站请求（CSRF）。该漏洞发生在当合法用户通过正常登录某一站点后，没有关闭浏览器或退出登录时。此时，用户的会话 Cookie 和其他的身份验证信息便会留在浏览器中，在这期间浏览器如果被恶意攻击者控制并向这个站点发送请求，可能会执行一些用户不想做的事情（比如修改用户个人资料）。此漏洞允许攻击者强迫受害用户的浏览器生成一些请求，欺骗存在漏洞的 Web 应用程序认为这些请求是受害用户发送的合法请求，从而完成伪装并利用受信任的网站。

6）错误的安全配置。使用一个安全的配置来定义应用程序、框架、Web 服务器和平台是决定 Web 安全与否的关键。所有这些设置都应该被定义、执行和维护，而不是使用默认的安全值。当错误地配置这些安全值或操作失误时就会产生该漏洞，而如果该漏洞被恶意攻击者利用便会对 Web 服务器等造成直接破坏。

7）未限制 URL 访问。许多 Web 应用程序在提供敏感链接和按钮的保护措施前会检测 URL 的访问权限。然而攻击者可以使用猜测链接或以暴力浏览的方法来访问这些隐藏页面，应用程序需要执行相似的访问控制检测来防止该漏洞的发生。

8）未验证的重定向和转发功能。Web 应用程序经常将用户的请求重定向和转发到其他的页面或站点，并使用不可信的数据来决定目标页面。如果没有适当的验证，攻击者可以将受害者重定向到一个钓鱼网站或恶意软件站点，或使用转发功能来访问未经授权的页面。

9）不安全的加密存储。为保障 Web 服务器上的一些敏感信息的安全，需要对如信用卡号、身份证号和认证证书等进行适当的加密或散列，然而许多 Web 应用程序对于这些敏感数据并没有进行妥善的保护。攻击者可能会利用这些没有进行安全加密存储的数据来进行身份窃取、信用卡诈骗或其他犯罪。

10）不安全的传输层保护。Web 应用程序通常不会对网络传输进行加密，除非进行敏感通信时才会对其加密保护。就算进行了保护，有时这些应用程序也只是支持弱加密算法，使用无效的或过期的证书，或没有正确使用保护措施。而恶意攻击者利用这其中存在的漏洞便可轻松地获取 Web 服务器的信任，并进行恶意攻击。

2. Web 安全威胁建模过程

Web 安全威胁建模开始于应用程序设计的初始阶段,并贯穿于整个应用程序生命周期。因为在一个单独的开发阶段中,不可能发现所有可能的威胁,而且由于业务需求的不断变化,应用程序也需要随之动态变化,即根据业务的变化来加强和调整,因此 Web 安全威胁建模过程也随之不断循环重复。图 7-31 显示了 Web 安全威胁建模的过程,包括 6 个阶段。

图 7-31　Web 安全威胁建模过程

1）确定安全对象。要保证 Web 应用程序的安全,首先要了解需要保护的安全对象,如业务逻辑、用户信息、用户和管理员密码等。安全对象是与 Web 应用程序及数据的完整性、保密性和可用性相关的目标和约束。

开始建模前,应详细列出所有有价值的需要保护的 Web 应用程序,根据假设考虑 Web 应用程序在失去这些有价值信息的完整性、保密性或可用性而遭受的影响大小来排序。保护对象的详细清单应该在下一个步骤中修订,以确保可生存性架构概述和相关的数据流程图正确地说明每个对象的位置。通过确定主要的安全目标,有助于了解潜在的攻击威胁,并将注意力集中于那些需要密切关注的 Web 应用程序区域。例如,如果将用户账户的详细信息确定为需要保护的敏感数据,那么可以检查数据存储的安全性,并考虑如何控制和审核对数据的访问。

2）创建结构概况图。此阶段的目标是分析应用程序的功能、结构和物理部署配置以及构成解决方案的技术。该阶段的工作是寻找 Web 应用程序设计或执行中的潜在漏洞,并使用数据流程图来记录 Web 应用程序的结构,包括 Web 子系统、信任的界限、数据流等。数据流程图通过可视化方式对 Web 应用程序建模,对确定安全威胁有极大的帮助。

3）分解 Web 应用程序。分解 Web 应用程序的结构,包括基本网络与主机的基础设施设计,给出 Web 应用程序的安全概述。安全概述的目的是发现 Web 应用程序在设计、执行或部署配置中所存在的漏洞。在这个步骤中,中断应用程序,并为应用程序创建一个基于传统漏洞领域的安全配置文件。还可以确定数据流、入口点、信任边界和特权代码。对 Web 应用程序过程了解越详细,就越容易发现其中的威胁。

4）确定威胁。在这个步骤中,识别可能会影响系统和损害服务器资源的威胁。以攻击者的角度去考虑目标,利用 Web 应用程序结构中潜在的漏洞,确定可能影响应用的威胁。可以使用如下两种基本方法:

- 使用 STRIDE 模型找出威胁。考虑各种类型的威胁,例如伪造、篡改和分布式拒绝服务等,并使用 STRIDE 模型,对于 Web 应用程序从构建和设计的相互关系方面提出问题。
- 使用威胁分类列表。可以按网络、主机和应用分类的普通威胁划分并列举清单。将威胁列表应用到 Web 应用程序架构和在先前过程确定的漏洞中,这样做能够立即控制一些威胁。

5）记录威胁。使用一个标准表或模板来记录 Web 应用程序的威胁,该模板类似表 7-1,可以显示几个威胁属性。其中威胁描述和威胁目标是必不可少的属性。此表用在 Web 威胁建模过程的最后阶段,用于确定威胁列表优先顺序。其他可能需要的属性包括威胁技术,以及所需对策等。

表 7-1　威胁属性

威胁描述	攻击者通过监测网络获得认证证书
威胁目标	Web 应用程序的用户验证过程
风险	中(75)
威胁技术	网络监测软件的使用
对策	使用 SSL 提供加密通道

6)评估威胁并给出对策。评估威胁的内容是优先考虑和解决最重要、风险最大的威胁。评估过程在考虑导致攻击发生损害的威胁可能的基础上,根据前面步骤生成的威胁列表,依次解决危险程度比较高的威胁。但在现实应用中,可能并没有经济上可行的方法解决所有已确定的威胁,因此可以忽略一些发生概率较低且损害程度非常小的威胁。评估出解决威胁的优先顺序后,根据这些威胁的优先等级,在设计过程中给出安全对策。

7.6.3　Web 安全开发

本节介绍 Web 安全功能设计原理,.NET 开发语言中保障 Web 应用安全的各种安全机制,以及如何使用.NET 语言所提供的这些 Web 安全机制。

1. Web 应用程序的安全要素

一个成功的应用程序安全的基础都由一些稳定的要素构成,如身份认证、授权、审核和安全通信。

1)身份认证。在大型的 Web 分布式应用程序中,身份认证一般会跨多个层发生,如终端用户通过 Web 应用程序的登录页面,一般是通过输入用户名和密码来进行系统用户的身份验证。用户成功登录系统后,当涉及数据库访问时就会涉及数据库服务器访问的身份验证。

2)授权。授权是对经过身份认证的客户端允许访问的资源及执行的操作进行管理的过程。这些资源包括文件、数据库、功能模块等,以及系统级的资源,如注册表项和配置数据。操作包括对事务的执行,例如查看必要的数据,对数据的修改能力等。在大多数 Web 应用程序中,主要是通过系统角色来给用户分配权限。

3)审核。有效的审核和日志记录功能在 Web 应用程序中是不可否认的关键。不可否认就是为保证一个用户不能否认执行了一项操作或开始了一个事务。

4)安全通信。多层应用程序在各层之间传递敏感性数据是一个不可避免的过程,这些机密数据要么从客户端传递到数据库,或者相反。这些机密数据可能是我们常用的银行卡账号和密码,或信用卡账号和密码,这些数据如果在传输的过程被不怀好意的人窃取了,后果可想而知。如何保障数据的机密性和完整性,关键就是构建 Web 程序的安全通信。

2. Web 应用程序安全性设计

如何设计安全可靠的 Web 应用程序,对设计人员和开发人员都提出了很大的挑战。由于 HTTP 协议是无国界的,这样跟踪用户会话状态的任务就完全交给了 Web 应用程序。作为安全的第一道门户,应用程序必须能够进行身份验证来识别系统用户,为后续的授权决策打基础,同时保护用于跟踪已验证用户的会话处理机制。保证身份验证和会话状态的安全仅仅是 Web 应用程序所面临的众多问题中的两个方面。

考虑到 Web 数据在公共网络上传输，因此在设计和实现阶段必须对传递的参数和机密数据进行加密，防止数据的泄密和在传输途中被非法截取。图 7-32 形象地列出了安全设计措施。

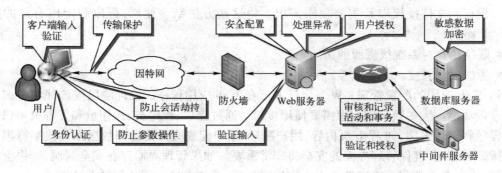

图 7-32　Web 应用程序安全设计措施

1）Web 客户端输入验证。Web 客户端输入验证是一个非常复杂的问题，也是 Web 应用程序开发人员必须要解决的首要问题。因为，有效的输入验证是目前应用程序防御攻击的最有效的方法之一。一些常用的输入验证的处理方法主要有以下几种：

- 不相信任何输入的有效性。只要输入源自不可信范围，就应对输入进行验证。
- 集中验证。使用专门开发的验证表达式对不同的输入元素进行集中验证。
- 不依赖于客户端验证。在服务器端进行输入验证也是十分必要的。
- 注意对输入数据的标准化要求。采用标准化的数据格式。
- 限制、拒绝和净化输入。

2）Web 客户端身份认证。身份认证是对调用方进行应用程序身份验证的一个过程。在这个过程中需要考虑以下 3 个方面的问题。

- 确定 Web 应用程序中哪些模块的使用需要身份验证。
- 如何确认调用方的身份。
- 在后续应用请求中采用什么方式来识别用户。

在绝大多数的 Web 应用程序中，用户通过 HTML 表单输入用户名和密码进行身份认证。但是采用这种方式应该考虑以下几个问题：

- 用户所输入的用户名和密码这些机密数据是否采用安全的数据格式和安全的传输通道进行发送？
- 如何有效存储用户登录的凭据？如果在文件或数据库中以纯文本形式存储用户名和密码，那么这些数据极易被下载或被恶意的管理员得知。
- 成功登录后，如何识别已通过身份验证的用户？目前比较流行的是 Cookie 技术，因此保证 Cookie 的安全成为了关键。

3）Web 授权访问。所谓授权，就是确定已通过身份验证的用户可以执行哪些操作以及可以访问哪些资源。错误授权或弱授权会导致信息泄漏和数据篡改。

增强 Web 应用程序授权的常用做法有以下几种：

- 使用多重看守。在服务器端，可以使用 IPSec 提供主机限制，以此来限制服务器间的通信。例如，IPSec 策略可以限制远离指定 Web 服务器的任何主机连接到数据库服务器。

IIS 提供了 Web 权限、IP/DNS 限制。无论用户是什么身份,IIS 的 Web 权限适用于所有通过 HTTP 请求的资源。如果攻击者设法登录到服务器,IIS 的 Web 权限将不提供保护功能。因此,NTFS 权限允许为每个用户指定访问控制列表。最后,ASP . NET 提供 URL 授权和文件授权以及主要权限需求。将这些方法结合使用,可以制定出有效的授权策略。

- 限制用户对系统级资源的访问。
- 考虑授权粒度。

4) Web 应用的配置管理。Web 设计人员在 Web 应用程序的设计阶段应该仔细考虑它的配置管理功能。大多数应用程序需要使用接口。通过接口,程序员、操作员和管理员可以配置应用程序和管理事项,如 Web 页内容、用户账户、用户配置文件信息和数据库连接字符串。如果支持远程管理,确保管理界面的安全将非常重要。如果管理界面存在安全漏洞,结果会很严重,因为攻击者常常利用管理员特权中止程序运行,并能直接控制访问整个站点。

提高 Web 应用程序配置管理安全性的常用做法有以下几种:

- 确保管理界面的安全。配置管理功能只能由经过授权的操作员和系统管理员才能访问。如果有可能,限制或避免使用远程管理,并要求管理员在本地登录。如果需要支持远程管理,应使用加密通道,如 SSL 或 VPN 技术。此外,还要考虑使用 IPSec 策略限制对内部网络计算机的远程管理,以进一步降低风险。
- 确保配置存储的安全。基于文本的配置文件、注册表和数据库是存储应用程序配置数据的常用方法。如有可能,应避免在应用程序的 Web 空间使用配置文件,以防可能出现的服务器配置漏洞导致配置文件被下载。无论使用哪种方法,都应确保配置存储访问的安全,如使用 Windows ACL 或数据库权限。还应避免以纯文本形式存储机密,如数据库连接字符串或账户凭据。通过加密确保这些项目的安全,然后限制对包含加密数据的注册表项、文件或表的访问权限。
- 单独分配管理特权。如果应用程序的配置管理功能所支持的功能是基于管理员角色而变化,则应考虑使用基于角色的授权策略分别为每个角色授权。
- 使用最少权限进程和服务账户。在设计过程中,应确保为账户设置最少权限。

5) 敏感数据的保护。在永久性存储中存储敏感数据以及在网络上传递敏感数据时,数据的安全性是一个需要解决的问题。用于处理诸如信用卡号、地址、病例档案等用户私人信息的 Web 应用程序应该采取专门的步骤确保这些数据的保密性,并确保其不被修改。另外,实现 Web 应用程序时所用的机密数据(如数据库连接字符串)必须是安全的。使用加密技术时要注意以下几点:

- 不要自创加密方法。
- 使用正确的算法和密钥大小。
- 确保加密密钥的安全。

6) Web 应用会话的安全保护。Web 应用程序基于无界限的 HTTP 协议构建,因此,会话管理是应用程序级职责。对于应用程序的总体安全来讲,会话安全是关键因素。一些可以提高 Web 应用程序会话管理的安全性的做法如下:

- 使用 SSL 保护会话身份验证 Cookie。
- 对身份验证 Cookie 的内容进行加密。

- 限制会话寿命。
- 避免未经授权访问会话状态。

7）Web 参数的安全防护。利用参数操作攻击,攻击者能够修改在客户端与 Web 应用程序间发送的数据。此数据可能是使用查询字符串、表单字段、Cookie 或 HTTP 头发送的。

常用的确保 Web 应用程序参数操作安全的做法有以下几种:

- 加密敏感的 Cookie 状态。
- 确保用户没有绕过检查。
- 验证从客户端发送的所有数据。
- 不要信任 HTTP 头信息。例如,HTTP 头中的 referrer 字段包含发出请求的网页的 URL,要检查发出请求的页面是否由该 Web 应用程序生成,因为该字段很容易伪造。

8）Web 应用异常管理。安全的异常处理有助于阻止某些应用程序级拒绝服务攻击,还可用来防止对攻击者有用的宝贵系统级信息被返回给客户端。例如,如果没有正确的异常处理机制,数据库架构详细信息、操作系统版本、堆栈跟踪、文件名和路径信息、SQL 查询字符串以及对攻击者有用的其他信息就可以被返回给客户端。

一种好的方法是设计一个集中式异常管理和记录解决方案,并考虑在异常管理系统中提供挂钩,以支持规范和集中式监视,从而为系统管理员提供帮助。

以下做法有助于确保 Web 应用程序异常管理的安全:

- 不要向客户端泄漏信息。应用程序发生故障时,不要暴露将会导致信息泄漏的消息。例如,不要暴露包括函数名以及调试内部版本时出问题的行数(该操作不应在生产服务器上进行)的堆栈跟踪详细信息。应向客户端返回一般性错误消息。
- 记录详细的错误信息。向错误日志发送详细的错误消息。应该向服务或应用程序的客户发送最少量的信息,如一般性错误消息和自定义错误日志 ID,随后可以将这些信息映射到事件日志中的详细消息。确保没有记录密码或其他敏感数据。
- 捕捉异常。使用结构化异常处理机制,并捕捉异常现象。这样做可以避免将应用程序置于不协调的状态,这种状态可能会导致信息泄漏。它还有助于保护应用程序免受拒绝服务攻击。确定如何在应用程序内部广播异常现象,并重点考虑在应用程序的边界会发生什么事情。

9）Web 应用审核与日志机制。在 Web 应用程序中,应该审核和记录跨应用层的活动。日志还有助于解决抵赖问题,即用户拒绝承认其行为的问题。在证明个人错误行为的法律程序中,可能需要使用日志文件作为证据。

具体做法有以下几种:

- 审核并记录跨应用层的访问。可以结合使用应用程序级记录和平台审核功能,如 Windows、IIS 和 SQL Server 审核。
- 考虑标识流。考虑应用程序如何在多重应用层间传送调用方标识。
- 记录关键事件。
- 确保日志文件的安全。应使用 Windows ACL 确保日志文件的安全,并限制对日志文件的访问。
- 定期备份和分析日志文件

10）Web 用户安全。Web 用户是 Web 应用程序的庞大组成部分,也是 Web 应用程序的安全性焦点。控制 Web 站点的安全性应当从管理用户这个基本点着手。通常需要考虑以下几点：

- 用户密码实施强密码。
- 防止用户数字证书被窃取或暴露。
- 限制空闲的账户。
- 用户密码安全管理。
- 系统妥善设置密码重置或找回机制。

3. ASP.NET 安全体系结构

在开发 Web 程序中，开发者可以用自己的方法来实现安全设计，或者可以购买第三方的安全代码或产品。ASP.NET 和 .NET Framework 联合 IIS 服务器为 Web 应用程序的安全提供了一个基础结构。这一组合的优势在于开发人员不必再编写自己的安全架构，可以利用 .NET 安全架构内置的特性，而该安全架构是已经经过测试和时间考验的。

图 7-33 展示了 ASP.NET 安全体系结构。

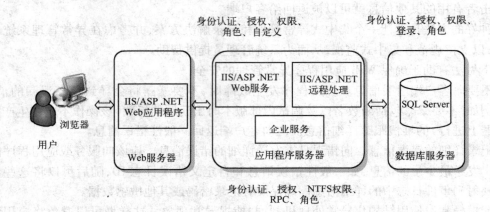

图 7-33 ASP.NET 安全体系结构

从图中可见，身份认证和授权在层次模型的多个点进行。而这些安全服务主要由 IIS、ASP.NET、企业服务和 SQL Server 提供。此外，通过使用安全套接字层或 IPSec 来保护通信信道的安全性，各层都使用安全通信信道，并从客户端浏览器或设备一直延伸到数据库。

图 7-34 说明了 ASP.NET 中安全系统之间的关系。图中所有 Web 客户端都通过 IIS 与 ASP.NET 应用程序通信。IIS 根据需要对请求进行身份验证，然后找到请求的资源。如果客户端已被授权则资源可用，否则资源不可用。

当运行 ASP.NET 应用程序时，它可以使用内置的 ASP.NET 安全功能。另外，ASP.NET 应用程序还可以使用 .NET Framework 的安全功能。

网关守卫是负责保护关口的技术，关口表示应用程序内部的访问控制点。例如，关口可以是某个操作（由对象的方法表示）、数据库或文件系统资源等。ASP.NET 中提供的很多核心技术都为访问授权提供了网关守卫。在客户端发出的请求必须先通过一系列的关口，然后才能允许其访问所请求的资源或操作。例如，如果从客户端请求访问资源，则必须通过如下关口：IIS 服务器、ASP.NET、.NET Framework、SQL Server、Windows 操作系统。

272

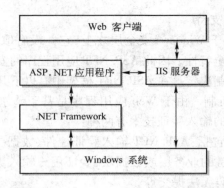

图 7-34　ASP. NET 中安全系统之间的关系

通过在应用程序的不同逻辑层中使用各种关口,可以逐层对用户进行筛选,用户请求在通过应用程序到达后端资源的过程中,一系列相连关口的控制越来越细化,使得访问范围逐步缩小,而最后筛选出来的用户才能被授权访问系统后端资源。多个关口的好处是可以通过多条防御线来提高 Web 系统的安全性。

下面分别简要介绍 IIS、ASP. NET、. NET Framework 这 3 个层次的安全技术支持。

(1) IIS 安全技术支持

1) 身份认证。IIS 为 Web 应用程序的访问提供了 4 种身份验证方法:匿名访问(Anony-mous)、基本身份验证(Basic)、摘要身份验证(Digest)和集成 Windows 身份验证(Integrated Windows Authentication)。

匿名身份验证根本不对用户进行身份验证,而只是赋予用户一个默认的用户权限,称为匿名用户登录账户。当需要为每位用户提供相同的访问,或者 Web 应用程序自己采用基于数据库或其他的身份验证方法时,可以为 IIS 服务器配置匿名身份验证。所有的 Web 浏览器都支持匿名访问。

基本身份验证要求用户在访问页面前输入有效的 Windows 用户账号和口令,然后才能访问系统资源。Web 浏览器使用的基本验证是以未加密的形式传输密码的。通过监视网络通信,某些人可以很容易地使用某些通用工具截取和破解密码。因此,一般不建议使用基本身份验证,除非确信用户和 Web 服务器之间的连接是安全的,如直接电缆或专线连接。

摘要身份验证不仅提供了基本身份验证的功能,而且还通过加密凭证来增强安全性,它也可以与防火墙和代理服务器一起使用。摘要身份验证有两个局限性:首先,只有 IE 浏览器对它提供支持;其次,它只在使用 Windows 域控制器的域中受到支持。

集成 Windows 身份验证是一种安全的验证形式。集成 Windows 身份验证既可以使用 Ker-beros v5 验证协议,也可以使用自己的质询/响应验证协议。

在 IIS 服务器的这 4 种身份验证方法中,可以任意配置一种身份验证方法,也可以联合使用几种身份验证方法。如果选择联合使用几种方法,IIS 将优先使用匿名身份验证方法,然后是基本身份验证方法,接着是摘要身份验证方法,最后是集成 Windows 身份验证方法。

2) 授权。管理员可以通过正确配置 Windows 文件系统和 Web 服务器安全功能,控制用户对 Web 服务器的访问。

3) IIS 服务器安全通信。在 IIS 服务器中,可以启用"要求安全通道(SSL)",也可以设置客户端证书,还可以启用客户端证书映射和启用证书信任列表等来保证 IIS 的通信安全。

（2）ASP.NET 安全技术支持

ASP.NET 框架安全层位于 Windows 安全层之上，它并没有取代 Windows 的安全机制，而是在其基础上提供额外的安全特性。因此 ASP.NET 应用程序的安全访问活动的成功与否，最终还是由操作系统的安全机制决定。在 ASP.NET 框架中有以下几种主要的安全机制：

1）ASP.NET 输入验证机制。由于 Web 应用程序是基于请求/响应模式的，所以 Web 数据验证有很多种方式。常用的输入验证技术有两种：

- 主动防御方式。主要包括：ASP.NET 输入验证控件、数据层验证、黑名单、白名单。使用这些方式可以在关键的业务层或数据层，验证用户输入数据的类型、大小、范围以及使不安全的字符或代码无法提交等。
- 辅助防御方式。主要包括：过滤技术、强制转换技术、输出编码。使用这些防御方式可以过滤或编码不安全的用户输入，屏蔽系统暴露出的错误或机密信息，以此来确保输入的正确性。

除此之外，还可以使用 ASP.NET 中的各种缓解技术，如输出编码机制、沙盒机制以及完整性检查机制来进一步提高输入验证的安全性。

2）ASP.NET 存储加密机制。数据加密可以保护数据不被查看和修改，并且可以在不安全的信道上提供安全的通信方式。加密算法常用来对敏感数据、摘要、签名等信息进行加密。

3）ASP.NET 身份验证机制。ASP.NET 与 .NET Framework 及 IIS 协同工作来完成对用户身份的验证。

4）ASP.NET 授权机制。授权机制决定了是否应授予某个用户标识对特定资源的访问权限。在 ASP.NET 中，有两种方式来授予用户对给定资源的访问权限：

- 文件授权。文件授权由 FileAuthorizationModule 执行，该类是验证远程用户是否具有访问所有请求文件的权限。即检查 .aspx 或 .asmx 处理程序文件的访问控制列表，以确定用户是否具有对该文件的访问权限。从而，ASP.NET 应用程序可以进一步使用前面提到的模拟方法对所访问的资源进行授权检查。
- URL 授权。URL 授权由 UrlAuthorizationModule 类执行，该类可将用户和角色映射到 ASP.NET 应用程序的 URL 命名空间的各个部分中。这个模块可用于有选择地允许或拒绝特定用户或角色对应用程序的任意部分（通常为目录）的访问。通过 URL 授权，可以允许或拒绝某个用户名或角色对特定目录的访问。

5）ASP.NET 基于角色的安全机制。Web 应用程序经常根据用户提供的凭据来授予用户访问数据或资源的权限。通常情况下，该程序会检查用户的角色，并根据该角色权限的大小提供对资源的访问权限。.NET Framework 基于角色的安全性是通过生成当前线程使用的主体信息来对用户角色授权的，其中主体是用关联的标识构造的。标识及其定义的主体可以是基于 Windows 账户的，也可以是与该账户无关的自定义标识。.NET Framework 应用程序可以根据主体的标识或角色成员条件来决定授权。角色是指在安全性方面具有相同特权的一组命名主体，如系统管理员。一个主体可以是一个或多个角色的成员。因此，应用程序可以使用角色成员条件来确定主体是否有执行某项请求的权限。

为了使代码访问安全性易于使用且保持它的一致性，.NET Framework 基于角色的安全性提供了 PrincipalPermission 对象，它能够按照类似于代码访问安全性的检查方式使公共语言运行库执行授权。PrincipalPermission 类表示主体必须匹配的标识或角色，并同说明性和命令性安全检查兼容。开发人员可以直接访问主体的标识信息,需要时可以在代码中执行角色和标识的检查。

在基于角色的安全性方面,. NET Framework 具有灵活性和可扩展性,可以满足大部分应用程序的需要。可以结合现有的身份验证结构如 COM + 1.0 服务,或创建自定义身份验证系统来满足基于角色的安全性需求。对于主要在服务器端处理的 ASP. NET Web 应用程序来说,基于角色的安全性最为适用。此外,. NET Framework 基于角色的安全性不仅可用于客户端,还可用于服务器。

(3).NET 代码访问安全性

为了确保计算机系统免受恶意代码的危害,让来源不明的代码安全运行,防止受信任的代码有意或无意地危害安全,. NET Framework 提供了一种"代码访问安全性"的安全机制。代码访问安全性使代码可以根据它的来源及代码标识等方面,获得不同级别的受信度。在代码的信任程度上,代码访问安全性还实施不同级别的受信度,从而最大限度地减少了必须完全信任才能运行的代码数量。使用代码访问安全性,可以减小恶意代码或包含错误的代码滥用代码的可能性。它可以减轻开发人员的负担,因为开发人员可以指定应该允许或拒绝代码执行的一组操作。代码访问安全性还有助于最大限度地减少由于代码中的安全漏洞而造成的损害。

所有以公共语言运行库为目标的托管代码都会受益于代码访问安全性,即使托管代码不进行代码访问安全性调用,它也会受益。代码访问安全性是限制代码对受保护的资源和操作的访问权限的一种机制。在 . NET Framework 中,代码访问安全性执行下列功能:

- 定义权限和权限集,它们表示访问各种系统资源的权限。
- 使管理员能够通过将权限集与代码组关联来配置安全策略。
- 使代码能够请求运行所需权限以及其他一些有用的权限,以及指定代码绝对不能拥有的权限。
- 根据代码请求的权限和安全策略允许的操作,向加载的每个程序集授予权限。
- 使代码能够要求其调用方拥有特定的权限。
- 使代码能够要求其调用方拥有数字签名,从而只允许特定组织或特定站点的调用方来调用受保护的代码。
- 通过将堆栈上每个调用方所授予的权限与调用方必须拥有的权限相比较,加强运行时对代码的限制。

每种以公共语言运行库为目标的应用程序都必须与运行库的安全系统进行交互。当应用程序执行时,运行库将自动计算并赋予它一个权限集。根据应用程序获得的权限不同,应用程序会正常运行或发生安全性异常。特定计算机上的本地安全设置最终决定代码所收到的权限。因为这些设置可能因计算机而异,所以无法确保代码是否被授予足够的运行时所需的权限。这与非托管开发领域不同,在非托管开发领域并不需要担心运行代码所需的权限。为编写以公共语言运行库为目标的有效应用程序并保障代码的安全性,需要注意如下代码安全性概念:可验证为类型安全的代码;安全性语法;为代码请求权限;使用安全库;使用托管包装类;通过部分受信任的代码使用库;编写安全类库;编写安全托管控件;创建自定义代码访问权限类。

更多 Web 安全性设计和实现技术细节,读者可以阅读《精通 ASP. NET 3.5 网络编程之安全策略》(陆昌辉等,电子工业出版社)、《白帽子讲 Web 安全》(吴翰清,电子工业出版社)、《The Web Application Hacker's Handbook:Finding and Exploiting Security Flaws Second Edition》(Dafyddc Stuttard,中译本《黑客攻防技术宝典:Web 实战篇(第 2 版)》,人民邮电出版社)等书籍。

7.6.4　Web 安全检测与维护

Web 系统的安全性评测是确保系统安全性的重要环节。下面先介绍安全扫描、渗透测试和安全评测的关系问题。

安全扫描是对计算机系统或者其他网络设备进行与安全相关的检测,以找出安全隐患和可能被黑客利用的漏洞。安全扫描只是简单地将检测结果罗列出来,直接提供给测试者,而不对信息进行任何分析处理。

渗透性测试是一种通过模拟攻击来评估计算机系统或网络安全的方法。Web 应用程序渗透性测试集中于评估 Web 应用程序的安全,过程涉及针对软件的任何缺点、技术缺陷或漏洞的活动分析。发现的问题将提供给系统所有者,同时评估这些问题的影响,并提出一些缓冲风险的建议或技术解决方案。

安全评测除了具备最基本的安全扫描功能外,还能够对扫描和渗透性测试的结果进行说明,对系统总体安全状况做总体评价,同时以多种方式生成评测报表,如文字说明、图表等。安全综合评测软件在安全扫描时不仅对操作系统和应用程序的漏洞进行扫描,还对目标站点进行配置检查、信息搜集等,给出系统易受攻击的弱点分析。通过安全评测,用户可以根据情况采取措施,包括给系统打补丁、关闭不需要的应用服务等来对系统进行加固。可以看出漏洞扫描、安全评测、采取措施是一个循环迭代、前后相继的流程。

1. Web 安全评测流程

将黑盒测试和白盒测试相结合,可以得到一套用于 Web 应用安全测试的理想流程,如图 7-35 所示。

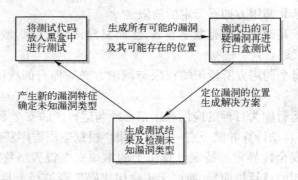

图 7-35　Web 应用安全测试理想流程

1)将源代码或目标代码进行黑盒测试以覆盖各种漏洞类型,包括出错位置和漏洞的类型。

2)将黑盒测试所得的信息进行简单的人工分析,将所得的分析结果用于指导白盒测试,对重点的安全漏洞类型进行测试以定位程序中所有该类型漏洞的位置。

3)根据漏洞信息,自动生成同类测试样例,进行针对性检测。

4）生成检测报告，并给出相应漏洞的解决方案。对于新的漏洞继续测试，通过人工智能的学习方法，生成此漏洞特征描述并确定其位置。

2. Web 安全评测功能模块

不同的 Web 安全评测工具的功能模块是不尽相同的，但这些工具都包含一些基本的核心功能模块，如核心扫描引擎、漏洞库、扫描规则、通信模块等。

1）扫描、分析信息。首先尽可能多地收集有关目标应用程序的信息。使用搜索工具、扫描器、发送简单的 HTTP 请求等方法，这些方法都可能迫使应用程序通过回送错误消息、暴露版本信息等方式泄露信息。通过接收来自应用程序的响应来收集信息，这些信息可能会暴露不良配置或不良服务器管理中的漏洞。

2）核心引擎模块。保存程序的基本配置信息，比如 HTTP 版本、代理服务器地址、CGI 目录等。用户可以手工修改这些配置信息，也可以通过命令行参数来进行调整。程序的核心及入口，其功能是读取用户给定的配置信息，找到所有插件并依次执行每个插件，扫描目标 Web 站点。

3）规则库模块。扫描规则数据库是整个程序的"知识库"。不同的插件通过装入不同的规则数据库，向服务器发送不同的请求，然后把接收到的响应信息与该规则匹配。如果响应与规则能够匹配上，则该服务器存在与这条规则相关的安全漏洞，否则不存在相关漏洞。除此之外，用户还可以将自定义的规则插入现有的规则库或创建自己的规则库。

4）扫描插件模块。插件执行 Web 安全评测工具的主要任务，基本可以分为 3 类：核心插件，实现读取配置文件、解析数据库、设置代理服务器、扫描端口等核心功能；具体插件，实现不同的扫描功能、生成扫描日志等；插件配置及描述文件，用来指定扫描过程中插件的执行顺序。

5）底层通信模块。提供与 HTTP 服务器进行交互的绝大多数 API 并实现其功能，包括支持 HTTP 0.9/1.0/1.1 协议、支持持久性连接、支持代理、支持 SSL、支持 NTLM 认证等。

6）生成检测报告。扫描过后通过 Web 页面生成测试站点的安全风险评测报告，报告要明确告知用户该测试站点在安全上与安全标准的符合性，而且还要围绕着站点所提供的功能，指出该站点存在的漏洞、威胁及相关风险，并提供相应的解决及改进方案。同时，也可以包含评测报告格式转换工具，将评测报告转换输出为常见的 HTML 格式或 PDF 格式等。

基本的 Web 安全评估工具都应具有以上这些模块的功能，只不过实现方式和所采用的技术有所不同。

3. Web 安全评估工具

下面介绍几款经典的 Web 安全评估工具。

1）Acunetix Web Vulnerability Scanner。该工具简称 Acunetix WVS，是一款商业漏洞评估工具。它通过网络爬虫扫描购物车、表格、安全区域以及依赖 JavaScript 的 Web 应用程序，如 AJAX 应用程序，并检测其安全性；通过其定制的扫描方案检测流行的攻击，如跨站点脚本、SQL 注入等。Acunetix WVS 使用的是先进的启发式搜索，采用扩大范围的严密的漏洞扫描技术。一般情况下，该软件可以通过网络浏览器的 HTTP/HTTPS 的规则，扫描任何网站或网页的应用程序。

2）Rational AppScan。这是 IBM 公司开发的一款商用 Web 安全评估软件。该软件可以扫描常见的 Web 应用漏洞，提供全面的漏洞分析，并针对安全漏洞提供相应的修复建议并生成评估报告,而且还可以获得在线帮助。它具有支持同步扫描多个应用程序、智能化修复建议、基于角色的报告访问和扫描权限等功能。

3）Nessus。Nessus 是一个功能强大而又易于使用的远程安全评估工具。该工具被设计为 Client/Sever 模式,服务器端负责进行安全检查,客户端用来配置管理服务器端。在服务器端还采用了 plug – in 的体系,用户可自行定义插件。在 Nessus 中还采用了一个共享的信息接口,称为知识库,其中保存了前面进行安全评估的结果,可以用来对扫描结果进行对比。

Nessus 完整支持 SSL 且拥有强大的扩展性,可以扫描出多种安全漏洞。不同于传统的漏洞扫描软件,Nessus 可同时在本机或远程控制机器上进行系统的漏洞分析扫描。其采用了基于多种安全漏洞的扫描,提供完整的漏洞扫描服务,并随时更新其漏洞数据库,避免了扫描不完整的情况,而且它的运作效率能随着系统的资源而自行调整。

4）Nikto。Nikto 是一款开源的网站服务器安全评估工具,它基于 Whisker/LibWhisker 来完成其底层功能。Nikto 可以对网站服务器进行多种全面的扫描,包含超过 3300 种有潜在危险的文件/公共网关接口,625 种服务器版本,230 多种特定服务器问题。它可以扫描指定主机的 Web 类型、主机名、服务器开放端口、特定目录、Cookie、返回主机允许的 HTTP 模式等。这是一款有用的工具,但软件本身并不经常更新,最新和最危险的漏洞可能检测不到。Nikto 在扫描远程主机时对其使用大量 HTTP 请求,这些过量的请求可能会导致远程主机系统崩溃。同样,从官方网站 http://Cirt. net 更新的插件也不能绝对保证对系统无害,因此用户要慎重选用。

5）Paros Proxy。Paros Proxy 是一款免费的、基于 Java 的 Web 安全评估软件,它可以拦截并修改服务器和客户端之间传送的所有 HTTP 或 HTTPS 的请求和响应,对 Web 应用程序的安全性进行评估。

7.7　思考与练习

1. 什么是恶意代码? 它与传统的计算机病毒的概念有何区别?
2. 试述计算机病毒的一般构成、各个功能模块的作用和工作机制。
3. 网络蠕虫的基本结构和工作原理是什么?
4. 病毒程序与蠕虫程序的主要差别有哪些? 限制病毒传播速度的有效措施有哪些?
5. 一个计算机程序能用来自动测试后门吗? 也就是说,你能够设计一个计算机程序,在给定另一个程序的源或目标代码以及对那个程序的适当描述后,能够对这个程序中是否存在后门回答"是"与"否"吗? 说明你的方法。
6. 如何防止把带有木马的程序装入内存运行,请给出几个有效的办法,并说明这些方法对系统运行效率的影响。
7. 什么是 Rootkit? 它与木马和后门有什么区别与联系?
8. 根据程序语言中出现的安全问题,如越界问题、不安全的信息流问题,编译器应如何解决这些问题?
9. 程序【例 7-4】中,如果把第二个调用修改为

    printf("a = % d,b = % d,c = % d \n");

请预测第三个输出值。

10. 以下是一些有漏洞的程序(不仅限于溢出漏洞),均源于不良的编程习惯或极不专业的编程能力。请回答:1)找出这些漏洞并加以改正。2)通常找出漏洞的方法包括:静态检测和动态检测,请解释这两种检测方法。

程序1:

```
#define BUFFERSIZE   64
void func( size_t buffersize, char  * buf)
{   if( buffersize < BUFFERSIZE)
    {char  * pBuff = new char[ buffersize − 1];
     memcpy( pBuff, buf, buffersize − 1];
    }
}
```

程序2:

```
Function String DBLookupByPostCode( strPostCode)
{   Connection = " server = weatherserver; user = sysadmin; password = xyzzyl";
    String query = " SELECT  * FROM weatherdata WHERE postcode = ´" + strPostCode + " ";
    String weather = Connection. ExecuteQuery( query);
    Connection. Close( );
    Return Weather;
}
```

11. 开发一个安全程序的主要手段有哪些? 说明这些手段发挥的作用各是什么?

12. 在安全测试中,人们常常提到的"白帽子"、"黑帽子"、"灰帽子"代表什么?

13. 对照一般软件工程的概念,安全软件工程主要增添了哪些任务?

14. 知识拓展:了解"灰鸽子"远程控制工具。灰鸽子工作室于2003年初成立,定位于远程控制、远程管理、远程监控软件开发,主要产品为灰鸽子远程控制系列软件产品。然而,互联网上出现许多利用灰鸽子远程管理软件以及恶意破解和篡改灰鸽子远程管理软件为工具的不法行为,2007年3月21日起该工作室全面停止了对灰鸽子远程管理软件的开发和注册。

15. 知识拓展:阅读《加密与解密(第3版)》(段钢,电子工业出版社)、《反编译技术与软件逆向分析》(赵荣彩等,国防工业出版社)、《C + +反汇编与逆向分析技术揭秘》(钱林松等,机械工业出版社)等参考书籍及文献,了解逆向工程的原理及技术细节。

16. 知识拓展:访问以下安全网站,了解其提供的安全产品、技术报告,下载试用版软件,学习使用这些安全工具,加强对自身的安全防护。

1)安天实验室,http://www. antiy. com。

2)英国的杀毒软件公司Sophos,http://www. sophos. com。

3)卡巴斯基实验室,http://www. kaspersky. com. cn。

4)Eset 公司,http://www. nod32cn. com。

5)360 安全中心,http://www. 360safe. com。

6)QQ 安全中心,http://safe. qq. com。

7)VirusTotal 查毒引擎,https://www. virustotal. com。

17. 知识拓展:了解相关软件行为监测软件的工作原理,并进行评析。1)微点主动防御软件。2)Malware Defender。3)CWsandbox 行为分析系统。4)魔法盾 EQ Secure。

18. 知识拓展:访问以下网站,了解软件保护产品。

1)SafeNet 公司,http://cn. safenet - inc. com。

2)阿拉丁公司,http://www. aladdin. com. cn。

3)深思洛克公司,http://www. sense. com. cn。

4)星之盾,http://www. star - force. com. cn。

19. 知识拓展:访问以下网站,了解当前 Web 安全威胁现状。

1)开放 Web 软件安全计划组织 OWASP,https://www. owasp. org。

2)WhiteHat,http://www. whitehatsec. com。

20. 读书报告:搜集资料,了解移动恶意代码的种类、危害及防范措施。

21. 读书报告:查阅文献,了解什么是 STRIDE 威胁模型。还有哪些著名的威胁模型?

22. 操作实验:OAV 软件的分析和使用。OAV(Open Anti Virus)项目是 2000 年 8 月由德国开源爱好者发起,旨在为开源社区的恶意代码防范开发者提供的一个资源交流平台。实验内容:下载 OAV 代码,掌握使用方法,了解 OAV 引擎的框架和核心代码,完成实验报告。

23. 操作实验:使用 WebScarab 进行 Web 应用程序的测试。WebScarab 是一种流行的 Web 代理,是一个用 Java 代码编写的开源应用程序,也是一个用来分析使用 HTTP 和 HTTPS 协议的应用程序框架,属于 OWASP 项目的一部分。它记录检测到的会话内容(请求和应答),使用者可以通过多种形式来查看记录。WebScarab 的设计目的是让使用者可以掌握某种基于 http(s)程序的运作过程,也可以用它来调试程序中较难处理的 bug,帮助安全专家发现潜在的程序漏洞。

24. 操作实验:Web 安全控制。实验主要内容:IE 8.0 中新增安全功能的使用;使用 IE Security 工具;为 Web 应用程序建立、安装服务器证书;为 Web 应用程序(站点)配置 SSL 等。

25. 操作实验:使用 ITS4、PCLint、Fortify 等静态分析工具快速发现代码安全漏洞,并对这些工具的优缺点进行分析。

26. 操作实验:WebGoat 的学习和应用。WebGoat 是由著名的 OWASP 负责维护的一个漏洞百出的 J2EE Web 应用程序,这些漏洞并非程序中的 bug,而是故意设计用来讲授 Web 应用程序安全课程的。这个应用程序提供了一个逼真的教学环境,为用户进行实践提供了帮助。请下载安装并使用 WebGoat (http://www. owasp. org/index. php/Category:OWASP_WebGoat_Project),完成实验报告。

27. 编程实验:编程实现软件注册保护、时间限制、功能限制、次数限制等保护功能。

28. 材料分析:2006 年 6 月 23 日,在北京江民科技总部,包括某银行软件工程师、微软工程师、江民反病毒专家在内的数位专家共同见证了网银大盗病毒。用户登录网上银行正常登录页面时,会自动跳转到一个没有安全控件的登录页面,从而避开微软的安全认证。病毒正是利用了这一漏洞,轻而易举地窃取到用户账号及密码,并利用自身发信模块向病毒作者发送。

虽然网银大盗目前只盗取某网上银行用户卡号和密码,但不排除其变种可以成功偷取其他网上银行用户账号及密码。目前,此事已得到了各大网上银行系统的高度重视。

有关数据显示,网上银行的用户已有近千万,每年通过网上银行流通的资金超过千亿。网银大盗木马病毒使千万网上银行用户陷入了前所未有的险境,谁也料不到病毒会来自何方,一旦感染该木马,可能几秒内大笔资金就会易主他人。

反病毒专家提醒广大网上银行用户,早在6月13日就已截获了这一病毒,19日又截获了该病毒的两个变种,用户只需安装杀毒软件,开启隐私信息保护监视功能,升级最新病毒库,打开病毒实时监控,即可有效防范该病毒。【材料来源:www. jiangmin. com,2006 - 6 - 23】

请根据上述材料回答:

1)谈谈你对"病毒"的认识,防范病毒的常用措施有哪些?

2)请根据上述材料谈谈网上银行服务提供商应当采取哪些安全措施确保交易的安全,用户应当采取哪些安全措施确保安全使用网上银行。

29. 材料分析:据网易新闻2011 - 12 - 26报道,国内最大的开发者社区CSDN的用户密码遭泄露。CSDN承认约600万用户密码遭泄露后,第二天网上就爆出包括天涯、世纪佳缘、珍爱网、美空网、百合网等在内的众多知名网站也同样存在类似问题。有消息称,与之前CSDN被泄露的信息一样,天涯被泄露的用户密码全部以明文方式保存,但是规模更大,约有4000万用户的密码遭泄露。

天涯社区在致歉信中称,由于历史原因,天涯社区早期使用过明文密码,2009年11月修改了密码保存方式,改成加密密码,但部分老的明文密码未被清理。此次遭到黑客泄露的用户便是2009年11月升级密码保存方式之前所注册的用户。天涯社区表示,2011年5月12日天涯网升级改造了天涯社区用户账号管理功能,使用了强加密算法,解决了天涯社区用户账号的各种安全性问题。

"在得知用户隐私遭黑客泄露以后,天涯网已经启动应急预案,通过站内短信、E - mail等一切有效联系手段通知用户尽快修改个人密码,同时也已经向公安机关进行了报案。"天涯社区称,用户可拨打天涯社区24小时客服电话,由客服人员进行验证之后取回密码。【材料来源:网易新闻,2011 - 12 - 26】

请根据上述材料回答:

1)网站用户密码面临哪些安全威胁?

2)请从技术、管理、法律等3个方面谈谈如何有效防范密码泄露的威胁。

30. 材料分析:现在应用最广泛的Windows系列操作系统在安全性方面还不断地被发现漏洞。2007年微软推出的Vista操作系统,是微软第一款根据"安全开发生命周期(Security Development Lifecycle, SDL)"机制进行开发的操作系统。它首次实现了从用户易用优先向操作系统安全优先的转变,系统中所有选项的默认设置都是以安全为第一要素考虑的。但是,Vista系统很快就曝出了漏洞。安全专家表示,Vista漏洞不是"有没有漏洞"的问题,只是何时被发现而已。

请根据上述材料谈谈如何保证开发软件的安全。

第8章 应急响应与灾难恢复

"9·11"之后,美国联邦调查局所属的关键性基础设施保护中心发布了《关于网络空间安全的国家战略》的报告,明确地将信息安全提升到了关系到国家安全的战略高度,"信息安全+国土安全=国家安全"正逐渐得到社会的认同。

在研究信息安全及网络战防御理论的过程中,美国国防部提出了信息保障(Information Assurance,IA)的概念,并给出了包含保护(Protection)、检测(Detection)、响应(Response)3个环节的动态模型,后来又增加了恢复(Restore)环节,故称为 PDRR 模型。其中的响应环节包括平时事件响应和应急响应,重点在于针对安全事件的应急处理。

取证是应急响应中的重要环节。越来越多的组织在遭受了攻击以后希望通过法律的手段追查肇事者,需要出示搜集到的数据作为证据,这就需要计算机取证技术。

本章8.1节和8.2节介绍应急响应与灾难恢复的概念、内容及相关技术,8.3节给出了一个网站备份与恢复系统的设计实例,8.4节介绍入侵取证技术,8.5节介绍入侵追踪技术。

8.1　应急响应

就像火车、汽车和飞机的普及将出轨、车祸和空难引入了人们的生活一样,计算机、无线通信和互联网的普及则意味着病毒、通信瘫痪和黑客攻击成为人们生活中必不可少的组成部分。虽然人们研究了各种各样的措施来防范、解决这些安全问题,但是,由于安全漏洞的普遍性,新的恶意代码、网络攻击仍然层出不穷,安全事件造成的影响也越来越大,后果也越来越严重。

PDRR 安全模型中包含了响应环节,这包括平时的事件响应、应急响应和灾难恢复,重点在于针对安全事件的应急处理。应急响应与灾难恢复在信息系统安全中占有相当重要的地位,因为它关系到系统在经历灾难后能否迅速恢复。

"9·11"在重创美国的金融中心之后,摩根银行这样的金融巨头一定要感谢他们的备份系统和互联网,正是每天通过网络将价值千亿美元的商业数据不断备份到千里之外的数据中心,才使得这个今天几乎"靠数据为生"的投资银行寡头避免了一场灭顶之灾。但同处于这场袭击中的数以千家的中小企业却有 40% 由于缺乏良好的备份系统而倒闭。

2010 年 5 月四川汶川大地震,2006 年"熊猫烧香"病毒肆虐等事件,都越来越清晰地为我们勾勒出一种全新的灾难形态。应急响应与灾难恢复可在一定程度上减轻安全事件造成的损失。

我国在 2005 年 4 月出台的《重要信息系统灾难恢复规划指南》中明确定义:"灾难是由于人或自然原因造成的信息系统运行严重故障或瘫痪,使信息系统支持的业务功能停顿或服务水平不可接受、达到特定的时间的突发性事件,通常导致信息系统需要切换到备用场地运行。"2007 年又出台了 GB/T 20988—2007《信息安全技术 信息系统灾难恢复规范》来指导信息技术容灾备份系统的建设。

8.1.1　应急响应的概念

"应急响应"对应的英文是"Incident Response"或"Emergency Response"等,通常是指一个组织为了应对各种安全事件的发生所做的准备以及在事件发生后所采取的措施。

这里所谓的"安全事件",可以定义为破坏信息或信息处理系统的行为。

- 破坏保密性的安全事件。比如入侵系统并读取信息、搭线窃听、远程探测网络拓扑结构和计算机系统配置等。
- 破坏完整性的安全事件。比如入侵系统并篡改数据、劫持网络连接并篡改或插入数据、安装特洛伊木马、计算机病毒(修改文件或引导区)等。
- 破坏可用性的安全事件。比如系统故障、拒绝服务攻击、计算机蠕虫(以消耗系统资源或网络带宽为目的)等。

以下事件通常也是应急响应的对象:

- 扫描。
- 抵赖。
- 垃圾邮件骚扰。
- 传播色情信息。
- 散布虚假信息。

综上,可以把安全事件定义为违反安全策略的行为。由于不同的组织有不同的安全策略,因此,对安全事件的定义也各不相同。

8.1.2　应急响应组织

1988 年发生的莫里斯蠕虫事件宣告了信息安全静态防护时代的终结。美国国防部于 1989 年资助卡内基梅隆(CMU)大学建立了世界上第一个计算机应急响应小组(Computer Emergency Response Team,CERT)及协调中心(CERT/CC)。CERT 的成立标志着信息安全由传统的静态保护手段开始转变为完善的动态防护机制。从 CERT/CC 成立至今,欧洲、美洲、亚洲、大洋洲许多国家和地区,特别是发达国家都已相继建立了信息安全应急组织。据粗略统计,目前已建立的应急处理机制的国家和地区有 40 多个,应急组织的总数超过了 140 个。

为了各应急响应组之间的信息交换与协调,1990 年 11 月由美国等国家应急组织发起,一些国家的 CERT 组织参与成立了计算机事件响应与安全工作组论坛(Forum of Incident Response and Security Teams,FIRST)。FIRST 的基本目的是使各成员能在安全漏洞、安全技术、安全管理等方面进行交流与合作,以实现国际间的信息共享、技术共享,最终达到联合防范计算机网络攻击行为的目标。FIRST 组织有两类成员,一是正式成员,二是观察员。我国的国家互联网应急中心(CNCERT/CC)于 2002 年 8 月成为 FIRST 的正式成员。

在国内,计算机网络的基础设施已经严重依赖于国外。然而由于政治、文化、地理等多种因素,安全应急服务不可能由国外组织来提供。我国对这一问题的严重性已经有所认识,针对应急响应系统的研究、设计、部署和实施工作也已开始逐步进行。国内建立的应急处理组织包括:国家互联网应急中心(CNCERT/CC)、国家计算机病毒应急处理中心、国家计算机网络入侵防范中心、中国教育和科研网紧急响应组(CCERT)等。

国际上通常把应急响应组称为 CSIRT(Computer Security Incident Response Team)。根据

RFC 2350 中的定义，CSIRT 是对一个固定范围的客户群内的安全事件进行处理、协调或提供支持的一个团队。一个应急响应组的人员数由应急响应组的服务范围和类型而定，甚至可以是一个人。

根据资金的来源、服务的对象等多种因素，应急响应组可分成以下几类：公益性应急响应组、内部应急响应组、商业性应急响应组和厂商应急响应组。

8.1.3　应急响应体系研究

建立完善的计算机应急响应系统，其任务不应该仅仅局限于完成一个用于提供入侵响应和发布安全公告的信息中心，而应该把系统置身于各种具体的安全事件、安全问题、安全技术之上，从全局的角度建立一个具备合理的组织架构、高效的信息流程和控制流程、完备的安全研发及服务体制、长远的实施和发展规划、丰富的信息来源，以及良好的国际国内合作协调关系的大范围的、分布的、动态的安全保障系统。

建立这样一个完善的系统，首先需要对系统的安全服务和组织结构给出明确的定义，制订建设和发展的长期计划，然后逐步地加以实施，并在实施过程中随时根据具体的环境和条件做出积极的调整，以最大限度地适应系统的安全需求。

CERT 的核心目标是提供全局范围的安全服务，例如事件处理、安全咨询、安全评估等。引入对象建模的观点，任何服务都可以看做是系统对外提供的接口，每个接口的功能由具体的实施模块完成。实施模块所采用的策略、方法、技术，目前还远没有达到成熟的阶段，因此需要不断地研究和开发。

按照这样的思路，文献《计算机应急响应系统体系研究》引入层次化模型的概念，划分出计算机安全事件应急响应系统的基本体系结构。如图 8-1 所示，系统最高层称为安全研究层，主要负责对安全漏洞、安全技术、安全策略等进行研究，为建立实际的安全模块提供指导。研究成果用于帮助我们建立系统的第二个层次，称为系统模块层，其中包括完成实际功能的各个安全模块，例如入侵检测模块、事件响应模块、用户服务模块等。这些模块的功能通过系统最底层（安全服务层）向用户提供具体的安全服务，包括事件处理、安全公告、安全监控等。

下面从安全服务层开始，对系统各个层次的具体功能和特性进行阐述。

1. 安全服务层

1）事件处理。事件处理是应急响应系统提供的基本服务，包括针对安全事件的报告、分析及响应，具体内容包括：制定关于"事件报告"的统一的、规范的定义，创建事件报告的具体方针，建立事件报告、事件分析及事件响应的流程，建立事件报告及处理系统，随时跟踪技术的变化和发展。

事件处理的目的是为计算机网络系统的用户提供可信的事件汇报机制，维护事件数据的安全性，确认安全事件的性质、威胁、风险和影响范围，为响应计算机安全事件提供技术和策略上的支持。

举例来说，当系统检测到入侵事件后，可以根据入侵行为的风险等级及影响范围，采取不同的响应措施。对于高风险、大范围或针对国家要害部门的入侵，可以立即联络技术部门和执法部门，对入侵者进行全面的清查和阻击；对于低风险、小范围的攻击，则可提供相关的技术支持，采取局部响应措施并完成相应的备案工作。

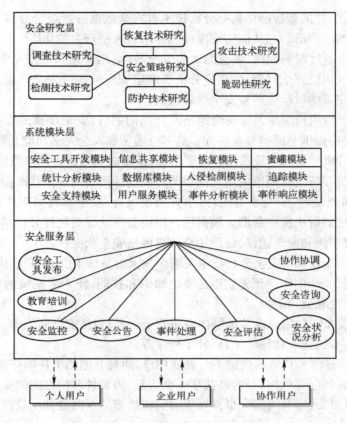

图 8-1 计算机应急响应系统体系结构

事件响应是应急系统事件处理的核心部分,包括以下内容:

- 根据事件的严重程度和影响程度,向用户或相应部门进行报警或通知。
- 阻止事件的进一步发展,例如切断攻击者的连接、停止特定程序的运行、启动安全防御系统等。
- 修复受损系统,包括软硬件系统的恢复和数据恢复。
- 进一步调查,确定入侵者的真实来源和其他详细信息。

2) 安全公告。向公众或定义的用户群体发布信息,这种安全公告信息可来自于自身的研究结果,也可以是转发其他组织的公告信息。具体内容包括:硬件设备、操作系统、应用程序、协议的安全漏洞、安全隐患及攻击手法;系统的安全补丁、升级版本或解决方案;病毒、蠕虫程序的描述、特征及解决方法;安全系统、安全产品、安全技术的介绍、评测及升级;其他安全相关信息。

3) 安全监控。对身份认证系统、访问控制系统、入侵检测系统、安全审计系统等安全部件的日志及其他安全信息进行检查,在整个组织范围内分析网络及系统的行为模式,从整体的角度对事件行为信息进行全面的同步、合成和分析,监视并控制已有的网络环境,建立网络及系统行为的基本标准,用于检测潜在的异常行为,同时维护相关的日志记录,用于事后调查或事件恢复。这种系统级的安全监控与传统的基于单机或单个网络环境的入侵检测系统不同。系统建立在分布式体系结构之上,通过在大规模网络环境中综合搜集的安全事件信息,运用状态分析、统计分析、人工智能等智能化数据分析技术对安全数据进行综合处理,结合安全专家的经验知识和完备的安全知识库,从而实现准确判断网络入侵行为的功能。

4）安全评估。通过漏洞扫描、渗透测试等安全技术,结合用户的安全需求、网络环境、应用方式等信息,引入风险评估机制,为用户分析和确定安全问题及安全隐患,建议或制定全面的解决方案,建立完善的风险管理及安全保障机制。

5）安全咨询。为用户网络系统安全策略及计划的制订、安全步骤的实施、安全系统的构建及系统的安全维护提供全面的专业咨询。这部分通常和安全评估功能互相融合。

6）安全状况分析。根据系统或用户的要求,对指定时间内指定用户或区域的安全事件进行统计和分析,形成在特定时间段内用户网络节点或地区网络的安全状况报告,报告内容包括网络系统脆弱性情况统计、安全事件统计、事件类型统计、安全事件风险统计、攻击来源统计等,为用户安全问题的解决提供帮助。根据用户网络安全状况的统计分析结果,还可以为用户提交网络安全趋势预测和安全建议,帮助用户改善网络安全状况。

7）教育培训。在计算机安全分析技术及响应技术的基础上,为用户提供计算机及网络系统的安全教育及培训,帮助用户预先获得必要的知识和技能,便于对系统的安全问题、异常行为有足够的敏感程度和处理能力。

8）安全工具发布。向用户或其他群体发布安全工具,包括安全知识库、监控软件、安全增强工具、入侵检测工具、脆弱性评估工具、补丁程序等。

9）协作协调。这部分功能面向的不是普通用户,而是其他的事件响应组、安全组织,以及国家权力部门、执法部门等机构,目的是共享安全信息,协调各部门之间的安全工作,保证安全知识和技术的随时更新,以及当安全事件发生时响应措施的及时性和高效性。

2. 系统模块层

系统模块层包含了各个安全模块,是各项安全服务的具体实施者。

1）用户服务模块。用户服务模块是系统模块层和安全服务层之间的连接通道,用户安全事件的报告、事件处理、安全咨询、安全评估、安全状况分析等各项功能,都需要通过用户服务模块提供的接口,与实际提供这些功能的模块进行交互,以获得该项安全服务。

2）事件分析模块。用户请求处理的安全事件首先被提交到用户服务模块,由后者将事件信息转移给系统模块层中的事件分析模块进行处理。事件分析模块结合系统的脆弱性数据库、攻击模式数据库、安全策略数据库、安全事件数据库、安全知识及支持库等参考信息,对安全事件进行细致的分析。事件分析可依赖于安全专家的人工行为来完成,也可借助于智能化的数据处理技术进行自动或半自动分析。事件分析模块根据需要可以调用统计分析、安全支持、入侵检测和事件响应等模块的功能。

3）入侵检测模块。事件分析模块在分析过程中需要调用入侵检测模块的功能。将用户端提交的各种类型的安全审计数据传递给入侵检测模块,由后者运用入侵检测算法对审计数据进行综合处理,判断入侵或异常行为。

4）事件响应模块。事件响应模块在事件分析完成之后根据需要被调用。响应模块根据安全策略数据库和用户信息数据库中定义的响应策略采取相应的响应措施,并根据需要调用蜜罐模块、追踪模块、恢复模块的功能。

5）蜜罐模块。蜜罐(Honey Pot)是指一种诱骗系统。在发现系统遭受攻击的迹象之后,可以模拟关键系统的文件系统和其他系统特征,引诱攻击者进入并记录下攻击者的行为,从而获得攻击者的详细信息,作为进一步调查或采取法律措施的证据。

6)追踪模块。无论是目标系统的安全管理员,还是政府的安全部门,都希望能够追查到攻击者的真实来源,为入侵行为责任的判定提供证据。

7)恢复模块。对受保护系统由于攻击、入侵、病毒、蠕虫、系统崩溃所造成的损失,进行尽可能的弥补和修复,包括数据恢复、系统恢复、功能恢复、系统升级、安装补丁等。

8)安全支持模块。根据数据库中有关系统脆弱性、攻击模式、安全事件、安全知识的内容,完成或指导完成需要向用户提供的各项安全服务。包括安全公告、安全评估、安全咨询、教育培训、安全工具发布、安全状况分析等,并根据需要调用安全工具开发模块和统计分析模块的功能。

9)统计分析模块。统计分析模块由安全支持模块所调用。根据用户的要求,对用户网络系统的安全状况进行统计和评估,用户可以指定地址区域、时间范围、攻击来源、攻击类型、攻击风险程度等参数,确定具体的统计方式。

10)安全工具开发模块。为用户或其他群体设计和实现安全工具,包括安全知识库、监控软件、安全防护工具、入侵检测系统、脆弱性评估工具等。通过安全支持模块及用户服务模块,完成安全工具的发布服务。

11)信息共享模块。完成安全服务层中的协作协调功能,为随时跟踪入侵及安全技术的进展提供保证,这对安全事件响应能力的有效性和高效性是非常重要的。通常获取信息的方式包括浏览安全站点、加入安全邮件列表、加强与其他事件响应组和安全组织的联络、留意其他媒体的各种相关信息。

12)数据库模块。负责向其他模块提供数据库的访问接口。

3. 安全研究层

安全研究层负责对安全漏洞、安全技术、安全策略等进行研究,为建立实际的安全模块提供指导。安全研究层的研究结果对系统模块层中的相应模块产生作用。

1)安全策略研究。安全策略主要由安全策略目标、机构安全策略和系统安全策略3个不同方面来描述。所谓安全策略目标,是某个机构对需要保护的特定资源应当达到的安全要求所进行的描述,其目的是保护系统信息的保密性、完整性、有效性及可用性;机构安全策略是一套法律、规则及实际操作方法,用于规范某个机构管理、保护和分配资源以达到安全策略的既定目标;系统安全策略是指为支持此机构的安全策略要求,将特定的信息技术系统付诸工程实现的方法。

安全策略对于维护计算机网络系统的安全有着至关重要的作用。任何安全系统的构建、安全规范的制定、安全步骤的实施、安全管理机制的建立,甚至具体到安全产品的选择、配置、人员培训等,都离不开安全策略所做出的规范而明确的定义。对安全策略的制定、具体化、实施、维护等问题的研究,也应该作为一项长期的任务。策略研究的结果将对系统模块层中所有模块产生作用。

2)防护技术研究。这部分研究是保障系统安全的第一道屏障,研究内容包括鉴别与认证、访问控制、加解密、完整性校验、数字签名等技术的研究。

3)脆弱性研究。脆弱性又称漏洞。漏洞与系统环境和时间密切相关,在对漏洞进行研究时,除了需要掌握漏洞本身的特征属性,还要了解与漏洞密切相关的其他对象的特点。漏洞的基本属性包括漏洞类型、造成的后果、严重程度、利用需求、环境特征等。与漏洞相关的对象则包括存在漏洞的软硬件、操作系统、补丁程序和修补方法等。

研究脆弱性不仅仅是研究已知存在的系统脆弱性,更为重要的研究内容应该在于对 0 day 漏洞的发现上。对于一些比较成熟的软件系统,单一种类的静态漏洞已经很难发现,因此需要研究软件系统在动态运行环境中、在多系统交叉的边界条件下的脆弱性。

4)攻击技术研究。这方面的工作主要集中在研究突防和控制的理论和方法,特别是研究以大规模分布式为特征的信息对抗技术和方法。

5)检测技术研究。面对大规模、高速网络的应用环境,安全审计数据的复杂性和数据量都超出了传统 IDS 的承受范围。需要从系统结构、策略管理、检测技术等各个层次上提出并实现新的入侵检测方法,以适应大规模、分布式系统的要求。

6)调查技术研究。调查技术包括蜜罐技术和入侵追踪技术。蜜罐系统对搜集入侵者的威胁信息或者搜集证据以采取法律措施的安全管理人员很有价值,使用一个蜜罐系统不必让实际系统内容冒着损坏或泄露的风险,就可以让一个入侵的受害者辨别入侵者的意图。蜜罐系统对于必须在敌对威胁环境中运行的系统或面临大量攻击的系统尤其有用。入侵追踪则是另一项引人关注的技术。8.5 节将对此做介绍。

7)恢复技术研究。恢复包括两方面的内容:一是修正系统以弥补引起攻击的漏洞,例如系统升级、安装补丁等;二是对受损系统进行灾难恢复,包括系统恢复、数据恢复和功能恢复。修正系统类似于在实时过程控制系统中利用当前系统进程的结果来调整和优化以后的进程,对于及时弥补系统存在的脆弱性,避免攻击的再次发生是非常必要的。针对受损系统的灾难恢复则涉及系统的可存活性研究,包括数据库系统、软件系统、硬件系统等,主要研究的问题包括可存活性系统的架构、损害评估及恢复、损害限制及隔离、系统的自适应调整等,目前也是国际上的一个研究热点。

8.2　容灾备份和恢复

"9·11"恐怖袭击事件不仅造成了重大的人员伤亡和财产损失,而且一批设在世贸中心的公司因为重要数据的毁灭而再也无法恢复业务。"9·11"给我们带来了深切的启示——容灾备份是重要信息系统安全的基础设施,重要信息系统必须构建容灾备份系统,以防范和抵御灾难所带来的毁灭性打击。

容灾备份于 20 世纪 70 年代中期在美国起步,数十年来,随着银行、证券、保险、医疗和政府部门对容灾备份的需求增加,容灾备份得到了迅猛发展,容灾备份与恢复已形成了一套完善的容灾备份理论体系和方法论,并形成了一个完整的容灾备份行业。

8.2.1　容灾备份与恢复的概念

1. 容灾备份的概念

容灾备份是指利用技术、管理手段以及相关资源确保既定的关键数据、关键数据处理信息系统和关键业务在灾难发生后可以恢复和重续运营的过程。

容灾备份防范的灾难包括地震、火灾、水灾、战争、恐怖袭击、设备系统故障、人为破坏等无法预料的突发事件。建设容灾备份的目的可以归纳为:

- 保障企业数据安全。

- 保障企业业务处理能够恢复。
- 减少企业灾难损失。
- 提高企业灾难抵御能力。

2. 容灾备份系统的种类

根据容灾备份系统对灾难的抵抗程度,容灾备份系统可分为:

- 数据容灾。指建立一个异地的数据系统,该系统是对本地系统关键应用数据实时复制。当出现灾难时,可由异地系统迅速接替本地系统而保证业务的连续性。
- 应用容灾。应用容灾比数据容灾层次更高,即在异地建立一套完整的、与本地数据系统相当的备份应用系统(可以同本地应用系统互为备份,也可与本地应用系统共同工作)。在灾难出现后,远程应用系统迅速接管或承担本地应用系统的业务运行。

3. 容灾备份系统组成

一个完整的容灾备份系统通常由数据备份系统、备份数据处理系统、备份通信网络系统和完善的灾难恢复计划组成。

1)数据备份系统。数据备份是通过一定的数据备份技术,在容灾备份中心保留一份完整的可供灾难恢复的数据。容灾备份中心是专门为容灾备份功能而设计建造的高等级数据中心,提供机房、办公和生活空间、数据处理设备、网络资源和日常的运行管理。一旦灾难发生,容灾备份中心将接替生产中心运行,利用其各种资源恢复信息系统运行和业务运作。

容灾备份中心是备份系统的基础,也是衡量容灾备份系统等级的主要标准。

2)备份数据处理系统。备份数据处理系统是指在容灾备份中心配置的主机系统、存储系统、网络系统、应用软件,以供灾难恢复使用。备份处理系统所需要达到的处理能力和范围应基于恢复目标及成本效益等因素,选择合适的产品来实现。在建立备份数据处理系统时,可采用跨平台、系统集成及虚拟主机等技术来实现资源共享,达到低成本、高效益。

3)备份通信网络系统。除数据备份系统和备份数据处理系统外,还需要根据灾难恢复目标的要求,选择合适的通信网络技术与产品建立备份网络系统,提供安全快速的网络切换方案,实现灾难恢复时各业务渠道的对外服务。

4)灾难恢复计划。灾难恢复计划是为了规范灾难恢复流程,使组织机构在灾难发生后能够快速地恢复业务处理系统运行和业务运作,同时可以根据灾难恢复计划对其容灾备份中心的灾难恢复能力进行测试,并将灾难恢复计划作为相关人员的培训资料之一。灾难恢复计划应包含以下内容:灾难恢复目标、灾难恢复队伍及联络清单、灾难恢复所需各类文档和手册等。

为保持容灾备份系统的及时性和有效性,需要定期对其进行演练测试,演练的另一目的是让灾难恢复队伍和有关的人员熟悉灾难恢复计划。

容灾备份系统规划设计是一项复杂的工作,在一般情况下,容灾备份方案的设计不仅需要考虑技术手段和容灾备份目标,还需要考虑投资成本及管理方式等多方面的因素。一般而言,关键业务系统容灾备份的等级可以比较高,其他非核心业务系统则可选用较低级别。容灾备份系统规划设计的前提是必须进行业务需求分析,如果业务面不允许系统停止运作或交易中断,就必须做到"热备份中心"。若业务面可以允许系统停顿一定时间,这种情况通常考虑规划"冷备份中心"。另外,在容灾备份的"量"上也可以有不同的安排,备份系统如果采取与生产中心数量设备相同、配置架构相同的"全量备份",成本当然比较高,因此在考虑资源分配时,综合考虑备份数据处理系统必须能支持的交易量,对重要的设备或应用加以整合规划,采取"减量备份"的方式。因此,一个完整的容灾备份方案因为业务的容灾备份需求不同,可能包含多个容灾备份级别。

4. 衡量容灾备份的技术指标

信息系统容灾抗毁的目标是在灾难发生后减少数据丢失量和系统的当机时间,保证业务系统的连续运行。不同的业务对数据丢失的容忍和要求业务恢复的时间长短各不相同,如一种业务对数据丢失量要求为"零丢失",但是可以容忍较长的恢复时间;另一种业务可能能够容忍较多的数据丢失,但是要求系统"实时"恢复运转。

信息系统容灾抗毁的目标应根据不同的业务制定。一般容灾抗毁的目标主要包括以下3个:

1)恢复点目标(Recovery Point Objective,RPO):是指业务系统所能容忍的数据丢失量。

2)恢复时间目标(Recovery Time Objective,RTO):是指所能容忍的业务停止服务的最长时间,也就是从灾难发生到业务系统恢复服务功能所需要的最短时间。

3)降级运行目标(Degrade Operation Objective,DOO):是指在恢复完成后到防止第二次灾难的所有保护恢复以前的时间。

在只有一个生产中心和一个容灾中心的情况下,当灾难发生时,业务操作切换到容灾中心后,应尽快恢复或重建生产中心,减少降级运行时间。因为,如果在降级运行期间发生第二次灾难,再从第二次灾难中恢复几乎是不可能的,从而导致更长时间的停机。

5. 容灾恢复能力等级

《GB/T 20988—2007 信息安全技术 信息系统灾难恢复规范》规定了信息系统灾难恢复的能力等级,该等级与恢复时间目标(RTO)和恢复点目标(RPO)具有一定的对应关系,各行业可根据行业特点和信息技术的应用情况,制定相应的灾难恢复能力等级要求和指标体系。

灾难恢复能力等级划分为6级:

- 第1级基本支持。
- 第2级备用场地支持。
- 第3级电子传输和部分设备支持。
- 第4级电子传输及完整设备支持。
- 第5级实时数据传输及完整设备支持。
- 第6级数据零丢失和远程集群支持。

如果要达到某个灾难恢复能力等级,应同时满足该等级中7个要素的相应要求:数据备份系统;备用数据处理系统;备用网络系统;备用基础设施;专业技术支持能力;运行维护管理能力;灾难恢复预案。

8.2.2 容灾备份与恢复的关键技术

容灾备份恢复技术包含很多方面,例如工作范围、备份点的选择,需求的衡量指标,恢复策略,恢复能力的实现等。本书只针对容灾备份恢复中最本质的内容:数据的备份及远程复制技术进行介绍。

数据备份是容灾备份的核心,也是灾难恢复的基础。传统的离线备份、备份介质异地保存等方法可以在一定程度上实现上述目标,也是最简单而省成本的数据备份方式,但随着业务对系统可用性、实时性要求的提高,只使用备份介质异地存放的容灾备份系统已经不能完全达到容灾备份的目的,较高级别的容灾备份系统必须使用电子数据链路方式来实现数据的远程实时备份,因此可以说容灾备份的关键问题是数据远程实时备份问题。其中涉及多种技术,如SAN 或 NAS 数据存储技术、本地数据容灾技术、远程镜像技术、基于 IP 的 SAN 的互连技术等,下面分别介绍。

1. 数据存储技术

目前,存储市场上主要有 3 种方式:DAS、NAS、SAN。

(1)直接附加存储(Direct Attached Storage,DAS)

DAS 也被称为服务器附加存储(Server – Attached Storage,SAS),这是一种传统的存储模式。如图 8-2 所示,DAS 是以服务器为中心的存储结构,它依赖于服务器,其本身不带有任何存储操作系统。存储设备通过电缆(通常是 SCSI 接口)直接连接到服务器,I/O 请求直接发送到存储设备。

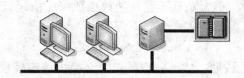

图 8-2　DAS 的一般结构

伴随着网络时代越来越庞大的数据量,DAS 存在以下一些缺点:

1)因存储容量的限制,难于扩展。

2)数据存取存在瓶颈。

3)维护和安全性存在缺陷。

(2)网络附加存储(Network Attached Storage,NAS)

NAS 是一种专业的网络文件存储及文件备份设备,或被称为网络直联存储设备、网络磁盘阵列。它是解决 DAS 存储速度缓慢、服务中断和扩容不易等现象的一条途径。NAS 的一般结构如图 8-3 所示。

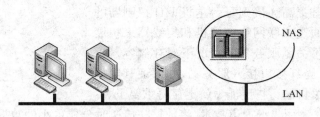

图 8-3　NAS 的一般结构

NAS 系统不再像 DAS 一样,需要一个专门的文件服务器,而是在内部拥有一个优化的文件系统和一个"瘦"操作系统——面向用户设计的、专门用于数据存储的简化操作系统。NAS相当于有效地将存储的数据从服务器后端移出,直接将数据放在传输网络上,通过使用网络接口卡来传输 LAN 上的数据流和存储数据,因此任何拥有访问权限的用户都可以直接访问 NAS系统中的数据。而且,NAS 设备还进行了优化,可以比常规并行 SCSI 配置更快地处理存储 I/O 事务。以上的这些特点,消除了由于低速的文件服务器硬件或操作系统造成的延时。

简单地说,NAS 是通过与网络直接连接的磁盘阵列,它具备了磁盘阵列的所有主要特征:高容量、高效能、高可靠。

NAS 存储系统的特点是通过基于 IP 网络的网络文件协议向多种客户端提供文件级 I/O 服务,且 NAS 设备利用特殊的文件服务协议,如用于 UNIX 的 NFS 和用于 Windows NT 的 CIFS。

虽然与 DAS 相比,NAS 已经在许多方面有了很大的改善,但是仍然存在着一些局限性:

1) 网络带宽的消耗。将存储事务由并行 SCSI 连接转移到了网络上。也就是说,LAN 除了必须处理正常的用户传输流外,还必须处理数据备份与恢复。因而,在数据备份时会占用大量的网络带宽,运行、备份的速度也相对较慢。

2) 可扩展性有限。在网络中直接增加一台 NAS 设备非常容易,但新的 NAS 设备要求有新的 IP 地址,无法与原有的 NAS 设备集成为一体,增加了存取和管理的复杂度。

3) 对数据库服务支持有限。由于 NAS 仅仅提供文件系统功能用于存储服务,采用的是 NFS 和 CIFS 这类网络文件访问协议,而不是块协议或数据库协议,因而使得 NAS 不能有效地支持数据库服务。

（3）存储区域网络(Storage Area Network,SAN)

SAN 是一种通过光纤集线器、光纤路由器、光纤交换机等连接设备,将诸如大型磁盘阵列或备份磁带库等存储设备与相关服务器连接,实现高速、可靠访问的专用网络。SAN 的一般结构如图 8-4 所示。

在 SAN 中,每个存储设备并不隶属于任何一台单独的服务器。相反,所有的存储设备都可以在全部的网络服务器之间作为对等资源共享。就像局域网可以用来连接客户机和服务器一样,SAN 绕过了传统网络的瓶颈,在服务器与存储设备间、服务器之间以及存储设备之间建立连接,实现高速传输。

与 DAS、NAS 相比,SAN 技术的主要优点是:

1) 出色的可扩展性。SAN 并没有提高单个磁盘驱动器的数量,但它能显著提高连接到每台主机 I/O 控制器的设备数,它还提供了通过级联网络交换机和集线器来扩展容量的方法,允许在不关闭服务器的情况下对存储容量进行扩充。可直接通过光纤接口接入服务器,并保证其数据随时可用,这种无须关机的可扩展能力就更显得重要了。

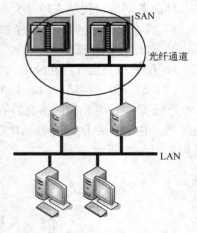

图 8-4　SAN 的一般结构

2) 传输效率高。利用光纤通道技术,将数据在传送时分成更小的数据块,使得 SAN 在通信节点(尤其是服务器)上的处理费用开销更少。传统上用于数据备份的网络带宽可以节约下来用于其他应用,因此 SAN 非常适用于存储密集型环境。

3) 远程备份与恢复。正因为 SAN 采用了光纤通道协议(Fiber Channel Protocol,FCP),SAN 使用单模光纤且不使用重发器,就可支持长达 10 km 的高速数据传输,将 SAN 拓展到城域网基础设施上,SAN 就可以与远程设备无缝连接,传输 150 km,几乎不会降低性能。通过部署关键任务应用和用于关键应用服务器的远程数据复制来提高容灾能力。

4) 数据共享能力突出。SAN 中所存储的数据可供多用户同步使用,SAN 在一组系统服务器之间提供高速的数据访问能力和非常突出的数据共享能力。

但 SAN 也有些不足：如 SAN 系统设备非常昂贵，与原系统兼容的品牌组件比较少，设备互操作性差等。实际应用中通常融合 NAS 和 SAN 设计方案，建立"统一网络存储系统"。

2. 本地数据容灾技术

本地数据容灾技术主要分为磁盘 RAID 保护技术、快照技术和磁盘数据备份技术。下面主要介绍前两种。

（1）磁盘 RAID 保护技术

冗余磁盘阵列（Redundant Array of Inexpensive Disks，RAID）是 1987 年由美国加州大学伯克利分校提出的。它把多块独立的物理磁盘按一定的方式进行组合形成一个磁盘阵列，一个磁盘阵列就是多个磁盘驱动器的集合。多个磁盘驱动器按照一定的方式组合在一起协同工作，使用起来如一个单独的磁盘，但是比单个磁盘具有更大的存储容量、更快的存取速度和更好的稳定性，并提供数据冗余功能，在发生数据损坏时可利用冗余信息恢复损坏数据。因此被广泛应用于文件服务器和数据库服务器等的数据保护。

RAID 技术根据数据块分布的规则不同被划分为多个 RAID 级别，根据数据存取应用的要求选择不同的 RAID 级别，有 RAID0、RAID1、RAID10、RAID2、RAID3、RAID30、RAID4、RAID5、RAID50、RAID6 等，最常用的是 RAID0、RAID1、RAID3 和 RAID5 四个级别。

（2）快照技术

快照是通过软件对要备份的磁盘子系统的数据快速扫描，建立一个要备份数据的快照逻辑单元号 LUN 和快照 Cache。在快速扫描时，把备份过程中要修改的数据块同时快速复制到快照 Cache 中。快照 LUN 是一组指针，它指向快照 Cache 和磁盘子系统中不变的数据块（在备份过程中）。在正常业务进行的同时，利用快照 LUN 实现对原数据的一个完全的备份。它可使用户在正常业务不受影响的情况下（主要指容灾备份系统），实时提取当前在线业务数据。其"备份窗口"接近于零，可大大增加系统业务的连续性，为实现系统真正的 7×24 小时运转提供了保证。

快照是通过内存作为缓冲区（快照 Cache），由快照软件提供系统磁盘存储的即时数据映像，它存在缓冲区调度的问题。

远程镜像技术往往同快照技术结合起来实现远程备份，即通过镜像把数据备份到远程存储系统中，再用快照技术把远程存储在系统中的信息备份到远程的磁带库、光盘库中。

3. 远程镜像技术

数据备份技术，通常是在本地节点进行的备份操作，备份间隔的单位通常为天或者月，生成静态的文件，可以经过压缩等处理，静态保存，在灾难发生时能够从备份中将数据恢复出来。例如保存于光盘、磁带、硬盘等数据备份介质上的数据，需要经过恢复技术配合合适的系统硬件环境才能恢复出来供业务系统使用。而在容灾系统中的远程镜像则是将数据实时或准实时地复制到异地的节点，这是一个动态的过程，数据是在不断地更新的，复制的数据在异地节点上保持原来的数据形态，与本地节点的数据保持基本一致性和完整性，可以不经过恢复技术就能直接使用。

容灾系统的核心是不同节点之间的数据镜像技术。目前，主要有以下几种方式：一是基于磁盘的硬件方式的数据复制备份技术；二是基于软件方式的数据复制备份技术；还有针对特殊应用，例如 Oracle 数据库的专用数据复制技术。

（1）基于磁盘系统的数据复制技术

该技术是以磁盘为基础,利用磁盘控制器提供的功能,采用磁盘镜像技术在物理磁盘卷级上实现两地磁盘机之间数据的复制。通常分为同步数据复制方式和异步数据复制方式。

同步方式下,只有当本地和异地都成功完成磁盘操作之后才算成功,对于网络带宽和稳定性的要求会比较高,同时也会额外消耗本地系统的 I/O 性能,但是可以确保两端数据的高度一致性和完整性,无数据丢失。而异步方式下,本地数据根据一定的策略有一定延迟地复制到异地磁盘中,可以根据实际情况选择一定的时间进行数据复制,减小了本地系统的 I/O 开销,但是两端的数据不能保持完全的一致性,数据会有一定时限内的丢失。选用同步还是异步的方式,主要是根据网络带宽、所用硬件设备提供的功能,以及容灾系统对于数据复制同步的时限和数据量上的要求来选择的。

无论是同步还是异步方式,目前通过磁盘直接复制数据的常见方式为直接通过存储设备来实现。存储厂商可以完全依靠存储设备的控制器直接在两个存储设备之间实现数据的完全复制,独立于主机和主机操作系统,对应用透明,实现简单方便。缺点是:各个存储厂商的实现方式互不相同,通常只能在相同厂商的同一系列的存储设备中使用,而不能兼容其他厂商的设备,给未来系统的扩容、更新换代会带来较大的困难。

一些主流的设备厂商都有自己研发的专用软件,安装在存储设备上,直接通过存储的控制器,在两台存储设备间进行数据复制。例如,EMC 在 Clariion 系列上,提供了 Mirror View 来实现异地容灾环境中的数据复制,而在 Symmetrix 系列上,则提供了 SRDF 的方式来实现异地容灾环境下的数据复制;HDS 则有 TrueCopy 及异步复制软件 HUR;IBM 的 PPRC/GDPS 等都能够实现存储设备之间的数据复制。

（2）基于操作系统软件方式的数据复制技术

该技术是在操作系统级别实现数据复制的方式,它与操作系统平台相关,但对应用程序透明。它通过通信网络,实现数据在两个不同节点之间的实时复制。

软件方式也有异步和同步两种方式。异步和同步的区别以及各自的优缺点同硬件方式的类似。

基于软件在操作系统级别实现的方式,在实现上要比硬件存储设备级别的容易,因为对硬件的要求没有那么严谨（只需要操作系统版本相同就可以了）。比起硬件方式,实现成本较低,后续的扩展、升级也比较容易实现,出现故障时可以直接在操作系统层面上查看,可利用的检测工具也比较多,方便日常的维护管理。这是它的优点,但也正因为它是由操作系统来执行数据复制操作的,因此会占用一定的系统资源,对本地生产节点的性能会造成一定的影响。

通过软件方式进行数据复制的软件有很多,在各主流操作系统平台上都有厂商自己研发的软件,还有一些第三方的软件,代表为 Veritas Volume Replicator。这个数据复制软件,可以连续对应用数据进行一个或者多个的拷贝保护,优点主要有:高性能,距离不限,支持异构的存储和操作系统,对数据的连续保护能力,支持同步和异步复制。

（3）针对数据库的专用远程数据复制技术

数据库应用必须要求数据库的数据具有严格的一致性,不像其他的应用对一致性的要求不是很高。因此,针对数据库的远程数据复制有一些专用的技术。当今主流的大型关系型数据库有 Oracle、SYBASE、DB2 等,其中 Oracle 数据库的应用较为广泛,下面介绍针对 Oracle 数据库的远程数据复制技术。

Oracle 在自我发展、完善的过程中,远程容灾备份的功能越来越完善,提供了很多供数据备份、数据复制、远程数据复制的功能。最为大家熟知的是 Oracle DATAGUARD,第三方的 Quest SharePlex。实现方式是类似的:将本地数据库的重做日志实时或者周期性地复制到异地数据库上,进行重演,准实时地实现两端数据的一致性。这种方式下,重做日志的传输虽然需要占用本地节点的带宽、I/O 性能以及磁盘空间,会对本地系统在性能上有一定的影响,但是优点也是显而易见的。因为是基于 Oracle 软件的数据复制,因此对操作系统、Oracle 的版本都没有很严格的要求,可以实现异构复制,同时还可以在异地节点直接以只读模式打开数据库,方便数据检查使用,方便直观,还可在异地节点部署一些类似报表的只读应用,充分利用异地节点的资源,提高设备利用率,降低成本,减轻生产节点的负载。

(4) 其他一些相关的新兴技术

随着云计算、虚拟化技术的发展,虚拟化技术在容灾系统中的应用也越来越多。通过将数据复制功能从磁盘组转移到基于网络的、通用的中央存储服务程序上,使得数据复制不再依赖于存储设备的型号,降低了成本。

重复数据删除技术在现有的存储、带宽上被广泛应用,这项技术的优势在于数据的减少不仅使存储的效率更高、成本更低,带宽的需求也得到降低,使更经济、更快速的远程数据复制成为可能。

4. 互连技术

早期的主数据中心和备援数据中心之间的数据备份,主要是基于 SAN 的远程复制(镜像),即通过光纤通道 FC 把两个 SAN 连接起来,进行远程镜像(复制)。当灾难发生时,由备援数据中心替代主数据中心保证系统工作的连续性。这种远程容灾备份方式存在一些缺陷,如实现成本高、设备的互操作性差、跨越的地理距离短(10 km)等,这些因素阻碍了它的进一步推广和应用。

目前,出现了多种基于 IP 的 SAN 的远程数据容灾备份技术。它们是利用基于 IP 的 SAN 的互连协议,将主数据中心 SAN 中的信息通过现行的 TCP/IP 网络,远程复制到备援中心 SAN 中。当备援中心存储的数据量过大时,可利用快照技术将其备份到磁带库或光盘库中。这种基于 IP 的 SAN 的远程容灾备份,可以跨越 LAN、MAN 和 WAN,成本低、可扩展性好,具有广阔的发展前景。

读者可以进一步阅读《信息系统容灾抗毁原理与应用》(李涛等,人民邮电出版社)、《有备无患——信息系统之灾难应对》(邹恒明,机械工业出版社)、《网络安全应急实践指南》(国家计算机网络应急技术处理协调中心 CNCERT/CC,电子工业出版社)等书。

8.3 网站备份与恢复系统实例

在第 7 章中,本书以 Web 应用系统为例,运用安全软件开发理论,介绍了 Web 安全防护的关键技术。尽管如此,用户仍然会面对黑客攻入 Web 服务器,非法篡改了网页甚至宕掉了 Web 服务器的情况,这时就需要一个有效工作的网站实时备份与恢复系统。

网站实时监控与自动恢复技术属于信息安全领域灾难恢复研究的范畴,该技术是对传统计算机安全的概念、方法和工具的进一步拓展,使得网站系统在受到攻击时具备能够继续完成既定任务的能力。它的内涵远比安全、保险、可靠性和可用性的内容要多。它综合了各种质量属性,以保证尽管一个系统的某些重要部分已经受到破坏,但该系统的网络、软件和其他服务的任务仍会进行下去。

8.3.1　系统工作原理与总体结构

系统的工作原理是:对 Web 服务器上的关键文件进行实时的一致性检查,一旦发现文件的内容、属主、时间等被非法修改就及时报警,并立即进行自动恢复。

网站备份与恢复系统的部署如图 8-5 所示。系统由备份端、监控端、远程控制端 3 个部分组成。

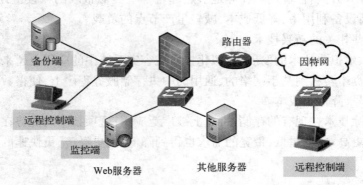

图 8-5　网站备份与恢复系统的部署

1)备份端。用于保存被保护对象的备份,等待来自监控端的连接,响应监控端的请求,包括备份文件、恢复文件、删除文件等。

2)监控端。运行在被保护对象所在的服务器上,对被保护对象进行一致性检查,一旦发现被保护对象被非法篡改,就使用备份端的备份内容进行自动恢复。具体包括:设置被保护对象;对被保护对象进行一致性检查,如发现被保护目录下被非法添加了文件、被保护目录或文件被非法删除、内容被非法篡改,则立即对非法添加的文件进行删除,对被非法删除、非法篡改的文件进行恢复;记录和整理日志;接受用户通过界面(主要是通过菜单命令)发送的命令,如开始、停止监测等;响应远程控制端的各项控制请求;响应上传控制端的各项上传控制请求。其中包括 4 个模块:定制监控网页、定时监控、实时监控、日志管理,以实现这些具体的功能。

3)远程控制端。对监控端和备份端实行远程控制。具体包括:与监控端建立连接,实时获取并显示监控信息;远程发送控制命令(如开始、停止监控,初始化数据库,终止上传状态等);进行远程的日志管理。

系统的主要功能包括:

1)系统用户身份认证。包括控制端、备份端用户身份认证功能,修改用户信息等功能。

2)定制监控网页。包括添加、更新和恢复被监控网页。

3)定时监控。当需要监控的网页数量较多,且运行该系统的服务器负载较大时,可以选择定时监控功能。用户可自己选择监控时间。这样系统就会每隔指定的时间,将数据表中所需监控的文件轮询一遍,通过将文件所计算出的当前数字指纹与数据表中该文件原有的数字指纹做比较,判断文件是否被修改了。若发现改动,则立即用备份端上的备份文件进行恢复。

4)实时监控。若运行该系统的主机负载可以承受,则可采用实时监控方式,即在发现文件被修改的情况下实时恢复。可以将所需监控的所有网页文件按照其所属目录进行分类,利用分类链表结构记录下来,然后利用并发的多线程实施实时监控。

5)日志管理。当系统发现被监控网页文件发生了变化,除了进行自动恢复外,系统还会将这一过程记录进日志,以供管理人员查看、删除、汇总。日志文件依旧采用数据表形式,内容包括:文件修改时间、日期,被修改网页的文件名以及备注字段。

6)远程控制。远程控制监控端的行为;远程控制监控端的状态;实时获取并显示监控信息;远程日志操作;对被保护对象的正常维护支持功能。

7)系统的可拓展性。本系统不仅对于网页文件,对于文本文件、Office 文档、图像文件同样能够进行实时的监控与恢复。

8.3.2 系统采用的关键技术

1)备份与恢复技术。这里采用的网站灾难恢复技术是异机备份技术,而且是一台备份机面向多台监控机。如何优化网络通信,提高备份技术,以及在数据传输过程中如何应用加密技术都是主要研究方向。

2)文件扫描与一致性检查技术。利用散列函数,生成被保护文件的 Hash 值并保存。在运行过程中实时计算被保护文件的 Hash 值,并与被保护文件数据库中的相关记录比较,判断其是否被修改。

3)远程控制技术。目前许多网站都是远程托管的,如何在远端控制网站监控与实时恢复系统的运行状态与运行行为是很关键的。远端控制包括参数的设定、运行状态的管理等。

4)网站文件安全修改技术。一般来说,Web 文档目录被设定为被监控目录,系统在不中断监控的情况下对网站文件进行更新,该部分功能由远程控制端实现。

5)多线程并行技术。在进行实时监控时,系统对需监控的所有网页文件按照其所属目录进行分类,然后启动多个并发的工作线程对多个目录实施实时监控,一个线程监控一个目录。

6)自身安全性能的提高。只有确保该系统自身运行平台的安全性,才可能发挥该系统的安全防护作用,所以将该系统所运行的平台操作系统的抗毁性技术融入其中,增加系统的容毁攻击能力。

7)与 Web 服务器的整合。如何将网站监控与自动恢复系统的功能和 Web 服务软件整合为一体,如做成 Apache 服务器的一个模块,甚至于与操作系统(如 Linux 操作系统)结合起来,做到功能的整合,是今后的一个研究方向。

网站监控与自动恢复系统的关键性能指标是资源占有量、正确性和实时性指标的好坏,提高这几个方面的性能是提高该系统整体性能的关键,所以算法的效率非常关键,如何提高该系统核心算法的性能是进一步研究的重点。

8.4 计算机取证

取证也是应急响应中的重要环节。越来越多的组织在遭受攻击后希望通过法律的手段追查入侵者,对入侵者进行惩罚和威慑。取得确凿的入侵证据,这是确认入侵者违法事实,确定入侵者应负法律责任和应接受惩罚的前提和基础。因此,计算机和法学的交叉学科——计算机取证(Computer Forensic)已成为计算机信息安全领域中一个重要的研究课题,而且连续几年成为 FIRST 安全年会的热点。

8.4.1　计算机取证的概念

1. 计算机取证的定义

在计算机犯罪案例中,计算机既是黑客入侵的目标,也是作案的工具和犯罪信息的存储器,因此计算机(连同它的外设)中都会留下大量与犯罪有关的数据。

"计算机取证"一词由 International Association of Computer Specialists(IACIS)在 1991 年举行的第一次会议中提出,它是一门计算机科学与法学的交叉学科。一般认为,计算机取证就是采用可靠的技术手段对计算机犯罪的证据进行获取、保存、分析、鉴定、归档的全过程。包括使用软件和工具,按照一些预先定义的程序全面地检查计算机系统,以提取和保护有关计算机犯罪的证据;对以磁介质编码信息方式存储的计算机证据的保护、确认、提取和归档,然后据此找出入侵者(或入侵计算机),认定犯罪嫌疑人,并将由于网络入侵和攻击所造成的损失诉诸法律解决。

计算机取证是为了揭露或帮助响应发生或已经发生的入侵、破坏或危及系统安全的未授权犯罪行为,采用计算机取证技术可以通过法律的手段规范网络用户的行为,维护网络的正常运行,以及对网络入侵者实施惩治和威慑。

2004 年 3 月 15 日,公安部 A 级通缉犯马加爵在海南省三亚市被捕。计算机取证技术在这次成功抓捕中起到了非常重要的作用。公安技术侦察人员通过计算机取证技术将搜查范围锁定在三亚。经检查发现,马加爵使用过的计算器硬盘竟然已被他格式化了 3 遍,技术人员通过专业软件将硬盘数据进行恢复。经过对硬盘中存放的海量信息进行过滤,发现他在出逃前 3 天基本上都在搜集有关海南省的信息,尤其是与三亚的旅游、交通和房地产有关的信息。正是这些线索使警方将警力重点布防在三亚,并最终取得了抓捕的成功。马加爵案的侦破已经初步显示计算机取证的威力。

2. 计算机取证的原则

在计算机取证界中,最权威的计算机取证原则莫过于计算机证据国际组织(International Organization on Computer Evidence,IOCE)提出的 6 条原则:

1)所有的取证和处理证据的原则必须被遵守。

2)获取证据时所采用的方法不能改变原始证据。

3)取证人员必须经过专门的培训。

4)完整地记录对证据的获取、访问、存储或者传输的过程,并对这些记录妥善保存以便随时查阅。

5)每一位保管电子证据的人应该对他的每一个针对电子证据的行为负责。

6)任何负责获取、访问、存储或传输电子证据的机构有责任遵循这些原则。

实施计算机取证应当遵循以下原则。

1)符合程序原则:取证应当首先启动法律程序,要在法律程序规定的范围内展开工作,否则会陷入被动。

2)共同监督原则:由原告委派的专家所进行的检查、取证过程,必须受到由其他方委派的专家的监督。

3)保护隐私原则:在取证过程中,要尊重任何关于客户代理人的隐私。一旦获取了一些关于公司或个人的隐私,绝不能泄漏。

4)影响最小原则:如果取证要求必须进行某些业务程序,应当使运行时间尽量短。必须保证取证不给系统带来副作用,如引进病毒等。

5)证据连续原则:必须保证证据的连续性,即在将证据提交法庭前要一直跟踪证据,要向法庭说明在这段时间内证据有无变化。此外,要向法庭说明该证据的完全性。

6)证据完好原则:必须保证提取出来的证据不受电磁或机械的损害,必须保证收集的证据不被取证程序破坏。

3. 计算机取证的程序

计算机取证的程序分为计算机证据的发现、计算机证据的固定、计算机证据的提取、计算机证据的分析和计算机证据的提交5个方面。

(1)计算机证据的发现

识别可获取的信息的类型以及获取方法。侦查人员要对存储在大容量介质的海量数据进行分析,区分出哪些是必须提取的数据,哪些是可以不必关心的数据;确定哪些由犯罪者留下的活动记录作为电子证据,并明确这些记录的存储方式。可以作为证据或可以提供相关信息的信息源有日志(如操作系统日志等)、文件(目标系统中所有文件,包括现存的正常文件、已经被删除但仍存在于磁盘上还没有被覆盖的文件、隐藏文件、受密码保护的和加密文件)、系统进程(如进程名、进程访问文件等)、用户(特别是在线用户的服务时间、使用方式等)、系统状态(如系统开放的服务、网络运行的状态等)、通信连接记录(如网络路由器的运行日志等)、存储介质(如磁盘、光盘、闪存等)。

(2)计算机证据的固定

取证人员要收集的信息包括系统的硬件配置信息和网络拓扑结构、备份或打印系统原始数据,将获取的信息安全地传送到取证分析机上,并将有关的日期、时间和操作步骤详细记录。

(3)计算机证据的提取

证据提取主要是提取特征,包括过滤和挖掘、解码(对软件或数据碎片进行残缺分析、上下文分析,恢复原来的面貌)。在提取电子证据时应采取有效的措施保护电子证据的完整性和真实性。确保跟原始数据一致,不对原始数据造成改动和破坏。

取证的证据主要来自以下3个方面:

1)来自于系统的证据。计算机的硬盘、移动硬盘、U 盘、MP3 播放器、磁带和光盘等存储介质上往往包含相关的电子证据,具体包括:

- 用户创建的文档,如 Word 文件、图片视频文件、E - mail、文本文件、程序文件、数据库文件等。
- 用户保护的文档,如加密及隐藏的文件,入侵者残留的程序、脚本、进程、内存映像等。
- 系统创建的文件,包括系统日志文件、安全日志文件、交换文件、系统恢复文件、注册表等,这些文件中往往有用户或程序的运行记载,如 Cookies 中记载有用户的信息,交换文件中有用户的 Internet 活动记录、访问过的网站等信息。
- 其他数据区可能存在的数据证据,如硬盘上的坏簇、文件 Slack 空间、未分配的空间、系统数据区、系统缓冲区、系统内存等空间通常也包含很多重要的证据。这里尤其要注意两个特殊区域:文件 Slack 空间和未分配的空间。

硬盘的存储空间是以簇为单位分配给文件的,一个簇通常由若干扇区组成,而文件往往不是簇的整数倍,所以分配给文件的最后一个簇总会有剩余的部分,称为 Slack 空间,这个空间中可能包含了先前文件遗留下来的信息,这可能就是重要的证据,而且这一空间也可能被用来保存隐藏的数据。取证时对硬盘的复制不能在文件级别上进行,因为正常的文件系统接口是访问不到这些 Slack 空间的。

未分配的空间是指当一个文件被删除时,原先占用的所有数据块会被回收,处于未分配状态,这些未分配空间中实际上还保存有先前的文件数据。

2）来自于网络通信数据报文的证据。在基于网络的取证中,采集在网络段上传输的网络通信数据报文作为证据的来源。这种方式可以发现对主机系统来说不易发现的某种攻击的证据。

3）来自于其他安全产品的证据。防火墙、IDS 系统、访问控制系统、路由器、网卡、PDA 以及其他安全设备、网络设备、网络取证分析系统产生的日志信息。

若现场的计算机正处于工作状态,取证人员还应该设法保存尽可能多的犯罪信息。由于犯罪的证据可能存在于系统日志、数据文件、寄存器、交换区、隐藏文件、空闲的磁盘空间、打印机缓存、网络数据区和计数器、用户进程存储区、堆栈、文件缓冲区、文件系统本身等不同的位置,要收集到所有的数据是非常困难的,因而在关键时刻要有所取舍。如果现场的计算机是黑客正在入侵的目标,为了防止犯罪者销毁证据文件,最佳的选择也许是马上关掉电源;而如果计算机是作案的工具或相关信息的存储器,则应该尽量保存缓存中的数据。

（4）计算机证据的分析

对电子证据进行相关分析,并给出专家证明。分析的目的是为犯罪行为重构、嫌疑人画像、确定犯罪动机、受害程度行为分析等。

（5）计算机证据的提交

向管理者、律师或者法院提交证据。

8.4.2　计算机取证技术及发展

1. 计算机取证技术

（1）存储介质的安全无损备份技术

如果直接在被攻击机器的磁盘上进行操作,可能会对原始数据造成损坏,而一旦这些数据有所损坏,就无法还原了,因此取证操作应尽量避免在原始磁盘上进行。应使用磁盘镜像复制的办法,将被攻击机器的磁盘原样复制一份,其中包括磁盘的临时文件、交换文件以及磁盘未分配区等,然后对复制的磁盘进行取证分析。可采用专用工具如 Norton 的 Ghost 进行磁盘备份,这类备份工具甚至可复制坏扇区和校验错误的 CRC 数据,以便进行下一步的取证分析研究和作为法庭证据。

（2）已删除文件的恢复技术

即使是将硬盘数据删除并清空回收站,数据仍然保留在硬盘上,只是硬盘 FAT 表中相应文件的文件名被标记,只要该文件的位置没有被重新写入数据,原来的数据就可以恢复。

（3）Slack 磁盘空间、未分配空间,交换文件和空闲空间中所包含信息的发掘技术

十六进制编辑器可对 Windows 交换文件进行分析,如 NTI 的 IPFilter 可动态获取交换文件进行分析。系统关闭后,交换文件就被删除,恢复工具软件如 GetFree 可获取交换文件和未分

配空间或删除文件。GetSlack 可获取文件的 Slack 并自动生成一个或多个文件。同时,这些分析工具对 Slack 空间、未分配空间、删除文件可进行关键词检索,能够识别有关 Internet 活动的文字、电话号码、信用卡号、身份证号、网络登录及密码等关键词。

(4)日志反清除技术

Windows 系统通常使用 3 种日志(系统日志、应用程序日志和安全日志)记录所有事件,这些日志文件一般存放在操作系统安装的区域"system32\config"目录下,可以通过打开"控制面板"→"管理工具"→"事件查看器"来浏览其中的内容。其他一些 Windows 应用程序可能会把自己的日志放到其他的地方,例如 IIS 服务器默认的日志目录是"C:\Winnt\system32\logfile"。但是,一旦攻击者获得了权限,他们就可以轻易地破坏或删除操作系统所保存的日志记录,从而掩盖他们留下的痕迹,在实际中可以考虑使用安全的日志系统和第三方日志工具来对抗日志的清除问题。

(5)日志分析技术

可分析 CPU 时段负荷、用户使用习惯、IP 来源、恶意访问提示等,系统的日志数据还能够提供一些有用的源地址信息。系统日志数据报文包括系统审计数据、防火墙日志数据、来自监视器或入侵检测工具的数据等。这些日志一般都包括以下信息:访问开始和结束的时间、被访问的端口、执行的任务名或命令名、改变权限的尝试、被访问的文件等。

通过手工或使用日志分析工具对日志进行分析,以得到攻击的蛛丝马迹。应用系统也有相应的日志分析工具。目前,常用的 Web Server 有 Apache、Netscape enterprise server、MS IIS 等,其日志记录不同,相应的分析工具也不同,如常用的 Webtrends。

(6)取证数据传输安全技术

将所记录的数据从目标机器安全地转移到取证分析机上,由于网络取证的整个过程必须具有不可篡改性,因此数据在传输过程中要提高对远程数据传输的保密性,避免在传输途中遭受非法窃取。可采用加密技术,如 IP 加密、SSL 加密等协议标准,保证数据的安全传输。

(7)取证数据的完整性检测技术

文件完整性检查系统保存有每个文件的散列值数据库,每次检查时,它都重新计算文件的散列值并将它与数据库中的值相比较。如果不同,则文件已被修改;若相同,则文件未发生变化。文件的散列值通过散列函数计算得到。另外,通过使用消息认证码(MAC)可保证数据在传输过程中的完整性。

(8)网络数据报文截获和分析技术

利用 TcpDump/WinDump 或 Snort 之类的工具来捕获并分析网络数据报文,可得到源地址和攻击的类型和方法。一些网络命令可用来获得有关攻击的信息,如可利用 netstat、nslookup、whois、ping、traceroute 等命令来收集信息,了解网络通信的大致情况。

(9)Honeypot/Honeynet(蜜罐/蜜网)技术

为了形象地描述利用蜜罐技术的取证过程,这里做个简单的比喻,将入侵者比做入室行窃的小偷,蜜罐就好比是为小偷特意设置的房间,小偷在这间屋子里的一举一动全都在监控之下,而小偷却浑然不知。这样一来,网络攻防的不平等在这里得到了有效的转变。

蜜罐是一个可以模拟具有一个或多个攻击弱点的主机的系统或软件,给攻击者提供一个易于被攻击的目标。蜜网项目组(The Honeynet Project, https://projects. honeynet. org)在其官网上提供了相关工具。

（10）其他方面的技术

除了上述的主要取证技术外，还有入侵追踪技术（8.5节介绍）、动态内存获取技术、基于入侵检测系统的取证技术、信息隐藏的取证发现和分析技术、逆向工程取证分析技术、密码分析技术、证据间的关联分析技术等。

2. 当前计算机取证技术的局限和反取证技术

当前的计算机取证技术还存在着很大的局限。从理论上讲，计算机取证人员能否找到犯罪的证据取决于以下3个条件：首先，有关犯罪的电子证据必须没有被覆盖；其次，取证软件必须能够找到这些数据；最后，取证人员还要能够知道文件的内容，并且能够证明它们和犯罪有关。从当前软件的实现情况来看，许多所谓的"取证分析"软件还仅仅是可以恢复被删除的文件，要用它们对付犯罪者还相差甚远。

严重的问题是，在计算机取证技术蓬勃发展的同时，反取证技术也悄悄地出现了。反取证就是删除或者隐藏证据使取证调查无效。现在的反取证技术可以分为3类：数据擦除、数据隐藏和数据加密。这些技术还可以结合起来使用，让取证工作的效果大打折扣。

数据擦除是最有效的反取证方法，它是指清除所有可能的证据（索引节点、目录文件和数据块中的原始数据）。原始数据不存在了，取证自然就无法进行。

为了逃避取证，计算机犯罪者还会把暂时还不能被删除的文件伪装成其他类型（例如库文件）或者把它们隐藏在图形或音乐文件中以逃避取证。这类技术统称为数据隐藏。

数据隐藏仅仅在取证者不知道到哪里寻找证据时才有效，所以它仅适用于短期保存数据。为了长期保存数据，可将数据隐藏和其他技术联合使用，比如使用别人不知道的文件格式或加密，包括对数据文件的加密和对可执行文件的加密。

此外，黑客还可以利用Rootkit，绕开系统日志或者利用窃取的密码冒充其他用户登录，使取证调查变得更加困难。

更多关于计算机取证技术的内容，读者可以阅读 *Forensic Discovery*（Dan Farmer，中译本《计算机取证》，机械工业出版社）、《计算机取证技术》（殷联甫，科学出版社）、《计算机取证与司法鉴定》（麦永浩等，清华大学出版社）、《计算机取证》（杨永川等，高等教育出版社）等书。

3. 计算机取证技术的发展

由于自身的局限性和计算机犯罪手段的变化，特别是反取证软件的出现，现有的取证技术已经不能满足打击犯罪的要求。另外，由于当前取证软件的功能集中在磁盘分析上，而其他工作全部依赖于取证专家人工进行，这几乎造成计算机取证软件等同于磁盘分析软件的错觉。这些情况必将随着对计算机取证研究工作的深入和新的取证软件的开发而得到改善。此外，计算机取证技术还会受到其他计算机理论和技术的影响。总之，未来的计算机取证技术将会向着以下几个方向发展。

1）实时取证（技术）工具。现有取证发展趋势倾向于对运行状态的机器进行取证，不论是在网络中还是对一个单独运行的机器，取证要求能实时获得当前运行状态下的计算机证据。

2）移动智能终端取证分析工具。IT巨头们在不停地推出新的移动终端设备，采用新的智能操作系统，比如采用IOS的iPhone和iPad；采用Google的Android系统的智能手机；采用微软操作系统的平板电脑，这些新出的智能终端都在挑战现有的计算机取证技术和工具。

3）海量数据获取、存储与分析工具。互联网上针对 Web 数据的抽取和分析是信息情报专业所研究的内容,现今越来越广泛地应用到互联网取证中,这种互联网取证涉及数据量巨大的文本、视频和语音等信息,无法用单机或几个单机集群完成存储和处理;某些案例中,嫌疑计算机涉及范围和数据量过大,无法在案例要求的时间范围内用通常的取证工具来处理,因而要求在计算机取证领域对海量数据提供更合理的处理方式。

4）自动智能分析工具。利用人工智能、机器学习、神经网络等技术,开发智能化分析工具。虽然有无数的论文阐述人工智能、机器学习、神经网络的理论和技术,但如何使这些理论和技术能在取证中真正发挥作用,仍然是一件比较困难的事情。

5）证据可视化(技术)工具。现阶段数字证据的获取已经有不少成熟的工具,但是在纷杂的数据中,如何进行逻辑分析,从而得到证据或数据间的关联关系,以对计算机犯罪调查和分析提供更大的支持和帮助,或者如何让司法人员对提交的证据有一个直观的理解,从而认可数字证据的有效性,是一个需要研究的问题。证据可视化可以根据获取的各种数据信息,运用关联分析、可视化技术及自动布局画图算法,将获取的关联数据以图形化的方式展现出来,帮助调查取证人员进行更深入的分析和将结果作为证据呈现。

6）取证的工具和过程标准化。由于计算机取证备受关注,很多组织和机构都投入了人力对这个领域进行研究,并且已经开发出大量的取证工具。因为没有统一的标准和规范,软件的使用者很难对这些工具的有效性和可靠性进行比较。另外,到现在为止,还没有任何机构对计算机取证机构和工作人员的资质进行认证,使得取证结果的权威性受到质疑。为了能让计算机取证工作向着更好的方向发展,制定取证工具的评价标准、取证机构和从业人员的资质审核办法以及取证工作的操作规范是非常必要的。

8.5 入侵追踪

网络攻击的追踪是对网络攻击做出正确响应的重要前提。一旦网络遭到攻击,如何追踪入侵者并将其绳之以法,是十分必要的。入侵追踪一般指两方面的工作:

1）发现入侵者的 IP 地址、MAC 地址或是认证的主机名。

2）追踪攻击源,确定入侵者的真实位置。

8.5.1 IP 地址追踪

本节主要介绍追踪 IP 地址、MAC 地址或主机名的方法。

（1）netstat 命令

使用 netstat 命令可以获得所有连接被测主机的网络用户的 IP 地址。Windows 系列、UNIX 系列、Linux 等常用网络操作系统都可以使用 netstat 命令。

使用 netstat 命令的缺点是只能显示当前的连接,如果使用 netstat 命令时攻击者没有连接,则无法发现攻击者的踪迹。为此,可以使用 Scheduler 建立一个日程安排,安排系统每隔一定的时间使用一次 netstat 命令,并使用“netstat >> textfile”格式把每次检查时得到的数据写入一个文本文件中,以便需要追踪网络攻击时使用。

（2）日志数据

系统的日志数据提供了详细的用户登录信息。在追踪网络攻击时,这些数据是最直接、有效的证据。但是,有些系统的日志数据不完善,网络攻击者也常会把自己的活动从系统日志中删除。因此,需要采取补救措施,以保证日志数据的完整性。

Windows 系统有系统日志、安全日志和应用程序日志等 3 个日志,而与安全相关的数据报文在安全日志中。安全日志记录了登录用户的相关信息。安全日志中的数据是由配置所决定的。因此,应该根据安全需要合理进行配置,以便获得保证系统安全所必需的数据。但是,Windows 安全日志存在重大缺陷,它不记录事件的源,不可能根据安全日志中的数据追踪攻击者的源地址。为了解决这个问题,可以安装一个第三方的能够完整记录审计数据的工具。

防火墙日志数据能提供最理想的攻击源的地址信息。但是,攻击者也可以向防火墙发动拒绝服务攻击,使防火墙瘫痪或至少降低其速度使其难以对事件做出及时的反应,从而破坏防火墙日志的完整性。因此,在使用防火墙日志之前,应该运行专用工具检查防火墙日志的完整性,以防得到不完整的数据,贻误追踪时机。

大部分网络攻击者会把自己的活动记录从日志中删去,而且 UDP 和基于 X - Windows 的活动往往不被记录,给追踪带来了困难。为了解决这个问题,可以在系统中运行 wrapper 工具,这个工具记录用户的服务请求和所有的活动,且不易被网络攻击者发觉,可以有效地防止网络攻击者消除其活动记录。

(3) 捕获原始数据报文

由于系统主机有被攻陷的可能,因此利用系统日志获取攻击者的信息有时就不可靠了。所以,捕获原始数据报文并对其数据进行分析,是确定攻击源的另一个重要的、比较可靠的方法。利用数据报文头的数据,可以获得较为可靠的网络攻击者的 IP 地址,因为这些数据不会被删除或修改。但是这种方法也不是完美无缺的,如果网络攻击者对其数据报文进行加密,对收集到的数据报文进行分析就没有什么用处。

(4) 搜索引擎

利用搜索引擎获得网络攻击者的源地址,从理论上来讲没有什么根据,但是它往往会达到意想不到的效果,给追踪工作带来意外的惊喜。黑客们在因特网上有他们自己的虚拟社区,他们在那儿讨论网络攻击的技术方法,同时会炫耀自己的战果。因此,在那里经常会暴露他们攻击源的信息甚至是他们的身份。

利用搜索引擎追踪网络攻击者的 IP 地址,就是使用一些搜索引擎搜索网页,搜索关键词是被攻击机器所在域的域名、IP 地址或主机名,看是否有帖子是关于对上述关键词所代表的机器进行攻击的。虽然网络攻击者一般在发帖子时会使用伪造的源地址,但也有很多人在这时比较麻痹而使用了真实的源地址。因此,往往可以用这种方法意外地发现网络攻击者的踪迹。

由于不能保证网络中帖子源地址的真实性,所以不加分析就使用可能会牵连到无辜的用户。然而,当与其他方法结合起来使用时,使用搜索引擎还是非常有效的。

8.5.2　攻击源追踪

在追踪网络攻击中另一个需要重点考虑的问题是:大部分网络攻击者采用 IP 地址欺骗技术,这样使得以 IP 地址去发现入侵者变得毫无意义。因此,网络攻击追踪技术的研究重点就逐渐转为如何重构攻击路径,或对攻击源地址和攻击路径做出尽可能真实的定位。这是当前非常具有研究意义和挑战性的课题。

攻击源追踪技术大体上可以分为两类：一类称为被动追踪技术。在这类技术中，只有在被攻击的主机或网络探测到攻击现象发生以后，才会启动追踪机制。另一类称为主动追踪技术。在攻击尚未发生时，转发数据报文的节点，将自身的标识信息发送给报文的接收方。被攻击方在检测到攻击发生时，利用这些报文重构出攻击路径。

目前已有的一些黑客攻击源点追踪技术介绍如下。

（1）入口过滤（Ingress Filtering）

通过配置路由器以阻止那些具有非法源地址的报文。该方法要求路由器具有足够的能力检查每个报文的源地址，并区分合法与非法的源地址。

如果报文是从多个 ISP（Internet Service Provider）汇合进入，就很难确定报文是否拥有"合法的"源地址。而且，以高速连接来说，对于许多路由器架构，入口过滤的消耗变得太不实际了。而且入口过滤的效能还依赖于大范围或者整体网络的配置。

（2）链路测试（Link Testing）

链路测试包括输入检测（Input Debugging）和受控泛洪（Controlled Flooding）。

输入检测方法要求被攻击的系统从所有的报文中描述出攻击报文标志。通过这些标志，管理员在上流的出口端配置合适的输入检测。管理员据此检测网络各端口以确定攻击的来向，这个过滤过程可以一直朝上流进行，直到能够到达最初的源头。这种方法需要很大的管理开销和各个 ISP 之间的协同合作，因此其实现有一定的难度。

受控泛洪方法实际上就是制造泛洪攻击，通过观察路由器的状态来判断攻击路径。这种想法很有独创性，但是有几个缺点和限制：要求有一个几乎覆盖整个网络的拓扑图；只对正在进行攻击的情况有效；很难用于 DDoS 攻击的追踪；这种办法本身就是一种拒绝服务攻击，会对一些信任路径也造成危害。

（3）日志记载（Logging）

在传输路径上的一些重要路由器中对过往的报文做日志记录，并使用数据挖掘的方法来分析报文传输的真实路径。这一方法的优点是它能够在攻击实施后追踪攻击者，但是它具有的明显缺点是需要耗费大量的系统资源，而路由器的存储资源有限。因此，这种方法只能支持较短时间周期内的源点追踪。

（4）ICMP 追踪方法

由 Bellovin 领导的 ICMP 协议扩展小组，提出在路由器中增加跟踪机制来实现路由追踪。这种路由器称为 itrace 路由器。一个 itrace 路由器以概率 p（如 1/2000）发送对报文的拷贝，该拷贝是一种特殊类型的 ICMP 报文，其中记录发送它的路由器的 IP 地址，以及其前一跳和后一跳路由器的 IP 地址。itrace 路由器向源或目的地址都转发该 ICMP 报文。受害者收集足够多的由攻击报文引发的 itrace 报文后，就可以找出攻击路由。该算法的缺陷在于产生 itrace 报文的概率不能太高，否则带宽耗用太高，所以该算法在攻击报文数量很多时才比较有效。也容易受到假的 ICMP 追踪报文的干扰，而且许多网络管理域对 ICMP 报文的穿越是有限制的，因此实际可操作性较低。

（5）报文标记（Packet Marking）追踪

通过将信息写入 IP 报文头来追踪泛洪攻击，这种办法具有很多优点。首先，它不需要同 ISP 进行合作，因此可以避免输入检测的消费；它也不像受控泛洪那样需要额外的大网络流量,并且可以用来追踪多攻击源;而且跟日志记载一样,也可以在攻击结束后进行追踪,实验发现标志机制不需要网络路由器大的消耗。

报文标记方案使得不仅能在攻击发生时追踪攻击源,即使攻击事件已经停止,也可以进行追踪,因而越来越多的研究者将注意力集中到这一网络安全的新方向上。然而,仍然有许多问题制约着这种追踪技术的应用。

8.6　思考与练习

1. 谈谈应急响应与灾难恢复在 PDRR 安全模型中的重要地位和作用。
2. 什么是应急响应?国内外有哪些应急响应组织?
3. 谈谈一个完善的应急响应系统的结构和主要内容。
4. 谈谈一个完备的容灾备份系统的组成。
5. 试解释容灾备份与恢复系统中涉及的技术术语:RAID、DAS、NAS、SAN。
6. 目前有哪些容灾备份技术?比较它们的优缺点。
7. 网站备份与恢复系统涉及的关键技术有哪些?
8. 什么是电子证据?计算机取证的程序是什么?
9. 什么是计算机取证?取证的数据来自于哪些地方?取证涉及哪些关键技术?
10. 什么是入侵追踪?目前有哪些追踪手段?
11. 知识拓展:访问以下应急响应组织的网站,了解最新的安全事件以及信息安全研究动态和研究成果。
1) 国家互联网应急中心,http://www. cert. org. cn。
2) 国家计算机病毒应急处理中心,http://www. antivirus – china. org. cn。
3) 国家计算机网络入侵防范中心,http://www. nipc. org. cn。
4) 中国教育和科研网紧急响应组,http://www. ccert. edu. cn。
12. 知识拓展:访问一些著名取证工具的网站,了解取证工具的工作原理、基本功能。
1) X – Ways Forensics,http://www. x – ways. net/index – c. html。
2) FTK(Forensic Toolkit),http://forensic – toolkit. en. softonic. com。
3) TCT(The Coroner's Toolkit),http://www. porcupine. org/forensics/tct. html。
4) EnCase,http://www. guidancesoftware. com/products/ef_index. asp。
5) Helix,http://www. e – fense. com。
13. 知识拓展:访问国内一些取证工具的网站,了解当前的取证产品有哪几类,分别具有什么功能;了解取证的过程、内容和取证系统的结构;了解最新技术及取证产品信息。
1) 上海金诺网络安全技术发展股份有限公司网站,http://www. kingnet. biz。
2) 北京天宇宏远科技有限公司网站,http://www. timehost. cn。
14. 操作实验:Windows 系统的 Cookie 文件夹中有一个 index. dat 文件,是一个具有"隐藏"属性的文件,它记录着通过浏览器访问过的网址、访问时间、历史记录等信息。实际上它是一个保存了 Cookie、历史记录和 IE 临时文件中所记录内容的副本。即使用户在 IE 中执行"删除脱机文件"、"清除历史记录"、"清除表单"等操作,index. dat 文件也不会被删除。如果试图人工删除它,系统会警告"无法删除 index:文件正被另一个人或程序使用。"即使重新启动系统且不打开任何程序窗口,也同样无法用常规方法删除它。试下载第三方软件如"In-dex. Dat FileViewer"查看 index. dat 中的内容,并利用 Tracks Eraser Pro 软件删除 index. dat。完成实验报告。

15. 操作实验:数据恢复软件 Easy Recovery 的安装与使用。完成实验报告。

16. 操作实验:访问蜜网项目组(The Honeynet Project,https://projects. honeynet. org)官网,下载并使用相关蜜网工具。完成实验报告。

17. 操作实验:计算机取证软件 Encase 的安装与使用。完成实验报告。

第9章 计算机系统安全风险评估

什么样的计算机系统是安全的? 如何评估计算机系统的安全? 这些是各国政府、各种应用计算机的组织以及广大计算机用户非常关心的问题。

计算机系统安全风险评估是信息安全建设的起点和基础,安全风险评估是加强信息安全保障体系建设和管理的关键环节。通过开展信息安全风险评估工作,可以发现信息安全存在的主要问题和矛盾,找到解决诸多关键问题的办法。

本章9.1节、9.2节分别介绍安全评估的国内外标准,评估的主要方法、工具、过程,最后在9.3节给出了一个信息系统安全风险评估的实例。

9.1 安全风险评估简介

任何系统的安全性都可以通过风险的大小来衡量。在日常生活和工作中,风险评估也是随处可见。比如,人们经常会提出这样一些问题:什么地方、什么时间可能出问题? 出问题的可能性有多大? 这些问题的后果是什么? 应该采取什么样的措施加以避免和弥补? 人们为了找出答案,分析确定系统风险及风险大小,进而决定采取什么措施去减少、转移、避免风险,把风险控制在可以容忍的范围内,这一过程实际上就是风险评估。早在19世纪初期,科学家就已开始研究风险管理理论。

信息安全风险评估,就是从风险管理的角度,运用科学的方法和手段,系统地分析网络与信息系统所面临的威胁及其存在的脆弱性,评估安全事件一旦发生可能造成的危害程度,提出有针对性的抵御威胁的防护对策和整改措施,并为防范和化解信息安全风险,将风险控制在可接受的水平,最大限度地为计算机网络信息系统安全提供科学依据。

从理论上讲,风险总是客观存在的,安全是安全风险与安全建设管理代价的综合平衡。不考虑风险的信息化是要付出代价的,有时代价可能很高,甚至是灾难性的。当然,不计成本、片面地追求绝对安全、试图消灭风险或完全避免风险也是不现实的,不是需求主导原则所要求的。坚持从实际出发,坚持需求主导、突出重点,就必须科学地评估风险,有效控制风险,最大限度地保障信息系统的安全。

9.1.1 安全风险评估途径

风险评估途径也就是规定风险评估应该遵循的操作过程和方式。组织应当针对不同的环境选择恰当的风险评估途径。目前,实际工作中经常使用的风险评估途径包括基线评估、详细评估和组合评估。

1. 基线评估

采用基线风险评估(Baseline Risk Assessment),组织根据自己的实际情况(所在行业、业务环境与性质等),对信息系统进行安全基线检查,即拿现有的安全措施与安全基线规定的措施进行比较,找出其中的差距,得出基本的安全需求,通过选择并实施标准的安全措施来消除和控制风险。所谓的安全基线,是在诸多标准规范中规定的一组安全控制措施或者惯例,这些措施和惯例适用于特定环境下的所有系统,可以满足基本的安全需求,能使系统达到一定的安全防护水平。组织可以根据以下资源来选择安全基线:

- 国际标准和国家标准。
- 行业标准或推荐标准。
- 来自其他有类似商务目标和规模的组织的惯例。

当然,如果环境和商务目标较为典型,组织也可以自行建立基线。

基线评估的目标是建立一套满足信息安全基本目标的最小对策集合,它可以在全组织范围内实行,如果有特殊需要,应该在此基础上对特定系统进行更详细的评估。

基线评估的优点是需要的资源少,周期短,操作简单。对子环境相似且安全需求相当的诸多组织,基线评估显然是最经济有效的风险评估途径之一。

基线评估的缺点是基线水平的高低难以设定,如果过高,可能导致资源浪费和限制过度;如果过低,则可能难以达到充分的安全。

2. 详细评估

详细评估要求对资产进行详细识别和评估,对可能引起风险的威胁和脆弱点进行评估,根据风险评估的结果来识别和选择安全措施。这种评估途径集中体现了风险管理的思想,即识别资产的风险并将风险降低到可接受的水平,以此证明管理者采用的安全控制措施是恰当的。

详细评估的优点在于,组织可以通过详细的风险评估对信息安全风险有一个精确的认识,并且准确定义出组织目前的安全水平和安全需求。

不过,详细的风险评估可能是非常耗费资源的过程,包括时间、精力和技术,因此组织应该仔细设定待评估的信息系统范围,明确商务环境、操作和信息资产的边界。

3. 组合评估

基线风险评估耗费资源少、周期短、操作简单,但不够准确,适合一般环境的评估;详细风险评估准确而细致,但耗费资源较多,适合严格限定边界的较小范围内的评估。基于此,实践当中,组织多是采用二者结合的组合评估方式。

为了决定选择哪种风险评估途径,组织首先对所有的系统进行一次初步的高级风险评估,着眼于信息系统的商业价值和可能面临的风险,识别出组织内具有高风险的或者对其商务运作极为关键的信息资产(或系统),这些资产或系统应该划入详细风险评估的范围,而其他系统则可以通过基线风险评估直接选择安全措施。

组合评估将基线和详细风险评估的优点结合起来,既节省了评估所耗费的资源,又能确保获得一个全面系统的评估结果,而且组织的资源和资金能够应用到最能发挥作用的地方,具有高风险的信息系统能够被预先关注。

当然,组合评估也有缺点:如果初步的高级风险评估不够准确,某些本来需要详细评估的系统也许会被忽略,最终导致结果失准。

9.1.2 安全风险评估基本方法

在风险评估过程中,可以采用多种操作方法,无论何种方法,共同的目标都是找出组织信息资产面临的风险及其影响,以及目前安全水平与组织安全需求之间的差距。

1. 基于知识的评估方法

基于知识的评估方法又称为经验方法,它牵涉到对来自类似组织(包括规模、商务目标和市场等)的"最佳惯例"的重用,适合一般性的信息安全组织。

采用这种方法,组织不需要付出很多精力、时间和资源,只要通过多种途径采集相关信息,识别组织的风险所在和当前的安全措施,与特定的标准或最佳惯例进行比较,从中找出不符合的地方,并按照标准或最佳惯例的推荐选择安全措施,最终达到消除和控制风险的目的。

基于知识的评估方法,最重要的还在于评估信息的采集,信息源包括:

- 会议讨论。
- 对当前的信息安全策略和相关文档进行复查。
- 制作问卷,进行调查。
- 对相关人员进行访谈。
- 进行实地考察。

为了简化评估工作,组织可以采用一些辅助性的自动化工具,这些工具可以帮助组织拟订符合特定标准要求的问卷,然后对解答结果进行综合分析,在与特定标准比较之后给出最终的推荐报告。市场上可选的此类工具有多种,COBRA 就是典型的一种。

2. 基于模型的评估方法

采用 UML 建模语言分析和描述被评估信息系统及其安全风险相关要素,可以运用面向对象的分析方法,采用图形化建模技术,提高系统及其相关安全要素描述的精确性,提高评估结果质量。

UML 在风险评估中的应用,有利于风险评估过程与系统开发过程的相互支持,有利于对安全风险相关要素进行模式抽象和总结,通过模式的复用,以及开发应用基于模型方法的工具集,提高效率,降低成本。

3. 定量评估方法

定量评估方法是指运用数量指标来对风险进行评估,即对构成风险的各个要素和潜在损失的水平赋予数值或货币金额,当度量风险的所有要素(资产价值、威胁频率、弱点利用程度、安全措施的效率和成本等)都被赋值,风险评估的整个过程和结果就可以被量化了。

典型的定量分析方法有因子分析法、聚类分析法、时序模型、回归模型、等风险图法、决策树法等。

定量评估中常涉及的几个重要概念如下。

- 暴露因子(Exposure Factor,EF):特定威胁对特定资产造成损失的百分比,即损失的程度。
- 单一损失期望(Single Loss Expectancy,SLE):或者称为 SOC(Single Occurrence Costs),即特定威胁可能造成的潜在损失总量。
- 年度发生率(Annualized Rate of Occurrence,ARO):威胁在一年内估计会发生的频率。
- 年度损失期望(Annualized Loss Expectancy,ALE):或者称为 EAC(Estimated Annual Cost),即特定资产在一年内遭受损失的预期值。

定量分析的过程如下:

1)识别资产并为资产赋值。

2)通过威胁和弱点评估,评估特定威胁作用于特定资产所造成的影响,即确定 EF(取值为 0% ~ 100%）。

3）计算特定威胁发生的频率,即 ARO。

4）计算资产的 SLE:SLE = 总资产值 × EF。

5）计算资产的 ALE:ALE = SLE × ARO。

【例9-1】 假定某公司投资 500000 美元建了一个网络运营中心,其最大的威胁是火灾,一旦火灾发生,网络运营中心的估计损失程度 EF 是 45%。根据消防部门推断,该网络运营中心所在的地区每 5 年会发生一次火灾,于是得出 ARO 为 0.20。基于以上数据,该公司网络运营中心的 ALE 将是 500000 美元 × 45% × 0.20 = 45000 美元。

可以看到,对定量分析来说,EF 和 ARO 两个指标最为关键。

定量评估方法的优点是用直观的数据来表述评估的结果,可以对安全风险进行准确的分级。但这有个前提,那就是可供参考的数据指标是准确的,然而在信息系统日益复杂多变的今天,定量分析所依据的数据的可靠性是很难保证的。此外,常常为了量化,使本来比较复杂的事物简单化、模糊化了,有的风险因素被量化以后还可能被误解和曲解。

4. 定性分析方法

定性的评估方法主要依据评估者的知识、经验、历史教训、政策走向及特殊情况等非量化资料,对系统风险状况做出判断的过程。定性分析的操作方法可以多种多样,包括小组讨论、检查列表(Checklist)、问卷(Questionnaire)、人员访谈(Interview)、调查(Survey)等。在此基础上,通过一个理论推导演绎的分析框架做出调查结论。典型的定性分析方法有因素分析法、逻辑分析法、历史比较法、德尔斐法(Delphi Method)。

定性分析方法是目前采用最为广泛的一种方法,其优点是避免了定量方法的缺点,可以挖掘出一些蕴藏很深的思想,使评估的结论更全面、更深刻。但是它的主观性很强,往往需要凭借分析者的经验和直觉,或者业界的标准和惯例,为风险管理诸要素(资产价值,威胁的可能性,脆弱点被利用的容易度,现有控制措施的效力等)的大小或高低程度定性分级,例如"高"、"中"、"低"3 级。

与定量分析相比较,定性分析的精确性不够,定量分析则比较精确。定性分析没有定量分析那样繁多的计算负担,但却要求分析者具备一定的经验和能力。定量分析依赖大量的统计数据,而定性分析没有这方面的要求。定性分析较为主观,定量分析基于客观。此外,定量分析的结果很直观,容易理解,而定性分析的结果则很难有统一的解释。组织可以根据具体的情况来选择定性或定量的分析方法。

5. 定性与定量相结合的综合评估方法

系统风险评估是一个复杂的过程,需要考虑的因素很多,有些评估要素可以用量化的形式来表达,而对有些要素的量化很困难甚至是不可能的,所以在复杂的信息系统风险评估过程中,应将这两种方法融合起来。定量分析是定性分析的基础和前提,定性分析应建立在定量分析的基础上才能揭示客观事物的内在规律。

层次分析法(AHP)是一种综合的评估方法。该方法是由美国著名的运筹学专家 T. L. Saaty 于 20 世纪 70 年代提出来的,是一种定性分析与定量分析相结合的多目标决策分析方法。这一方法的核心是将决策者的经验判断量化,从而为决策者提供定量形式的决策依据。目前,该方法已广泛地应用于尚无统一度量标尺的复杂问题的分析,解决用纯参数数学模型方法难以解决的决策分析问题。该方法对系统进行分层次、拟定量、规范化处理,在评估过程中经历系统分解、安全性判断和综合判断3个阶段。

在9.3节中,将介绍采用模糊数学的风险分析综合评判法实例。

9.1.3 安全风险评估工具

风险评估工具是风险评估的辅助手段,是保证风险评估结果可信度的一个重要因素。风险评估工具的使用不但在一定程度上解决了手动评估的局限性,最主要的是它能够将专家知识进行集中,使专家的经验知识被广泛应用。

根据在风险评估过程中的主要任务和作用原理的不同,风险评估工具可以分成风险评估与管理工具、系统基础平台风险评估工具、风险评估辅助工具3类。

1. 风险评估与管理工具

风险评估与管理工具是一套集成了风险评估各类知识和判据的管理信息系统,以规范风险评估的过程和操作方法;或者是用于收集评估所需要的数据和资料,基于专家经验,对输入输出进行模型分析。根据实现方法的不同,风险评估与管理工具可以分为3类。

1)基于信息安全标准的风险评估与管理工具。目前,国际上存在多种不同的风险分析标准或指南,不同的风险分析方法的侧重点不同。以这些标准或指南的内容为基础,分别开发相应的评估工具,完成遵循标准或指南的风险评估过程。

2)基于知识的风险评估与管理工具。这类工具并不仅仅遵循某个单一的标准或指南,而是将各种风险分析方法进行综合,并结合实践经验,形成风险评估知识库,以此为基础完成综合评估。它还涉及来自类似组织(包括规模、商务目标和市场等)的最佳实践,主要通过多种途径采集相关信息,识别组织的风险和当前的安全措施;与特定的标准或最佳实践进行比较,从中找出不符合的地方;按照标准或最佳实践的推荐,选择安全措施以控制风险。

3)基于模型的风险评估与管理工具。这类工具都使用了定性分析方法或定量分析方法,或者将定性与定量相结合。基于模型的风险评估与管理工具是在对系统各组成部分、安全要素充分研究的基础上,对典型系统的资产、威胁、脆弱性建立量化或半量化的模型,根据采集信息的输入,得到评价的结果。

2. 系统基础平台风险评估工具

系统基础平台风险评估工具包括脆弱性扫描工具和渗透性测试工具。

1)脆弱性扫描工具主要用于对信息系统的主要部件(如操作系统、数据库系统、网络设备等)的脆弱性进行分析。目前,常见的脆弱性扫描工具有以下几种类型:

- 基于网络的扫描器。在网络中运行,能够检测如防火墙错误配置或连接到网络上的易受攻击的网络服务器的关键漏洞。
- 基于主机的扫描器。发现主机的操作系统、特殊服务和配置的细节,发现潜在的用户行为风险,如密码强度不够,也可实施对文件系统的检查。
- 分布式网络扫描器。由远程扫描代理、对这些代理的即插即用更新机制、中心管理点3部分构成,用于企业级网络的脆弱性评估,分布和位于不同的位置、城市甚至不同的国家。
- 数据库脆弱性扫描器。对数据库的授权、认证和完整性进行详细的分析,也可以识别数据库系统中潜在的脆弱性。

2）渗透性测试工具是根据脆弱性扫描工具扫描的结果进行模拟攻击测试，判断被非法访问者利用的可能性。这类工具通常包括黑客工具、脚本文件。渗透性测试的目的是检测已发现的脆弱性是否会真正给系统或网络带来影响。通常渗透性工具与脆弱性扫描工具一起使用，并可能会对被评估系统的运行带来一定影响。

3. 风险评估辅助工具

风险评估需要大量的实践和经验数据的支持，这些数据的积累是风险评估科学性的基础。风险评估辅助工具可以实现对数据的采集、现状分析和趋势分析等单项功能，为风险评估各要素的赋值、定级提供依据。常用的辅助工具有：

1）检查列表。检查列表是基于特定标准或基线建立的，对特定系统进行审查的项目条款。通过检查列表，操作者可以快速定位系统目前的安全状况与基线要求之间的差距。

2）入侵检测系统。入侵检测系统通过部署检测引擎，收集、处理整个网络中的通信信息，以获取可能对网络或主机造成危害的入侵攻击事件；帮助检测各种攻击试探和误操作；同时也可以作为一个警报器，提醒管理员发生的安全状况。

3）安全审计工具。用于记录网络行为，分析系统或网络安全现状；它的审计记录可以作为风险评估中的安全现状数据，并可用于判断被评估对象威胁信息的来源。

4）拓扑发现工具。通过接入点接入被评估网络，完成被评估网络中的资产发现功能，并提供网络资产的相关信息，包括操作系统版本、型号等。拓扑发现工具主要是自动完成网络硬件设备的识别、发现功能。

5）资产信息收集系统。通过提供调查表形式，完成被评估信息系统数据、管理、人员等资产信息的收集功能，了解组织的主要业务、重要资产、威胁、管理上的缺陷、采用的控制措施和安全策略的执行情况。此类系统主要采取电子调查表形式，需要被评估系统管理人员参与填写，并自动完成资产信息获取。

6）其他。如用于评估过程参考的评估指标库、知识库、漏洞库、算法库、模型库等。

4. 专用的自动化风险评估工具

风险评估过程最常用的还是一些专用的自动化风险评估工具，无论是商用的还是免费的，此类工具都可以有效地通过输入数据来分析风险，最终给出对风险的评估并推荐相应的安全措施。目前，常见的自动化风险评估工具如下：

1）COBRA。COBRA（Consultative Objective and Bi – functional Risk Analysis）是英国的 C&A 系统安全公司推出的一套风险分析工具软件，它通过问卷的方式来采集和分析数据，并对组织的风险进行定性分析，最终的评估报告中包含已识别风险的水平和推荐措施。C&A 公司提供了 COBRA 试用版下载：http://www. security – risk – analysis. com/cobdown. htm。

2）CRAMM。CRAMM（CCTA Risk Analysis and Management Method, http://www. cramm. com）是由英国政府的中央计算机与电信局（Central Computer and Telecommunications Agency, CCTA）于 1987 年开发的一种定性/定量风险分析工具。

3）MSAT。MSAT（Microsoft Security Accessment Tool）是微软的一个风险评估工具，与微软基准安全分析器 MBSA 直接扫描和评估系统不同，MSAT 通过填写的详细问卷以及相关信息来处理问卷反馈，并评估组织在诸如基础结构、应用程序、操作和人员等领域中的安全实践，然后提出相应的安全风险管理措施和意见。如果说 MBSA 是个漏洞扫描器，则 MSAT 就是个风险评估工具。MSAT 是免费工具,可以从微软网站下载。

不可否认,以上这些工具的使用会减轻评估所需的系统脆弱、威胁信息,简化评估工作,减少评估过程中的主观性。但无论这些工具的功能多么强大,由于信息系统风险评估的复杂性,它在信息系统的风险评估过程中也只能作为辅助手段,代替不了整个风险评估过程。

9.2 安全风险评估的实施

安全风险评估是组织确定信息安全需求的过程,包括风险评估准备、资产识别、威胁识别、脆弱性识别和风险分析等一系列活动。

9.2.1 风险评估依据

首先应当明确的是,风险评估应当依据国家政策法规、技术规范与管理要求、行业标准或国际标准进行,主要包括以下内容:

1)政策法规。如《国家信息化领导小组关于加强信息安全保障工作的意见》(中办发[2003]27 号);《国家网络与信息安全协调小组关于开展信息安全风险评估工作的意见》(国信办[2006]5 号)。

2)国际标准。如 ISO/IEC 27000 标准族;SSE – CMM《系统安全工程能力成熟模型》。

3)国家标准。如 GB/T 9361—2000《计算机场地安全要求》;GB 17859—1999《计算机信息系统安全保护等级划分准则》;GB/T 18336—2001《信息技术安全技术信息技术安全性评估准则》(idtISO/IEC 15408:1999);GB/T 19716—2005《信息技术信息安全管理实用规则》(ISO/IEC 17799:2000,IDT);GB/T 20984—2007《信息安全技术　信息安全风险评估规范》。

4)行业通用标准。如 CVE 公共漏洞数据库;信息安全应急响应机构公布的漏洞;国家信息安全主管部门公布的漏洞。

9.2.2 风险要素

风险评估围绕着资产、威胁、脆弱性和安全措施这些基本要素展开,在对基本要素的评估过程中,还需要充分考虑业务战略、资产价值、安全需求、安全事件、残余风险等与这些基本要素相关的各类属性。图 9-1 给出了风险要素及相关属性之间的关系,图中方框表示风险评估的基本要素,椭圆表示与这些要素相关的属性。

1. 风险要素及属性的相关术语

● 威胁(Threat):可能导致对系统或组织危害的事故的潜在起因。

● 脆弱性(Vulnerability):可能被威胁所利用的资产或若干资产的薄弱环节。

● 安全措施(Security Measure):保护资产、抵御威胁、减少脆弱性、降低安全事件的影响,以及打击信息犯罪而实施的各种实践、规程和机制。

● 信息安全风险(Information Security Risk):人为或自然的威胁利用信息系统及其管理体系中存在的脆弱性,导致安全事件的发生及对组织造成的影响。

● 业务战略(Business Strategy):组织为实现其发展目标而制定的一组规则或要求。

● 资产价值(Asset Value):资产的重要程度或敏感程度的表征。资产价值是资产的属性,

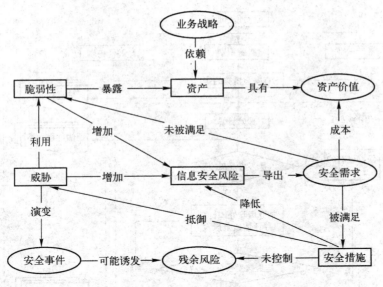

图 9-1 风险评估要素关系图

也是进行资产识别的主要内容。
- 安全需求(Security Requirement):为保证组织业务战略的正常运作而在安全措施方面提出的要求。
- 安全事件(Security Incident):系统、服务或网络的一种可识别状态的发生,它可能是对信息安全策略的违反或防护措施的失效,或未预知的不安全状况。
- 残余风险(Residual Risk):采取安全措施后,信息系统仍然可能存在的风险。

2. 风险要素与属性之间的关系

从图 9-1 可以看出,风险要素及相关属性之间存在以下关系:
- 业务战略的实现对资产具有依赖性,依赖程度越高,要求其风险越小。
- 资产是有价值的,组织的业务战略对资产的依赖程度越高,资产价值就越大。
- 风险是由威胁引发的,资产面临的威胁越多则风险越大,并可能演变成安全事件。
- 资产的脆弱性可能暴露资产的价值,资产具有的脆弱性越多则风险越大。
- 脆弱性是未被满足的安全需求,威胁利用脆弱性危害资产。
- 风险的存在及对风险的认识导出安全需求。
- 安全需求可通过安全措施得以满足,需要结合资产价值考虑实施成本。
- 安全措施可抵御威胁,降低风险。
- 残余风险有些是安全措施不当或无效,需要加强才可控制的风险;而有些则是在综合考虑了安全成本与效益后不去控制的风险。
- 残余风险应受到密切监视,它可能会在将来诱发新的安全事件。

9.2.3 风险评估过程

图 9-2 所示是安全风险评估的实施流程。

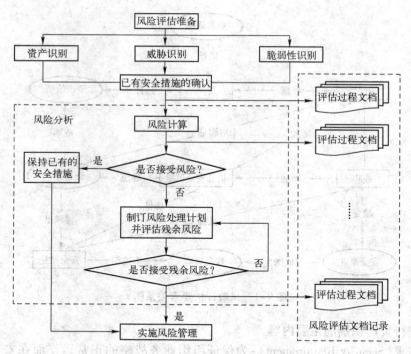

图 9-2 安全风险评估的实施流程

1. 风险评估准备

风险评估准备是整个风险评估过程有效性的保证。在正式进行风险评估之前,组织应该制订一个有效的风险评估计划,确定安全风险评估的目标、范围,建立相关的组织机构,并选择系统性的安全风险评估方法来收集风险评估所需的信息和数据。具体包括以下内容。

1)确定风险评估的目标。根据组织业务持续发展在安全方面的需要、法律法规的规定等内容,识别现有信息系统及管理上的不足,以及可能造成的风险大小。

2)确定风险评估的范围。风险评估范围可能是组织全部的信息及与信息处理相关的各类资产、管理机构,也可能是某个独立的信息系统、关键业务流程、与客户知识产权相关的系统或部门等。

3)组建适当的评估管理与实施团队。风险评估实施团队由管理层、相关业务骨干、IT 技术等人员组成。必要时,可组建由评估方、被评估方领导和相关部门负责人参加的风险评估领导小组,聘请相关专业的技术专家和技术骨干组成专家小组。

评估实施团队应做好评估前的表格、文档、检测工具等各项准备工作,进行风险评估技术培训和保密教育,制定风险评估过程管理的相关规定。可根据被评估方要求,双方签署保密合同,酌情签署个人保密协议。

4)进行系统调研。系统调研是确定被评估对象的过程,风险评估小组应进行充分的系统调研,为风险评估依据和方法的选择、评估内容的实施奠定基础。调研内容至少应包括:

- 业务战略及管理制度。
- 主要的业务功能和要求。
- 网络结构与网络环境,包括内部连接和外部连接。
- 系统边界。

- 主要的硬件、软件。
- 数据和信息。
- 系统和数据的敏感性。
- 支持和使用系统的人员。
- 其他。

系统调研可以采取问卷调查、现场面谈相结合的方式进行。调查问卷是提供一套关于管理或操作控制的问题表格,供系统技术或管理人员填写;现场面谈则是由评估人员到现场观察并收集系统在物理、环境和操作方面的信息。

5）确定评估依据和方法。根据系统调研结果,确定评估依据和评估方法。根据评估依据,应考虑评估的目的、范围、时间、效果、人员素质等因素来选择具体的风险计算方法,并依据业务实施对系统安全运行的需求,确定相关的判断依据,使之能够与组织环境和安全要求相适应。

6）制定风险评估方案。风险评估方案的目的是为后面的风险评估实施活动提供一个总体计划,用于指导实施方开展后续工作。风险评估方案的内容一般包括(但不仅限于):

- 团队组织。包括评估团队成员、组织结构、角色、责任等内容。
- 工作计划。风险评估各阶段的工作计划,包括工作内容、工作形式、工作成果等内容。
- 时间进度安排。项目实施的时间进度安排。

7）获得最高管理者对风险评估工作的支持。上述所有内容确定后,应形成较为完整的风险评估实施方案,得到组织最高管理者的支持、批准;对管理层和技术人员进行传达,在组织范围内就风险评估相关内容进行培训,以明确有关人员在风险评估中的任务。

2. 资产识别

在这一过程中确定信息系统的资产,并明确资产的价值。资产是组织(企业、机构)赋予了价值因而需要保护的东西。资产的确认应当从关键业务开始,最终覆盖所有的关键资产。在确定资产时一定要防止遗漏,划入风险评估范围的每一项资产都应该被确认和评估。

1）资产分类。根据资产的表现形式,可将资产分为数据、软件、硬件、文档、服务、人员等。表9-1列出了一种资产分类方法。

表9-1 一种基于表现形式的资产分类

分　类	示　例
数据	存在信息媒介上的各种数据资料,包括源代码、数据库数据、系统文档、运行管理规程、计划、报告、用户手册等
软件	系统软件:操作系统、数据库管理系统、语言包、开发系统等 应用软件:办公软件、数据库软件,各类工具软件等 源程序:各种共享源代码、自行或合作开发的各种程序等
硬件	网络设备:路由器、网关、交换机等 计算机设备:大型机、小型机、服务器、工作站、台式计算机、便携式计算机等 存储设备:磁带机、磁盘阵列、磁带、光盘、软盘、U盘、移动硬盘等 传输线路:光纤、双绞线等 保障设备:动力保障设备(UPS、变电设备等)、空调、保险柜、文件柜、门禁、消防设施等 安全保障设备:防火墙、入侵检测系统、身份验证等 其他电子设备:打印机、复印机、扫描仪、传真机等

分　类	示　例
服务	办公服务:为提高效率而开发的管理信息系统(MIS),它包括各种内部配置管理、文件流转管理等服务 网络服务:各种网络设备、设施提供的网络连接服务 信息服务:对外依赖该系统开展的各类服务
文档	纸质的各种文件、传真、电报、财务报告、发展计划等
人员	掌握重要信息和核心业务的人员,如主机维护主管、网络维护主管及应用项目经理及网络研发人员等
其他	企业形象、客户关系等

2）资产赋值。保密性、完整性和可用性是评价资产的3个安全属性。风险评估中资产的价值不是以资产的经济价值来衡量的,而是由资产在这3个安全属性上的达成程度或者其安全属性未达成时所造成的影响程度来决定的。安全属性达成程度的不同将使资产具有不同的价值,而资产面临的威胁、存在的脆弱性以及已采用的安全措施都将对资产安全属性的达成程度产生影响。为此,应对组织中资产的3个安全属性进行赋值。表9-2、表9-3和表9-4分别给出了资产保密性赋值、完整性赋值和可用性赋值的参考。

表9-2　资产保密性赋值

赋　值	标　识	定　义
1	很低	可对社会公开的信息,公用的信息处理设备和系统资源等
2	低	仅能在组织内部或在组织某一部门内部公开的信息,向外扩散有可能对组织的利益造成轻微损害
3	中等	组织的一般性秘密,其泄露会使组织的安全和利益受到损害
4	高	包含组织的重要秘密,其泄露会使组织的安全和利益遭受严重损害
5	很高	包含组织最重要的秘密,关系未来发展的前途命运,对组织根本利益有着决定性的影响,如果泄露会造成灾难性的损害

表9-3　资产完整性赋值

赋　值	标　识	定　义
1	很低	完整性价值非常低,未经授权的修改或破坏对组织造成的影响可以忽略,对业务冲击可以忽略
2	低	完整性价值较低,未经授权的修改或破坏会对组织造成轻微影响,对业务冲击轻微,容易弥补
3	中等	完整性价值中等,未经授权的修改或破坏会对组织造成影响,对业务冲击明显,但可以弥补
4	高	完整性价值较高,未经授权的修改或破坏会对组织造成重大影响,对业务冲击严重,较难弥补
5	很高	完整性价值非常关键,未经授权的修改或破坏会对组织造成重大的或无法接受的影响,对业务冲击重大,并可能造成严重的业务中断,难以弥补

表 9-4　资产可用性赋值

赋　值	标　识	定　义
1	很低	可用性价值可以忽略,合法使用者对信息及信息系统的可用度在正常工作时间低于25%
2	低	可用性价值较低,合法使用者对信息及信息系统的可用度在正常工作时间达到25%以上,或系统允许中断时间小于60 min
3	中等	可用性价值中等,合法使用者对信息及信息系统的可用度在正常工作时间达到70%以上,或系统允许中断时间小于30 min
4	高	可用性价值较高,合法使用者对信息及信息系统的可用度达到每天90%以上,或系统允许中断时间小于10 min
5	很高	可用性价值非常高,合法使用者对信息及信息系统的可用度达到年度99.9%以上,或系统不允许中断

　　资产的最终价值应依据资产在保密性、完整性和可用性上的赋值等级,经过综合评定得出。综合评定方法可以根据自身的特点,选择对资产保密性、完整性和可用性最为重要的一个属性的赋值等级作为资产的最终赋值结果;也可以根据资产保密性、完整性和可用性的不同等级对其赋值进行加权计算得到资产的最终赋值结果。加权方法可根据组织的业务特点确定。表 9-5 列举了一个资产等级的划分。

表 9-5　资产等级

等　级	标　识	描　述
1	很低	不重要,其安全属性破坏后对组织造成很小的损失,甚至忽略不计
2	低	不太重要,其安全属性破坏后可能对组织造成较低的损失
3	中等	比较重要,其安全属性破坏后可能对组织造成中等程度的损失
4	高	重要,其安全属性破坏后可能对组织造成比较严重的损失
5	很高	非常重要,其安全属性破坏后可能对组织造成灾难性的损失

3. 威胁识别

　　在威胁识别中,组织应该识别每项(类)资产可能面临的威胁。安全威胁是一种对组织及其资产构成潜在破坏的可能性因素或者事件。无论多么安全的信息系统,安全威胁都是一个客观存在的事实,它是风险评估的重要因素之一。

　　1)威胁分类。识别威胁的关键在于确认引发威胁的人或事物,即所谓的威胁来源。威胁来源通常可分为:环境因素和人为因素,见表 9-6。

表 9-6　威胁来源列表

来　源		描　述
环境因素		断电、静电、灰尘、潮湿、温度、鼠蚁虫害、电磁干扰、洪灾、火灾、地震、意外事故等环境危害或自然灾害,以及软件、硬件、数据、通信线路等方面的故障
人为因素	恶意人员	不满的或有预谋的内部人员对信息系统进行恶意破坏;采用自主或内外勾结的方式盗窃机密信息或进行篡改,以获取利益 外部人员利用信息系统的脆弱性,对网络或系统的保密性、完整性和可用性进行破坏,以获取利益或炫耀能力
	非恶意人员	内部人员由于缺乏责任心,或者由于不关心或不专注,或者没有遵循规章制度和操作流程而导致故障或信息损坏;内部人员由于缺乏培训、专业技能不足、不具备岗位技能要求而导致信息系统故障或被攻击

针对上述威胁来源,可以根据威胁的表现形式对其进行分类,见表9-7。

表9-7 威胁分类

种 类	描 述	威胁子类
软硬件故障	对业务实施或系统运行产生影响的设备硬件故障、通信链路中断、系统本身或软件缺陷等问题	设备硬件故障、传输设备故障、存储媒体故障、系统软件故障、应用软件故障、数据库软件故障、开发环境故障等
物理环境影响	对信息系统正常运行造成影响的物理环境问题和自然灾害	断电、静电、灰尘、潮湿、温度、鼠蚁虫害、电磁干扰、洪灾、火灾、地震等
无作为或操作失误	应该执行而没有执行相应的操作,或无意执行了错误的操作	维护错误、操作失误等
管理不到位	安全管理无法落实或不到位,从而破坏信息系统正常有序运行	管理制度和策略不完善、管理规程缺失、职责不明确、监督管控机制不健全等
恶意代码	故意在计算机系统上执行恶意任务的程序代码	病毒、特洛伊木马、蠕虫、陷门、间谍软件、窃听软件等
越权或滥用	通过采用一些措施,超越自己的权限访问了本来无权访问的资源,或者滥用自己的权限,做出破坏信息系统的行为	非授权访问网络资源、非授权访问系统资源、滥用权限非正常修改系统配置或数据、滥用权限泄露秘密信息等
网络攻击	利用工具和技术通过网络对信息系统进行攻击和入侵	网络探测和信息采集、漏洞探测、嗅探(账号、口令、权限等)、用户身份伪造和欺骗、用户或业务数据的窃取和破坏、系统运行的控制和破坏等
物理攻击	通过物理的接触造成对软件、硬件、数据的破坏	物理接触、物理破坏、盗窃等
泄密	信息泄露给不应了解的他人	内部信息泄露、外部信息泄露等

2)威胁赋值。分析了资产面临的威胁后,还应该评估威胁出现的频率。评估者应根据经验和(或)有关的统计数据进行判断。在评估中,可以对威胁出现的频率进行等级化处理,不同等级分别代表威胁出现的频率的高低。等级数值越大,威胁出现的频率越高。表9-8提供了威胁出现频率的一种赋值方法。

表9-8 威胁赋值

等 级	标 识	描 述
1	很低	威胁几乎不可能发生,仅可能在非常罕见和例外的情况下发生
2	低	威胁发生的频率较小,或一般不太可能发生,或没有被证实发生过
3	中	威胁出现的频率中等(或>1次/半年);或在某种情况下可能会发生;或被证实曾经发生过
4	高	威胁出现的频率较高(或≥1次/月);或在大多数情况下很有可能会发生;可以证实多次发生过
5	很高	威胁出现的频率很高(或≥1次/周);或在大多数情况下几乎不可避免;或可以证实经常发生过

4. 脆弱性识别

仅有威胁还构不成风险,威胁只有利用了特定的弱点才可能对资产造成影响,所以组织应该针对每一项需要保护的信息资产,找到可被威胁利用的脆弱点,并对脆弱性的严重程度进行评估,即对脆弱性被威胁利用的可能性进行评估,最终为其赋予相对等级值。

1)脆弱性识别内容。脆弱性识别时的数据应来自于资产的所有者、使用者,以及相关业务领域和软硬件方面的专业人员等。脆弱性识别所采用的方法主要有:问卷调查、工具检测、人工核查、文档查阅、渗透性测试等。

脆弱性识别主要从技术和管理两个方面进行,技术脆弱性涉及物理层、网络层、系统层、应用层等各个层面的安全问题。管理脆弱性又可分为技术管理脆弱性和组织管理脆弱性两方面,前者与具体技术活动相关,后者与管理环境相关。表9-9提供了一种脆弱性识别内容的参考。

表9-9 脆弱性识别内容表

类 型	识别对象	识 别 内 容
技术脆弱性	物理环境	从机房场地、机房防火、机房供配电、机房防静电、机房接地与防雷、电磁防护、通信线路的保护、机房区域防护、机房设备管理等方面进行识别
	网络结构	从网络结构设计、边界保护、外部访问控制策略、内部访问控制策略、网络设备安全配置等方面进行识别
	系统软件	从补丁安装、物理保护、用户账号、口令策略、资源共享、事件审计、访问控制、新系统配置、注册表加固、网络安全、系统管理等方面进行识别
	应用中间件	从协议安全、交易完整性、数据完整性等方面进行识别
	应用系统	从审计机制、审计存储、访问控制策略、数据完整性、通信、鉴别机制、密码保护等方面进行识别
管理脆弱性	技术管理	从物理和环境安全、通信与操作管理、访问控制、系统开发与维护、业务连续性等方面进行识别
	组织管理	从安全策略、组织安全、资产分类与控制、人员安全、符合性等方面进行识别

2)脆弱性赋值。可以根据脆弱性对资产的暴露程度、技术实现的难易程度、流行程度等,采用等级方式对已识别的脆弱性的严重程度进行赋值。脆弱性严重程度可以进行等级化处理,不同的等级分别代表资产脆弱性严重程度的高低。等级数值越大,脆弱性严重程度越高。表9-10提供了脆弱性严重程度的一种赋值方法。

表9-10 脆弱性严重程度赋值表

等 级	标 识	描 述
1	很低	如果被威胁利用,对资产造成的损害可以忽略
2	低	如果被威胁利用,将对资产造成较小损害
3	中	如果被威胁利用,将对资产造成一般损害
4	高	如果被威胁利用,将对资产造成重大损害
5	很高	如果被威胁利用,将对资产造成完全损害

5. 已有安全控制措施的确认

在影响威胁发生的外部条件中,除了资产的脆弱点外,另一个就是组织现有的安全措施。识别已有的(或已计划的)安全控制措施,分析安全措施的效力,确定威胁利用弱点的实际可能性,一方面可以指出当前安全措施的不足,另一方面也可以避免重复投资。

安全控制措施可以分为:

● 管理性(Administrative)。对系统的开发、维护和使用实施管理的措施,包括安全策略、程序管理、风险管理、安全保障、系统生命周期管理等。

● 操作性(Operational)。用来保护系统和应用操作的流程和机制,包括人员职责、应急响应、事件处理、意识培训、系统支持和操作、物理和环境安全等。

- 技术性(Technical)。身份识别与认证、逻辑访问控制、日志审计、加密等。

从控制的功能来看,安全控制措施又可以分为以下几类。

- 威慑性(Deterrent):此类控制可以降低蓄意攻击的可能性。
- 预防性(Preventive):此类控制可以保护脆弱点,使攻击难以成功,或者降低攻击造成的影响。
- 检测性(Detective):此类控制可以检测并及时发现攻击活动,还可以激活纠正性或预防性控制。
- 纠正性(Corrective):此类控制可以使攻击造成的影响减到最小。

通过相关文档的复查、人员面谈、现场勘查、清单检查等途径,可以分析出现有的安全措施。对已识别的安全控制措施,应该评估其有效性(Effectiveness),即是否真正降低了系统的脆弱性,抵御了威胁。对有效的安全措施继续保持,以避免不必要的工作和费用,防止安全措施的重复实施。对不适当的安全措施应核实是否取消或对其进行修正,或用更合适的安全措施替代。

安全措施的有效性一般也可以通过 5 级来表述。

6. 风险计算

风险计算原理如图 9-3 所示。

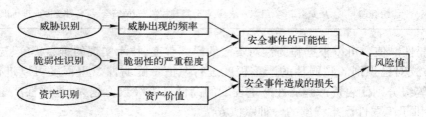

图 9-3　风险计算原理

从图中可以看出,在完成了资产识别、威胁识别、脆弱性识别后,就可以采用适当的方法与工具,根据威胁及脆弱性的难易程度确定安全事件发生的可能性,根据脆弱性的严重程度及安全事件所作用的资产的价值计算安全事件造成的损失。最后综合安全事件发生的可能性以及安全事件出现后的损失,计算安全事件一旦发生对组织的影响,即风险值。

风险值的计算可以用下面的范式形式化加以说明:

$$风险值 = R(A,T,V) = R(L(T,V),F(Ia,Va))$$

其中,R 表示安全风险计算函数;A 表示资产;T 表示威胁;V 表示脆弱性;Ia 表示安全事件所作用的资产价值;Va 表示脆弱性严重程度;L 表示威胁利用资产的脆弱性导致安全事件的可能性;F 表示安全事件发生后造成的损失。其中有以下 3 个关键计算环节:

1)计算安全事件发生的可能性。根据威胁出现频率及脆弱性的状况,计算威胁利用脆弱性导致安全事件发生的可能性,即:

$$安全事件的可能性 = L(威胁出现频率,脆弱性) = L(T,V)。$$

在具体评估中,应综合攻击者技术能力(专业技术程度、攻击设备等)、脆弱性被利用的难易程度(可访问时间、设计和操作知识公开程度等)、资产吸引力等因素来判断安全事件发生的可能性。

2)计算安全事件发生后造成的损失。根据资产价值及脆弱性严重程度,计算安全事件一

且发生后造成的损失,即:

$$安全事件造成的损失 = F(资产价值,脆弱性严重程度) = F(Ia,Va)。$$

部分安全事件的发生造成的损失不仅仅是针对该资产本身,还可能影响业务的连续性;不同安全事件的发生对组织的影响也是不一样的。在计算某个安全事件的损失时,应将对组织的影响也考虑在内。

部分安全事件造成的损失的判断还应参照安全事件发生可能性的结果,对发生可能性极小的安全事件,如处于非地震带的地震威胁、在采取完备供电措施状况下的电力故障威胁等,可以不计算其损失。

3)计算风险值。根据计算出的安全事件的可能性以及安全事件造成的损失,计算风险值,即:

$$风险值 = R(安全事件的可能性,安全事件造成的损失) = R(L(T,V),F(Ia,Va))。$$

评估者可根据自身情况选择相应的风险计算方法计算风险值,如矩阵法或相乘法。矩阵法通过构造一个二维矩阵,形成安全事件的可能性与安全事件造成的损失之间的二维关系;相乘法通过构造经验函数,将安全事件的可能性与安全事件造成的损失进行运算得到风险值。矩阵法和相乘法的风险计算具体步骤请参考《GB/T 20984—2007 信息安全技术 信息安全风险评估规范》。

为实现对风险的控制与管理,可以对风险评估的结果进行等级化处理。评估者应根据所采用的风险计算方法,计算每种资产面临的风险值,根据风险值的分布状况,为每个等级设定风险值范围,并对所有风险计算结果进行等级处理。每个等级代表了相应风险的严重程度。等级越高,风险越高。

表9-11提供了一种风险等级划分方法。

表 9-11　风险等级划分方法

等 级	标 识	描 述
1	很低	一旦发生造成的影响几乎不存在,通过简单的措施就能弥补
2	低	一旦发生造成的影响程度较低,一般仅限于组织内部,通过一定手段很快能解决
3	中	一旦发生会造成一定的经济、社会或生产经营影响,但影响面和影响程度不大
4	高	一旦发生将产生较大的经济或社会影响,在一定范围内给组织的经营和组织信誉造成损害
5	很高	一旦发生将产生非常严重的经济或社会影响,如组织信誉严重破坏、严重影响组织的正常经营,经济损失重大、社会影响恶劣

风险等级处理的目的是在风险管理过程中对不同风险进行直观比较,以确定组织安全策略。组织应当综合考虑风险控制成本与风险造成的影响,提出一个可接受的风险范围。

如果风险计算值在可接受的范围内,则该风险是可接受的,应保持已有的安全措施。

如果风险评估值在可接受的范围外,即风险计算值高于可接受范围的上限值,则该风险是不可接受的。对不可接受的风险应根据导致该风险的脆弱性制订风险处理计划。风险处理计划中应明确采取弥补脆弱性的安全措施、预期效果、实施条件、进度安排、责任部门等。在对于不可接受的风险选择适当安全措施后,为确保安全措施的有效性,可进行再评估,以判断实施安全措施后的残余风险是否已经降低到可接受的水平。残余风险的评估可以依据本标准提出的风险评估流程实施,也可进行适当裁减。一般来说,安全措施的实施是以减少脆弱性或降低安全事件发生的可能性为目标的,因此,残余风险的评估可以从脆弱性评估开始,对照安全措施实施前后的脆弱性状况后,再次计算风险值的大小。某些风险可能在选择了适当的安全措施后,残余风险的结果仍处于不可接受的风险范围内,这样就应考虑是否接受此风险或进一步增加相应的安全措施。

7. 风险评估文档记录

风险评估文档是指在整个风险评估过程中产生的评估过程文档和评估结果文档,包括(但不仅限于此):

- 风险评估方案。阐述风险评估的目标、范围、人员、评估方法、评估结果的形式和实施进度等。
- 风险评估程序。明确评估的目的、职责、过程、相关的文档要求,以及实施本次评估所需的各种资产、威胁、脆弱性识别和判断依据。
- 资产识别清单。根据组织在风险评估程序文档中所确定的资产分类方法进行资产识别,形成资产识别清单,明确资产的责任人/部门。
- 重要资产清单。根据资产识别和赋值的结果,形成重要资产列表,包括重要资产名称、描述、类型、重要程度、责任人/部门等。
- 威胁列表。根据威胁识别和赋值的结果,形成威胁列表,包括威胁名称、种类、来源、动机及出现的频率等。
- 脆弱性列表。根据脆弱性识别和赋值的结果,形成脆弱性列表,包括具体脆弱性的名称、描述、类型及严重程度等。
- 已有安全措施确认表。根据对已采取的安全措施确认的结果,形成已有安全措施确认表,包括已有安全措施名称、类型、功能描述及实施效果等。
- 风险评估报告。对整个风险评估过程和结果进行总结,详细说明被评估对象、风险评估方法、资产、威胁、脆弱性的识别结果、风险分析、风险统计和结论等内容。
- 风险处理计划。对评估结果中不可接受的风险制订风险处理计划,选择适当的控制目标及安全措施,明确责任、进度、资源,并通过对残余风险的评价确定所选择安全措施的有效性。
- 风险评估记录。根据风险评估程序,要求风险评估过程中的各种现场记录可复现评估过程,并作为产生歧义后解决问题的依据。

记录风险评估过程的相关文档,应符合以下要求(但不仅限于此):

- 确保文档发布前是得到批准的。
- 确保文档的更改和现行修订状态是可识别的。
- 确保文档的分发得到适当的控制,并确保在使用时可获得有关版本的适用文档。
- 防止作废文档的非预期使用,若因任何目的需保留作废文档,则应对这些文档进行适当的标识。

对于风险评估过程中形成的相关文档,还应规定其标识、储存、保护、检索、保存期限以及处置所需的控制。相关文档是否需要以及详略程度由组织的管理者来决定。

9.3 信息系统安全风险评估

9.3.1 风险评估模型

根据风险的含义,风险 R 不仅是风险事件发生的概率 P 的函数,而且是风险事件所产生

后果 C 的函数,可表示为 $R = f(P, C)$。P 和 C 的域值设为区间 $[0, 1]$,用 P_f 表示事件未发生(失败)概率,P_s 表示事件发生(成功)概率,对事件发生所产生的后果也用概率测度来表示,用 C_f 表示事件未发生(失败)影响程度的大小,C_s 表示事件发生(成功)影响程度的大小。显然有 $P_f = 1 - P_s$,$C_f = 1 - C_s$,以概率测度为变量的风险函数如下:

$$R_s = f(风险事件发生的概率测度,风险事件发生后果的概率测度)$$
$$= 1 - 风险事件未发生概率 \times 其未产生后果的概率测度$$
$$= 1 - P_f C_f = 1 - (1 - P_s)(1 - C_s) = P_s + C_s - P_s C_s$$

这里得到的风险度是由概率测度表示的,实际上是风险事件发生和其他产生后果的似然估计,用 R_s 表示。

1. 风险事件发生的概率 P_s

前面已分析,影响系统的主要因素是威胁、脆弱性及已有的安全控制措施。它们构成了对信息系统进行安全风险评估的因素集合(论域),设因素集 $U = \{威胁,脆弱性,已有的安全控制措施\}$,其矩阵为 $u = (u_1, u_2, u_3)$,U 中各元素在评估中的影响程度大小的界定实际上是一个模糊择优问题,可按照它们在不同类型系统、不同安全要求中的作用程度分类赋予权值,记为 $A = (a_1, a_2, a_3)$。在对因素集 U 中的因素做单因素评估时,根据实际工作中的情况将评估结果分为 5 个等级,并为每一个等级给出相应的权重,记为 $B = (b_1, b_2, b_3, b_4, b_5) = (0.1, 0.3, 0.5, 0.7, 1.0)$。

请有关专家组成的风险评估小组对事件的威胁性、脆弱性及已有的安全控制措施进行评估,从 u_i 确定该因素对等级 b_j 的隶属度 e_{ij}。

$$e_{ij} = \frac{在 i 因素 j 量级内打勾的专家数}{参加评判的专家总数}$$

则风险事件发生的概率 $P_s = \prod_{i=1}^{3} \prod_{j=1}^{5} (a_i e_{ij} b_j) = AEB^T$,其中 E 称为评判矩阵。

2. 风险事件发生后影响程度 C_s 的模糊综合评判

对风险事件后果的影响程度大小估计,通常从对资产的影响、对能力的影响以及系统恢复费用三方面衡量。对资产的影响包括环境恶化、数据泄露、通信被干扰和信息丢失等。对能力的影响包括中断、延迟和削弱等。由于这种估计的不确定性因素很大,具有模糊性,因而采用模糊综合评判法来估计风险事件的后果。

设因素集 $U = \{资产,能力,费用\}$,其矩阵为 $u = (u'_1, u'_2, u'_3)$,赋予各因素相应的权向量 $\underset{\sim}{A} = (a'_1, a'_2, a'_3)$。评估集 $V = \{可忽略,较小,中等,较大,灾难性\}$,其矩阵为 $V = (v_1, v_2, v_3, v_4, v_5)$。由专家参照评估集分别对各因素 U 进行评估,可得模糊子集 $\underset{\sim}{R}_i = \{r_{i1}, r_{i2}, r_{i3}, r_{i4}, r_{i5}\}$($i = 1, 2, 3$)。由此得到的评判矩阵为

$$\underset{\sim}{R} = \begin{pmatrix} r_{11} & r_{12} & r_{13} & r_{14} & r_{15} \\ r_{21} & r_{22} & r_{23} & r_{24} & r_{25} \\ r_{31} & r_{32} & r_{33} & r_{34} & r_{35} \end{pmatrix}$$

这样,对某个风险事件的模糊综合评判矩阵 B 是 V 上模糊子集 $\underset{\sim}{B} = \underset{\sim}{A}\underset{\sim}{R}$

对 $\underset{\sim}{B}$ 进行规一化处理得到 $\underset{\sim}{B}' = \underset{\sim}{B} = (b'_1, b'_2, b'_3, b'_4, b'_5)$。

则信息系统发生风险事件的影响程度 C_s 可表示为

$$C_s = \boldsymbol{B'V}^{\mathrm{T}} = v_1 b'_1 + v_2 b'_2 + v_3 b'_3 + v_4 b'_4 + v_5 b'_5$$

3. 风险度 R_s 的计算

风险度 $R_s = P_s + C_s - P_s C_s$。根据表 9-11,设定 R 的评估集 $V = \{$很高风险,高风险,中等风险,低风险,很低风险$\}$。其相应权值为 $\{1,0.7,0.5,0.3,0.1\}$,一般认为 $0.7 < R_f < 1$ 为很高风险信息系统,$0.5 < R_f < 0.7$ 为高风险信息系统,$0.3 < R_f < 0.5$ 为中等风险信息系统,$0.1 < R_f < 0.3$ 为低风险信息系统,$0 < R_f < 0.1$ 为很低风险信息系统,对属于不同风险类型的信息系统可采取相应的措施。

9.3.2 风险评估实例

笔者参与了对某单位信息系统的检测与评估,该单位属于政府类系统,在安全上要求与 Internet 在物理上隔绝,涉密信息必须加密传输,对访问要有权限控制,内部敏感信息有范围限制。整个系统由 200 余台 PC、3 台服务器(1 台是数据库服务器,1 台是代理服务器,1 台是 E-mail 服务器)组成。网上的主要业务是内部公文流转和内部邮件传输,对内提供 FTP 服务。该信息系统对外有一个在电信局机房托管的信息发布网站,通过一条 64 K DDN 专线远程维护。网站与内部网络之间有一台防火墙。在该系统试运行时由 10 名专家对系统进行风险评估。在此之前根据评估标准,采用一些技术辅助手段为专家提供一些技术依据,如用安全扫描软件对信息系统进行脆弱性检测,对在系统中运行一段时间的入侵检测系统进行威胁性检测,获取防火墙配置的安全策略等,将得到的技术指标提供给专家,再请专家对该系统的威胁性、脆弱性以及已有的安全控制措施进行评价。

首先,把通过安全扫描软件得到的系统漏洞(脆弱性)和威胁严重性提供给该专家(见表 9-12),同时为专家提供威胁、脆弱点的可能性等级度量表(见表 9-8 和表 9-10)和风险等级表(见表 9-11)。

表 9-12 脆弱性部分等级及量化

序　　号	脆弱点名称	脆弱性说明	影响等级权重	可能性等级权重	脆弱点估计值
1	NETBIOS 共享	(略)	1.0	0.5	0.5
2	匿名 FTP	(略)	0.7	0.7	0.49
3	SYN 洪水	(略)	1.0	0.7	0.7
……	……	……	……	……	……

在表 9-12 中,某专家根据系统的实际情况,对每个脆弱点给出可能性等级权重,从而得到相应的脆弱点估计值 = 影响等级权重×可能性等级权重,以及整个脆弱性风险因素的综合评估值:

$$\frac{\sum_{i=1}^{n} 脆弱性估计值_i}{n} = 0.41$$

因为该值为 0.3～0.5,因此该专家在脆弱性等级 b_3 处打钩。

威胁评估等级及量化以及安全控制措施的等级及量化均参照上面的过程完成。

将 5 名专家对该单位信息系统进行风险评估的打钩情况汇总,得到的评判矩阵为

$$\boldsymbol{E} = \begin{pmatrix} 0 & 0.2 & 0.8 & 0 & 0 \\ 0 & 0.4 & 0.6 & 0 & 0 \\ 0.2 & 0.8 & 0 & 0 & 0 \end{pmatrix}$$

若在某一等级 b_j 处专家中没人打钩，则得到的 e_{ij} 为零，说明该信息系统在此项指标方面完全不属于 b_j 这个等级。

经专家调查确定 $A = (0.3, 0.3, 0.4)$，$B = (b_1, b_2, b_3, b_4, b_5) = (0.1, 0.3, 0.5, 0.7, 1.0)$，则可计算得出风险事件发生的概率为

$$P_s = AEB^T = (0.3, 0.3, 0.4) \begin{pmatrix} 0 & 0.2 & 0.8 & 0 & 0 \\ 0 & 0.4 & 0.6 & 0 & 0 \\ 0.2 & 0.8 & 0 & 0 & 0 \end{pmatrix} \begin{pmatrix} 0.1 \\ 0.3 \\ 0.5 \\ 0.7 \\ 1 \end{pmatrix} = 0.368$$

对于发生灾难后的影响程度需要专家从资产、能力及费用 3 方面进行判断，得到的模糊评判矩阵为

$$R = \begin{pmatrix} 0 & 0.3 & 0.7 & 0 & 0 \\ 0 & 0.2 & 0.7 & 0.1 & 0 \\ 0 & 0.4 & 0.4 & 0.2 & 0 \end{pmatrix}$$

并且确定 $A = (0.3, 0.3, 0.4)$，$V = (v_1, v_2, v_3, v_4, v_5) = (0.1, 0.3, 0.5, 0.7, 1.0)$，可计算：

$$B = AR = (0, 0.31, 0.58, 0.11, 0)$$

对 B 进行归一化处理得到 B'，进而求得该信息系统影响程度大小：

$$C_s = B'V^T = 0.46$$

这样就得到该信息系统的风险度为

$$R_s = P_s + C_s - P_s C_s = 0.368 + 0.46 - 0.368 \times 0.46 = 0.659$$

由于该信息系统的风险度是介于 0.5 和 0.7 之间，因此该信息系统的风险属于高风险。

安全评估作为信息系统安全工程的重要组成部分，已经不仅仅是个别企业的问题，而是关系到国民经济各个方面的重大问题，它将逐渐走到规范化和法制化的轨道上来，国家对各种配套的安全标准和法规的制定将会更加健全，评估模型、评估方法、评估工具的研究、开发将更加活跃，信息系统及相关产品的风险评估认证将成为必需环节。

9.4　思考与练习

1. 请谈谈计算机信息系统安全风险评估在信息安全建设中的地位和重要意义。

2. 简述在风险评估时从哪些方面来收集风险评估的数据。

3. 简述运用模糊综合评估法对信息系统进行风险评估的基本过程。

4. 知识拓展：查阅资料，了解更多安全风险评估理论与技术的进展。

1）中国信息安全风险评估论坛，http://www.cisraf.infosec.org.cn。

2）国家信息中心信息安全风险评估网，http://www.isra.infosec.org.cn。

5. 知识拓展：访问国内外著名的漏洞库资源，了解漏洞的分类、描述、发布、共享及利用等技术。

1）CVE（Common Vulnerabilities and Exposures）漏洞库，http://www.cve.mitre.org。

2）国家信息安全漏洞共享平台（China Information Security Vulnerability Database，CNVD）， http://www.cnvd.org.cn。

3）SEBUG安全漏洞信息库,http://www.sebug.net。

6. 读书报告:查阅相关文献,了解对信息系统进行安全风险评估的其他方法,比较它们的优缺点,并选择一种评估方法对本单位(学校、院系)的信息系统安全做一次风险评估。

7. 读书报告:参照信息安全事件分类分级标准GB/T20984—2007《信息安全技术 信息安全风险评估规范》,提出对恶意代码危害性评估的标准。

8. 读书报告:搜集文献,了解当前开源的安全测试方法论。目前,为了满足安全评估的需求,已经公布了很多开源的安全测试方法论。对系统安全进行评估是一项对时间进度要求很高、极富挑战性的工作,其难度大小取决于被评估系统的大小和复杂度。而通过使用现有的开源安全测试方法论,可以很容易地完成这一工作。在这些方法论中,有些集中在安全测试的技术层面,有些则集中在如何对重要指标进行管理上,还有一小部分两者兼顾。要在安全评估工作中使用这些方法论,最基本的做法是根据方法论的指示,一步步执行不同种类的测试,从而精确地对系统安全性进行判定。以下是3个非常有名的安全评估方法论,通过了解它们的关键功能和益处,扩展我们对网络和应用安全评估的认识。

1）开源安全测试方法(Open Source Security Testing Methodology Manual,OSSTMM),http://isecom.org/osstmm。

2）开放式Web应用程序安全项目(Open Web Application Security Project,OWASP),http://www.owasp.org。

3）Web应用安全联合威胁分类(Web Application Security Consortium Threat Classification,WASC-TC),http://www.webappsec.org。

9. 操作实验:微软风险评估工具MSAT的使用。MSAT是免费工具,可以从微软网站下载(http://www.microsoft.com/china/security/msat/default.asp),但需要注册。完成实验报告。

10. 操作实验:渗透性测试工具BT5(http://www.backtrack-linux.org),Metasploit(http://www.metasploit.com)的使用。软件的下载、安全、配置及使用可参考以下几本书完成:

1）《Metasploit:The Penetration Tester's Guide》(David Kennedy,中译本《Metasploit渗透测试指南》,电子工业出版社)。

2）《BackTrack 4:Assuring Security by Penetration Testing》(Shakeel Ali,中译本《BackTrack 4:利用渗透测试保证系统安全》,机械工业出版社)。

3）《BackTrack5:从入门到精通》(卞峥嵘,国防工业出版社)。

第10章　计算机系统安全管理

计算机信息系统安全的保护工作还有一个重要环节——计算机系统的安全管理,即加强行政管理、法律法规的制定和进行信息安全的法律法规教育,提高人们的安全意识,创造一个良好的社会环境,保护信息安全。

本章10.1节介绍计算机信息系统安全管理的目的、任务,安全管理的程序和方法,10.2节介绍国内外信息安全标准,重点阐述我国计算机安全等级保护的标准体系,10.3节对我国有关信息安全的法律法规做了简要介绍,并系统介绍我国计算机知识产权的法律保护措施。

10.1　计算机系统安全管理简介

本节首先讲解计算机系统安全管理的重要性,接着介绍安全管理的目的和任务、安全管理的原则,最后介绍安全管理的程序和方法。

10.1.1　安全管理的重要性

"三分技术、七分管理"——这是强调管理的重要性,在安全领域更是如此。仅通过技术手段实现的安全能力是有限的。

许多安全技术和产品远远没有达到计算机信息系统安全的标准。例如,微软公司的Windows Server、IBM公司的AIX等常见的企业级操作系统,大部分只达到了美国《可信计算机系统评估标准》TCSEC的C2级安全认证,而且核心技术和知识产权都掌握在国外大公司手中,不能满足我国涉密信息系统或商业敏感信息系统的需求。

技术往往落后于新风险的出现。例如,在与计算机病毒的对抗过程中,经常是在一种新的计算机病毒出现并已经造成巨大损失后,才能开发出查杀该病毒的工具或软件。

在安全技术和产品的实际应用中,即使这些安全技术和产品在指标上达到了实际应用的安全需求,往往由于配置和管理不当,还是不能真正地达到安全需求。例如,虽然在网络边界设置了防火墙,但由于没有风险分析、安全策略不明或是系统管理人员培训不足等原因,防火墙的配置出现严重漏洞,其安全功效大打折扣。再如,虽然引入了身份认证机制,但由于用户安全意识薄弱,再加上管理不严,使得口令设置或保存不当,造成口令泄漏,依靠口令检查的身份认证机制实际上形同虚设。

目前,由各种安全技术和产品构成的系统日益复杂,迫切需要具备自动响应能力的综合管理体系,完成对各类网络安全设施的统一管理。要实现一个整体安全策略,需要对不同的设备分别进行设置,并根据不同设备的日志和报警信息进行管理,难度较大,特别是当全局安全策略需要进行调整时,很难考虑周全和实现全局的一致性。

所有这些告诉我们一个道理:仅靠技术不能获得整体的信息安全,需要有效的安全管理来支持和补充,才能确保技术发挥其应有的安全作用,真正实现整体的计算机系统安全。

10.1.2　安全管理的目的和任务

安全管理的目的是,通过对计算机和网络系统中各个环节的安全技术和产品实行统一的管理和协调,进而从整体上提高整个系统防御入侵、抵抗攻击的能力,使得系统达到所需的安全级别,将风险控制在用户可以接受的范围内。

信息安全管理根据具体管理对象的不同,采用不同的具体管理方法。信息安全管理的具体对象包括机构、人员、软件、设备、介质、涉密信息、技术文档、网络连接、门户网站、应急恢复、安全审计、场地设施等。

安全管理包括多个方面的建设,如技术上实现的计算机安全管理系统、为系统定制的安全管理策略、相应的安全管理制度和人员教育培训等。具体内容有:

1) 系统安全管理。这是指管理系统的安全管理,它是一项综合管理,依据一定的安全策略在各级网络中心建立不同等级的安全管理信息库,此信息库包含了系统所需的全部安全信息。系统安全管理要求保障管理协议和传送管理信息的通道的安全,防止潜在的各种安全威胁和破坏。安全保密管理应用软件使用通信信息去更新安全管理信息库之前,必须事先由安全主管部门批准。系统安全管理必须做到有效修改和一致性维护,以保证管理网络的正常工作。系统安全管理还必须保证安全服务管理和安全机制管理的正常交互功能以及其他管理功能的交互作用。

2) 安全服务管理。它为特定的安全服务确定和分配安全保护目标,为提供所需的安全服务选择特定的安全机制。安全服务和安全机制必须符合一定的安全管理协议,并被安全主管部门提供有效的调用。

3) 安全机制管理。它涉及各项安全机制的功能、参数和协议的安全管理。

4) 安全事件处理管理。安全事件处理管理要确定安全事件报告的界限和远距离报告的途径以及处理内容等。

5) 安全审计管理。它主要是对安全事件的记录和远距离收集、启用和终止被选安全审计记录、事件跟踪调查和安全审计报告等。安全审计数据应防止被任意调用、修改和破坏。

6) 安全恢复管理。主要是对安全事故制订明确的安全恢复计划、规程和操作细则,提出完备的安全恢复报告。必要的备份措施是成功恢复的关键。备份包括:通信中心备份、线路备份、设备备份、软件备份和文档资料备份等。安全主管部门应建立安全恢复文档资料。

7) 保密设备和密钥管理。保密设备的使用应与网络中被保护对象的密级一致。密码算法、密钥和保密协议是核心内容,同步技术和工作方式的选择也很重要。对保密设备的管理主要包括保密性能指标的管理,工作状态的管理,保密设备的类型、数量、分配和使用者状况的管理等。密钥的管理主要涉及密钥的生成、检验、分配、保存、更换、注入和销毁等。

8) 安全行政管理。安全行政管理的重点是要设立专门的安全管理机构、专门的安全管理人员和逐步完善的安全管理制度。安全行政管理机构的设立可视网络信息系统的规模而定。

9) 人事管理。人员管理是安全管理的重要环节,特别是各级关键部位的人员,对信息系统的安全起着重要的作用。对人员的安全管理主要包括:人员审查和录用、岗位和责任范围的确定、工作评价、人事档案管理、提升、调动和免职、基础培训等。

10.1.3 安全管理原则

计算机信息系统安全管理要遵循如下基本原则：

1）规范原则。计算机信息系统的规划、设计、实现、运行要有安全规范要求，要根据本机构或部门的安全要求制定相应的安全政策。安全政策中应根据需要，选择采用必要的安全功能、安全设备，不应盲目开发、自由设计、违章操作、无人管理。

2）预防为主原则。在计算机信息系统的规划、设计、采购、集成、安装中，应该同步考虑安全政策和安全功能，以预防为主的指导思想对待信息安全问题，不能心存侥幸。

3）立足国内原则。安全技术和设备首先要立足国内，不能未经许可、不经改造直接应用境外的安全保密技术和设备。

4）选用成熟技术原则。尽量选用成熟的技术，以得到可靠的安全保证。采用新技术时要慎重，要重视其成熟的程度。

5）注重实效原则。不应盲目追求一时难以实现或投资过大的目标，应使投入与所需要的安全功能相适应。

6）系统化原则。要有系统工程的思想，前期的投入和建设与后期的提高要求要匹配和衔接，以便能不断扩展安全功能，保护已有投资。

7）均衡防护原则。安全防护如同木桶装水，只要木桶的木板有一块坏板，水就会从里面泄漏出来，木桶中的水只和最低一块木板平齐。所以，安全防护措施要注意均衡性，注意是否存在薄弱环节或漏洞。

8）分权制衡原则。要害部位的管理权限不应只交给一个人管理，否则，一旦出现问题将全线崩溃。分权可以相互制约，提高安全性。

9）应急恢复原则。安全管理要有应急响应预案，并且要进行必要的演练，一旦出现问题就能够马上采取应急措施，阻止风险的蔓延和恶化，将损失减少到最低程度。在灾难可能不会同时波及的地区设立备份中心，保持备份中心与主系统数据的一致性。一旦主系统遇到灾难而瘫痪，便可立即启动备份系统，使系统从灾难中得以恢复，保证系统的连续工作。

10）持续发展原则。为了应对新的风险，对风险要实施动态管理。因此，要求安全系统具有延续性、可扩展性，能够持续改进，始终将风险控制在可接受的水平。

10.1.4 安全管理程序和方法

安全管理的最终目标是将系统（即管理对象）的安全风险降低到用户可接受的程度，保证系统的安全运行和使用。风险的识别与评估是安全管理的基础，风险的控制是安全管理的目的，从这个意义上讲，安全管理实际上是风险管理的过程。由此可见，安全管理策略的制定依据就是系统的风险分析和安全要求。

安全管理模型遵循管理的一般循环模式，但是随着新的风险不断出现，系统的安全需求也在不断变化，也就是说安全问题是动态的。因此，安全管理应该是一个不断改进的持续发展过程。图 10-1 给出的 PDCA 安全管理模型就体现出这种持续改进的模式。

PDCA 管理模型是由美国著名质量管理专家戴明博士提出，故又称为"戴明循环"或"戴明环"。PDCA 管理模型实际上是指有效地进行任何一项工作的合乎逻辑的工作程序，它包括计划（Plan）、执行（Do）、检查（Check）和行动（Action）的持续改进模式，每一次的安全管理活动循环都是在已有的安全管理策略指导下进行的,每次循环都会通过检查环节发现新的问题,然后采取行动予以改进,从而形成了安全管理策略和活动的螺旋式提升。

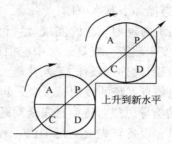

上升到新水平

图 10-1　PDCA 安全管理持续改进模型

信息安全管理的程序遵循 PDCA 循环模式,4 个阶段的主要内容是:

1)计划。根据法律法规的要求和组织内部的安全需求制定信息安全方针、策略,进行风险评估,确定风险控制目标与控制方式,制订信息安全工作计划等内容,明确责任分工,安排工作进度,形成工作文件。

2)执行。按照所选择的控制目标与控制方式进行信息安全管理实施,包括建立权威安全机构,落实各项安全措施,开展全员安全培训等。

3)检查。在实践中检查、评估工作计划执行后的结果,包括:制订的安全目标是否合适,是否符合安全管理的原则,是否符合安全技术的标准,是否符合法律法规的要求,是否符合风险控制的指标,控制手段是否能够保证安全目标的实现等,并报告结果。检查阶段就是明确效果,找出问题。

4)行动。行动阶段也可以称为处理阶段,依据上述检查结果,对现有信息安全管理策略的适宜性进行评审与评估,评价现有信息安全管理体系的有效性。对成功的经验加以肯定并予以规范化、标准化,指导今后的工作,对于失败的教训也要进行总结,避免再出现类似问题。

10.2　信息安全标准及实施

安全管理不只是网络管理员日常从事的管理概念,而是在明确的安全策略指导下,依据国家或行业制定的安全标准和规范,由专门的安全管理员来实施。因此,网络安全管理的主要任务就是制定安全策略并贯彻实施。制定安全策略主要是依据国家标准,结合本单位的实际情况确定所需的安全等级,然后根据安全等级的要求确定安全技术措施和实施步骤。同时,制定有关人员的职责和网络使用的管理条例,并定期检查执行情况,对出现的安全问题进行记录和处理。

本节首先介绍信息安全的标准分类及体系结构,然后分别概要介绍国外及我国的信息安全标准,重点介绍我国计算机安全等级保护标准的政策体系和标准体系。

10.2.1　信息安全标准分类及体系结构

《GB/T 20000.1—2002 标准化工作指南 第 1 部分:标准化和相关活动的通用词汇》中给出的"标准"的定义是:标准是为在一定的范围内获得最佳秩序,对活动或其结果规定共同的和重复使用的规则、导则或特性的文件。该文件经协商一致制订并经一个公认机构的批准。标准应以科学、技术和经验的综合成果为基础,以达到最佳社会效益为目的。

由此可以知道,信息安全标准应当是确保信息安全产品和系统在设计、研发、生产、建设、使用、测评中,保持一致性、可靠性、可控性、先进性和符合性的技术规范、技术依据。

信息安全标准从适用地域范围可以分为:国际标准、区域标准、国家标准、行业标准、地方标准和企业标准。

信息安全标准从涉及的内容可以分为以下方面:

- 信息安全体系标准。
- 信息安全机制标准。
- 信息安全管理标准。
- 信息安全工程标准。
- 信息安全测评标准。
- 信息系统等级保护标准。
- 信息安全产品标准。

10.2.2 国际主要标准

1. 国外主要的计算机信息系统安全评测标准

(1) 可信计算机系统评估标准 TCSEC(橘皮书)

1981 年,美国国防部(DoD)的国家安全局(NSA)建立了国家计算机安全评估中心(National Computer Security Center,NCSC),开始了计算机安全评估的理论与技术的研究。

1983 年,DoD 首次公布了《可信计算机系统评估标准》(Trusted Computer System Evaluation Criteria,TCSEC)以用于对操作系统的评估,这是 IT 历史上的第一个安全评估标准,1985 年公布了第 2 版。TCSEC 为业界所熟知的名字是"橘皮书"(Orange Book),这是因其封面的颜色而得来。TCSEC 的解释文件也被陆续公布,以将其应用到其他技术中,如《TCSEC 的可信网络解释》(TNI)。TCSEC 所列举的安全评估准则主要是针对美国政府的安全要求,着重点是基于大型计算机系统的机密文档处理方面的安全要求。公共标准(Common Criteria,CC)被接纳为国际标准后,美国已停止了基于 TCSEC 的评估工作。

TCSEC 把计算机系统的安全分为 A、B、C、D 四个大等级、七个安全级别。按照安全程度由弱到强的排列顺序是:D,C1,C2,B1,B2,B3,A1(见表 10-1)。

表 10-1 TCSEC 安全级别

		安 全 级 别			主 要 特 征
1	D	无保护级	D	Minimal Protection	无安全保护
2	C	自主保护等级	C1	Discretionary Access Protection	自主访问控制
			C2	Controlled Access Protection	可控的自主访问控制与审计
3	B	强制保护等级	B1	Labeled Security Protection	强制访问控制,敏感度标记
			B2	Structured Protection	形式化模型,隐蔽信道约束
			B3	Security Domains	安全内核,高抗渗透能力
4	A	验证保护等级	A1	Verified Design	形式化安全验证,隐蔽信道分析

（2）信息技术安全性评估标准 ITSEC

《信息技术安全性评估标准》（Information Technology Security Evaluation Criteria, ITSEC）是英国、德国、法国和荷兰 4 个欧洲国家安全评估标准的统一与扩展，由欧共体委员会（CEC）在 1990 年首度公布，俗称"白皮书"。

ITSEC 在吸收 TCSEC 成功经验的基础上，首次在评估准则中提出了信息安全的保密性、完整性与可用性的概念，把可信计算机的概念提高到了可信信息技术的高度。ITSEC 成为欧洲国家认证机构进行认证活动的一致基准，自 1991 年 7 月起，ITSEC 就一直被实际应用在欧洲国家的评估和认证方案中，直到其为 CC 所取代。

（3）信息技术安全评估通用标准 CC

《信息技术安全评估通用标准》（Common Criteria of Information Technical Security Evaluation, CCITSE）简称 CC，是在美国、加拿大、欧洲等国家和地区自行推出测评准则并具体实践的基础上，通过相互间的总结和互补发展起来的。1996 年，六国七方（英国、加拿大、法国、德国、荷兰、美国国家安全局和美国标准技术研究所）公布 CC 1.0 版。1998 年，六国七方公布 CC 2.0 版。1999 年 12 月，ISO 接受 CC 为国际标准 ISO/IEC 15408 标准，并正式颁布发行。

TCSEC 主要规范了计算机操作系统和主机的安全要求，侧重对保密性的要求，该标准至今对评估计算机安全具有现实意义。ITSEC 将信息安全由计算机扩展到更为广泛的实用系统，增强了对完整性、可用性的要求，发展了评估保证概念。CC 基于风险管理理论，对安全模型、安全概念和安全功能进行了全面的系统描绘，强化了评估保证。其中 TCSEC 最大的缺点是没有安全保证要求，而 CC 恰好弥补了 TCSEC 的这一缺点。

（4）ISO/IEC 21827:2002（SSE - CMM）

《信息安全工程能力成熟度模型》（System Security Engineering Capability Maturity Model, SSE - CMM），是关于信息安全建设工程实施方面的标准。

SSE - CMM 模型的开发源于 1993 年美国国家安全局发起的研究工作。这项工作利用 CMM 模型研究现有的各种工作，并发现安全工程需要一个特殊的 CMM 模型与之配套。1996 年完成了 SSE - CMM 模型的第 1 版，1999 年完成了模型的第 2 版。

SSE - CMM 的目的是建立和完善一套成熟的、可度量的安全工程过程。该模型定义了一个安全工程过程应有的特征，这些特征是完善的安全工程的根本保证。SSE - CMM 模型通常以下述 3 种方式来应用：

1）过程改善。可以使一个安全工程组织对其安全工程能力的级别有一个认识，于是可设计出改善的安全工程过程，可以提高他们的安全工程能力。

2）能力评估。使一个客户组织可以了解其提供商的安全工程过程能力。

3）保证。通过声明提供一个成熟过程所应具有的各种依据，使得产品、系统、服务更具可信性。

SSE - CMM 是系统安全工程领域里成熟的方法体系，在理论研究和实际应用方面具有举足轻重的作用，SSE - CMM 模型适用于所有从事某种形式安全工程的组织，而不必考虑产品的生命周期、组织的规模、领域及特殊性。它已经成为西方发达国家政府、军队和要害部门组织和实施安全工程的通用方法，我国也已将 SSE - CMM 作为安全产品和信息系统安全性检测、评估和认证的标准之一，2006 年颁布实施了 GB/T 20261—2006《信息技术 系统安全工程能力成熟度模型》。

2. 信息安全管理国际标准

随着计算机信息安全管理重要性地位的日益突出,20 世纪 90 年代后期,ISO 和 IEC 开始研究和制定信息安全管理标准。SC27 是 ISO/IEC 联合技术委员会 JTC1 下设的专门负责信息安全领域国际标准化研究的分技术委员会。为加速推进有关信息安全管理标准的制定工作,2006 年在西班牙召开的 ISO/IEC JTC1/SC27 工作组会议上,在原来设立的 3 个工作组的基础上增设了两个工作组,5 个工作组中,WG1 和 WG4 两个工作组的任务均与信息安全管理标准有关。WG1 的工作任务调整为专门开发信息安全管理体系(ISMS)的标准与指南,WG4 则从事控制措施的实现及应用服务的安全管理标准和指南的开发。

目前为止,WG1 围绕 ISMS 发布的部分国际标准见表 10-2。

表 10-2　WG1 围绕 ISMS 发布的部分国际标准

标 准 编 号	标 准 名 称
ISO/IEC 27000—2009	信息技术　安全技术　信息安全管理体系 概述和术语
ISO/IEC 27001—2005	信息技术　安全技术　信息安全管理体系 要求
ISO/IEC 27002—2005	信息技术　安全技术　信息安全管理实用规则
ISO/IEC 27003—2010	信息技术　安全技术　信息安全管理体系实施指南
ISO/IEC 27004—2009	信息技术　安全技术　信息安全管理测量
ISO/IEC 27005—2011	信息技术　安全技术　信息安全风险管理
ISO/IEC 27006—2011	信息技术　安全技术　信息安全管理体系审核和认证机构的要求
ISO/IEC 27007—2011	信息技术　安全技术　信息安全管理体系审核指南
ISO/IEC 27008—2011	信息技术　安全技术　信息安全审计师指南
ISO/IEC 27010—2012	信息技术　安全技术　跨部门和组织间通信的信息安全管理
ISO/IEC 27011—2008	信息技术　安全技术　基于 ISO/IEC 27002 的电信组织的信息安全管理指南

3. 信息安全控制与服务国际标准

JTC1/SC27 WG4 目前所维护的项目包括继承 WG1 先前工作范围内的项目(2006 年 9 月之前),以及开发新的研究项目。

JTCl/SC27 WG4 的标准共分为 4 种类型:词汇标准、要求标准、指南标准和相关标准。

词汇标准(类型 A)提供通用术语的基本信息,给出 WG4 相关标准中使用的通用术语。不过,WG4 目前还没有制定相应的词汇标准。相关标准(类型 D)提供了关于信息安全特定方面或相关支撑技术的进一步的指南。

要求标准(类型 B)包括 B-1:阐述信息安全管理体系(ISMS)要求,以及 B-2:阐述部门专用的 ISMS 要求和包含 ISMS 审核要求的标准,以使组织用来证明其满足内部和外部信息安全要求的能力。

指南标准(类型 C)帮助组织实施类型 B 标准,以及提供对这些指南标准的附加指南,包括阐述信息安全所有方面的标准,关注信息安全特定方面或部门专用的信息安全的标准。

截止 2012 年发布的一些要求和指南标准见表 10-3。

表 10-3   WG4 发布的部分国际标准

标准编号	标准名称
ISO/IEC 14516—2002	信息技术　安全技术　可信第三方服务的使用和管理指南
ISO/IEC 15945—2002	信息技术　安全技术　支持数据签名应用的可信第三方服务规范
ISO/IEC 18043—2006	信息技术　安全技术　入侵检测系统的选择、部署和操作
ISO/IEC 24762—2008	信息技术　安全技术　信息和通信技术灾难恢复服务指南
ISO/IEC 27031—2011	信息技术　安全技术　业务连续性的 ICT 就绪指南
ISO/IEC 27032—2012	信息技术　安全技术　信息安全指南
ISO/IEC 27033—2009	信息技术　安全技术　网络安全(共 7 个部分,截止 2012 年已发布第 1~3 部分)
ISO/IEC 27034—2011	信息技术　安全技术　应用安全指南
ISO/IEC 27035—2011	信息技术　安全技术　信息安全事件管理
ISO/IEC 27036—2002	信息技术　安全技术　外包安全
ISO/IEC 29149—2012	信息技术　安全技术　提供时间戳服务的最佳实践

读者可以访问 ISO 官网 http://www.iso.org 进一步了解以上这些国际标准的相关内容。

10.2.3   我国主要标准

通过自主开发的信息安全标准,才能构造出自主可控的信息安全保障体系。信息安全标准是我国信息安全保障体系的重要组成部分,是政府进行宏观管理的重要依据。虽然国际上有很多标准化组织在信息安全方面制定了许多的标准,但是信息安全标准事关国家安全利益,任何国家都不会轻易相信和过分依赖别人,总要通过自己国家的组织和专家制定出自己可以信任的标准来保护民族的利益。因此,我国在充分借鉴国际标准的前提下,建立了自己的信息安全标准化组织和制定本国的信息安全标准。

截至目前,国内已发布或正在制订的信息安全正式标准、报批稿、征求意见稿和草案超过200 项。在这些标准中,有很多是常用的标准,如下所述。

1. 信息安全体系、框架类标准

主要包括:

GB/T 18794《信息技术 开放系统互连 开放系统安全框架》,共 7 个部分,分别为:概述、鉴别框架、访问控制框架、抗抵赖框架、机密性框架、完整性框架、安全审计和报警框架。

2. 信息安全机制标准

包含各种安全性保护的实现方式,如加密、实体鉴别、抗抵赖、数字签名等,由于这部分有很多标准,要求也比较细,列举部分见表 10-4。

表 10-4   部分信息安全机制标准

标准编号	标准名称
GB/T 20270—2006	信息安全技术　网络基础安全技术要求
GB/T 20271—2006	信息安全技术　信息系统通用安全技术要求
GB/T 21052—2007	信息安全技术　信息系统物理安全技术要求
GB/T 25068.1—2012	
GB/T 25068.2—2012	信息技术　安全技术 IT 网络安全(共 5 个部分,分别为:网络安全管理、网络安全体系
GB/T 25068.3—2012	结构、使用安全网关的网间通信安全保护、远程接入的安全保护、使用虚拟专用网的跨网
GB/T 25068.4—2012	通信安全保护。其中第 1、2 部分已于 2012 年更新)
GB/T 25068.5—2012	
GB/T 28455—2012	信息安全技术　引入可信第三方的实体鉴别及接入架构规范

3. 信息安全管理标准

表 10-5 列举了部分信息安全管理标准类标准,其中也包含管理测评、管理工程等标准。

表 10-5 部分信息安全管理标准

标 准 编 号	标 准 名 称
GB/T 19715.1—2005	信息技术 信息技术安全管理指南 第 1 部分:信息技术安全概念和模型
GB/T 19715.2—2005	信息技术 信息技术安全管理指南 第 2 部分:管理和规划信息技术安全
GB/T 20261—2006	信息技术 系统安全工程 能力成熟度模型
GB/T 20269—2006	信息安全技术 信息系统安全管理要求
GB/T 20282—2006	信息安全技术 信息系统安全工程管理要求
GB/T 20984—2007	信息安全技术 信息安全风险评估规范
GB/Z 20985—2007	信息技术 安全技术 信息安全事件管理指南
GB/Z 20986—2007	信息安全技术 信息安全事件分类分级指南
GB/T 20988—2007	信息安全技术 信息系统灾难恢复规范
GB/T 22080—2008	信息技术 安全技术 信息安全管理体系要求
GB/T 22081—2008	信息技术 安全技术 信息安全管理实用规则
GB/T 28453—2012	信息安全技术 信息系统安全管理评估要求
GA/T 713—2007	信息安全技术 信息系统安全管理测评

4. 信息系统安全等级保护标准

表 10-6 列举了我国主要的信息系统安全等级保护标准,其中包括公安部发布的一些等级保护标准。

表 10-6 部分信息安全等级保护标准

标 准 编 号	标 准 名 称
GB 17859—1999	计算机信息系统安全保护等级划分准则
GB/T 21053—2007	信息安全技术 公钥基础设施 PKI 系统安全等级保护技术要求
GB/T 21054—2007	信息安全技术 公钥基础设施 PKI 系统安全等级保护评估准则
GB/T 22240—2008	信息安全技术 信息系统安全等级保护定级指南
GB/T 22239—2008	信息安全技术 信息系统安全等级保护基本要求
GB/T 24856—2009	信息安全技术 信息系统等级保护安全设计技术要求
GB/T 25058—2010	信息安全技术 信息系统安全等级保护实施指南
GB/T 25070—2010	信息安全技术 信息系统等级保护安全设计技术要求
GB/T 28448—2012	信息安全技术 信息系统安全等级保护测评要求
GB/T 28449—2012	信息安全技术 信息系统安全等级保护测评过程指南
GA/T 387—2002	计算机信息系统安全等级保护网络技术要求
GA/T 388—2002	计算机信息系统安全等级保护操作系统技术要求
GA/T 389—2002	计算机信息系统安全等级保护数据库管理系统技术要求
GA/T 390—2002	计算机信息系统安全等级保护通用技术要求
GA/T 391—2002	计算机信息系统安全等级保护管理要求

标 准 编 号	标 准 名 称
GA/T 483—2004	计算机信息系统安全等级保护工程管理要求
GA/T 671—2006	信息安全技术　终端计算机系统安全等级技术要求
GA/T 672—2006	信息安全技术　终端计算机系统安全等级评估准则
GA/T 708—2007	信息安全技术　信息系统安全等级保护体系框架
GA/T 709—2007	信息安全技术　信息系统安全等级保护基本模型
GA/T 710—2007	信息安全技术　信息系统安全等级保护基本配置
GA/T 711—2007	信息安全技术　应用软件系统安全等级保护通用技术指南
GA/T 712—2007	信息安全技术　应用软件系统安全等级保护通用测试指南

对于涉密信息系统的分级保护,另有保密部门颁布的保密标准。

5. 信息安全产品标准

表 10-7 列举了信息安全产品标准,其中也包含产品的测评标准等。

表 10-7　部分信息安全产品标准

标 准 编 号	标 准 名 称
GB/T 18336.1~3 2008	信息技术　安全技术　安全性评估准则(共 3 部分,分别为:简介和一般模型、安全功能要求、安全性能要求)
GB/T 20008—2005	信息安全技术　操作系统安全评估准则
GB/T 20272—2006	信息安全技术　操作系统安全技术要求
GB/T 20009—2005	信息安全技术　数据库管理系统安全评估准则
GB/T 20273—2006	信息安全技术　数据库管理系统安全技术要求
GB/T 20010—2005	信息安全技术　包过滤防火墙评估准则
GB/T 20281—2006	信息安全技术　防火墙技术要求和测试评价方法
GA/T 683—2007	信息安全技术　防火墙安全技术要求
GB/T 20275—2006	信息安全技术　入侵检测系统技术要求和测试评价方法
GB/T 28451—2012	信息安全技术　网络型入侵防御产品技术要求和测试评价方法
GB/T 28454—2012	信息技术　安全技术　入侵检测系统的选择、部署和操作
GB/T 20011—2005	信息安全技术　路由器安全评估准则
GB/T 18018—2007	信息安全技术　路由器安全技术要求
GA/T 682—2007	信息安全技术　路由器安全技术要求
GB/T 21050—2007	信息安全技术　网络交换机安全技术要求
GA/T 685—2007	信息安全技术　交换机安全评估准则
GB/T 21028—2007	信息安全技术　服务器安全技术要求
GB/T 25063—2010	信息安全技术　服务器安全测评要求
GA/T 681—2007	信息安全技术　网关安全技术要求
GB/T 20277—2006	信息安全技术　网络和终端设备隔离部件测试评价方法
GB/T 20278—2006	信息安全技术　网络脆弱性扫描产品技术要求
GB/T 20280—2006	信息安全技术　网络脆弱性扫描产品测试评价方法

标 准 编 号	标 准 名 称
GB/T 20945—2006	信息安全技术　审计产品技术要求和测评方法
GB/T 25055—2010	信息安全技术　公钥基础设施　安全支撑平台技术框架
GB/T 25056—2010	信息安全技术　证书认证系统密码及其相关安全技术规范
GB/T 25057—2010	信息安全技术　公钥基础设施　电子签名卡应用接口基本要求
GA/T 686—2007	信息安全技术　虚拟专用网安全技术要求
GA/T 687—2007	信息安全技术　公钥基础设施安全技术要求
GB/T 28452—2012	信息安全技术　应用软件系统通用安全技术要求
GB/T 28456—2012	IPSec 协议应用测试规范
GB/T 28457—2012	SSL 协议应用测试规范

关于以上国内标准,读者可以访问全国信息安全标准化技术委员会官网 http://www.tc260.org.cn 进一步了解相关内容。

10.2.4　我国计算机安全等级保护标准

1. 等级保护的基本概念

为了提高我国信息安全的保障能力和防护水平,维护国家安全、公共利益和社会稳定,保障和促进信息化建设的健康发展,1994 年国务院颁布的《中华人民共和国计算机信息系统安全保护条例》规定,"计算机信息系统实行安全等级保护,安全等级的划分标准和安全等级保护的具体方法,由公安部会同有关部门制定"。

为此,以强制性国家标准 GB 17895—1999《计算机信息系统安全保护等级划分准则》(以下简称《准则》)为核心的一系列等级保护国标,于 1999 年经国家质量技术监督局批准发布,于 2001 年 1 月 1 日起实施。

《准则》首先对计算机信息系统及其可信计算基(TCB)做了规范性说明,指出:计算机信息系统是由计算机及其相关的配套设备、设施(含网络)构成的,按照一定的应用目标和规格对信息进行采集、加工、存储、传输、检索等处理的人机系统,而"可信计算基"则是计算机系统内保护装置的总体,包括硬件、固件、软件和负责执行安全策略的组合体。它建立了一个基本的保护环境,并提供一个可信计算系统所要求的附加用户服务。

《准则》将计算机信息系统安全保护能力划分为 5 个等级,计算机信息系统安全保护能力随着安全保护等级的提高逐渐增强。

第 1 级:用户自主保护级。它的安全保护机制使用户具备自主安全保护的能力,保护用户的信息免受非法的读写破坏。

第 2 级:系统审计保护级。除具备第一级所有的安全保护功能外,要求创建和维护访问的审计跟踪记录,使所有的用户对自己行为的合法性负责。

第 3 级:安全标记保护级。除继承前一个级别的安全功能外,还要求以访问对象标记的安全级别限制访问者的访问权限,实现对访问对象的强制访问。

第 4 级:结构化保护级。在继承前面安全级别安全功能的基础上,将安全保护机制划分为关键部分和非关键部分。对关键部分,直接控制访问者对访问对象的存取,从而加强系统的抗渗透能力。

第5级：访问验证保护级。这一个级别特别增设了访问验证功能，负责仲裁访问者对访问对象的所有访问活动。

由于《准则》的描述比较原则，同时信息系统安全所涉及的范围不断扩大与安全新技术不断出现，因此，公安部等部委还针对不同的目标对象和安全需求从技术上制定了一系列配套标准来支撑《准则》的实施。

其中，《关于信息安全等级保护工作的实施意见》（公通字［2004］66号）明确指出了信息安全等级保护制度的基本内容是：对国家秘密信息、法人和其他组织及公民的专有信息以及公开信息和存储、传输、处理这些信息的信息系统分等级实行安全保护，对信息系统中使用的信息安全产品实行按等级管理，对信息系统中发生的信息安全事件分等级响应、处置。

此外，《信息安全等级保护管理办法》（公通字［2007］43号）根据信息和信息系统在国家安全、经济建设、社会生活中的重要程度，遭受破坏后对国家安全、社会秩序、公共利益以及公民、法人和其他组织的合法权益的危害程度，针对信息的保密性、完整性和可用性要求及信息系统必须要达到的基本的安全保护水平等因素，将信息和信息系统的安全保护等级划分为5级：第1级为自主保护级；第2级为指导保护级；第3级为监督保护级；第4级为强制保护级；第5级为专控保护级。

这样，对信息系统的安全等级划分有了两种描述形式，《准则》根据安全保护能力划分安全等级，《管理办法》根据主体遭受破坏后对客体的破坏程度划分安全等级。实际上，这两种安全等级具有对应关系。

《管理办法》还明确将信息系统的等级保护工作分为5个环节：定级、备案、建设整改、等级测评和监督检查。

1）定级工作：对信息系统进行定级是等级保护工作的基础，定级工作的流程是确定定级对象、确定信息系统安全等级保护等级、组织专家评审、主管部门审批、公安机关审核。

2）备案工作：信息系统定级以后，应到所在地区的市级以上公安机关办理备案手续，备案工作的流程是信息系统备案、受理、审核和备案信息管理等。

3）建设整改工作：信息系统安全等级定级以后，应根据相应等级的安全要求，开展信息系统安全建设整改工作：对于新建系统，在规划设计时应确定信息系统安全保护等级，按照等级要求，同步规划、同步设计、同步实施安全保护技术措施；对于在用系统，可以采取"分区、分域"的方法，按照"整体保护"原则进行整改方案设计，对信息系统加固改造。

4）等级测评工作：信息系统安全等级保护测评工作是指测评机构依据国家信息安全等级保护制度规定，按照有关管理规范和技术标准，对未涉及国家秘密的信息系统安全等级保护状况进行检测评估的活动。等级测评过程可以分为4个活动：测评准备、方案编制、现场测评与分析、报告编制等，常用的测评方法是访谈、检查和测试。

5）监督检查工作：公安机关信息安全等级保护检查工作，是指公安机关依据有关规定，会同主管部门对非涉密重要信息系统运营使用单位的等级保护工作的开展和落实情况进行检查，监督、检查其建设安全设施、落实安全措施、建立并落实安全管理制度、落实安全责任、落实责任部门和人员。

2. 等级保护的政策体系

近几年以来，为组织开展信息安全等级保护工作，国家相关部委（主要是公安部牵头组织,会同国家保密局、国家密码管理局、原国务院信息办和发改委等部门)相继出台了一系列文件,对具体工作提供了指导意见和规范,这些文件初步构成了信息安全等级保护政策体系,如图 10-2 所示。

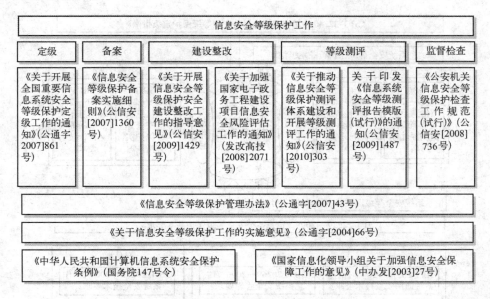

图 10-2　信息安全等级保护政策体系

以上政策文件构成了信息系统安全等级保护工作开展的政策体系,为组织开展等级保护工作、建设整改工作和等级测评工作明确了工作目标、工作要求和工作流程。

3. 等级保护标准体系

为推动我国信息安全等级保护工作,全国信息安全标准化技术委员会和公安部信息系统安全标准化技术委员会组织制订了信息安全等级保护工作需要的一系列标准(10.2.3 节中已有介绍),为开展等级保护工作提供了标准保障。这些标准与等级保护工作之间的关系如图 10-3 所示。

《准则》是强制性国家标准,是其他各标准制定的基础。《信息系统安全等级保护基本要求》是在《准则》以及各技术类标准、管理类标准和产品类标准基础上制定的,给出了各级信息系统应当具备的安全防护能力,并从技术和管理两个方面提出了相应的措施,是信息系统进行建设整改的安全需求。

《信息系统安全等级保护定级指南》规定了定级的依据、对象、流程和方法,以及等级变更等内容,同各行业发布的定级实施细则共同用于指导开展信息系统定级工作。

《信息系统安全等级保护实施指南》和《信息系统等级保护安全设计技术要求》构成了指导信息系统安全建设整改的方法指导类标准。前者阐述了在系统建设、运维和废止等各个生命周期阶段中,如何按照信息安全等级保护政策、标准要求实施等级保护工作;后者提出了信息系统等级保护安全设计的技术要求,包括安全计算环境、安全区域边界、安全通信网络、安全管理中心等各方面的要求。

《信息系统安全等级保护测评要求》和《信息系统安全等级保护测评过程指南》构成了指导开展等级测评的标准规范。前者阐述了等级测评的原则、测评内容、测评强度、单元测评、整体测评、测评结论的产生方法等内容;后者阐述了信息系统等级测评的过程,包括测评准备、方案编制、现场测评、分析与报告编制等各个活动的工作任务、分析方法和工作结果等。

以上各标准构成了开展等级保护工作的管理、技术等各个方面的标准体系。

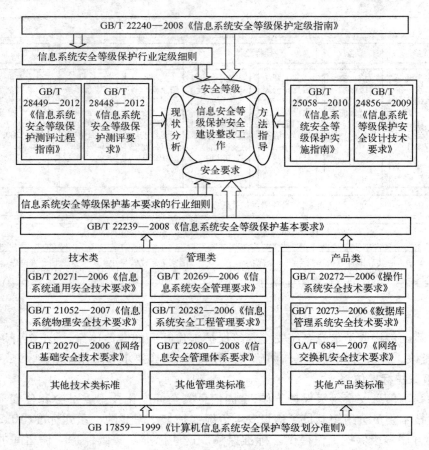

图 10-3　信息安全等级保护相关标准与等级保护各工作环节的关系

10.3　安全管理与立法

为了保证计算机信息系统的安全,除了运用技术手段和管理手段外,还应不断加强立法和执法力度,这是对付计算机犯罪、保证计算机及网络安全、保证信息系统安全的重要基础。只有重视和加强了立法和执法力度,计算机安全和信息系统的安全才能够改善和提高。

10.3.1　我国信息安全相关法律法规介绍

《中华人民共和国宪法》是依法治国的根本大法,是我国一切法律法规的依据。我们的信息化建设和信息安全都要从根本上遵守宪法。从 1994 年至今,与国家顶层法律相适应的信息安全法律和法规的建设可分为 3 个阶段:计算机系统安全阶段、互联网安全与内容安全阶段、信息安全战略阶段。

1. 计算机系统安全阶段

1994年2月18日,中华人民共和国国务院147号令发布了《中华人民共和国计算机信息系统安全保护条例》(简称《条例》)。该条例是我国历史上第一个规范计算机信息系统安全管理、惩治侵害计算机安全违法犯罪的法规,在我国网络安全立法历史上具有里程碑意义。

《条例》共分5章31条,其主要涉及的内容包括以下4个方面。

1)管理体系:规定了计算机信息系统安全保护的主管部门,如公安机关、国家安全机关和国家保密部门等的职责。

2)管理制度:确立了我国计算机信息系统安全保护制度是等级保护制度。

3)管理权限:对计算机信息系统安全监管部门的权限进行了界定。

4)法律责任:对违反该条例的处罚措施进行了阐述,如对违反计算机信息系统等级保护制度、违反互联网备报制度、隐藏或延时上报信息安全事故、拒不改进计算机信息系统安全等方面,公安机关有权予以停机整顿;对故意输入计算机病毒及其他有害数据危害计算机信息系统安全的,或者未经许可出售计算机信息系统安全专用产品的,由公安机关予以警告或者对个人处以5000元以下的罚款,对单位处以15000元以下的罚款;有违法所得的,除予以没收外,可以处以违法所得1~3倍的罚款。

由此可见,在20世纪90年代,该条例规定的我国有关执法机关对计算机病毒等方面的处罚还相对较轻,不足以威慑现在各种以经济利益、政治目标为诉求的网络犯罪活动。

从1994年之后,我国信息安全法律和法规体系开始进入了初步建设的时期。根据《条例》赋予的职责,公安部、国家保密局等信息安全主管职能部门相继制定了一大批相关法律和法规,包括:

- 《计算机信息网络国际联网安全保护管理办法》(公安部,1997年)。
- 《计算机信息系统安全专用产品检测和销售许可证管理办法》(公安部,1997年)。
- 《计算机信息系统保密管理暂行规定》(国家保密局,1998年)。
- 《商用密码管理条例》(国务院令,1999年)。

它们一起构建了我国较为完备的网络安全法规体系,但是它们是行政处罚法规,只能处罚网络犯罪中社会危害性较轻的行为,对于其中社会危害性严重的则达不到有效的打击效果。因此,必须建立打击网络犯罪的刑法规范,并使之在建立网络安全行为规范和控制网络犯罪中发挥作用。

在国内网络安全形势发展的推动下,我国在1997年刑法进行重新修订时,修订或新增了第217、218、285、286、287、288等条,设立了非法侵入计算机信息系统罪和破坏计算机信息系统罪。

从总体上来讲,在20世纪90年代初期,我国针对计算机信息系统领域的违法犯罪活动仍然处于依托原有的《刑法》等体系进行惩处的局面,法律条款的盲区和空白之处依然较大,不适应威慑和遏制当时国际上正在涌现的各种依托因特网等高新技术平台进行犯罪活动的趋势。与此同时,我国在这一时期对信息安全的认识正在随着各种高新技术,特别是IT技术的飞速发展而产生深刻的变化,从关注计算机本身的安全开始延伸到网络再到互联网的安全。

2. 互联网安全与内容安全阶段

互联网安全与内容安全阶段的特点是更加重视网络及互联网的安全,也更加重视信息内容的安全。有代表性的法律和法规包括:

- 《计算机信息系统国际联网保密管理规定》(国家保密局,1999 年)。
- 《计算机病毒防治管理办法》(公安部,2000 年)。
- 《互联网信息服务管理办法》(国务院令,2000 年)。
- 《互联网电子公告服务管理规定》(信息产业部,2000)。
- 《全国人民代表大会常务委员会关于维护互联网安全的决定》(全国人大常委会, 2002)。
- 《中华人民共和国侵权责任法》(全国人大常委会,2009 年 12 月 26 日)。

其中,《全国人民代表大会常务委员会关于维护互联网安全的决定》规定了一系列禁止利用互联网从事危害国家、单位和个人合法权益的活动。

《中华人民共和国侵权责任法》第三十六条规定:网络用户、网络服务提供者利用网络侵害他人民事权益的,应当承担侵权责任。网络用户利用网络服务实施侵权行为的,被侵权人有权通知网络服务提供者采取删除、屏蔽、断开链接等必要措施。网络服务提供者接到通知后未及时采取必要措施的,对损害的扩大部分与该网络用户承担连带责任。网络服务提供者知道网络用户利用其网络服务侵害他人民事权益,未采取必要措施的,与该网络用户承担连带责任。

这些法律和法规的颁布和实施,比较有效地解决了我国司法界对新型网络犯罪进行审判的法律需求,但我国信息安全法律和法规的制定之路依然任重而道远。

3. 信息安全战略阶段

2003 年 7 月 22 日,国家信息化领导小组第三次会议通过了《国家信息化领导小组关于加强信息安全保障工作的意见》(中办发[2003]27 号)(以下简称《27 号文》)。该文的颁布和实施对我国信息安全领域具有划时代的意义。在《27 号文》的影响下,我国信息安全法律体系的建设也开始进入一个更高的阶段。

《27 号文》明确了加强信息安全保障工作的总体要求和主要原则,确定了实行信息安全等级保护这一基本制度及信息安全风险评估的重要作用,强调以密码技术为基础的信息保护和网络信任体系建设,指出要建设和完善信息安全监控体系,重视信息安全应急处理工作,加强信息安全技术研究开发,推进信息安全产业发展,加强信息安全法制建设和标准化建设,加快信息安全人才培养,增强全民信息安全意识等工作重点。因此,从 2003 年开始,我国信息安全发展战略目标得以明确,各相关领域的工作任务分工更加细致。

在《27 号文》的推动下,我国在信息安全法律和法规方面也开始进入了新的阶段,有代表性的法律和法规有:
- 《中华人民共和国电子签名法》(全国人大常委会,2004 年)。
- 《电子认证服务管理办法》(信息产业部部长令,2005 年)。
- 《互联网安全保护技术措施规定》(公安部,2005)(以下简称《规定》)。

《规定》是与《计算机信息网络国际联网安全保护管理办法》(以下简称《管理办法》)配套的一部部门规章,它从保障和促进我国互联网发展出发,根据《管理办法》的有关规定,对互联网服务单位和联网单位落实安全保护技术措施提出了明确、具体和可操作性的要求。

值得一提的是,2008 年《中华人民共和国刑法》(以下简称《刑法》)修正案(七)中对信息系统犯罪新增了条款,并对相关条款进行了修订。

《刑法》修正案(七)在第二百五十三条后增加一条:国家机关或者金融、电信、交通、教育、医疗等单位的工作人员,违反国家规定,将本单位在履行职责或者提供服务过程中获得的公民个人信息,出售或非法提供给他人,或以窃取、收买等方法非法获取上述信息,情节严重的,应追究刑事责任,处三年以下有期徒刑或者拘役。在这个位于国家法律体系顶层之一的《刑法》中所体现出来的对公民隐私权的保护,是我国"以人为本"并结合新技术发展趋势的立法思想的重要体现。

在《刑法》第285条中增加两款作为第二款、第三款。修正《刑法》第285条前款规定为:违反国家规定,侵入国家事务、国防建设、尖端科学技术领域的计算机信息系统的,处三年以下有期徒刑或者拘役。

新增第二款:违反国家规定,侵入前款规定以外的计算机信息系统或者采用其他技术手段,获取该计算机信息系统中存储、处理或者传输的数据,或者对该计算机信息系统实施非法控制,情节严重的,处三年以下有期徒刑或者拘役,并处或者单处罚金;情节特别严重的,处三年以上七年以下有期徒刑,并处罚金。

新增第三款:提供专门用于侵入、非法控制计算机信息系统的程序、工具,或者明知他人实施侵入、非法控制计算机信息系统的违法犯罪行为而为其提供程序、工具,情节严重的,依照前款的规定处罚。

新增规定妥善解决了当前刑法在保障网络安全方面的不足,对利用计算机进行攻击构成犯罪的规定更为细化。新规基于目前社会上大多数公民利益相关的、涉及公民隐私、影响正常社会秩序的一些计算机犯罪行为,关乎社会上大多数公民的利益。以后,即便用户的QQ、网游账号被盗,也可以依据刑法追究盗号者的刑事责任。

此前,刑法规定,造成计算机系统不能正常运行的构成犯罪,或侵入国家特定系统如国防系统等危害到国家安全的将构成犯罪。但实际上,绝大部分"病毒"、"黑客"案件是针对网游服务器、网友账号和密码、电子银行系统等民用系统进行的,这些民用服务系统都不属于"尖端科学技术领域",因此,也就无法构成"侵入计算机信息系统罪"。

如果这些黑客只是窃取信息,而不进行任何改动和破坏活动,按照此前刑法第二百八十五条的规定,又不构成"破坏计算机信息系统罪"。由此,黑客侵入这些服务器可以不用承担刑事责任,导致司法机关在处理越来越多的"病毒"、"黑客"案件时,无所适从,捉襟见肘。

目前,病毒制造者和黑客已经形成"产供销一条龙"的产业链。新规定通过追究病毒编写者的刑事责任,可以对黑客产业链起到釜底抽薪的作用。那些编写"病毒"、"木马"程序的计算机高手,也无法继续逍遥法外;那些明知他人实施黑客行为而为其编写程序的人,即使没有直接参与实施具体的黑客行为,也会被追究刑事责任。

网友账号和密码、电子银行系统关系到大量网民的信息安全和财产安全,如果被侵入,势必造成巨大的社会危害。鉴于此,对现行刑法进行有针对性的修改是一件利国利民,并且有利于我国信息安全和电子商务发展的重要立法活动。

10.3.2 我国有关计算机软件知识产权的保护

按照国际惯例和我国法律,知识产权主要是通过版权(著作权)进行保护的,我国已在1991年颁布了《计算机软件保护条例》。因此,公司或个人开发完成的软件应及时申请软件著作权保护,这是一项主要手段。

还可通过申请专利来保护软件知识产权,但是专利对象必须具备新颖性、创造性和实用性,这样使有的产品申请专利十分困难。

此外,软件可以作为商品投放市场。因而,大批量的软件可以用公司的专用商标,即计算机软件也受到商标法的间接保护,但是少量生产的软件难以采用商标法保护,而且商标法实际上保护的是软件的销售方式,而不是软件本身。

还可运用商业秘密法保护软件产品。

由于以上各种法律法规并不是专门为保护软件所设立,单独的某一种法律法规在保护软件方面都有所不足,因此应综合运用多种法规来达到软件保护的目的。下面分别介绍各种保护方法。

1.《计算机软件保护条例》

按照我国现有法律的定义,计算机软件是指计算机程序及其文档资料。软件(程序和文档)具有与文字作品相似的外在表现形式,即表达,或者说软件的表达体现了作品性,因而软件本身所固有的这一特性——作品性,决定了它的法律保护方式——版权法,这一点已被软件保护的发展史所证实。

版权法在我国被称为《中华人民共和国著作权法》(下面简称《著作权法》),该法第3条规定,计算机软件属于《著作权法》保护作品之一。

2001年12月20日,中华人民共和国国务院令第339号发布了《计算机软件保护条例》。该条例根据《著作权法》制定,旨在保护计算机软件著作权人的权益,调整计算机软件在开发、传播和使用中发生的利益关系,鼓励计算机软件的开发与应用,促进软件产业和国民经济信息化的发展。

2.《中华人民共和国专利法》

事实上,软件的精华之处并不在于它的外在表现形式,而在于它解决问题的创造性构思,如组织结构、处理流程、算法模型、技术方法等设计信息。因此,只要掌握了这种创造性构思,其他人就不难编写出具有同样功能的软件。为此,软件的权利人,不仅要求保护自己软件作品的表达不被他人擅自复制、传播、销售,还迫切要求保护自己软件作品中的创造性构思不被他人仿制、剽窃,并寻求从根本上能使软件开发的精华得以保护的方式。

专利法保护的是一种新的技术方案,而且获得专利法保护的专利权人,在一定地域范围内,在一定期限内,享有制造、使用、销售、实施、许可其专利产品或依专利法直接获得的产品,以及使用专利法的权利,并有权禁止他人以生产经营为目的制造、使用、销售、进口其专利产品或专利方法直接获得的产品,以及使用其专利方法。例如,"利用笔形输入法处理中文字输入系统"等涉及计算机软件的发明专利,如果他人不知道该技术已申请专利,自己又独立开发完成了与此相同或近似的技术,虽然他既未仿制,也未剽窃,但也触犯了《专利法》,构成侵权。专利权人有权阻止他人使用该技术,并且有权要求赔偿因使用该专利技术造成的损失。可见,专利权具有强烈的排他性、垄断性和独占性,这就从根本上保护了计算机软件的创造性设计构思,提高了计算机软件的知识产权保护水平,提高了其保护力度。

需要特别指出的是,许多国家的专利法都规定,对于智力活动的规则和方法不授予专利权。我国《专利法》第25条第2款也做出了明确规定。然而,计算机程序往往是数学方法的具体体现,仍属于智力活动的规则和方法。因此,如果发明专利申请仅仅涉及程序本身,即纯"软件",或者是记录在软盘及其他机器可读介质载体上的程序,则就其程序本身而言,不论它以何种形式出现,都属于智力活动的规则和方法,因而不能申请专利。但是,并非所有含有计算机程序的发明创造均不能申请专利。如果一件含有计算机程序的发明专利申请能完成发明目的,并产生积极效果,构成一个完整的技术方案,也不应仅仅因为该发明专利申请含有计算机程序,而判定为不可以申请专利。

在此,应特别强调《专利法》和《著作权法》的保护目的是不同的。从计算机软件本身的固有特性来看,它既具有工具性又具有作品性。受专利法保护的是软件的创造性设计构思,而受《著作权法》保护的则是软件作品的表达。在软件作品的保护实践中,如果遇到适用法律的冲突,《著作权法》第7条规定,将适用于专利法。

3. 商业秘密所有权保护

我国现在没有《商业秘密保护法》,相关保护在其他法规中,如《中华人民共和国保守国家秘密法》(简称《保密法》)、《中华人民共和国反不正当竞争法》、《中华人民共和国刑法》等。

商业秘密是一个范围更广的保密概念,它包括技术秘密、经营管理经验和其他关键性信息,就计算机软件行业来说,商业秘密是关于当前和设想中的产品开发计划、功能和性能规格、算法模型、设计说明、流程图、源程序清单、测试计划、测试结果等资料;也可以包括业务经营计划、销售情况、市场开发计划、财务情况、顾客名单及其分布、顾客的要求及心理、同行业产品的供销情况等。对于计算机软件,如能满足以下条件之一,则适用于营业秘密所有权保护。

1)涉及计算机软件的发明创造,达不到专利法规定的授权条件的。

2)开发者不愿意公开自己的技术,因而不申请专利的。

这些不能形成专利的技术视为非专利技术,对于非专利技术秘密和营业秘密,开发者具有使用权,也可以授权他人使用。但是,这些权利不具有排他性、独占性。也就是说,任何人都可以独立地研究、开发,包括使用还原工程方法进行开发,并且在开发成功之后,亦有使用、转让这些技术秘密的权利,而且这种做法不侵犯原所有权人的权利。

在我国可运用《保密法》保护技术秘密和营业秘密。

4.《中华人民共和国商标法》

目前,全世界已经有150多个国家和地区颁布了商标法或建立了商标制度,我国的商标法是1982年8月颁布的,1993年进行了修改。

计算机软件还可以通过对软件名称进行商标注册加以保护,一经国家商标管理机构登记获准,该名称的软件即可取得专有使用权,任何人都不得使用该登记注册过的软件名称。否则就是假冒他人商标欺骗用户,从而构成商标侵权,触犯商标法。

5.《互联网著作权行政保护办法》

网络已成为信息传播和作品发表的主流方式,同时也对传统的版权保护制度提出挑战。为了强化全社会对网络著作权保护的法律意识,建立和完善包括网络著作权立法在内的著作权法律体系,采取有力措施促进互联网的健康发展,由国家版权局、信息产业部共同颁布的《互联网著作权行政保护办法》于2005年4月30日发布,并于同年5月30日起实施。

《办法》根据《中华人民共和国著作权法》及有关法律、行政法规制定。《办法》共19条,主要涉及:办法适用的对象;网络信息服务提供者的行政法律责任承担;著作权、互联网信息服务提供者、互联网内容提供者在保护网络著作权中的具体做法;对严重违法侵权行为的处理等内容。

《办法》的出台填补了在网络信息传播权行政保护方面规范的空白,其规定的"通知和反通知"等新内容完善了原有的司法解释,将对信息网络传播权的行政管理和保护,乃至互联网产业和整个信息服务业的发展产生积极影响。

《办法》在我国首先推出了通知和反通知组合制度,即著作权人发现互联网传播的内容侵犯其著作权,可以向互联网信息服务提供者发出通知;接到有效通知后,互联网信息服务提供者应当立即采取措施移除相关内容。在互联网信息服务提供者采取措施移除后,互联网内容提供者可以向互联网信息服务提供者和著作权人一并发出说明被移除内容不侵犯著作权的反通知。接到有效的反通知后,互联网信息服务提供者即可恢复被移除的内容,且对该恢复行为不承担行政法律责任。同时,规定了互联网信息服务提供者收到著作权人的通知后,应当记录、提供信息内容及其发布的时间、互联网地址或者域名;互联网接入服务提供者应当记录互联网内容提供者的接入时间、用户账号、互联网地址或者域名、主叫电话号码等信息,并且保存以上信息60天,以便著作权行政管理部门查询。

6.《信息网络传播权保护条例》

《信息网络传播权保护条例》于2006年5月10日国务院第135次常务会议通过,同年5月18日颁布,自2006年7月1日起施行。

我国《著作权法》对信息网络传播权保护已有原则规定,但是随着网络技术的快速发展,通过信息网络传播权利人作品、表演、录音录像制品(以下统称作品)的情况越来越普遍。如何调整权利人、网络服务提供者和作品使用者之间的关系,已成为互联网发展必须认真加以解决的问题。世界知识产权组织于1996年12月通过了《版权条约》和《表演与录音制品条约》(以下统称互联网条约),赋予权利人享有以有线或者无线方式向公众提供作品,使公众可以在其个人选定的时间和地点获得该作品的权利。我国《著作权法》将该项权利规定为信息网络传播权,《条例》就是根据《著作权法》的授权制定的。

根据信息网络传播权的特点,《条例》主要从以下几个方面规定了保护措施:

1) 保护信息网络传播权。

2) 保护为保护权利人信息网络传播权采取的技术措施。

3) 保护用来说明作品权利归属或者使用条件的权利管理电子信息。

4) 建立处理侵权纠纷的"通知与删除"简便程序。

《条例》以《著作权法》的有关规定为基础,在不低于相关国际公约最低要求的前提下,对信息网络传播权做了合理限制。

7. 小结

综上所述,对计算机软件的知识产权,应实施以版权法为基础的全方位多种法律的综合保护。

目前,我国已制定了一系列有关计算机信息系统安全的法律和法规,形成了较为完备的计算机信息系统安全的法律法规体系。对于制止、打击计算机网络犯罪,促进信息技术的发展,发挥了很大的作用。

面对信息技术新的发展,我们一方面要加强计算机信息系统安全保护和信息网络、国际互联网安全保护等法律、法规的贯彻执行,加强执法力度,严厉打击计算机犯罪和计算机病毒制造等非法行为,坚决打击泄漏、篡改、破坏信息系统和信息的行为,严厉制裁违法犯罪者。加强对计算机及网络服务提供者的管理,确定安全管理原则和相应的管理制度,对申请提供计算机及网络服务的组织进行严格审查,并要求在运行时按安全规范行事,抵制和取缔不良的信息服务。

另一方面,还要对现行法律体系进行必要的修改和补充,使法律体系更加科学和完善。还应根据应用单位的实际情况制定具体的法律法规。制定的各项法律法规应与现行法律体系保持良好的兼容性,应从维护系统资源和合理使用的目的出发,维护信息正常流通,维护用户的正当权益。

10.4　思考与练习

1. 计算机安全管理有何重要意义? 安全管理包含哪些内容? 安全管理要遵循哪些原则?

2. 本章中介绍的一些安全标准有何联系与区别?

3. 我国对信息系统的安全等级划分通常有两种描述形式,即根据安全保护能力划分安全等级的描述,以及根据主体遭受破坏后对客体的破坏程度划分安全等级的描述。谈谈这两种等级划分的对应关系。

4. 根据我国法律,软件著作权人有哪些权利? 在我们的学习和生活中,有哪些违反软件著作权的行为?

5. 知识拓展:查阅资料,详细了解国家信息安全等级保护政策和标准内容。

6. 知识拓展:查阅资料,详细了解计算机软件知识产权保护的相关法律内容。

7. 读书报告:分析国外安全评测标准的发展,谈谈对计算机系统安全评测内容的认识。

8. 读书报告:我国有关计算机安全的法律法规有哪些? 我国法律对计算机犯罪是如何界定的? 请访问网站:中华人民共和国中央人民政府网站的法律法规栏目(http://www.gov.cn/flfg/fl.htm),中国法律信息网(http://law.law-star.com)了解更多内容,思考在我们的学习和生活中如何规范我们的行为。

9. 材料分析:爱尔兰最大的银行爱尔兰银行总裁迈克·索登 2004 年 5 月 29 日宣布,由于自己在办公室浏览色情网站的行为违反了公司的有关规定,因此辞去总裁职务,他还对自己给公司带来的不良影响表示道歉。爱尔兰银行的官员表示,公司之所以对浏览色情内容惩罚很重,并不是因为色情内容本身,而是因为色情网站中经常会附带有一些病毒代码。历史上,爱尔兰银行曾经发生过大量客户信用卡账号、个人资料被盗的情况,而在检查中发现,客户资料被盗的情况与员工浏览色情网站并被攻击有关。【材料来源:http://news.QQ.com,2004-5-31】

请根据上述材料,谈谈企业或公司应当采取哪些安全管理措施,确保公司网络的正常运行。

10. 材料分析:微软 Windows 7 操作系统的激活机制已被破解,这表明 Windows 7 的激活和正版增值计划对防盗版没有太大作用。此次 Windows 7 激活机制被破解是基于一个泄露的某电脑厂商 OEM 系统"万能钥匙"。此前在 Vista 系统的生命期中,尽管微软采取种种措施,但盗版总能成功绕开 Windows 正版增值计划。尽管微软解决了 Vista 中的一些漏洞,但新出现的漏洞却越来越多。【材料来源:腾讯科技网,2009-7-30】

请根据上述材料,谈谈软件保护的技术措施和法律措施,以及使用盗版软件的潜在危害。

参 考 文 献

［1］ Charles P Pfleeger, Shari Lawrence Pfleeger. Security in Computing［M］. 4th ed. New Jersey：Prentice Hall,2007.

［2］ 王梦龙. 网络信息安全原理与技术［M］. 北京：中国铁道出版社, 2009.

［3］ 唐开,王纪坤. 基于新木桶理论的数字图书馆网络安全策略研究［J］. 现代情报, 2009,29(7):89-90.

［4］ 祁明. 电子商务安全与保密［M］. 北京：高等教育出版社,2006.

［5］ William Stallings. Cryptography and Network Security：Principles and Practice［M］. 5th ed. New Jersey：Prentice Hall,2011.

［6］ 陈波,于泠. 计算机系统安全实验教程［M］. 北京：机械工业出版社,2009.

［7］ 蒋建春,文伟平,杨凡,等. 计算机网络信息安全理论与实践教程［M］. 北京：北京邮电大学出版社,2008.

［8］ 王斌君,景乾元,吉增瑞. 信息安全体系［M］. 北京：高等教育出版社,2008.

［9］ 曹天杰. 计算机系统安全［M］. 2版. 北京：高等教育出版社,2007.

［10］ National Security Agency. Information Assurance Technical Framework［R］. Release 3.1,2002.

［11］ J H Saltzer, M D Schroeder. The Protection of Information in Computer System［A］. Proceedings of the IEEE［C］, 1975,63(9).

［12］ 胡向东,魏琴芳. 应用密码学教程［M］. 北京：电子工业出版社,2005.

［13］ 卢开澄. 计算机密码学——计算机网络中的数据保密与安全［M］. 3版. 北京：清华大学出版社,2003.

［14］ Bruce Schneier. 应用密码学——协议,算法与C源程序［M］. 吴世忠,祝世雄,张文政,等译. 北京：机械工业出版社,2000.

［15］ 陈波,于泠. 信息安全技术的新热点——数字水印［J］. 计算机时代,2001(4):30-31.

［16］ 陈波,于泠. 信息隐藏技术在安全电子邮件中的应用研究［J］. 计算机工程与应用, 2001, 37(24):91,137.

［17］ 杨榆. 信息隐藏与数字水印实验教程［M］. 北京：国防工业出版社,2010.

［18］ 段钢. 加密与解密［M］. 3版. 北京：电子工业出版社,2008.

［19］ 国家质量监督检验检疫总局,国家标准化管理委员会. GB/T 21052—2007 信息安全技术 信息系统物理安全技术要求［S］. 北京：中国标准出版社,2007.

［20］ 国家住房和城乡建设部,国家质量监督检验检疫总局. GB 50174—2008 电子信息系统机房设计规范［S］. 北京：中国标准出版社,2008.

［21］ 徐云峰,郭正彪. 物理安全［M］. 武汉：武汉大学出版社,2010.

[22] 张焕国,赵波. 可信计算[M]. 武汉:武汉大学出版社,2011.

[23] 朱大立. 关于 TEMPEST 研究的几点思考[J]. 保密科学技术,2011(9):52-54.

[24] 卿斯汉,刘文清,温红子. 操作系统安全[M]. 2 版. 北京:清华大学出版社,2011.

[25] 李佳. 六种生物识别技术之间的对比分析[EB/OL]. 2010-9-27. http://tech.yktchina.com.

[26] 田立勤. 网络用户行为的安全可信分析与控制[M]. 北京:清华大学出版社,2011.

[27] Mark E Russinovich, David A Solomon, Alex Ionescu. Windows InternalsWindows Internals, Part 1 [M]. 6th ed. Redmond:Microsoft Press,2012.

[28] 刘晖. Windows 安全指南[M]. 北京:电子工业出版社,2008.

[29] 谌玺,张洋. 企业网络整体安全[M]. 北京:电子工业出版社,2011.

[30] 谢希仁. 计算机网络[M]. 5 版. 北京:电子工业出版社,2008.

[31] 陈波,于泠. 防火墙技术与应用[M]. 北京:机械工业出版社,2013.

[32] 卿斯汉,蒋建春,马恒太,等. 入侵检测技术研究综述[J]. 通信学报,2004,25(7):19-29.

[33] 段海新,吴建平. 计算机网络安全体系的一种框架结构及其应用[J]. 计算机工程与应用,2000,36(5):24-27.

[34] 陆臻,沈亮,宋好好. 安全隔离与信息交换产品原理及应用[M]. 北京:电子工业出版社,2011.

[35] 关振胜. 公钥基础设施 PKI 及其应用[M]. 北京:电子工业出版社,2008.

[36] 诸葛建伟. 网络攻防技术与实践[M]. 北京:电子工业出版社,2011.

[37] 萨师煊,王珊. 数据库系统概论[M]. 4 版. 北京:高等教育出版社,2006.

[38] 中华人民共和国公安部. GA/T 389—2002 计算机信息系统安全等级保护 数据库管理系统技术要求[S]. 北京:中国标准出版社,2002.

[39] 张敏. 数据库安全研究现状与展望[J]. 中国科学院院刊,2011,26(3):303-309.

[40] 陈越,寇红召,费晓飞,等. 数据库安全[M]. 北京:国防工业出版社,2011.

[41] Cohen Fred. Computer Viruses, Theory and Experiments [J]. Computer&Security,1987, 6(1).

[42] 刘功申,张月国,孟魁. 恶意代码防范[M]. 北京:高等教育出版社,2010.

[43] 李弼翀. Windows NT 6.x 安全特性下的 Rootkit 研究[D]. 南京:南京师范大学,2012.

[44] 师惠忠. Web 应用安全开发关键技术研究[D]. 南京:南京师范大学,2011.

[45] 徐达威. 面向恶意软件检测的软件可信验证[D]. 南京:南京师范大学,2010.

[46] 陆昌辉,丁健,王龙飞. 精通 ASP.NET 3.5 网络编程之安全策略[M]. 北京:电子工业出版社,2010.

[47] 谭貌,陈义,涂杰. 软件版权保护技术的研究与分析[J]. 计算机应用与软件,2007,24(1):54-57.

[48] Michael Howard,David LeBlanc. 编写安全的代码[M]. 翁海燕,朱涛江,等译. 2 版. 北京:机械工业出版社,2002.

[49] 任伟. 软件安全[M]. 北京:国防工业出版社,2010.

[50] CERT. CERT Secure Coding Standards[EB/OL]. 2012－8－1. https://www.secure-coding.cert. org/confluence/display/seccode/CERT＋Secure＋Coding＋Standards.

[51] 文伟平,卿斯汉,蒋建春,等. 网络蠕虫研究与进展[J]. 软件学报,2004,15(8): 1208－1219.

[52] 李匀. 网络渗透测试——保护网络安全的技术、工具和过程[M]. 北京:电子工业出版社,2007.

[53] 王清. 0 day 安全:软件漏洞分析技术[M]. 2 版. 北京:电子工业出版社,2011.

[54] 连一峰,戴英侠. 计算机应急响应系统体系研究[J]. 中国科学院研究生院学报, 2004,21(2):202－209.

[55] 曹雪春. 容灾系统中远程数据复制技术讨论与应用[J]. 有线电视技术,2011(5): 32－34.

[56] 陈波,于泠. 一个 UNIX 下网页监控与恢复系统[J]. 计算机时代,2000(7):27－28.

[57] 陈波,于泠. 基于数字指纹的网页监控与恢复系统[J]. 计算机工程与应用,2002, 38(2):111－114.

[58] 王玲,钱华林. 计算机取证技术及其发展趋势[J]. 软件学报,2003,14(9):1635－1644.

[59] 冯登国,张阳,张玉清. 信息安全风险评估综述[J]. 通信学报,2004,25(7):10－18.

[60] 范红,冯登国,吴亚非. 信息安全风险评估方法和应用[M]. 北京:清华大学出版社,2006.

[61] 张建军,孟亚平. 信息安全风险评估探索与实践[M]. 北京:中国标准出版社,2005.

[62] 陈波,师惠忠. 一种新型的 Web 应用安全漏洞统一描述语言[J]. 小型微型计算机系统, 2011,32(10):1994－2001.

[63] 国家质量监督检验检疫总局,国家标准化管理委员会. GB/T 20984—2007 信息安全风险评估规范[S]. 北京:中国标准出版社,2007.

[64] 许玉娜,上官晓丽. 国际信息安全控制与服务标准化进展[J]. 信息技术与标准化, 2010(9):26－28.

[65] 赵文,苏红,胡勇. 信息安全标准关系分析[J]. 信息网络安全,2009(11):48－50.

[66] 公安部信息安全等级保护评估中心. 信息安全等级保护政策培训教程[M]. 北京: 电子工业出版社,2010.

[67] 向宏,傅鹂,詹榜华. 信息安全测评与风险评估[M]. 北京:电子工业出版社,2009.

[68] 宋言伟,马钦德,张健. 信息安全等级保护政策和标准体系综述[J]. 信息通信技术,2010(6):58－63.

[69] NIST. 美国国家标准技术研究所出版物[EB/OL]. 2012－5－22. http://csrc.nist.gov/publications.